汕头东部城市经济带近岸河口工程区域水动力与地形演变研究

曹永港 廖世智 编著

海洋出版社

2022年·北京

图书在版编目（CIP）数据

汕头东部城市经济带近岸河口工程区域水动力与地形演变研究 / 曹永港, 廖世智编著. --北京：海洋出版社, 2022.8

ISBN 978-7-5210-0993-4

Ⅰ.①汕… Ⅱ.①曹… ②廖… Ⅲ.①海域－泥沙运动－研究－汕头 Ⅳ.①TV148

中国版本图书馆CIP数据核字(2022)第151291号

审图号：粤DS(2022)007号

责任编辑：沈婷婷
责任印制：安 淼

海洋出版社 出版发行
http://www.oceanpress.com.cn
北京市海淀区大慧寺路8号　邮编：100081
鸿博昊天科技有限公司印刷
2022年8月第1版　2022年8月第1次印刷
开本：787mm×1092mm　1/16　印张：17.5
字数：350千字　定价：298.00元
发行部：010-62100090　总编室：010-62100034
海洋版图书印、装错误可随时退换

《汕头东部城市经济带近岸河口工程区域水动力与地形演变研究》参编人员名单

组　长：王伟平　冯砚青　欧阳永忠

主　编：曹永港　廖世智

编　委：肖志建　黄艳松　邓　丹

　　　　陈宜展　马　磊　向　荣

主编简介

曹永港,男,1984年6月出生,高级工程师,博士,2012年毕业于天津大学水利工程专业(港口海岸及近海工程方向),现就职于国家海洋局南海调查技术中心。主要从事海洋水文动力环境的调查与研究,波浪、潮流、泥沙运动机理及数值模拟理论研究。完成各类水文气象观测与专项调查项目约60项,海域使用论证和环境影响评价以及波浪、潮流、泥沙数值模拟分析研究项目约60项。发表论文40余篇,获授权专利3项,软件著作权1项,主持国家级和省部级重点实验室基金等科研基金4项,参与国家基金多项。现为自然资源部海洋咨询、广东省国土空间生态修复、广东省海域和无居民海岛使用论证评审、广东省自然资源厅海洋规划与经济发展咨询、广州市入海排污口设置论证、广州市农业专项资金项目等多个省部级专家库的咨询和评审专家,华南理工大学和长沙理工大学的硕士研究生校外导师。

廖世智,男,1977年9月出生,工程师,硕士,2005年毕业于天津大学水力学与河流动力学专业,现就职于国家海洋局南海调查技术中心。主要从事海域使用论证、环境影响评价与河口海岸泥沙数学模型研究。完成各类水文气象观测与调查项目近70项,海域使用论证和环境影响评价项目近50项,水流泥沙数学模型与海岸侵蚀修复专题15项。发表论文近10篇。主持省部级重点实验室基金1项,参与国家基金多项。参与《中国海岛志:广东卷(第一册)》编写。

序 言

  天时、地利、人和，能玉成人之所愿，此难在缘遇。曹永港博士于天津大学建筑工程学院毕业已有 10 年，廖世智硕士于天津大学建筑工程学院毕业已有 17 年，两人均在国家海洋局南海调查技术中心任职，他们在繁重工作之余，还能在专业领域保持激情，坚守心中理想信念，不忘初心，最终开花结果，值得欣慰。

  我担任过他们的导师，他们学习劲头十足，经常主动求教于我，在校读书时就给人深刻的印象。曹永港对数值编程及模型运用方面较为突出，数值模拟主要涉及波浪与结构物相互作用、管道周围水流结构及泥沙冲淤、船坞起卧过程、振动台的振动过程、溃坝的形成过程、河流弯道水流结构等，软件上精通 Fluent、Flow3D，熟悉 SMS，掌握 MIKE、SWAN、EFDC、Delft3D，同时掌握了 EEMD-HHT 理论模式的计算。毕业之后，一直热心致力于海洋灾害精细化预报技术及风险评估技术研究。廖世智擅长程序设计编写，在校期间刻苦钻研海洋科学专业知识，熟练掌握多种海洋水文资料的处理方法，毕业之后长期从事泥沙数模研究工作。

  他们结合承担的工程项目，对汕头市东部海域风、浪、流、泥沙等环境要素的运动规律及其相互作用与影响机理进行了持续的观测与研究，这是一件值得鼓励的工作，有利于工程界人士借鉴参考，具有较高的工程应用价值。正所谓相识满天下，知心能几人，愿他们彼此互相砥砺、互助合作、共同进步，迎接新的挑战，期待他们在事业上有更高的成就。

  本书可供海洋工程技术人员及相关领域人员参考。

2022 年 7 月 6 日于天津大学

前　言

汕头东部城市经济带近岸河口治理及综合开发项目位于广东省汕头市东部的韩江三角洲浅滩区域，工程建设任务包括：（1）新津河改道与外砂河河口疏浚整治；（2）滩涂围填开发利用。围填工程分为三个片区，分别为汕头港拦沙堤—新津河河口（新津片区）、新津河河口—外砂河河口（新溪片区）和外砂河河口—莱芜岛（塔岗围片区），填海面积约 20 km²。项目于 2009 年开始施工建设，至 2014 年年底，新津、新溪、塔岗三个片区相继围填完成。

围填工程直接将岸线向海推进 1.5～2.4 km，海岸线位置发生了显著变化。同时，围填工程所需的填海物料约为 $1.15×10^8$ m³，约有 $6\,100×10^4$ m³ 的缺口需通过工程区域附近的砂土料场采砂解决，因采砂量巨大导致采砂区域的面积也较广。因此，工程项目实施后将不可避免地引起近岸河口海床地形发生剧烈变化。

围填工程所在海域全年大风作用时间较长，冬季有强劲的东北季风，夏季有西南季风和活动强烈的热带气旋，大风引起近岸波浪动力增强，因而工程区域的波能流输沙也较强。在一个动力条件强、泥沙运动活跃的海域围填 20 km² 的浅海与滩涂，并进行大范围的采砂吹填活动，水流、泥沙运动条件将发生较大的改变，其中可能造成的海岸侵蚀与淤积问题成为该工程项目影响最大的自然环境问题。海岸侵蚀容易导致围填区的海堤遭到破坏、海岸防护压力增大；侵蚀下来的泥沙在波流作用下又可能堆积在河口或航道内，影响船舶通航。

围填工程可能导致侵蚀与淤积的原因主要有以下几个方面：（1）围填造地致使海岸线向海侧推进约 2 km，引起近岸区的水流流态和泥沙运动发生较大变化，影响海床稳定，严重时将导致海岸侵蚀并危及海堤的整体安全；（2）围填区以南为汕头港外航道拦沙堤，围填区向海推进后，拦沙堤的长度有所减短，一定程度上加速了拦沙堤东侧浅滩的泥沙往拦沙堤头方向堆积，增加了汕头港航道口门处的泥沙淤积几率；（3）河口整治工程改变了新津河、外砂河出海口的方向，由工程前的西南方向出海改为工程后的东南方向出海，在径流、潮流与波浪（或风浪）的综合作用下，出海口处的水流流态与泥沙输运方向发生变化，引起河口近岸的侵蚀或淤积；（4）在三个片区东南靠海侧 300~500 m 以外进行海砂开采，由于表层砂性土的开挖导致局部或大面积的海床侵蚀和淤积，存在海岸线逐步被侵蚀的风险。

  本书首次全面系统地分析了汕头东部城市经济带近岸河口工程区域水动力与地形演变相关特征，基于现场调查以及收集工程区域的水文气象、地形地貌与卫星遥感等资料，结合风场模型、波浪模型、潮流模型和泥沙模型，针对新津、新溪和塔岗三个片区的大面积围填造地，新津河改道与外砂河疏竣，围片区岸线前沿海域的大量采砂等强人类活动产生的水流泥沙问题及对周边环境造成的影响，分析工程区域的水流、泥沙运动特征、河口岸线稳定性，预测海床未来的演变趋势以及工程建设对汕头港航道的淤积影响，深入研究围填区域及汕头港附近海域的水流泥沙运动规律。主要研究成果由五部分组成：第一部分，通过卫星遥感影像、历史海图和实测地形数据分析工程区域岸线的历史变迁和现状海床冲淤过程，分析得出工程后工程区域未来总体呈现出微侵蚀状态，平均侵蚀速率约为 0.003 m/a。（1）新津河河口、新津片区岸线、外砂河河口未来的变化趋势为淤积；新溪片区岸线受季节影响，夏季出现淤积，冬季出现冲刷，总体处于侵蚀状态，近岸 0.6 km 范围内未来处于微侵蚀状态，平均侵蚀速率为 0.03 m/a；塔岗围片区岸线受季节影响，夏季出现淤积，冬季出现冲刷，未来的变化趋势为淤积，平均淤积速率为 0.05 m/a；莱芜岛东南侧侵蚀严重，未来的变化趋势为侵蚀，平均侵蚀速率为 0.22 m/a。（2）汕头港航道未来的变化趋势为侵蚀，平均侵蚀速率为 0.06 m/a。第二部分，通过风浪流耦合模型分析围填区域工程前后水动力变化特征、泥沙运动变化特征、现状条件下的海床稳定性以及采砂坑对工程海岸稳定性的影响，分析得出：（1）围填工程对河口区域的流速除了有增强作用外，还改变了工程前的涨潮流方向；围填工程对莱芜岛东南侧的流速存在增大影响，对汕头港航道的流速影响较小。（2）新津河、外砂河以及汕头港航道的悬沙，夏季往外海方向净输运，冬季则相反。工程后，夏季和冬季拦沙堤的东侧存在逆时针余环流，其挟带的泥沙按逆时针方式进行辐聚。表层沉积物输运与悬沙输运相似，夏季，新津河河口和外砂河口外各形成一处泥沙辐聚区；冬季，新溪片区外海的采砂坑位置出现一个较大范围的泥沙辐聚区。（3）围填工程完成后，新津片区岸线前沿以及塔岗围片区东北端未来处于淤积或严重淤积状态；新溪片区岸线前沿东北部至塔岗围片区岸线前沿西侧的区域未来处于微侵蚀状态。（4）正常天气下，采砂坑对新津、新溪和塔岗岸线的稳定性影响不大。大浪影响期间，采砂坑对围填区岸线有较大影响。第三部分，以1319号超强台风"天兔"为例，模拟台风期间工程海区水动力场、波浪场和泥沙场，深入分析极端天气下工程区域的泥沙输运过程和海床冲淤分布。第四部分，通过分析工程建设对汕头港航道的淤积影响以及极端天气下汕头港外航道口门处发生严重淤积的原因，得出：（1）工程建设对汕头港航道的淤积影响不大。工程建设后，汕头港航道不仅没有大的淤积出现，反而局部出现了冲刷现象；（2）极端天气影响下，汕头港外航道口门处发生严重淤积的主要原因，即拦沙堤东侧浅滩在大风浪作用下发生强烈冲刷形成高浓度含沙水体，这部分高浓度含沙水体在波流作用下在拦沙堤头处斜向进入汕头港外航道口门，与汕头港航道下泄的含沙水流一同在口门处作顺时针涡旋运动，形成泥沙聚集区，造成汕头港外航道口门处淤积大量泥沙。第五部分，根据海床演变分析与数学模型的研究成果进行归纳总结，并提出相关建议。

本书出版陆续得到了国家自然科学基金青年科学基金项目"波浪破碎作用下气泡演化机理与输运规律研究（51509023）"、国家自然科学基金面上项目"无人船水面重力测量数据处理与评估关键技术研究（42174013）"、天津大学水利工程仿真与安全国家重点实验室开放基金资助项目"沙脊沙波及路由海床稳定性研究（HESS1401）"、国家重点研发计划"面向海洋覆盖的广域宽带网络总体设计与建设（2018YFB1802300）"、广东省海洋经济发展（海洋六大产业）专项资金项目"漂浮式深远海波浪能发电与立体观测集成平台研建与示范（粤自然资合〔2020〕022号）"和"漂浮式海上风电成套装备研制及应用示范（粤自然资合〔2021〕38号）"、国家海洋局南海分局海洋科学技术局长基金项目"基于EEMD-HHT的广东沿海海啸数值诊断（1417）"和"南海高分辨率模型系统开发与应用研究（180106）"的资助。

本书从资料收集、外业调查、数据处理、数值模拟、图件绘制、内容编制、修纂直至成稿，时间跨度长达10年之久，几经易稿，成书不可谓不艰辛！在编写过程中，得到了中山大学陈子燊教授、国家海洋局南海预报中心主任夏华永研究员、自然资源部海洋环境探测技术与应用重点实验室主任欧阳永忠教授的大力支持与帮助。对本书编写提供帮助的人员还有国家海洋局南海调查技术中心的刘长建、马媛、刘愉强、陆茸、杨阳、杨来富、周冬生、王德武、周润生等人。书中参考了同行专家和兄弟单位的优秀研究成果，均在书中作了标注，在此对他们表示衷心感谢。

本书重点分析了项目建设后工程海域的水沙运动规律以及汕头港外航道口门处泥沙淤积成因，鉴于汕头市东部海域的泥沙冲淤问题较为复杂，诸多问题有待后续进行深入研究。限于作者的研究水平，书中难免存在疏漏和错误之处，恳请读者批评指正。

本书可供具有海洋相关专业背景的读者阅读参考。

目　次

第 1 章　绪　论 ·· 1

1.1　概　述 ·· 1
1.2　研究依据 ·· 3
1.3　基础资料 ·· 4
    1.3.1　地形资料 ·· 4
    1.3.2　水文泥沙资料 ·· 5
1.4　技术设计 ·· 5

第 2 章　自然条件 ··· 7

2.1　气象特征 ·· 8
    2.1.1　气温 ·· 8
    2.1.2　相对湿度 ·· 8
    2.1.3　降水 ·· 8
    2.1.4　雾 ··· 9
    2.1.5　风 ··· 9
    2.1.6　灾害性天气 ·· 10
2.2　海洋水文 ··· 12
    2.2.1　潮汐 ··· 12
    2.2.2　潮流 ··· 14
    2.2.3　余流 ··· 21
    2.2.4　海水温度 ··· 25
    2.2.5　海水盐度 ··· 25
    2.2.6　波浪 ··· 26
2.3　地质构成 ··· 31
2.4　地形地貌 ··· 33
2.5　泥沙环境 ··· 34
    2.5.1　水系概况 ··· 34

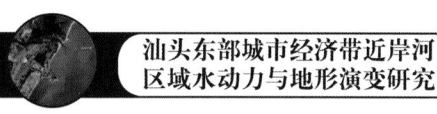

  2.5.2　泥沙来源与运移⋯⋯⋯⋯⋯⋯⋯⋯⋯⋯⋯⋯⋯⋯⋯⋯⋯⋯⋯⋯⋯⋯⋯36

  2.5.3　表层沉积物⋯⋯⋯⋯⋯⋯⋯⋯⋯⋯⋯⋯⋯⋯⋯⋯⋯⋯⋯⋯⋯⋯⋯⋯38

  2.5.4　含沙量⋯⋯⋯⋯⋯⋯⋯⋯⋯⋯⋯⋯⋯⋯⋯⋯⋯⋯⋯⋯⋯⋯⋯⋯⋯⋯47

第3章　海床演变分析⋯⋯⋯⋯⋯⋯⋯⋯⋯⋯⋯⋯⋯⋯⋯⋯⋯⋯⋯⋯⋯⋯⋯⋯⋯⋯55

3.1　资料来源与处理方法⋯⋯⋯⋯⋯⋯⋯⋯⋯⋯⋯⋯⋯⋯⋯⋯⋯⋯⋯⋯⋯⋯⋯⋯55

3.2　历史岸线海床冲淤变化⋯⋯⋯⋯⋯⋯⋯⋯⋯⋯⋯⋯⋯⋯⋯⋯⋯⋯⋯⋯⋯⋯⋯60

  3.2.1　遥感反演岸线历史变迁⋯⋯⋯⋯⋯⋯⋯⋯⋯⋯⋯⋯⋯⋯⋯⋯⋯⋯⋯60

  3.2.2　岸线及等深线变化⋯⋯⋯⋯⋯⋯⋯⋯⋯⋯⋯⋯⋯⋯⋯⋯⋯⋯⋯⋯⋯63

  3.2.3　海床冲淤平面变化⋯⋯⋯⋯⋯⋯⋯⋯⋯⋯⋯⋯⋯⋯⋯⋯⋯⋯⋯⋯⋯72

3.3　监测期间海床冲淤变化⋯⋯⋯⋯⋯⋯⋯⋯⋯⋯⋯⋯⋯⋯⋯⋯⋯⋯⋯⋯⋯⋯⋯78

  3.3.1　海床冲淤平面变化⋯⋯⋯⋯⋯⋯⋯⋯⋯⋯⋯⋯⋯⋯⋯⋯⋯⋯⋯⋯⋯79

  3.3.2　海床冲淤剖面变化⋯⋯⋯⋯⋯⋯⋯⋯⋯⋯⋯⋯⋯⋯⋯⋯⋯⋯⋯⋯⋯86

第4章　数学模型⋯⋯⋯⋯⋯⋯⋯⋯⋯⋯⋯⋯⋯⋯⋯⋯⋯⋯⋯⋯⋯⋯⋯⋯⋯⋯⋯⋯98

4.1　风场模型⋯⋯⋯⋯⋯⋯⋯⋯⋯⋯⋯⋯⋯⋯⋯⋯⋯⋯⋯⋯⋯⋯⋯⋯⋯⋯⋯⋯⋯98

  4.1.1　模型简介⋯⋯⋯⋯⋯⋯⋯⋯⋯⋯⋯⋯⋯⋯⋯⋯⋯⋯⋯⋯⋯⋯⋯⋯⋯98

  4.1.2　资料来源⋯⋯⋯⋯⋯⋯⋯⋯⋯⋯⋯⋯⋯⋯⋯⋯⋯⋯⋯⋯⋯⋯⋯⋯⋯99

  4.1.3　计算流程⋯⋯⋯⋯⋯⋯⋯⋯⋯⋯⋯⋯⋯⋯⋯⋯⋯⋯⋯⋯⋯⋯⋯⋯⋯100

  4.1.4　构造方法⋯⋯⋯⋯⋯⋯⋯⋯⋯⋯⋯⋯⋯⋯⋯⋯⋯⋯⋯⋯⋯⋯⋯⋯⋯100

  4.1.5　台风个例⋯⋯⋯⋯⋯⋯⋯⋯⋯⋯⋯⋯⋯⋯⋯⋯⋯⋯⋯⋯⋯⋯⋯⋯⋯101

  4.1.6　风场构造⋯⋯⋯⋯⋯⋯⋯⋯⋯⋯⋯⋯⋯⋯⋯⋯⋯⋯⋯⋯⋯⋯⋯⋯⋯102

  4.1.7　结果验证⋯⋯⋯⋯⋯⋯⋯⋯⋯⋯⋯⋯⋯⋯⋯⋯⋯⋯⋯⋯⋯⋯⋯⋯⋯103

4.2　波浪模型⋯⋯⋯⋯⋯⋯⋯⋯⋯⋯⋯⋯⋯⋯⋯⋯⋯⋯⋯⋯⋯⋯⋯⋯⋯⋯⋯⋯⋯104

  4.2.1　模型简介⋯⋯⋯⋯⋯⋯⋯⋯⋯⋯⋯⋯⋯⋯⋯⋯⋯⋯⋯⋯⋯⋯⋯⋯⋯105

  4.2.2　外海波浪计算⋯⋯⋯⋯⋯⋯⋯⋯⋯⋯⋯⋯⋯⋯⋯⋯⋯⋯⋯⋯⋯⋯⋯110

  4.2.3　工程区域波浪计算⋯⋯⋯⋯⋯⋯⋯⋯⋯⋯⋯⋯⋯⋯⋯⋯⋯⋯⋯⋯⋯124

4.3　潮流泥沙模型⋯⋯⋯⋯⋯⋯⋯⋯⋯⋯⋯⋯⋯⋯⋯⋯⋯⋯⋯⋯⋯⋯⋯⋯⋯⋯⋯126

  4.3.1　正常天气下的泥沙输运模拟⋯⋯⋯⋯⋯⋯⋯⋯⋯⋯⋯⋯⋯⋯⋯⋯⋯127

  4.3.2　极端天气下的泥沙输运模拟⋯⋯⋯⋯⋯⋯⋯⋯⋯⋯⋯⋯⋯⋯⋯⋯⋯159

第5章 工程区域稳定性与汕头港航道淤积分析 ·················· 164

5.1 水动力特征分析 ·················· 164
5.1.1 工程前后的潮位变化 ·················· 165
5.1.2 工程前后的流场变化 ·················· 166

5.2 泥沙运动与海床稳定性分析 ·················· 174
5.2.1 工程区域的泥沙运动 ·················· 175
5.2.2 工程区域的海床稳定性 ·················· 186

5.3 采砂坑对工程海岸稳定性的影响分析 ·················· 192
5.3.1 采砂坑对工程海岸潮流的影响 ·················· 193
5.3.2 采砂坑对工程海岸波浪的影响 ·················· 200
5.3.3 采砂坑对工程海岸稳定性的影响 ·················· 216

5.4 台风期间冲淤分析 ·················· 218
5.4.1 台风期间水动力场、波浪场和泥沙场分布 ·················· 218
5.4.2 工程区域泥沙冲淤分析 ·················· 225

5.5 汕头港航道淤积分析 ·················· 231
5.5.1 工程建设对汕头港航道的淤积影响 ·················· 231
5.5.2 汕头港航道淤积分析 ·················· 234

第6章 结论与建议 ·················· 240

6.1 结论 ·················· 240
6.2 建议 ·················· 243

参考文献 ·················· 244

附表 影响广东的热带气旋统计（1949—2021年） ·················· 248

第1章 绪 论

1.1 概 述

汕头东部城市经济带河口治理及综合开发项目(以下简称"项目")位于广东省汕头市东部的韩江三角洲浅滩区域,建设范围位于23°19′29″—23°25′42″N、116°45′50″—116°50′57″E之间,即从汕头港拦沙堤起,基本平行于现状海岸,向东北方向延伸,经过新津河河口、外砂河河口,止于莱芜半岛的连岛堤[1]。工程建设任务包括:(1)新津河改道与外砂河疏浚整治。河口整治工程改变了新津河出海口的方向,由工程前的西南方向出海改为工程后的东南方向出海;(2)滩涂围填开发利用。围填工程分为三个片区,分别为汕头港拦沙堤—新津河河口(新津片区)、新津河河口—外砂河河口(新溪片区)和外砂河河口—莱芜岛(塔岗围片区),填海区面积约20 km²;(3)防洪(潮)和排涝工程[1]。工程所在区域及平面规划图分别见图1.1-1与图1.1-2。

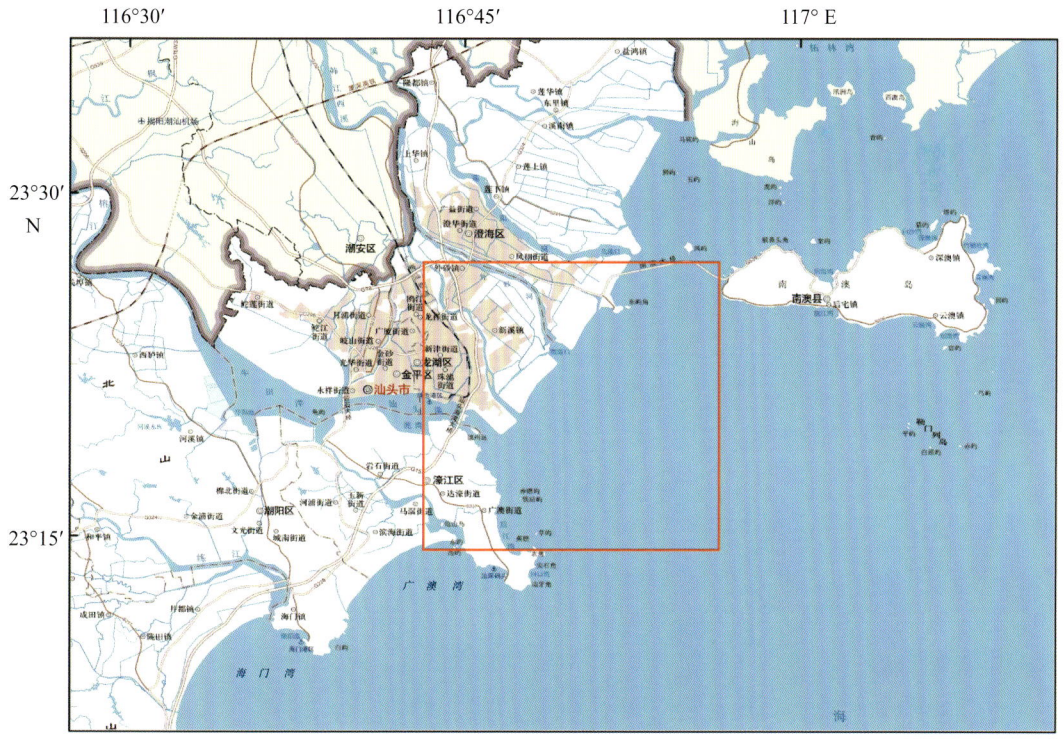

图1.1-1 工程所在区域示意图

图1.1-2　新津片区、新溪片区和塔岗围片区规划图[2]

项目用海总体规划于2008年得到国家海洋局批复，2009年开始施工建设。先期启动新津片区，结合新津河河口改造工程，建设汕头港拦沙堤—新津河河口片区围堤，并将汕头港及新津河河口的挖泥作为填海物料。中期建设塔岗围片区，远期建设新溪片区。2013年，新津、新溪和塔岗三个片区的抛石海堤实现合拢，进行陆域吹填作业。至2014年年底，三个片区完成海堤主体工程，均已填海成陆[2]。围片区海堤设计防洪标准为50年一遇，防潮标准为100年一遇，堤顶按允许部分越浪设计，堤顶高程3.7~5.8 m（珠江基面），堤顶预设防浪墙，墙高0.7 m[3]。新建海堤总长21.47 km，其中，汕头港拦沙堤—新津河河口片区海堤长6.52 km，布置横向主干河涌1条，河涌东出口布置有龙津水闸1座；新津河河口—外砂河河口片区海堤长9.02 km，布置东西走向主干河涌1条，河涌两头出口分别设置西闸和东闸各1座；外砂河河口—莱芜闸片区海堤长5.93 km，布置东西走向主干河涌1条，河涌两头出口布置南港闸、莱芜闸各1座；外砂河河口—莱芜闸片区新、老八孔闸之间的主干河涌扩宽至200 m，形成避风港，将莱芜水闸靠近莱芜岛一侧的一孔闸孔设计为通航孔，解决澄海区莱芜渔船通航避风问题，便于渔民的生产和生活[4]。海堤建设平面图见图1.1-3。

工程区域东南侧为开敞的南海海域，围填工程直接将岸线向海推进1.5~2.4 km，位于海图水深约2.0 m等深线处，海岸线位置发生显著变化。同时，围填造地所需的填海物料约为$1.15 \times 10^8 \text{ m}^3$，约有$6100 \times 10^4 \text{ m}^3$缺口需通过工程区域附近的砂土料场（牛田洋砂土料场、新津砂土料场、莱芜砂土料场等）采砂解决[4]，因采砂量巨大导致采砂区域的面积也较广，见图1.1-4。

为了研究项目建设对工程区域附近及汕头港航道的水流、泥沙运动影响，掌握分析新的围填岸线海床演变规律，通过实测与收集工程区域的水文气象、地形地貌与遥感等历史资料，结合风场模型、波浪模型、潮流模型和泥沙模型，分析工程区域的水流、泥沙运动特征、河口岸线稳定性，预测海床未来的演变趋势以及工程建设对汕头港航道的淤积影响，旨在为海洋和航道等相关管理和设计部门提供科学决策依据。

图1.1-3 海堤建设平面图[5]

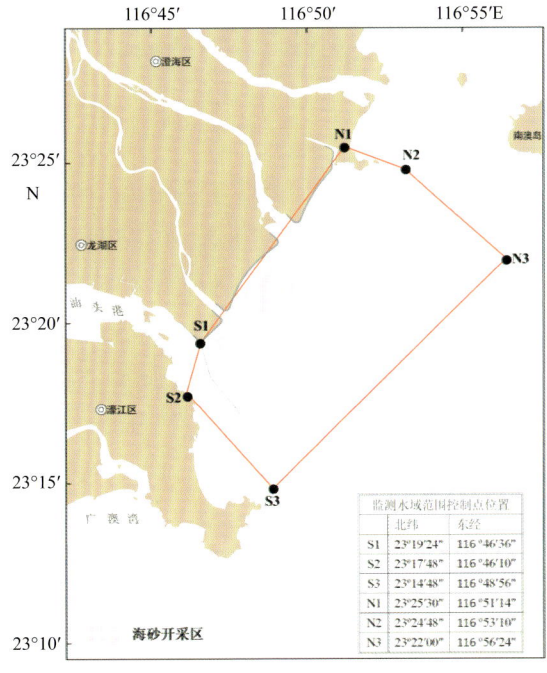

图1.1-4 海砂开采区与水文地形监测范围[6]

1.2 研究依据

(1)《海洋调查规范 第2部分：海洋水文观测》(GB/T 12763.2—2007)；
(2)《海洋调查规范 第7部分：海洋调查资料交换》(GB/T 12763.7—2007)；
(3)《海洋调查规范 第8部分：海洋地质地球物理调查》(GB/T 12763.8—2007)；

（4）《海洋观测规范 第2部分：海滨观测》（GB/T 14914.2—2019）；

（5）《港口与航道水文规范》（JTS-145—2015）；

（6）《海岸与河口潮流泥沙模拟技术规程》（JTS/T 231-2—2010）；

（7）《水运工程波浪观测和分析技术规程》（JTJ/T 277—2006）；

（8）《波浪模型试验规程》（JTJ/T 234—2001）；

（9）《海港总体设计规范》（JTS 165—2013）；

（10）《海道测量规范》（GB 12327—1998）；

（11）《广东省海堤工程设计导则（试行）》（DB 44/T182—2004）。

1.3　基础资料

1.3.1　地形资料

（1）汕头港海图（2013年2月第1版，1∶15000，中华人民共和国海事局）；

（2）汕头港附近海图（2013年4月第1版，1∶60000，中华人民共和国海事局）；

（3）汕头港外航道海图（2013年1月第1版，1∶15000，中华人民共和国海事局）；

（4）东山岛至石碑山角海图（2012年12月第1版，1∶150000，中华人民共和国海事局）；

（5）表角至龟屿海图（2011年4月第1版，1∶30000，中华人民共和国海事局）；

（6）榕江水道（一）海图（2009年8月第1版，1∶15000，中华人民共和国海事局）；

（7）榕江水道（二）海图（2009年9月第1版，1∶15000，中华人民共和国海事局）；

（8）榕江水道（三）海图（2009年8月第1版，1∶15000，中华人民共和国海事局）；

（9）汕头港附近海图（1984年6月第1版，1∶30000，中国人民解放军海军司令部航海保证部）；

（10）汕头港至厦门港海图（1952年10月刊行，1∶250000，中国人民解放军海军司令部海道测量局）；

（11）潮州湾至汕头港海图（2006年9月第1版，1∶100000，中华人民共和国海事局）；

（12）苏尖角至表角海图（1986年5月第1版，1∶75000，中国人民解放军海军司令部航海保证部）；

（13）苏尖角至表角海图（1997年12月第2版，1∶75000，中国人民解放军海军司令部航海保证部）；

（14）苏尖角至表角海图（2007年11月第2版，1∶75000，中国人民解放军海军司令部航海保证部）；

（15）苏尖角至表角海图（2013年7月第4版，1∶75000，中国人民解放军海军司令部航海保证部）；

（16）工程区域水深测量CAD（2012年9月4日至9月25日，1∶5000和1∶10000，

广东省粤东航道局航道工程测量队);

(17) 工程区域水深测量 CAD (2014 年 4 月 11 日至 5 月 15 日, 1:5000 和 1:10000, 广东省粤东航道局汕头航标与测绘所);

(18) 工程区域水深测量 CAD (2014 年 10 月 21 日至 11 月 8 日, 1:5000 和 1:10000, 广东省粤东航道局汕头航标与测绘所);

(19) 工程区域水深测量 CAD (2015 年 4 月 25 日至 5 月 22 日, 1:5000 和 1:10000, 广东省粤东航道局汕头航标与测绘所);

(20) 其他相关水深数据资料。

1.3.2 水文泥沙资料

(1) 工程区域 7 条垂线的大、中、小潮水文泥沙全潮同步测量资料(包括潮流、含沙量), 表层沉积物样 179 个 (2012 年 9 月 17 日至 2012 年 10 月 1 日);

(2) 工程区域 5 条垂线的大、中、小潮水文泥沙全潮同步测量资料(包括潮流、含沙量), 表层沉积物样 142 个 (2013 年 12 月 17 日至 2013 年 12 月 30 日);

(3) 工程区域 5 条垂线的大、中、小潮水文泥沙全潮同步测量资料(包括潮流、含沙量), 表层沉积物样 142 个 (2014 年 6 月 21 日至 2014 年 6 月 30 日);

(4) 工程区域 5 条垂线的大、中、小潮水文泥沙全潮同步测量资料(包括潮流、含沙量), 表层沉积物样 142 个 (2015 年 1 月 14 日至 2015 年 1 月 23 日);

(5) 汕头海洋站和云澳海洋站的风、波浪、潮位资料 (2012 年 1 月至 2015 年 1 月);

(6) 其他相关水文泥沙资料。

图 1.1-4 为项目技术要求规定的水文监测范围。2012 年 9 月至 2015 年 5 月, 在该区域范围内进行了共 4 个航次的全潮水文观测、表层沉积物采样及地形动态监测, 采样站位位置见相应章节内容。

1.4 技术设计

项目包括三个片区的大面积围填造地、新津河改道与外砂河疏浚、海堤靠海侧的大量采砂等活动。由于工程量巨大且影响的范围很广, 工程区域的水流和泥沙运动状态将不可避免发生较大改变, 可能导致围填区的岸线和海床发生严重侵蚀、造成汕头港航道淤积。为了及时掌握这些变化和可能造成的影响, 除了进行必要的水文观测和地形动态监测外, 还需要通过动力地貌分析和数学模型计算等手段, 以便从宏观和微观、定性和定量的角度分析和预测项目建设对工程区域的岸线稳定性、海床演变和汕头港航道的影响。

工程区域位于韩江多个分流河口, 潮流和波浪是泥沙运动的最主要动力, 波浪掀沙和潮流输沙使得工程区域的泥沙运动极为活跃, 也更为复杂。因此, 在计算和预报工程区域的泥沙运动和地形变化时, 仅仅考虑潮流的作用显然是不全面的, 还必须考虑波浪的作用。此外,需要注意的是,在工程建设中已发现台风过后河口河床地形出现了明显的改变,即深槽淤积,滩地冲刷。事实上即使没有潮流存在,台风浪的近底水质点强烈振动也足以掀扬起大量底沙,在台风影响期间,底部浮泥、新淤土乃至固结土的起动掀扬可归咎于强流场和台风浪两部分的综合作用。根据中国气象局热带气旋资料中心(www.typhoon.gov.cn)"CMA—STI 热带气旋最佳路径数据集"统计,1949—2021 年间共有 68 个台风经过工程区域(22°40′—23°50′N,116°—118°E),其中包括台风 16 个,强台风 7 个,因此探讨台风浪对工程区域的冲淤影响研究极有必要。有鉴于此,研究项目对工程区域海床、岸线稳定性和汕头港航道的影响,不但要考虑建立适用于工程区域的包含径流、潮流和波浪作用下的泥沙数学模型,还要考虑建立台风浪数值预报模式,综合分析强流场和台风浪场对工程区域和汕头港航道冲淤的动力影响。

项目技术设计流程图见图 1.4-1。以现场的水文观测和地形动态监测资料为主,收集工程区域的水文气象、地形地貌与遥感影像等历史资料,通过资料分析与数学模型计算,分析工程区域的水流、泥沙运动特征、河口岸线稳定性,预测海床未来的演变趋势以及工程建设对汕头港航道的淤积影响。数学模型包括风场模型、波浪模型、潮流模型和泥沙模型,其中风场模型和波浪模型为潮流泥沙模型提供动力条件。由于围填工程形成的岸线曲折,新形成的河口尺度较小,为了准确反映岸线对水流泥沙运动的影响以及河口水流泥沙过程,潮流、泥沙与波浪模型均采用非结构网格,可较好地拟合人工岸线及河口地形。

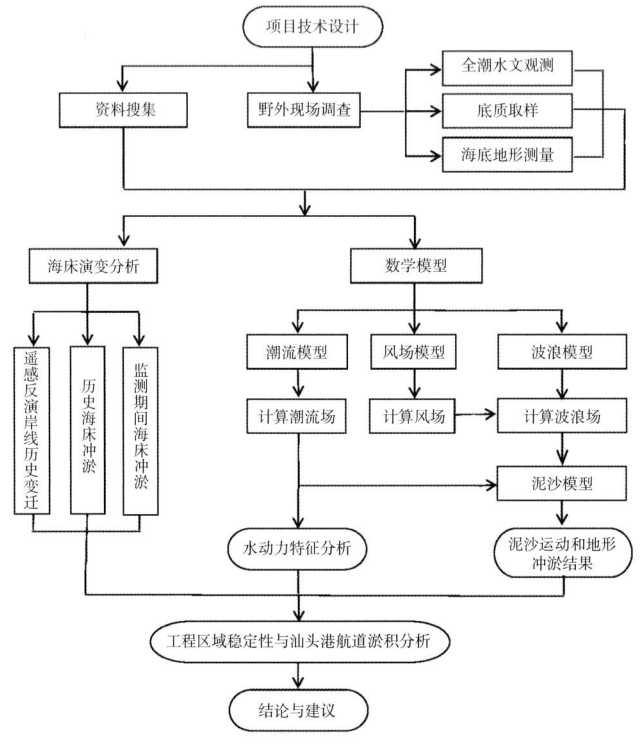

图 1.4-1　项目技术设计流程图

第 2 章　自然条件

本章使用的气象、水文资料主要来源于工程区域附近的汕头海洋站（23°13.2′N，116°46.5′E）、云澳海洋站（23°24′N，117°06′E）及表角波浪测站（23°14′N，116°49′E），见图 2.0-1，以及 2012 年 9 月至 2015 年 1 月工程区域的 4 个航次水文调查。

气象、水文资料统计年限见表 2.0-1。

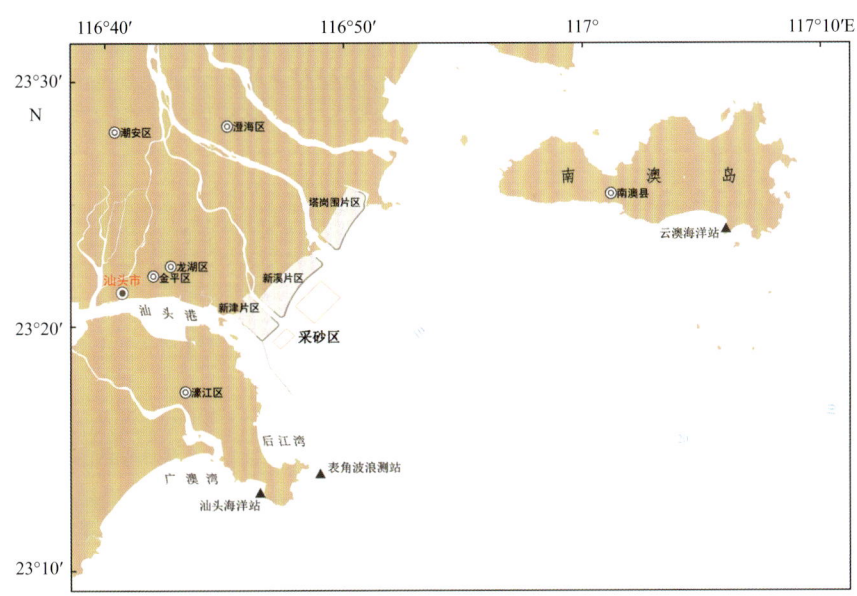

图2.0-1　海洋水文测站点

表2.0-1　气象、水文资料统计年限

要素	资料来源	汕头海洋站	云澳海洋站	表角波浪测站	水文调查
气象	气温、相对湿度、降水、雾	2012—2014			
	风	2012—2014			2012.9—2015.1
水文	潮汐	2012—2014	2012—2014		
	海流				2012.9—2015.1
	水温、盐度		1961—1990		
	波浪	2012—2014		1966—1975	
	悬沙				2012.9—2015.1
	表层沉积物				2012.9—2015.1

2.1 气象特征

2.1.1 气温

工程区域全年气温较高,气温年较差为14.2℃。年平均气温为22.6℃,最热月出现在7月,月平均气温为29.0℃;9月次之,月平均气温为28.8℃;最冷月出现在1月和2月,月平均气温为14.8℃。最高气温为36.3℃,出现在2012年8月1日;最低气温为6.0℃,出现在2012年12月31日,见表2.1-1。

表2.1-1 平均气温统计　　　　　　　　　　　　　　　　　　　　　　　　单位:℃

月份	1	2	3	4	5	6	7	8	9	10	11	12	全年
平均	14.8	14.8	17.4	21.6	25.1	28.0	29.0	28.7	28.8	25.4	21.7	16.2	22.6
最高	23.0	25.8	27.5	28.0	31.3	32.9	34.4	36.3	34.6	31.7	28.6	25.7	36.3
最低	7.1	6.5	9.7	14.8	17.5	23.2	24.4	24.3	25	18.8	11.9	6.0	6.0

2.1.2 相对湿度

工程区域月平均相对湿度最高为88%,出现在5月,最小为65%,出现在10月。年平均相对湿度为79%,最低相对湿度为19%,发生在2013年5月2日,见表2.1-2。

表2.1-2 相对湿度统计　　　　　　　　　　　　　　　　　　　　　　　　单位:%

月份	1	2	3	4	5	6	7	8	9	10	11	12	全年
平均	75	82	81	82	88	87	84	86	76	65	75	68	79
最低	26	49	22	37	19	49	48	43	35	28	24	25	19

2.1.3 降水

工程区域年降雨量为1 372.6 mm。日最高降水量为240.7 mm,出现在2014年6月16日。5月月平均降水量最大,为355.4 mm,月平均降水日数为18 d。10月月平均降水量最小,为8.3 mm,月平均降水日数为2 d。年平均降水日数为110 d,见表2.1-3。

表2.1-3 降水量统计　　　　　　　　　　　　　　　　　　　　　　　　　单位:mm

月份	1	2	3	4	5	6	7	8	9	10	11	12	全年
平均	16.3	33.8	58.1	164.9	355.4	274.1	129.5	141.4	62.2	8.3	75.8	52.9	1372.6
最高	10.1	34.5	70.5	99.5	175.5	240.7	68.4	56.3	36.3	9.9	49	30.1	240.7
降水日数*	4	7	7	13	18	13	12	12	5	2	8	10	110

注:$R > 0.1$ mm 才认为降水。

2.1.4 雾

工程区域年雾日平均值为 7.5 d，3 月雾日最多，为 2 d，7 月至 12 月没有雾日出现，从全年分布来看，雾日主要出现在冬、春季节，1 月至 5 月的雾日为 6 d，这 5 个月的雾日占统计资料的 80% 以上，夏、秋季节雾日较少。

表2.1-4 雾日统计　　　　　　　　　　　　　　　　　　　　　　　　单位：d

月份	1	2	3	4	5	6	7	8	9	10	11	12	全年
雾日	1.3	2.0	1.8	1.0	1.5								7.5

2.1.5 风

根据汕头海洋站 2012—2014 年的风速风向资料统计分析得到工程区域附近各月最多风向及频率、各月平均风速和最大风速、各向平均风速和最大风速及频率、历年各月大风平均日数等，结果见表 2.1-5 至表 2.1-7，图 2.1-1。

由表 2.1-5 可知：工程区域风存在明显的季节变化，1—5 月、9—12 月盛行风向为 E，6—8 月盛行风向为 SSW、S 和 SW。

由表 2.1-6 可知：工程区域年平均风速为 3.8 m/s，7 月的月平均风速最低，为 3.1 m/s，6 月的月平均风速最大，为 4.3 m/s。2013 年 9 月 22 日受强台风"天兔"影响，工程区域的最大风速为 25.8 m/s，极大风速为 42.6 m/s。

由表 2.1-7 可知：工程区域的常风向为 E，出现频率为 22.64%，其次为 ENE，出现频率为 16.04%；最小频率为 WNW，出现频率为 0.79%，次小为 W，出现频率为 0.98%。强风向为 ENE 和 SW，平均风速均为 4.5 m/s，次强风向为 SSW，平均风速为 4.3 m/s，风速最弱的方向为 WNW，平均风速为 2.8 m/s，风速次弱的方向为 SSE 和 NW，平均风速均为 2.9 m/s。

表2.1-5 汕头海洋站各月最多风向及频率　　　　　　　　　　　　　　　　单位：%

月份	1	2	3	4	5	6	7	8	9	10	11	12	全年
风向	E	E	E	E	E	SSW	S	SW	E	E	E	E	E
频率	32.3	36.7	30.0	21.3	22.0	17.5	14.2	11.9	20.3	28.0	25.8	22.1	22.6

表2.1-6 汕头海洋站各月平均风速、最大风速　　　　　　　　　　　　　单位：m/s

月份	1	2	3	4	5	6	7	8	9	10	11	12	全年
平均	3.8	4.1	3.9	3.5	3.8	4.3	3.1	3.3	3.3	4.1	4.1	4.2	3.8
最大	11.2	12.6	15.5	13.5	14.2	19.6	16.4	14.6	25.8	10.9	11.6	15.3	25.8
极大	18.9	21.5	24.5	19.3	25.1	25.5	22.2	21.1	42.6	18.6	18.5	22.7	42.6
≥8级风天数 (d)	1.3	4.7	4.0	2.3	2.0	3.0	2.7	2.0	1.3	2.3	1.3	1.3	28.3

表2.1-7　汕头海洋站各向风速与频率

风向	N	NNE	NE	ENE	E	ESE	SE	SSE	S	SSW	SW	WSW	W	WNW	NW	NNW	C
频率（%）	3.94	9.32	9.28	16.04	22.64	9.56	2.75	3.01	5.28	5.16	3.92	2.16	0.98	0.79	1.12	1.72	2.33
平均风速（m/s）	3.5	3.4	3.5	4.5	4.2	3.6	3.0	2.9	3.2	4.3	4.5	3.8	3.0	2.8	2.9	4.1	—
最大风速（m/s）	13.2	12	19.9	25.8	20.4	17.5	10.7	8.8	13.4	12.7	19.6	16.7	14.6	11.3	15.5	15.3	—

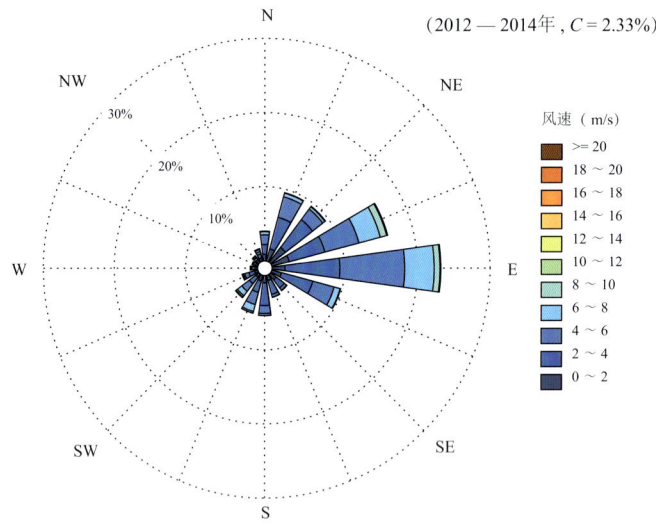

图2.1-1　汕头海洋站整点10分钟平均风玫瑰图

表2.1-8为4个航次观测期间汕头海洋站实测风资料，可以看出，工程区域夏季盛行S风或SW风、冬季盛行NE风，平均风速在2.0～6.0 m/s之间。

表2.1-8　汕头海洋站风观测资料统计　　　　　　　　　　　　　　　　单位：m/s

潮期	航次1（2012年9月）			航次2（2013年12月）			航次3（2014年6月）			航次4（2015年1月）		
	最大风速	平均风速	盛行风向	最大风速	平均风速	盛行风向	最大风速	平均风速	盛行风向	最大风速	平均风速	盛行风向
大潮	6.0	4.6	NE	6.5	3.6	NE	4.2	1.8	S	6.6	3.3	NE
中潮	8.5	5.6	NE	6.5	3.2	NE	6.4	3.7	SW	5.6	2.9	NE
小潮	6.9	3.4	不定	6.7	3.2	NE	6.6	4.2	S	7.3	4.7	NE

注：根据一分钟平均的实测风资料统计。

2.1.6　灾害性天气

工程所在海区是西北太平洋和南海台风、热带风暴活动和登陆的主要地区之一，因此主要的气象灾害是热带气旋引起的极端大风。热带气旋是破坏性颇为严重的灾害性天气系统，位居当今危害全球的十大自然灾害之首。影响本工程区域的热带气旋产生的源地有两个：一是菲律宾以东洋面，二是南海本地。据历史资料统计，来自菲律宾以东洋面的热带气旋占总数的56%，南海本地生成的占44%。热带气旋资料的统计均按国际规定划分如下。

热带低压：风力6~7级（风速10.8~17.1 m/s）。

热带风暴：风力8~9级（风速17.2~24.4 m/s）。

强热带风暴：风力10~11级（风速24.5~32.6 m/s）。

台风：风力12~13级（风速32.7~41.4 m/s）。

强台风：风力14~15级（风速41.5~50.9 m/s）。

超强台风：风力≥16级（风速≥51.0 m/s）。

根据中国气象局热带气旋资料中心（www.typhoon.gov.cn）"CMA—STI 热带气旋最佳路径数据集"统计1949—2021年经过工程区域的热带气旋（范围：22°40′—23°50′N，116°—118°E，见图2.1-2），统计结果见表2.1-9。73年间，共有68个热带气旋影响工程区域，其中热带低压7个，热带风暴21个，强热带风暴17个，台风16个，强台风7个，无超强台风。热带气旋多发生在6—9月，该时间内的发生次数占总数的92%以上，7月发生次数最多，为17次，8月和9月次之，均为16次，1—4月、11月和12月发生次数均为0。

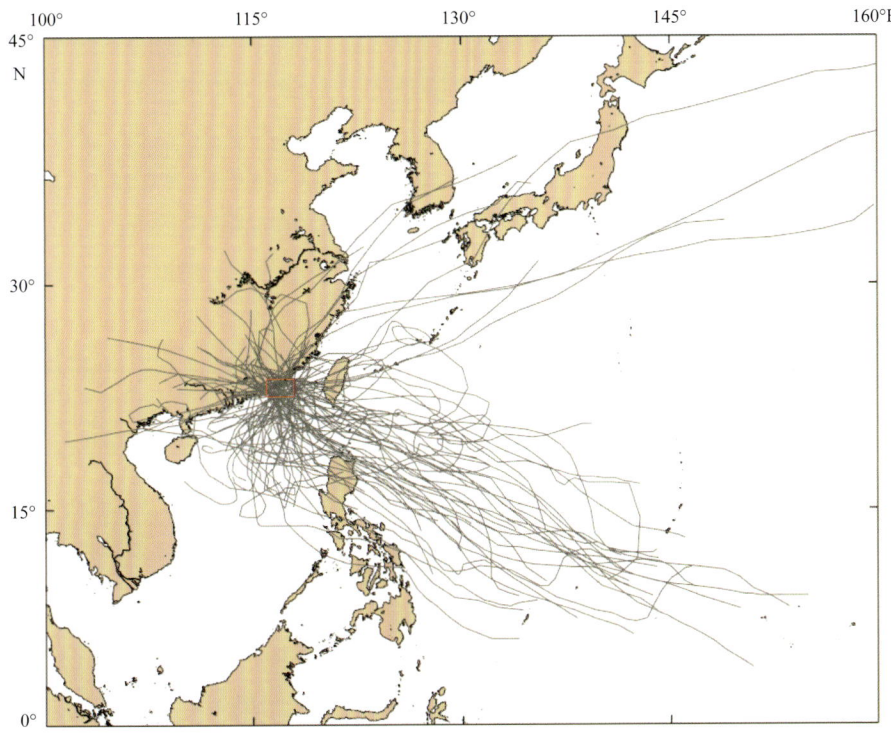

图2.1-2 经过工程附近海域的热带气旋统计（1949—2021年）

表2.1-9 热带气旋各月统计（1949—2021年）

月份	1	2	3	4	5	6	7	8	9	10	11	12	合计
热带低压						1	3	1	2				7
热带风暴					1	5	4	7	4				21
强热带风暴					1		7	5	3	1			17
台风					1	5	1	2	6	1			16
强台风							4		3				7
超强台风													
合计					3	14	17	16	16	2			68

对当地造成较大损失的热带气旋分别为2001年0104号台风"尤特"、2006年0601号台风"珍珠"和2013年1319号台风"天兔"。根据自然资源部每年发布的《中国海洋灾害公报》相关统计（http://gc.mnr.gov.cn/）：2001年7月6日的台风"尤特"造成广东省的直接经济损失约24.5亿元。其中海水养殖受灾约1.1×10^4 hm²，水产损失约5.6×10^4 t；2006年5月18日的台风"珍珠"造成广东省的直接经济损失12.3亿元。受灾人口778.12万人，紧急转移32.7万人。农田受淹21.19×10^4 hm²，水产养殖损失9.45×10^4 hm²，堤防损毁1 675处，144.89 km，沉没损毁渔船1 518艘；2013年9月23日的强台风"天兔"造成广东省的直接经济损失58.57亿元。受灾人口579.32万人，紧急转移安置人口26.52万人，倒塌房屋785间，损坏房屋2 925间，水产养殖受灾面积2.36×10^4 hm²，毁坏渔船188艘，损坏渔船4 636艘，损毁码头0.28 km，损毁防波堤15.05 km，损毁海堤、护岸53.55 km，淹没农田1.06×10^4 hm²。

寒潮及强冷空气也是影响工程区域的主要灾害性天气之一，根据"广东省各类主要灾害性天气标准"对汕头气象站1950—1985年的气候资料进行统计，36年中影响工程区域的寒潮4次，冷空气34次，平均每年受寒潮及冷空气影响1.1次，寒潮及冷空气主要出现在12月至翌年2月[7]。

2.2 海洋水文

2.2.1 潮汐

工程区域潮汐主要由太平洋潮波传入南海，并与当地地形相互作用后形成的。根据云澳海洋站、汕头海洋站2012—2014年逐时潮位资料统计结果（见表2.2-1），工程区域潮汐性质系数 F 在 0.98～1.61 之间，东部小于西部，潮汐类型属于不正规半日潮。此类型的潮汐特点：一个太阴日之内有两次高潮和两次低潮，但相邻两次高潮和两次低潮的高度都不相等，涨、落潮历时亦不相等，即出现日潮不等现象，月球赤纬愈大，日潮不等现象愈显著。

表2.2-1　工程区域各站潮汐特征值

特征值	汕头海洋站	云澳海洋站
$(H_{k1}+H_{O1})/H_{M2}$ 潮汐性质 F	1.61	0.98
最高潮位（cm）	296	284
平均大潮高潮位（cm）	146	166
平均高潮位（cm）	109	126
平均低潮位（cm）	10	−12
平均大潮低潮位（cm）	−50	−76
最低潮位（cm）	−92	−127
平均海面（cm）	56	57
平均潮差（cm）	98	138
最大潮差（cm）	255	272
平均涨潮历时（h）	6.89	7.27
平均落潮历时（h）	5.41	5.15
潮高基面	\multicolumn{2}{c}{1985 国家高程基准}

工程区域最高潮位，汕头海洋站为 2.96 m、云澳海洋站为 2.84 m；最低潮位，汕头海洋站为 −0.92 m、云澳海洋站为 −1.27 m。平均海面汕头海洋站为 0.56 m、云澳海洋站为 0.57 m，二站相差 0.01 m，汕头海洋站基面关系见图 2.2-1。

工程区域最大潮差在 2.55～2.72 m 之间。平均潮差汕头海洋站为 0.98 m、云澳海洋站为 1.38 m。潮差西部小东部大，但各站平均潮差均小于 2.0 m。

工程区域平均涨潮历时均长于平均落潮历时。受地形和径流影响程度不同，不同测站平均涨、落潮历时相差较大。汕头海洋站平均涨潮历时为 6.89 h，平均落潮历时为 5.41 h，相差 1.48 h；云澳海洋站平均涨潮历时为 7.27 h，平均落潮历时为 5.15 h，相差 2.12 h。

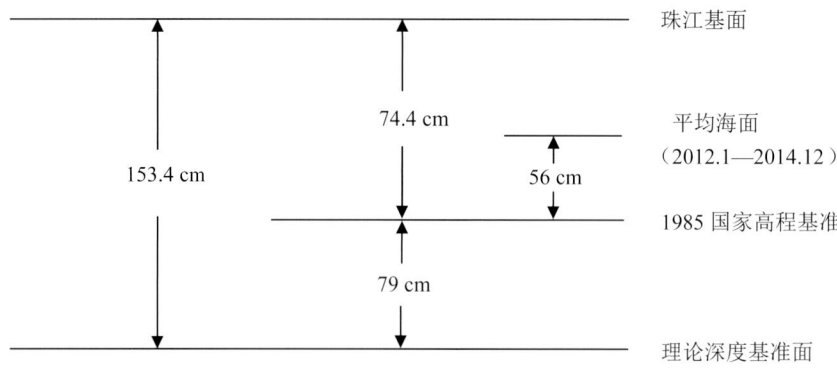

图2.2-1　汕头海洋站基面关系图

2.2.2 潮流

就潮流类型而言，工程区域潮流存在正规和不正规的半日潮流两种类型，以正规的半日潮流为主。一个太阴日之内，出现两次涨潮流和两次落潮流。

2012年9月至2015年1月，南海调查技术中心在工程区域进行了4个航次的全潮（大潮、中潮和小潮）水文观测。除了航次2的C4站、C5站的观测位置由中、小潮在河口内观测改为大潮在围填区外海观测外，4个航次各测站的位置不变。图2.2-2至图2.2-5绘制了这4个航次大潮期的表、中（0.6 H，H为水深）、底层海流平面分布矢量图。表2.2-2为4个航次全潮的表、中、底层最大流速特征统计（2012年9月航次中潮C1站～C3站因风浪影响有部分时间缺测）。

可以看出，除汕头港拦沙堤C1站附近为旋转潮流外，其他区域以往复流为主，涨、落潮流向较稳定，基本与等深线或海岸线的走向一致。围填区外海的C2站和C3站，涨潮时往东北流，落潮时往西南流，涨、落潮流方向与东北—西南向的等深线走向一致；外砂河河口和新津河河口处的C4站和C5站表现为受潮汐影响的河道水流特性，涨潮时往北和西北流，落潮时往南和东南流，与两分流河口的岸线走向一致；汕头湾顶的C6站和C7站，涨潮时往西流，落潮时往东流，涨、落潮流方向与汕头湾顶的东西岸线走向趋势一致。

流速分布具有如下特征：大潮期流速普遍大于中潮期流速，中潮期流速普遍大于小潮期流速；流速在垂向上由表层至底层呈递减趋势；落潮流速大于涨潮流速；河口径流较强时只存在落潮流。

汕头湾顶最大涨潮流速为114 cm/s，最大落潮流速为153 cm/s；汕头港拦沙堤处最大涨潮流速为71 cm/s，最大落潮流速为109 cm/s；围填区外海最大涨潮流速为58 cm/s，最大落潮流速为103 cm/s；两个分流河口上的C4站和C5站，受径流的洪、枯季影响明显，夏季流速普遍大于秋季和冬季，夏季最大涨潮流速为37 cm/s，最大落潮流速为118 cm/s；冬季最大涨潮流速为50 cm/s，最大落潮流速为97 cm/s。

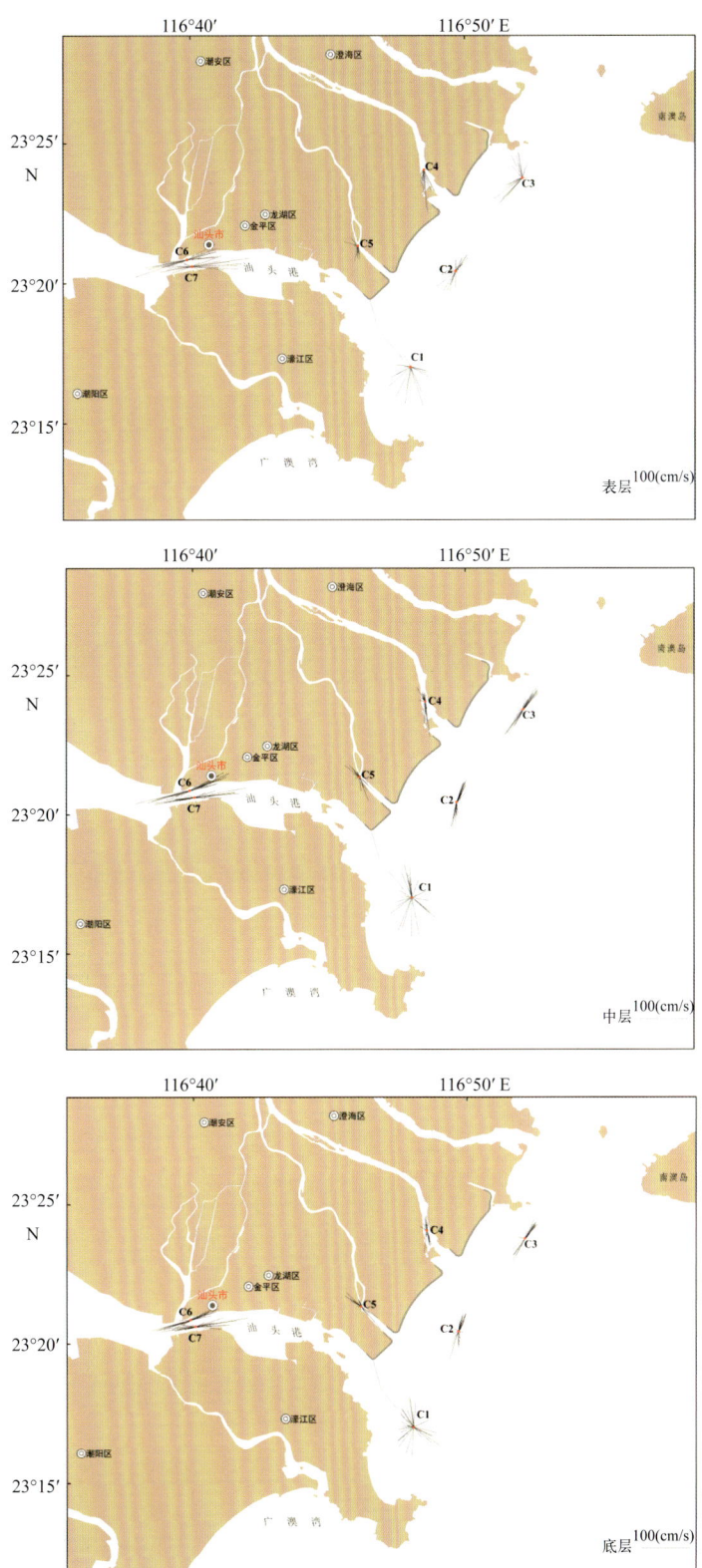

图2.2-2 2012年9月大潮期海流平面分布矢量图

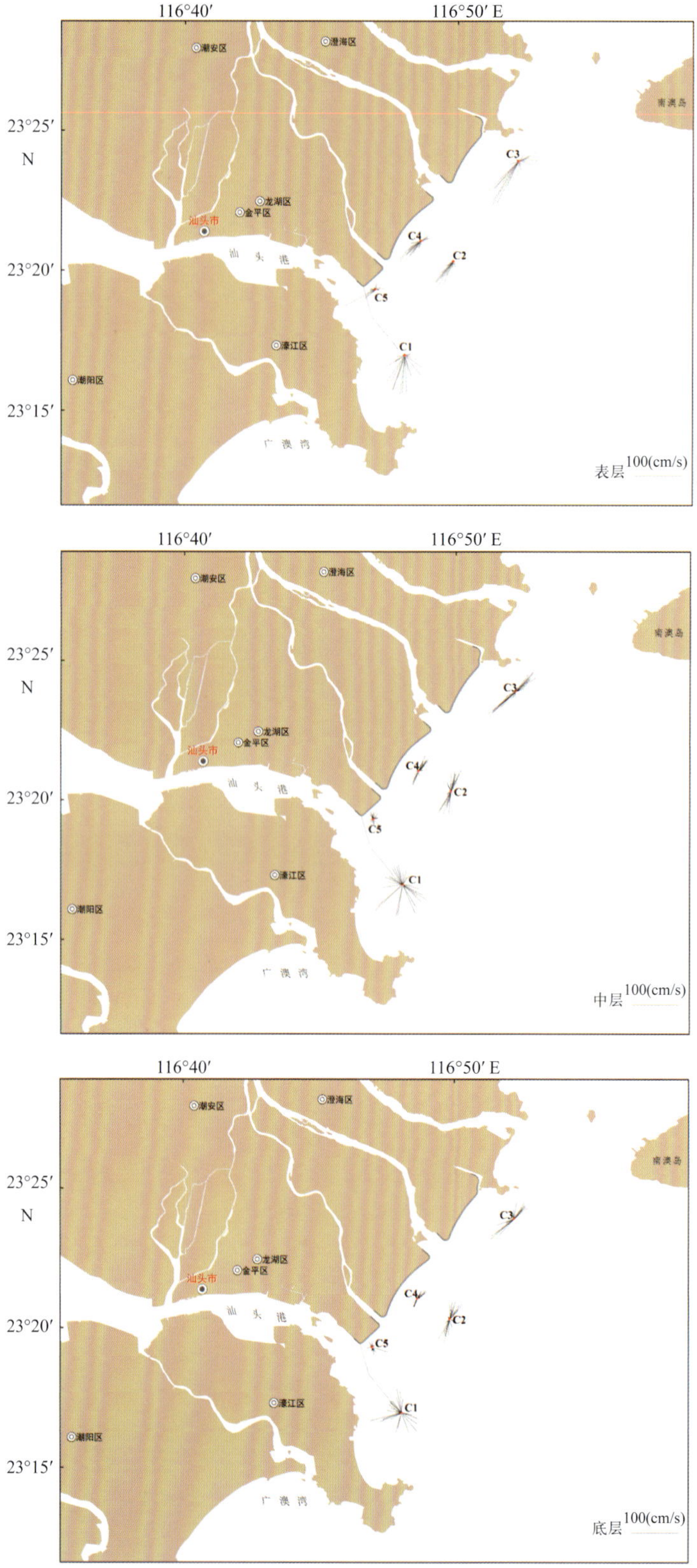

图2.2-3 2013年12月大潮期海流平面分布矢量图

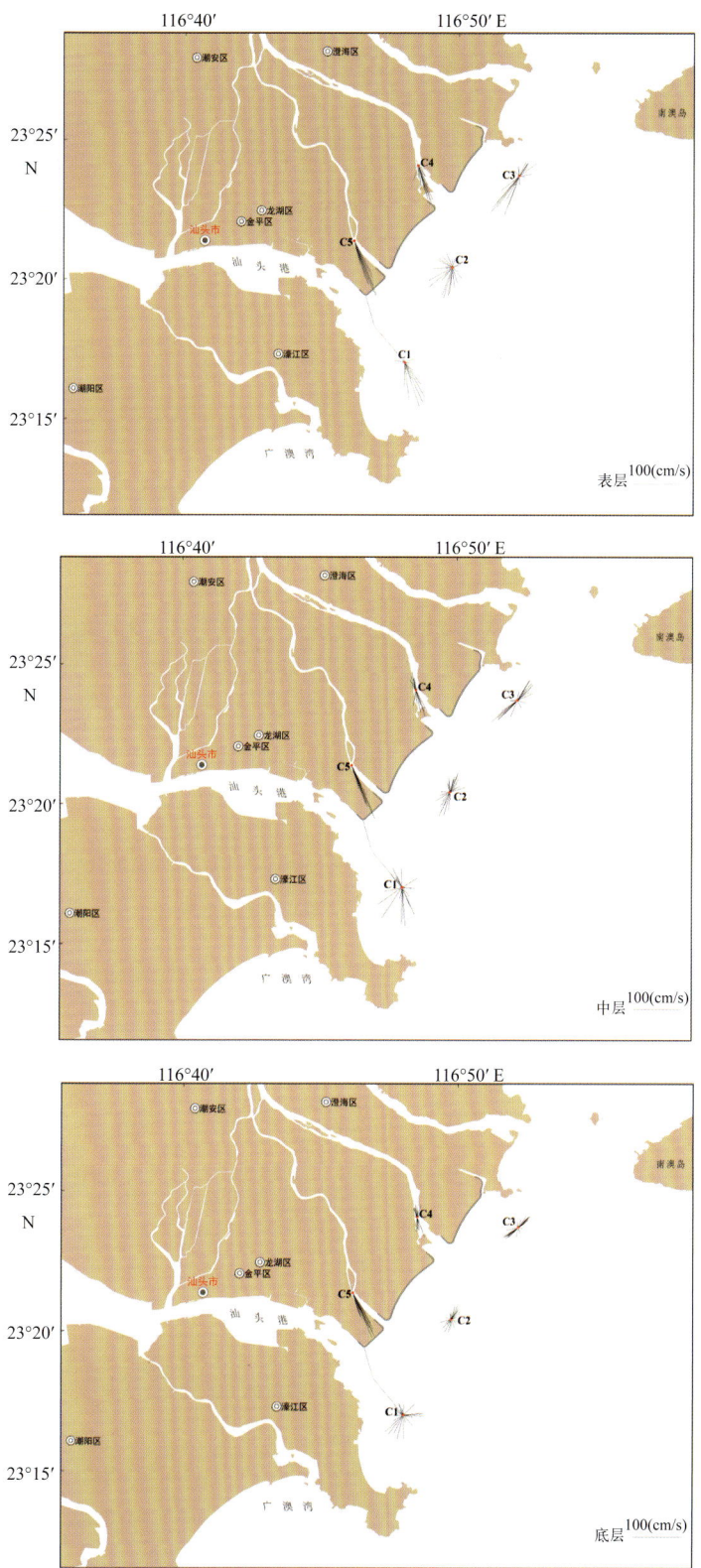

图2.2-4 2014年6月大潮期海流平面分布矢量图

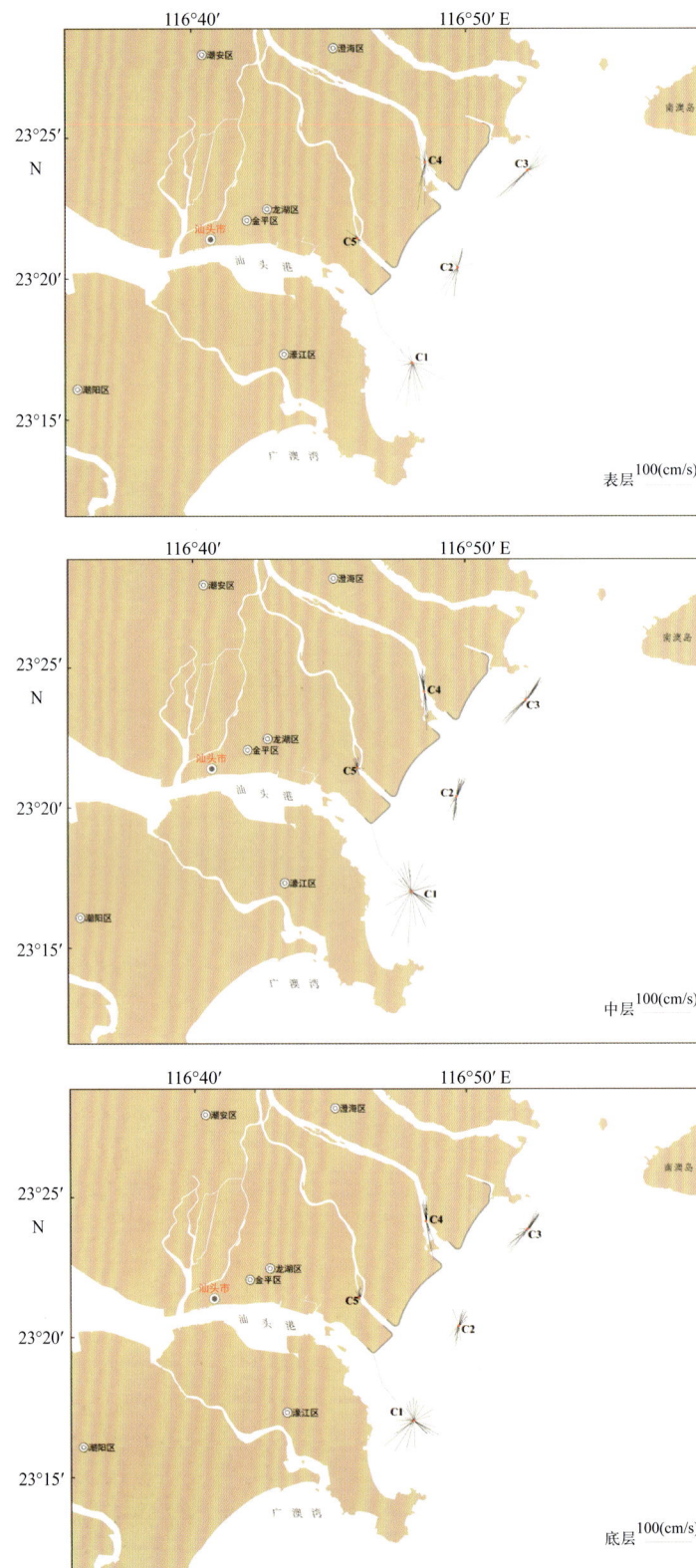

图2.2-5 2015年1月大潮期海流平面分布矢量图

表2.2-2（a） 各站最大涨、落潮流统计

潮期	站号	表层				0.6H 层				底层			
		涨潮		落潮		涨潮		落潮		涨潮		落潮	
		流速(cm/s)	流向(°)	流速(cm/s)	流向(°)	流速(cm/s)	流向(°)	流速(cm/s)	流向(°)	流速(cm/s)	流向(°)	流速(cm/s)	流向(°)
2012年9月20—21日（大潮）	C1	32	278	82	162	71	347	79	181	60	351	64	125
	C2	40	35	49	231	48	24	51	193	39	23	58	198
	C3	52	349	72	235	56	33	66	217	41	27	52	210
	C4	3	320	85	175	33	329	71	172	29	358	44	187
	C5	29	287	31	192	38	308	50	159	40	313	60	139
	C6	111	252	66	70	114	257	89	67	82	255	64	63
	C7	66	260	118	82	84	260	108	80	71	262	109	81
2012年9月24—25日（中潮）	C1	29	89	70	179	34	323	66	197	27	323	61	214
	C2	16	5	60	217	27	16	52	197	33	10	36	193
	C3	8	332	72	226	33	31	61	214	35	44	52	224
	C4	3	50	73	153	23	325	73	182	22	345	38	162
	C5	9	45	55	212	53	352	86	182	60	0	88	180
	C6	98	248	84	65	110	256	125	69	95	247	66	61
	C7	59	257	126	83	68	259	151	81	55	261	118	80
2012年9月28—29日（小潮）	C1	44	70	66	177	57	341	57	153	44	337	44	155
	C2	38	19	58	191	42	23	51	208	49	11	42	208
	C3	39	59	87	217	46	24	56	217	51	15	48	216
	C4	20	350	55	144	28	338	39	177	27	345	26	171
	C5	—	—	63	191	30	355	57	181	52	4	39	195
	C6	55	260	79	76	90	248	116	71	64	244	61	74
	C7	38	261	153	88	60	266	142	87	51	259	89	82
2013年12月19—20日（大潮）	C1	13	74	81	187	41	334	77	227	48	349	64	256
	C2	4	90	63	213	46	25	52	211	39	40	50	194
	C3	47	87	103	211	54	43	74	227	39	32	62	229
	C4	25	73	69	227	34	23	31	207	25	48	18	208
	C5	16	7	73	242	16	338	16	135	33	108	17	167
2013年12月23—24日（中潮）	C1	26	54	64	211	47	348	74	187	37	340	54	215
	C2	17	84	50	219	34	17	45	181	35	21	34	194
	C3	43	70	98	211	44	50	60	226	34	48	55	224
	C4	6	326	64	164	36	354	44	167	32	357	34	156
	C5	9	228	46	113	36	328	32	127	33	338	19	328
2013年12月27—28日（小潮）	C1	12	280	61	187	35	283	58	175	32	295	38	200
	C2	8	88	48	205	23	13	36	199	30	30	31	205
	C3	25	78	83	214	32	35	59	229	28	17	52	229
	C4	3	34	65	164	30	344	33	166	26	352	28	162
	C5	10	222	29	145	18	8	21	166	19	354	21	133

表2.2-2（b） 各站最大涨、落潮流统计

潮期	站号	表层				0.6H 层				底层			
		涨潮		落潮		涨潮		落潮		涨潮		落潮	
		流速(cm/s)	流向(°)	流速(cm/s)	流向(°)	流速(cm/s)	流向(°)	流速(cm/s)	流向(°)	流速(cm/s)	流向(°)	流速(cm/s)	流向(°)
2014年6月21—22日（小潮）	C1	23	67	78	92	49	351	54	114	31	336	42	89
	C2	44	19	37	195	36	21	29	188	27	18	19	220
	C3	56	33	69	226	49	43	38	220	35	37	21	234
	C4	—	—	107	169	12	329	95	166	27	348	79	179
	C5	—	—	81	139	11	346	96	158	23	329	79	140
2014年6月25—26日（中潮）	C1	20	74	100	181	46	336	93	203	30	336	76	222
	C2	35	342	55	190	39	20	38	190	29	23	22	191
	C3	50	27	76	217	43	38	34	227	36	38	26	267
	C4	—	—	107	167	36	347	96	166	19	3	65	165
	C5	—	—	86	142	—	—	104	158	26	332	85	158
2014年6月29—30日（大潮）	C1	22	281	91	161	43	334	77	175	31	47	50	195
	C2	34	297	64	197	42	23	53	206	30	25	30	209
	C3	43	54	95	219	47	33	68	232	33	47	37	237
	C4	14	337	77	160	37	347	55	160	25	352	42	159
	C5	—	—	118	158	—	—	114	156	16	341	97	156
2015年1月14—15日（小潮）	C1	21	61	75	189	42	10	51	248	42	269	39	96
	C2	7	343	31	208	38	16	25	202	34	27	27	229
	C3	38	65	49	210	46	35	36	225	22	18	26	226
	C4	—	—	70	177	37	356	51	190	37	352	37	173
	C5	—	—	61	146	13	1	38	137	23	356	16	184
2015年1月18—19日（中潮）	C1	45	336	73	193	61	354	64	235	52	263	43	244
	C2	33	17	50	199	39	4	31	188	40	28	30	203
	C3	48	60	76	226	48	40	49	222	38	37	35	226
	C4	29	334	68	164	50	349	70	178	42	349	69	171
	C5	8	298	24	169	12	332	9	121	21	357	7	207
2015年1月22—23日（大潮）	C1	39	318	88	188	61	354	109	184	48	60	79	231
	C2	40	15	63	187	42	28	50	188	37	340	40	189
	C3	58	29	87	229	58	33	69	222	48	45	62	218
	C4	41	345	97	189	46	355	77	176	48	0	78	169
	C5	29	306	20	123	22	5	15	166	22	5	6	223

2.2.3 余流

余流通常指实测海流资料中除去周期性流动（天文潮）之外剩余的部分流动，其中包括潮汐余流、风海流和密度流等非周期性流动。工程区域的余流不同季节、不同潮期差别较大。表 2.2-3 至表 2.2-6 统计了 2012 年 9 月至 2015 年 1 月期间 4 个航次的全潮（大潮、中潮和小潮）余流流速及流向。图 2.2-6 至图 2.2-9 绘制了 4 个航次的大潮余流分布图（航次 2 的 C4 站、C5 站观测位置由中潮、小潮在河口内观测改为大潮在围填区外海观测外）。

表2.2-3　2012年9月余流流速及流向

站号	层次	大潮		中潮		小潮	
		流速（cm/s）	流向（°）	流速（cm/s）	流向（°）	流速（cm/s）	流向（°）
C1	表	24	181	—	—	16	174
	中	6	186	—	—	5	307
	底	4	228	—	—	4	269
C2	表	1	246	—	—	8	198
	中	7	66	—	—	4	246
	底	4	43	—	—	3	279
C3	表	18	279	—	—	23	218
	中	2	356	—	—	9	274
	底	2	348	—	—	8	308
C4	表	26	177	27	167	24	154
	中	8	198	2	233	4	306
	底	2	205	2	326	5	352
C5	表	9	201	21	214	24	210
	中	4	189	4	178	10	195
	底	1	137	10	16	16	11
C6	表	1	92	4	146	9	87
	中	3	314	7	61	9	83
	底	5	264	5	260	8	227
C7	表	19	86	20	61	38	87
	中	9	85	20	86	10	89
	底	5	75	8	76	4	75

表2.2-4 2013年12月余流流速及流向

站号	层次	大潮		中潮		小潮	
		流速（cm/s）	流向（°）	流速（cm/s）	流向（°）	流速（cm/s）	流向（°）
C1	表	35	190	20	179	29	188
	中	9	179	8	183	9	216
	底	7	263	6	239	8	266
C2	表	25	216	17	210	23	210
	中	4	234	1	308	6	234
	底	2	151	2	19	2	232
C3	表	29	205	24	212	28	212
	中	9	224	6	218	9	235
	底	10	258	4	244	7	274
C4	表	21	225	20	224	28	174
	中	3	77	4	72	3	323
	底	2	80	2	77	2	348
C5	表	6	245	17	114	10	146
	中	3	21	6	336	4	120
	底	3	129	8	332	1	304

表2.2-5 2014年6月余流流速及流向

站号	层次	大潮		中潮		小潮	
		流速（cm/s）	流向（°）	流速（cm/s）	流向（°）	流速（cm/s）	流向（°）
C1	表	24	110	40	137	31	157
	中	4	208	11	209	14	192
	底	6	209	9	225	7	177
C2	表	9	19	6	227	20	214
	中	6	34	6	39	3	305
	底	6	26	5	15	2	10
C3	表	3	260	6	198	19	215
	中	6	29	3	2	4	251
	底	8	24	7	12	3	266
C4	表	48	172	51	165	36	162
	中	43	167	28	165	6	168
	底	17	168	10	159	2	142
C5	表	47	140	50	134	77	159
	中	42	155	61	156	71	157
	底	22	155	48	152	57	154

表2.2-6　2015年1月余流流速及流向

站号	层次	大潮		中潮		小潮	
		流速(cm/s)	流向(°)	流速(cm/s)	流向(°)	流速(cm/s)	流向(°)
C1	表	31	159	20	162	28	172
	中	1	221	6	10	15	154
	底	6	284	6	345	8	167
C2	表	11	191	8	219	9	225
	中	11	14	6	14	1	346
	底	8	17	6	12	1	152
C3	表	11	163	10	224	15	218
	中	5	355	5	5	5	283
	底	4	338	4	345	6	295
C4	表	29	174	18	178	16	191
	中	3	270	3	332	4	344
	底	11	359	4	7	6	14
C5	表	36	143	3	136	0	184
	中	8	138	1	346	3	3
	底	5	355	3	352	4	350

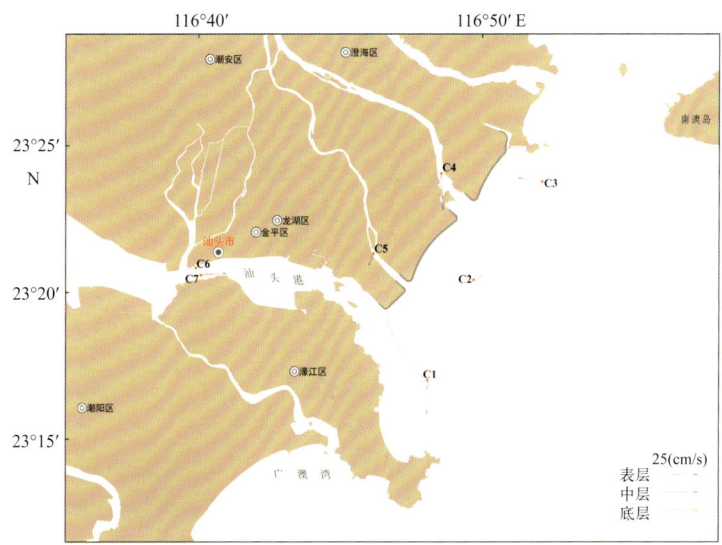

图2.2-6　2012年9月大潮期余流分布图

工程区域的余流受径流和风的影响较大,表层余流通常大于底层。受咸水入侵影响,河口存在垂向重力环流,尤以中、小潮期明显。大多数情况下,汕头湾的表层余流受径流影响,向湾外排水,底层余流则受潮流影响,以上溯流为主;新津河、新溪河河口的余流，夏季流向湾外，冬季表层流向湾外、底层流向湾内。围填区外海的余流，表层流向西南，中、底层流向西北或东北。

夏季（2014年6月），工程区域盛行S或SW风（见表2.1-8），河口下泄径流较强，河口的余流大于外海，最大余流77 cm/s，出现在C5站的大潮期表层；围填区外海余流表层流向西南，中、底层流向西北或东北，最大余流20 cm/s，出现在C2站的大潮期表层。

秋季（2012年9月），工程区域处于季风转换期，汕头港航道、河口的余流大于外海，最大余流38 cm/s，出现在C7站的小潮期表层；围填区外海余流表层流向西南，中、底层流向西北或东北，最大余流23 cm/s，出现在C3站的小潮期表层。

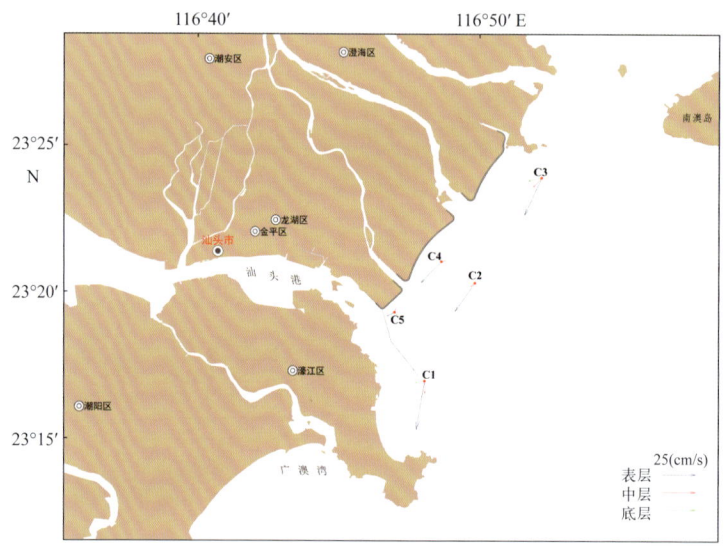

图2.2-7　2013年12月大潮期余流分布图

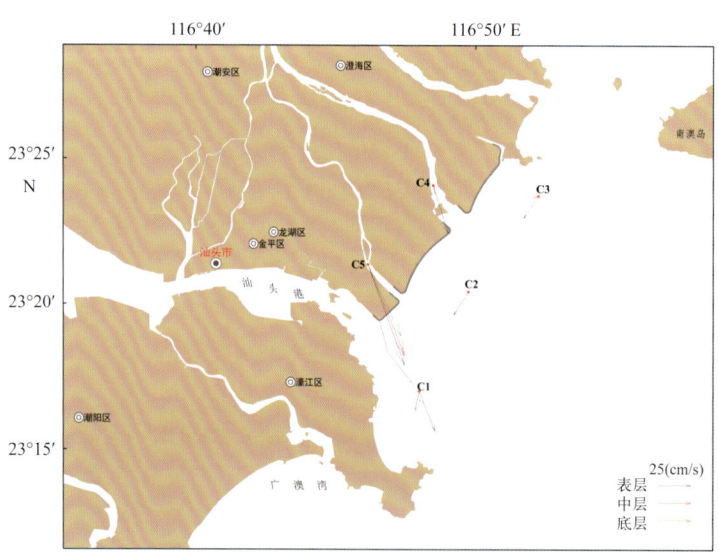

图2.2-8　2014年6月大潮期余流分布图

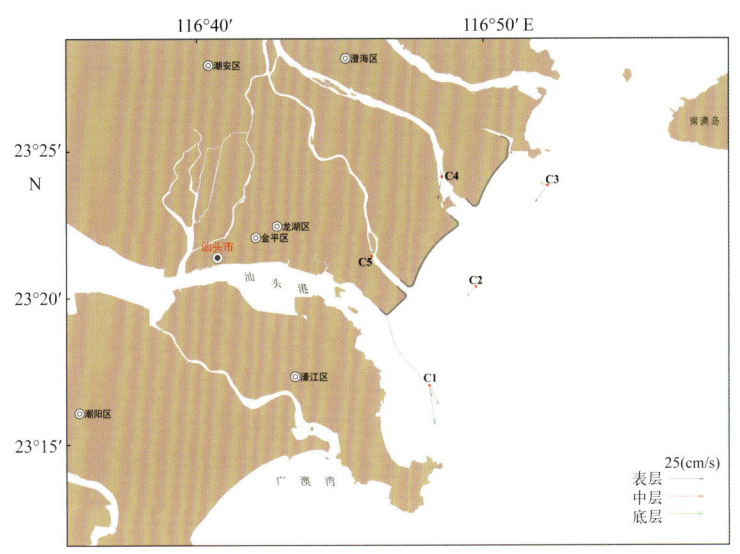

图2.2-9　2015年1月大潮期余流分布图

冬季（2013年12月和2015年1月），工程区域盛行NE风（见表2.1-8），河口下泄径流较小，河口的余流与外海相当，最大余流36 cm/s，出现在C5站的小潮期表层；围填区外海余流12月表层、中层、底层流向西南，1月表层流向西南，中层、底层流向西北或东北。

2.2.4　海水温度 [8]

根据云澳海洋站1961—1990年观测资料统计（见表2.2-7），工程区域的表层水温具有明显的季节变化，月平均最高表层水温出现在9月，为26.5℃；月平均最低表层水温出现在2月，为14.2℃。3月表层海水开始升温，9月达到最高，3—5月表层海水升温较快，为4.0℃/月。10月开始降温，至翌年2月降到最低值。

表2.2-7　云澳海洋站累年月均表层水温（1961—1990年）　　　　　单位：℃

月份	1	2	3	4	5	6	7	8	9	10	11	12	年均
水温	14.9	14.2	15.5	19.2	23.6	25.7	25.9	26.0	26.5	24.7	21.1	17.3	21.2

2.2.5　海水盐度 [8]

韩江和榕江入海径流量不大，通常情况下，韩江口外海滨海区域咸淡水混合较好，仅在洪季各分流河口有短时咸淡水分层现象。

夏季，工程区域的表、底层盐度变化范围在19.74～32.20和24.92～34.05。受韩江等径流的影响，盐度变化较大，盐度分布特征为近岸低，远岸高。高盐区出现在南澳岛西南侧，最高盐度达32.18；最低盐度出现在达濠岛东侧，仅19.74。由于冲淡水扩散形成了盐度跃层现象，冲淡水一般浮在 5 m 以浅的表层水体内。

冬季，盐度分布与夏季相似，低盐区主要出现在韩江河口区附近。表、底层盐度变化范围是 23.13 ~ 32.75 和 29.42 ~ 32.78。广东沿岸的东北季风较强，由于风力与波浪的作用，水体垂向混合较均匀。

根据云澳海洋站 1961—1990 年观测资料统计（见表 2.2-8），表层盐度季节变化主要与枯、洪期径流作用有关，呈双峰型。5 月盐度第一次出现高值，为 32.2；受径流的影响，6 月盐度大幅度下降，为 31.2；10 月盐度出现第二次高值，为 32.9；到翌年 1 月盐度降到最低值，为 31.3。

表2.2-8　云澳海洋站累年月均表层盐度（1961—1990年）

月份	1	2	3	4	5	6	7	8	9	10	11	12	年均
盐度	31.3	31.4	31.8	31.9	32.2	31.2	32.3	32.7	32.7	32.9	32.2	31.5	32.0

2.2.6　波浪

韩江河口面临开阔的南海东北部海域，波浪作用强劲，是华南沿海大浪区之一。工程区域附近有早期（1966—1975年）表角站和长期云澳海洋站。表角站主要采用光学测波仪测波，云澳海洋站除了采用光学测波仪测波外，还使用SZF型遥测波浪浮标进行辅助观测。两个测站均位于开敞水域，观测时间较长，资料较为完整，代表性较好，见图 2-1。

需要说明的是，我国沿海各台站，从 1964 年开始，按照《海滨水文观测规范》所得的资料，"平均波高"一栏，据验证，基本相当于十分之一大波平均波高 $H_{1/10}$；"最大波高"则大致与百分之一的波列累积率波高 $H_{1\%}$ 相近[9]。由于表角站和云澳海洋站使用光学测波仪进行波浪观测时，无法通过波列统计得到 $H_{1/10}$、$H_{1/3}$、$T_{1/3}$。为了方便与后续章节模型计算的波高进行比较，本书中的 $H_{1\%}$、$H_{1/10}$、$T_{1/10}$ 均视为等同于海洋站光学测波仪观测的最大波高 H_{max}、平均波高 $\overline{H}$、平均周期 $\overline{T}$。

根据表角站 1966—1975 年波浪观测资料统计结果[3][10]，见表 2.2-9，波浪主要出现在 ENE—S，共占 94%，常浪向与次常浪向分别为 E、ESE，出现频率分别为 37.14%、18.90%，强浪向为 E—SSE。观测期间，各月平均 $H_{1/10}$ 范围在 0.47 ~ 1.36 m，年均为 1.06 m，各月平均 $T_{1/10}$ 范围在 4.5 ~ 6.60 s，年均为 6.16 s，最大 $T_{1/10}$ 为 11.35 s。

表2.2-9　表角站各向波高频率统计（1966—1975年）　　　　　　　　单位：频率%

波高	N	NNE	NE	ENE	E	ESE	SE	SSE	S	SSW	SW	WSW	W	WNW	NW	NNW	C
0.1 ~ 0.3 m	0.02		0.04	0.10	0.68	1.10	1.23	1.14	0.56	0.12	0.05	0.01					
0.4 ~ 0.7 m	0.12	0.12	0.16	0.67	4.16	4.96	4.56	4.13	1.47	0.50	0.10				0.01	0.03	

续表

波高	N	NNE	NE	ENE	E	ESE	SE	SSE	S	SSW	SW	WSW	W	WNW	NW	NNW	C
0.8 ~ 1.2 m	0.21	0.29	0.75	2.27	13.60	8.13	6.21	5.17	1.94	0.27	0.19	0.01				0.03	
1.3 ~ 1.9 m	0.10	0.27	1.60	3.14	16.57	4.25	2.22	1.33	0.42	0.09	0.04				0.01	0.01	
2.0 ~ 3.4 m		0.02	0.25	0.53	2.12	0.45	0.56	0.12	0.04	0.01							
3.4 ~ 4.0 m				0.01	0.01	0.01	0.01										
合计	0.45	0.69	2.81	6.72	37.14	18.94	14.78	11.90	4.42	0.99	0.38	0.02			0.01	0.08	0.67
平均 $H_{1/10}$	0.94	1.15	1.36	1.29	1.23	0.97	0.92	0.83	0.80	0.73	0.82	0.47			0.93	0.90	
平均 $T_{1/10}$	6.32	6.40	6.60	5.98	6.24	6.33	6.34	6.06	5.52	5.03	5.63	4.50			6.50	6.23	

2.2.6.1 波浪类型

根据波浪是受风力直接作用还是惯性力作用，以及波浪的外貌和波高的对比不同，波浪可分为风浪（F）、涌浪（U）、风浪为主的混合浪（F/U）、涌浪为主的混合浪（U/F）、风浪和涌浪相当的混合浪（FU）五种类型。根据云澳海洋站2012—2014年波浪观测数据统计（见表2.2-10），工程区域波浪的波型主要为涌浪为主的混合浪（U/F），出现频率达56.4%，其次为风浪为主的混合浪（F/U），出现频率为31.9%，风浪（F）亦占有一定频率，达11.4%，此外，工程区域不受风浪影响的纯涌浪（U）没有出现。

表2.2-10 云澳海洋站2012—2014年各月波浪类型出现频率统计　　　单位：%

波浪类型	1	2	3	4	5	6	7	8	9	10	11	12	年均
F	14.2	18.7	16.6	13.5	5.2	14.6	1.3	4.0	6.7	13.2	12.8	15.9	11.4
F/U	44.1	37.7	32.9	18.6	17.9	30.6	18.5	19.6	24.4	49.5	45.0	43.5	31.9
FU	—	0.3	—	0.3	0.8	0.6	—	—	0.6	0.3	0.3	—	0.3
U/F	41.7	43.3	50.5	67.6	76.1	54.2	80.2	76.4	68.3	37.0	41.9	40.6	56.4
U													

波型的季节变化较明显。秋、冬季节，在东北季风的影响下，风浪频率增大，以10月最显著，风浪和风浪为主的混合浪频率共为62.7%，涌浪为主混合浪达到各月最小，仅为37.0%。夏季，受西南风影响，波浪以涌浪为主混合浪出现频率最高，达54.2%以上，最大出现频率超过80%，出现于7月。

2.2.6.2 波高与波向

表 2.2-11 为云澳海洋站 2012—2014 年各月及全年常浪向和强浪向统计。表 2.2-12 为云澳海洋站 2012—2014 年各月各向波浪频率统计。根据表中统计结果，工程区域全年常浪向为 ENE，次常浪向为 SSE，常浪向与次常浪向全年出现频率相差不大，二者相差不超过 0.6%。波浪的季节变化明显：春季常浪向为 SSE，次常浪向为 ENE；夏季，常浪向为 S，次常浪向为 SSE；秋季和冬季常浪向一致，均为 ENE，次常浪向亦一致，均为 SSE。

表2.2-11 云澳海洋站2012—2014年各月及全年常浪向和强浪向统计

月份	1	2	3	4	5	6	7	8	9	10	11	12	全年
常浪向	ENE	ENE	ENE	SSE	SSE	S	S	S	SSE	ENE	ENE	ENE	ENE
强浪向	ENE	ENE	ENE	ENE	ENE	ENE	ESE	SW	NNE	ENE	NE	E	NNE

表2.2-12 云澳海洋站2012—2014年各月各向波浪频率统计　　　　单位：%

波向\月份	N	NNE	NE	ENE	E	ESE	SE	SSE	S	SSW	SW	WSW	W	WNW	NW	NNW
1			3.37	49.19	4.84	0.51	10.52	28.36	3.16				0.81			
2			3.01	48.19	5.12	0.42	8.52	31.2	4.12		0.3					
3			2.76	38.83	7.18	0.28	6.49	37.16	6.2	0.83	1.1					
4			3.16	20.51	7.16		10.89	38.84	15.1	2.58	2.29					
5			0.82	13.04	4.08	0.51	11.98	27.32	24.11	9.78	8.82	0.54				
6			1.68	12.32	5.76	3.92	5.97	18.08	25.97	17.69	6.44	2.36	0.64		0.24	
7		0.27	0.8	3.49	2.68	2.68	4.71	24.53	44.97	14.75	1.07	0.8				
8			0.27	4.57	1.61	1.88	2.99	17.07	47.24	15.59	6.99	2.42				
9			3.89	19.17	4.17	2.74	11.13	32.37	17.98	8.61	0.83					
10			6.72	43.28	10.22	2.42	14.01	18.96	2.89	0.27			1.08		0.81	
11			9.05	44.32	4.17		1.81	30.7		0.56			0.83			
12			0.27	14.75	39.95	4.56	0.39	13.93	25.34	1.27					0.27	
全年		0.05	4.19	28.07	5.13	1.31	8.58	27.49	16.08	5.89	2.32	0.51	0.28		0.09	0.02

工程区域全年强浪向为 NNE。受台风和冷空气影响，强浪向各月差异较大，1—6 月以及 10 月，强浪向较一致，均为 ENE，7—9 月，强浪向分别为 ESE、SW、NNE，11 月和 12 月强浪向分别为 NE、E。

工程区域波向主要集中在 ENE、SSE、S、SE、SSW、E 和 NE 7 个方向，年平均出现频率分别为 28.07%、27.49%、16.08%、8.58%、5.89%、5.13% 和 4.19%，这 7 个方向频率之和为 95.43%，WSW—NNE 波浪出现频率极低，频率之和仅为 0.95%，这与云澳海洋站所处的地理位置有关。

表 2.2-13 为云澳海洋站 2012—2014 年 $H_{1/10}$ 波高波向联合分布及特征值统计。可以看出，工程区域波高主要分布在 0.0 ~ 2.0 m 范围内，占总频率的 96.88%，年平均波高为 0.95 m。海区属于轻—中浪海区，最大波高（$H_{1\%}$）为 6.10 m。

图 2.2-10 为云澳海洋站 2012—2014 年春季（3—5 月）、夏季（6—8 月）、秋季（9—11 月）和冬季（12 月至翌年 2 月）$H_{1/10}$ 波高波向联合分布玫瑰图。可以看出，工程区域波高的季节性差异明显：海区冬季波浪相对较大，其次为夏季和秋季，春季波浪相对较小。冬季主波高为 101 ~ 150 cm，次波高为 51 ~ 100 cm；春季主波高为 51 ~ 100 cm，次波高为 0 ~ 50 cm。一年四季最大波高（$H_{1/10}$），春季为 200 cm、夏季为 360 cm、秋季为 470 cm、冬季为 300 cm。

表2.2-13　云澳海洋站2012—2014年$H_{1/10}$波高波向联合分布及特征值统计

波高 $H_{1/10}$ \ 波向	N	NNE	NE	ENE	E	ESE	SE	SSE	S	SSW	SW	WSW	W	WNW	NW	NNW	累积
>400 cm	0.02			0.02													0.05
351 ~ 400 cm											0.02						0.02
301 ~ 350 cm				0.12				0.02	0.00	0.02							0.16
251 ~ 300 cm			0.12	0.30	0.07		0.02	0.07	0.05								0.62
201 ~ 250 cm			0.28	1.08	0.18	0.21	0.02	0.09	0.16	0.12	0.05	0.07			0.02		2.28
151 ~ 200 cm			0.60	5.20	1.01	0.35	0.25	0.78	0.37	0.46	0.25	0.05					9.32
101 ~ 150 cm	0.02		2.62	17.64	2.88	0.37	1.33	3.73	2.48	1.84	0.64	0.28	0.07				33.91
51 ~ 100 cm			0.55	3.73	0.97	0.37	6.21	18.61	10.31	3.01	1.13	0.12	0.21	0.09			45.30
0 ~ 50 cm			0.02			0.02	0.74	4.19	2.71	0.44	0.23						8.35
累积	0.05		4.19	28.07	5.13	1.31	8.58	27.49	16.08	5.89	2.32	0.51	0.28	0.09	0.02		100
最大 $H_{1/10}$（cm）	470		280	340	470	240	290	340	270	300	360	220	120	80	220		470
平均 $H_{1/10}$（cm）	300		129	127	125	131	75	70	71	90	93	123	83	73	220		95
最大波高（cm）	610		400	480	530	340	370	410	390	480	480	290	140	100	290		610

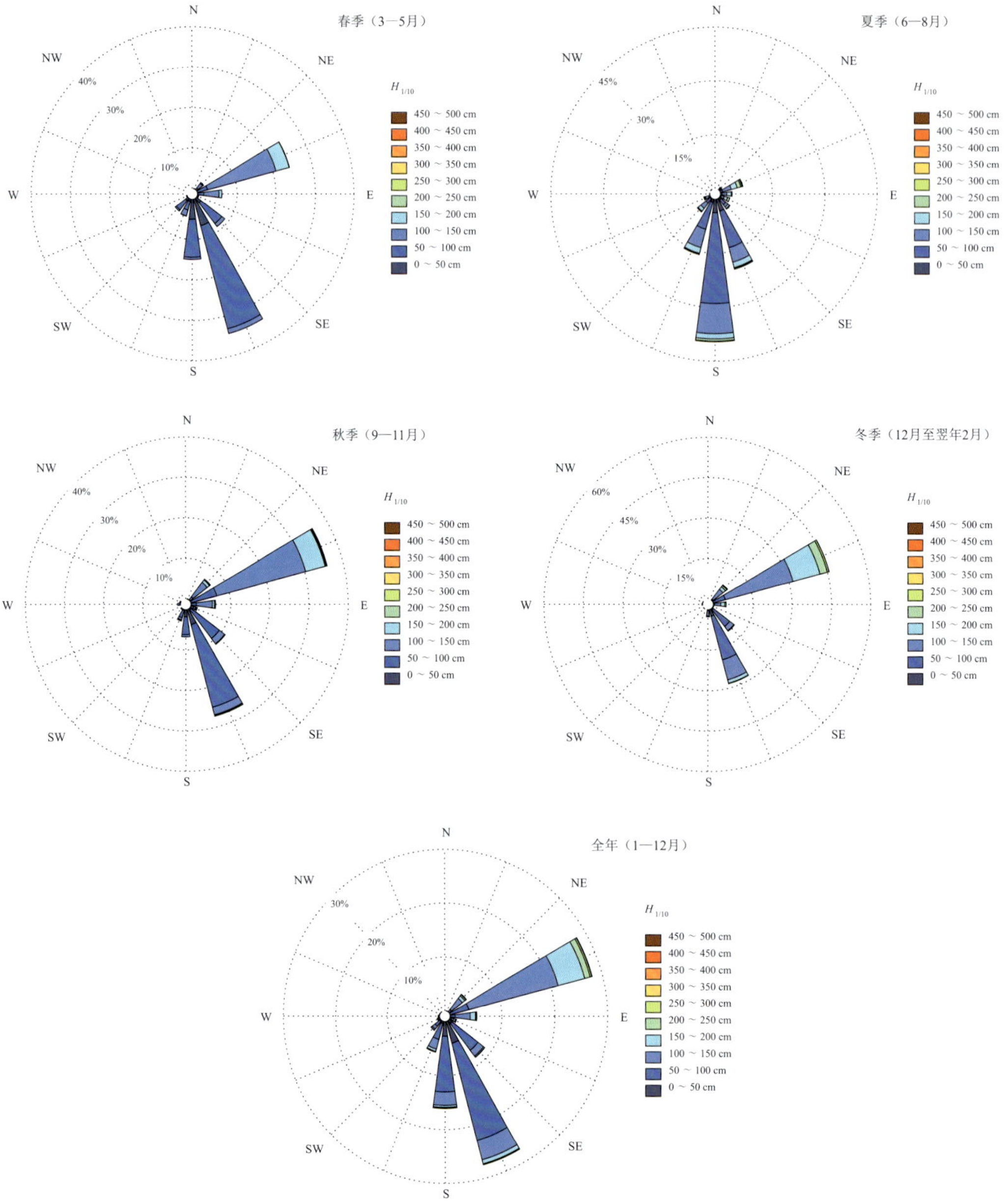

图2.2-10 2012—2014年四季及全年$H_{1/10}$波高波向联合分布玫瑰图

2.2.6.3 波浪周期

表2.2-14为云澳海洋站2012—2014年波浪各向$T_{1/10}$特征值统计。可以看出，工程区域最大波周期为13.0 s，波向E，其次为12.5 s，波向S；平均波周期最大为8.2 s，波向NNE，最小为4.8 s，波向SW。

表2.2-15为云澳海洋站2012—2014年波浪各月$T_{1/10}$特征值统计。可以看出，年平均周期为5.0 s，最大周期为13.0 s，出现在9月；平均周期的季节变化较小，夏季较其他

季节稍大，月平均周期最大差值为 0.8 s。

表2.2-14 云澳海洋站2012—2014年波浪各向周期统计　　　　　　　　单位：s

周期 $T_{1/10}$ 波向	N	NNE	NE	ENE	E	ESE	SE	SSE	S	SSW	SW	WSW	W	WNW	NW	NNW
最大周期	—	11.5	7.0	9.5	13.0	9.0	10.0	9.5	12.5	9.5	8.5	8.0	8.0	7.5	6.0	—
最小周期	—	4.8	3.5	3.5	4.0	4.0	4.0	4.5	3.5	3.5	3.5	4.5	4.5	4.0	6.0	—
平均周期	—	8.2	4.9	4.9	5.3	5.0	5.1	5.2	5.1	4.8	5.5	5.1	5.1	6.0		

表2.2-15 云澳海洋站2012—2014年波浪各月 $T_{1/10}$ 统计　　　　　　　　单位：s

月份	1	2	3	4	5	6	7	8	9	10	11	12	年均
最大周期	8.5	8.0	5.2	5.2	5.5	12.5	9.5	9.5	13.0	8.5	6.0	10.0	13.0
最小周期	3.5	4.0	4.3	4.3	3.5	3.5	3.5	4.0	4.0	3.5	3.5	3.5	3.5
平均周期	4.9	5.0	4.8	4.8	4.7	5.3	5.4	5.5	5.3	4.9	5.1	4.9	5.0

2.2.6.4 波浪与潮汐相互作用

关于波浪与潮汐的相互作用较复杂，为了了解在控制地形地貌发育方面工程区域波浪与潮汐动力何者占主导作用，引入夏东兴、崔金瑞提出的浪潮作用指数 K，计算公式为 $K = 2.5 H_{1/10} / R$，$H_{1/10}$ 为多年平均波高，R 为多年平均潮差，当 $K>1$ 时为浪控地貌，$K<1$ 时为潮控地貌，$K=1$ 时为过渡地貌[11]。

由前所述，表角站和云澳海洋站年平均 $H_{1/10}$ 分别为 1.06 m、0.95 m，汕头海洋站和云澳海洋站的年平均潮差分别为 0.98 m、1.38 m，代入公式后计算出表角站和云澳海洋站的浪潮作用指数 K 分别为 2.70、1.72，均大于 1，故工程区域为浪控地貌区。

2.3 地质构成[8]

在地质构造上，潮州至揭阳海区的海岛位于中国大地构造华南褶皱系的南缘，对工程区域有影响的褶皱比较少。由于长期的新构造运动影响，区内断裂发育。东北向展布的新华夏系构造带包括褶皱褶断和断裂，是整个华南地质构造的主体，本区岛屿的排列及大陆架和大陆坡的延伸方向都受华夏构造的控制。

区内的地质构造以断裂构造为主，断裂走向有东北向、东西向和西北向，以东北向为主，它是主要的断裂构造，空间分布较等距，形成了复杂的构造带，如该区域的东山湖至南澳断裂组、虎门至惠来断裂组等。东北向和东西向断裂都具有长期发展和多旋回活动的特点，对岩相古地理格局和地层古生物分区、岩浆活动、变质作用、混合岩化及成矿作用等具有明显的控制作用。东北向断裂发生在古生代至中生代，其他方向构造体系多发生在中生代至新生代叠加发生的晚第三纪以后的新构造运动,继承了中生代以来的一系列构造运动。

本区域内以东北东向滨海断裂和东北向南澳断裂和汕头断裂规模最大,西北向断裂活动时代最新。南澳岛及邻近岛屿区发育的断裂主要为东北向,其次为西北向,均分布在南澳岛的东半岛;南澎列岛则是北东向滨海断裂与西北向黄岗水断裂带的交会点。

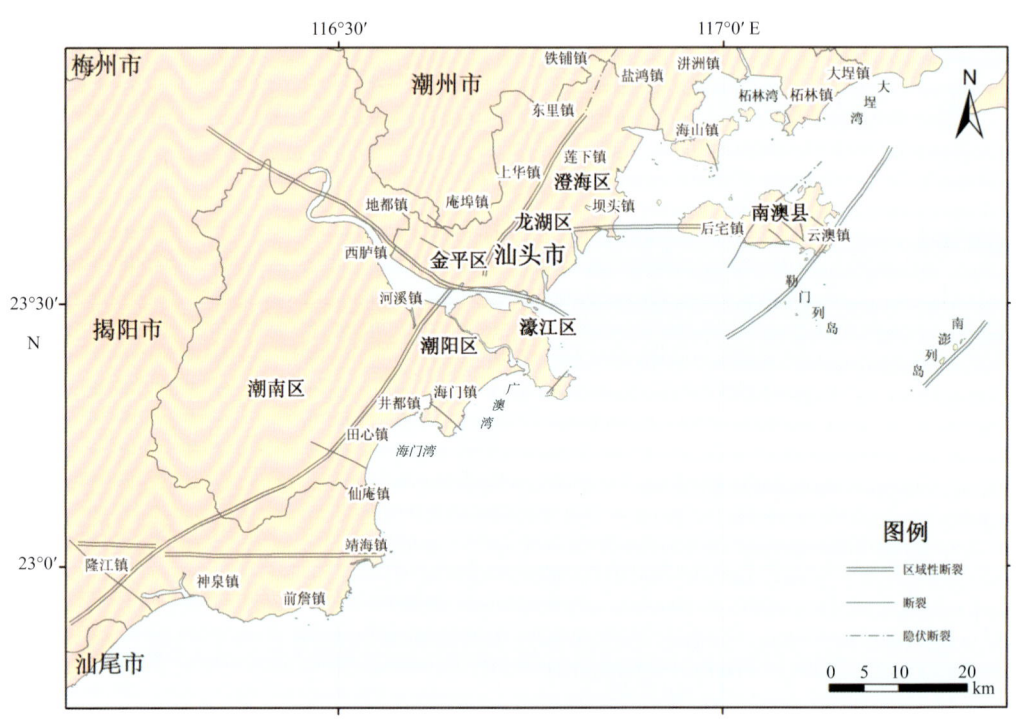

图2.3-1　潮州至揭阳海区地质断裂构造简图

海山岛群区仅有黄岗水断裂穿过西澳岛和汛洲岛之间,海山岛本身无断裂发育。达濠岛断裂构造发育,主要表现在达濠以北和河渡以南(广澳村两侧)。主要方向为西北向,其次为东北向及北北东向,东西向断裂有3条。断裂性质为压剪性和张剪性。其中榕江断裂和达濠断裂为较大的区域性断裂,其他断裂规模较小,最小的断裂为表角(好望角)断裂,长度为0.6 km。上述大的断裂带共有下面6条,另有11条规模较小的主要断裂带。

南澳断裂带呈北东向,属区域性的福建长乐—厦门—南澳深大断裂带一部分,呈45°~60°方向展布。由一系列大致平行的逆冲断层及其片理化带、糜棱岩、深变质岩类组成,宽达1.5 km,主裂面倾向南东,倾角约50°。

南澎列岛断裂带呈北东向,列岛由动力作用而形成变质片麻状花岗岩及强烈片理化石英脉组成,片理产状倾向310°~320°,倾角79°~85°。

汕头至甲子断裂对第四纪的沉积厚度及现今地貌具有明显的控制作用,沿此于雷岭分布有水温达69℃的温泉,历史上沿此断裂多次发生4~5级地震。

澄海坝头至南澳断裂呈东西向,于南澳岛赤石湾及莱芜岛分别见眼球状糜棱岩组成的构造岩带，宽 5～10 m。前者主裂面倾向北，倾角 80º，后者倾向南，倾角 73º。

海山至深澳断裂束呈北西向，斜切海山岛以及南澳岛，由一组平行北西 310º～330º 方向展布的断裂组成；硅化糜棱岩带宽 10～50 m 不等，倾向北东、倾角 50º～70º。

揭阳至汕头港断裂呈北西向，对潮汕平原第四纪沉积物岩相的厚度有明显的控制作用。沿此断裂的地震活动频繁，曾发生过 5 级以上的地震 5 次。

在潮州至揭阳海区，北西向断裂与多组断裂的交汇复合部位多为地震易发区。上述多个断裂带为蕴震断裂，有以揭阳至汕头港断裂为代表的一组西北向张扭断裂成为发震构造，使得地震活动较为频繁。在新构造运动方面表现为北面、西面、南面均为上升区；潮汕平原为下沉区，第四纪地层厚度在韩江三角洲最厚为 168 m，榕江三角洲 90 m，练江三角洲 141 m，达濠岛濠江口内厚度 54 m。据底部最老年龄推断大规模沉降于晚更新世中期。区内各岛在晚全新世时期有差异性升降，如南澳岛云澳海滩的"宋井"现已沉降于潮间带海滩，现在涨大潮时即被海水淹没，估计此处每年约以 2～4 mm 的速度发生沉降。南澳岛以后宅为界，东半岛下沉，西半岛上升。海山岛南岛（黄隆）东南部海滩岩抬升到高潮线以上，最大高程为 4.9 m，根据碳-14（14C）年龄测定为距今（2420±85）～（5980±100）年，证明晚全新世海山岛南岛处于隆起状态。南澳断裂带本身又是区域性的隆起和坳陷的边界断陷，地应力值高，地应力形成的破裂和扭动是产生地震的主要因素。在南澎列岛附近海域发育水深 30～35 m 和 40～45 m 两级平台，宽达数千米，一般认为是晚更新世晚期低海面的遗迹。上述种种迹象显示全新世以来工程区域地壳活动活跃。

工程区域地震频繁活动尤以南澳岛地震最强烈，例如，1600 年 9 月 29 日发生 7 级地震，1918 年 2 月 13 日发生 7.3 级地震。工程区域小地震常有发生，仅 1970 年至 1974 年共测得小震 557 次，强震分布在南澎列岛东侧海域的闽粤滨海断裂带和韩江三角洲断陷盆地内，震中有逐渐向海域与南澎列岛断裂迁移的趋势。

历史上的地震活动与地质构造密切相关，地震震源错动方式以水平剪切错动为主，震源应力场的优势方向为南东向，东区地震活动的特点是频率高、震源浅，多在 15～19 km，具有感性强、余震、空间分布不均和强弱交替等特点。

2.4 地形地貌[12]

工程区域所处地貌单元为开阔平坦的韩江河口浅海沙质滩地，水下地形较平缓，见图 2.4-1。韩江河口是在韩江古河口湾的基础上经韩江和榕江水系泥沙的堆积及韩江三角洲的逐渐发育形成。波浪在该海域的输沙能力较强，新津河河口外侧、待狎金沙嘴和沙滩的形成与波浪动力输沙关系紧密。

韩江三角洲平原地面高程约 2 m，海岸平缓向南海降低，退潮后一般可露出 100～300 m 宽的沙滩涂地，高程 0～-1 m。海岸线呈 NE—SW 向展布，沿海岸线分布少量的海岛或小山包，如位于新津河河口南西向的妈屿岛和位于外砂河河口北东的塔岗山。可以看出，韩江三角洲的海岸线分布受 NE 向花岗岩山体控制。

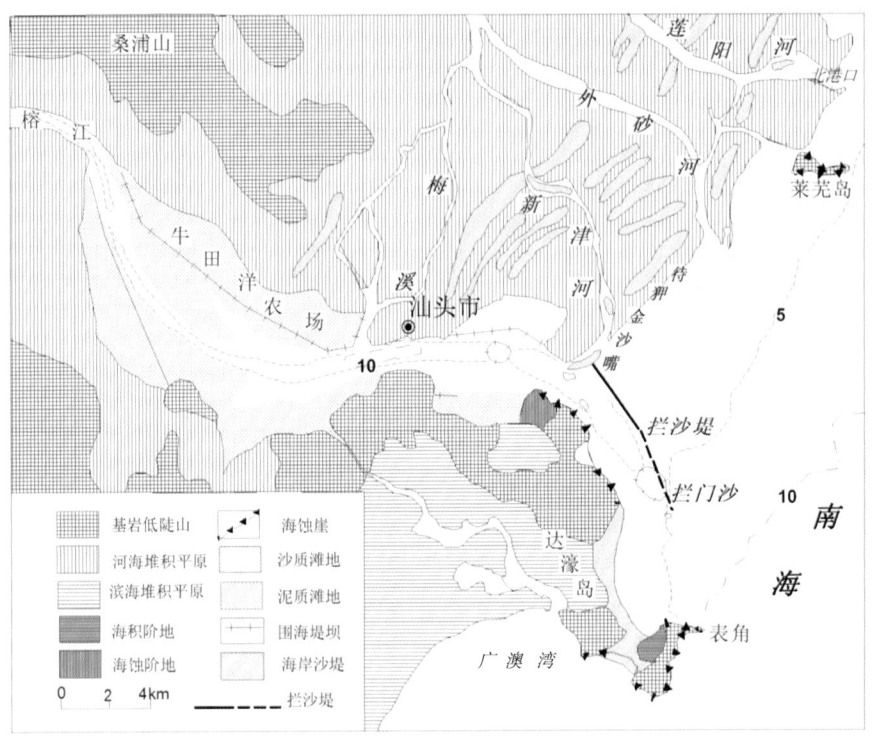

图 2.4-1　韩江三角洲地貌分布图

2.5　泥沙环境

2.5.1　水系概况[1]

韩江流域位于粤东、闽西南地区，在 23°17′—26°05′N，115°13′—117°09′E 之间，跨越广东、福建、江西三省共 22 个市县。韩江干流全长 470 km，平均比降 0.4‰，集水面积 30 112 km²。其中汀江 11 802 km²，梅江 13 929 km²，三河坝至潮安水文站区间 3 346 km²，潮安以下（即韩江三角洲）1 035 km²。

韩江上游由梅江和汀江组成，梅江为主干，河流长约 307 km，发源于广东省紫金县境内的上嶂七星栋，由西南向东北流经广东省的五华、兴宁、梅县至大埔县的三河坝与汀江汇合后，始称韩江。汀江发源于福建省宁化县大悲山东麓，由北向南流经福建省的长汀、武平、上杭、永定等县，于广东省大埔县的三河坝与梅江汇合。

韩江过三河坝后，南流至潮安县竹竿山，属中游。韩江自潮州市以下为三角洲河网区。韩江在潮州市江东洲头起，分北、东、西溪 3 条干溪流入汕头市境后，各溪再分叉成多条支流，构成放射状河网系统，自西北向东南呈扇形横贯汕头市域后，分别从义丰溪、莲阳河、外砂河、新津河及梅溪等河口注入南海。在这五大出海水道上分别建有东里、莲阳、外砂、下埔和梅溪桥闸，主要起御咸蓄淡作用。

北溪河口自1958年建成北溪闸后，中低水不开闸，潮安水文站水位超12.15 m（冻结基面），即流量超过4 200 m³/s时才开闸分洪，故流域径流绝大部分从东、西溪入海。韩江下游三角洲水系见图2.5-1。

榕江为南海水系河流，由主干流南河和一级支流北河汇成。榕江发源于广东省汕尾市陆河县凤凰山，流经汕尾市陆河县、揭阳市普宁，于汕头市牛田洋入海。流域面积4 408 km²，河长175 km，平均比降0.49‰。

图2.5-1 韩江下游三角洲水系示意图

2.5.2 泥沙来源与运移 [12]

本工程水系属于韩江流域水系。注入韩江河口的径流和泥沙主要来自韩江和榕江水系。韩江和榕江流域年降雨量 1 500 ~ 2 000 mm，年径流深度 800 ~ 1 500 mm，两江每年进入韩江河口的年径流总量约 278×10^8 m³，韩江大于榕江 7 倍。两江水体含沙量较大（0.21 ~ 0.29 kg/m³），其悬移输沙总量每年约 800×10^4 t。此外，每年大约还有 80×10^4 t 的推移质泥沙（按悬沙的 10% 计），这些泥沙为河口和三角洲的发育提供了主要物质来源，详见表 2.5-1。

表2.5-1　韩江、榕江的年径流量、含沙量和输沙量

河流		站名	径流深度 （mm）	径流量 （10^8 m³）	含沙量 （kg/m³）	悬沙输移量 （10^4 t）	推移质输移量 （10^4 t）
韩江		潮安	882.2	241	0.29	727.65	72.76
榕江	南河	东桥园	1 497.8	28.1	0.21	65.4	6.54
	北河	赤坎		8.6		20.6	2.06
总计				277.7		813.65	81.36

韩江各分流河口输水输沙情况见表 2.5-2，其中以东溪最大，外砂河其次，新津河和梅溪再次，义丰溪（北溪）最小。潮安站位于韩江三角洲的上游，集水面积 29 077 km²，占流域面积的 96.6%，是韩江流域的主要控制性水文站。

表2.5-2　韩江各分流河口的年径流量、含沙量和输沙量

水沙量 \ 河口	韩江 （潮安站）	梅溪	西溪 新津河	外砂河	东溪	北溪
年径流量（10^8 m³）	241	26	26	75	92	22
年输沙量（10^4 t）	727.65	80	80	226	277	66
占韩江水沙量（%）	100	11	11	31	38	9

潮安站多年平均各月流量统计见表 2.5-3。据该站 1951—2003 年实测资料统计，平均流量月际变化较大，1 月最低，为 285 m³/s，6 月最高，为 1 711 m³/s，多年平均流量为 787 m³/s。

表2.5-3　潮安站多年平均各月流量统计（1951—2003年）

月份	1	2	3	4	5	6	7	8	9	10	11	12	年
平均流量 （m³/s）	285	387	603	965	1238	1711	1013	1082	976	502	374	299	787
比例（%）	3.1	3.8	6.5	10.1	13.3	17.9	10.9	11.7	10.2	5.4	3.9	3.2	100

据潮安站多年观测资料统计，1955—1980年的多年平均含沙量为0.30 kg/m³，年输沙量为723×10^4 t，而1981—2003年潮安站的多年平均含沙量为0.23 kg/m³，年输沙量减小为622×10^4 t。近些年，经过整治和开展水土保持工作，输沙量有所减少，特别是上游汀江、梅江等电站的建设。韩江径流所携带的泥沙经过长距离的搬运，大部分沉积在河口区及近岸，到达口外海滨的悬沙为数不多。根据韩江三角洲前缘浅滩区的实测资料，垂线平均含沙量的平均值为0.007～0.114 kg/m³。

来自韩江和榕江的泥沙通过韩江五大分流河口和榕江口进入韩江河口区域，其中较粗粒泥沙（粗粉砂及以上粒级）在河流作用下，主要堆积于韩江五大分流河口的口门附近，它们于东溪、外砂河和新津河河口外，形成河口沙坝、沙嘴等砂质堆积体，在E向和NE向波浪作用下，它们又可被输移入西侧沿岸地带，见图2.5-2。根据表角波浪观测资料计算，在4级波浪情况下（平均波高1.2～1.5 m），水深4～5 m以浅滩地的底沙都可显著移动，其波浪总输沙能力每年可达5×10^4～10×10^4 m³，新津河外待狎金沙嘴和沙滩的形成即与此有关。义丰溪和梅溪陆域来沙较少，河口水域相对隐蔽，波浪作用微弱，其较粗粒泥沙多被河流带入口外深槽水道，在河口没有形成大规模的砂质堆积体。榕江较粗粒泥沙多于其过渡段内沉积，很少进入韩江口。

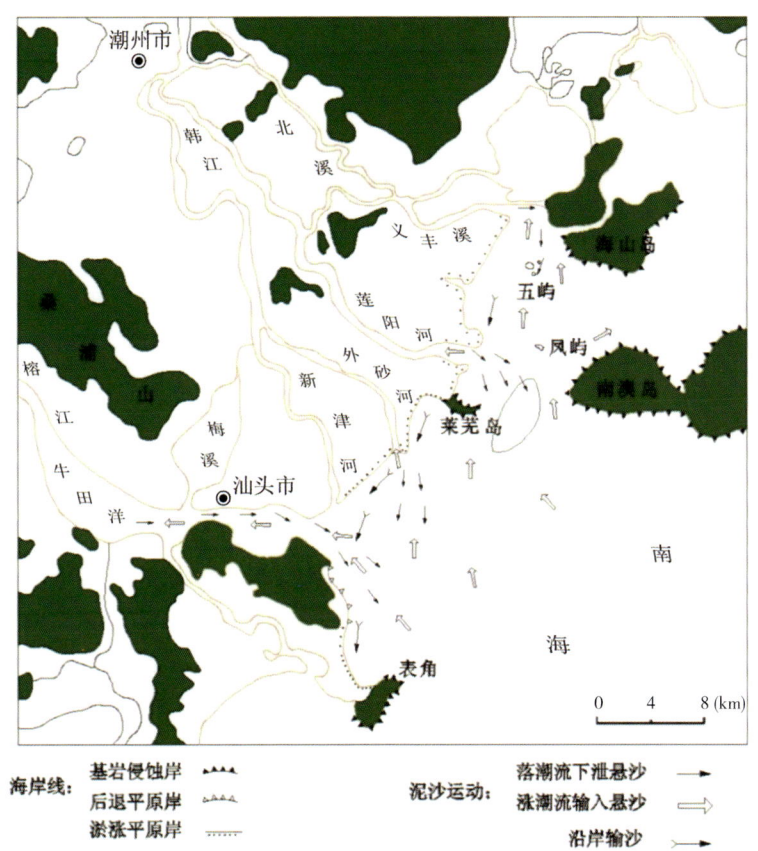

图2.5-2　韩江口海岸及泥沙动态（1986年）

来自韩江和榕江的细粒泥沙（细粉砂及以下粒级），通过韩江各口门和榕江口进入韩江河口区域，部分沉降于汕头湾；大部分沉降于韩江口口外海滨 2 m 以深区域；还有部分被潮流挟带入河口区域以外的陆架浅海，往西南方向运移。据 1983 年韩江口水流和含沙量测验资料，本河口区域涨潮流主要流向 NE 或 NW；落潮流主要流向 SW 或 SE。各站平均单宽输沙率，夏季涨潮为 0.027～0.210 kg/(s·m)，落潮为 0.028～0.367 kg/(s·m)，冬季涨潮为 0.031～0.407 kg/(s·m)，落潮为 0.033～0.306 kg/(s·m)。周日单宽输沙夏季多为净进，即涨潮输沙量大于落潮输沙量；冬季输沙以净泄为主。因此，由落潮流带入韩江河口外海滨的细颗粒泥沙，在涨潮情况下，经过继续悬移或再起动，主要向韩江口东北水域（义丰溪口外和海山岛南侧）运移；还有一部分向西北汕头湾运移，致使河口湾普遍淤积了粉砂黏土物质，淤积强度较大，滩涂扩展较快。

2.5.3　表层沉积物

韩江河口的现代沉积物分布是冰后期韩江和榕江水系泥沙不断堆积，在河口内外营力作用下自适应分布的结果。

根据韩江河口沉积物类型图（图 2.5-3）可知，韩江五大分流河口及其附近海岸以砂质堆积为主（仅梅溪口砂体较小），河口主槽中往往为中粗砂或小砾石，河口以外的广大沙坝、沙嘴或浅滩为细砂或混合砂，这些砂质沉积物中值粒径 1.0～0.016 mm；榕江口（汕头湾）主要为粉砂质黏土堆积，沉积物中值粒径 0.004 mm，各分流河口以外的三角洲前缘或前三角洲地带，西南部以黏土质粉砂堆积占优势，沉积物中值粒径 0.016～0.008 mm；中部和东北部以粉砂质黏土堆积占优势，沉积物中值粒径 0.008～0.004 mm。在靠近南澳岛西北深槽区，沉积物中堆积了大量海洋甲壳动物碎片，或形成垅状堆积。在 10 m 等深线以外海域，沉积物又逐渐变粗，形成砂—粉砂—黏土混合堆积或细砂堆积，这与勒门列岛及南澎列岛侵蚀来沙及海域水流较强有极大关系。

本区近海水域沉积物由粗至细分别为粗中砂、中细砂、细砂、砂—粉砂—黏土、砂质粉砂、粉砂、粉砂质黏土和黏土质粉砂八种。黏土质粉砂所占的比例最大，为 57.41%，其次是砂—粉砂—黏土占 14.81%，粗中砂占 12.96%，其余物质在 1.85%～5.56% 之间。由图 2.5-3 可以看出，澄海区南侧河流及出口处，物质偏粗，多为粗中砂；南澳岛以西近岸为粗中砂，向南至河口区为中细砂分布；濠江区最南端近岸分布有细砂和中粗砂；近岸一侧为砂—粉砂—黏土分布；汕头市南侧河道及向外大片区域为黏土质粉砂分布[12]。

2012 年 9 月、2013 年 12 月、2014 年 6 月和 2015 年 1 月，国家海洋局南海调查技术中心先后在围填区附近海域进行了 4 次表层沉积物采样，分别代表围填海进行中（秋季）、围填海完成时（冬季）、围填海完工后 6 个月（夏季）、围填海完工后一年（冬季）4 个时期的表层沉积物样品。采样仪器使用蚌式采泥器；采样深度为 10 cm 以浅的表层；各次采样站位分布如图 2.5-4 至图 2.5-5 所示，除图 2.5-4 范围有所增大外，其他 3 个时期的计划采样站位一致。

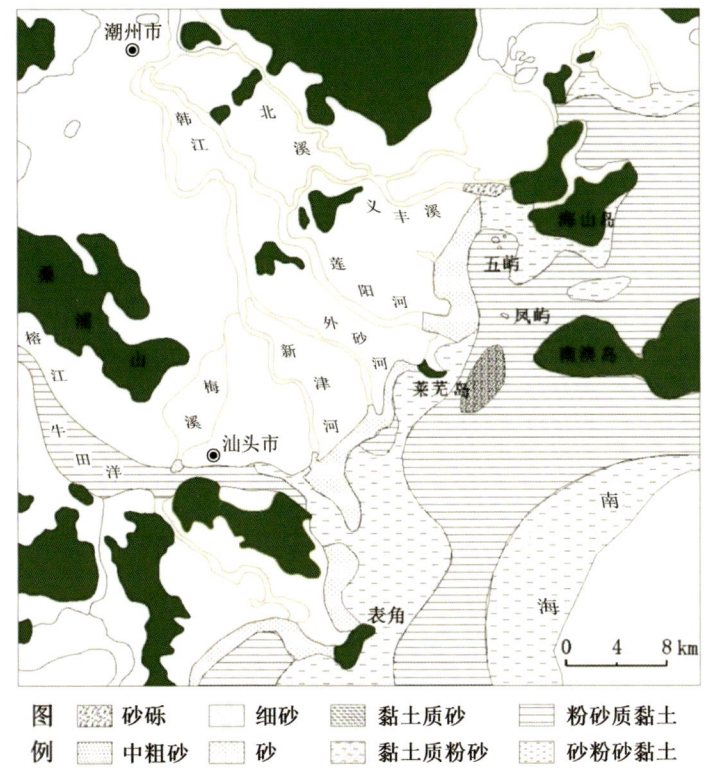

图2.5-3 韩江河口沉积物类型图（1986年）

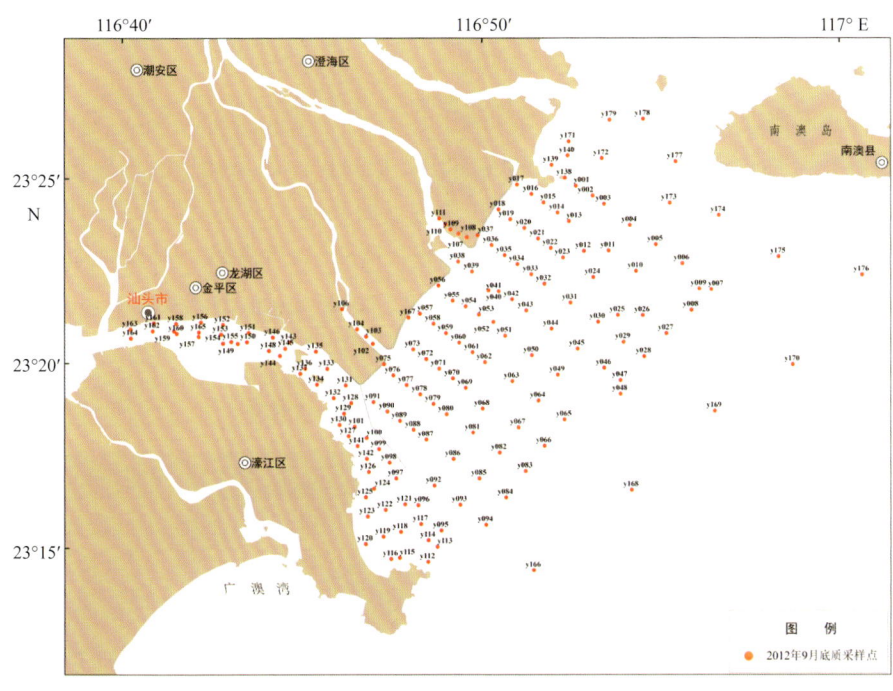

图2.5-4 表层沉积物采样站位分布图（2012年9月）

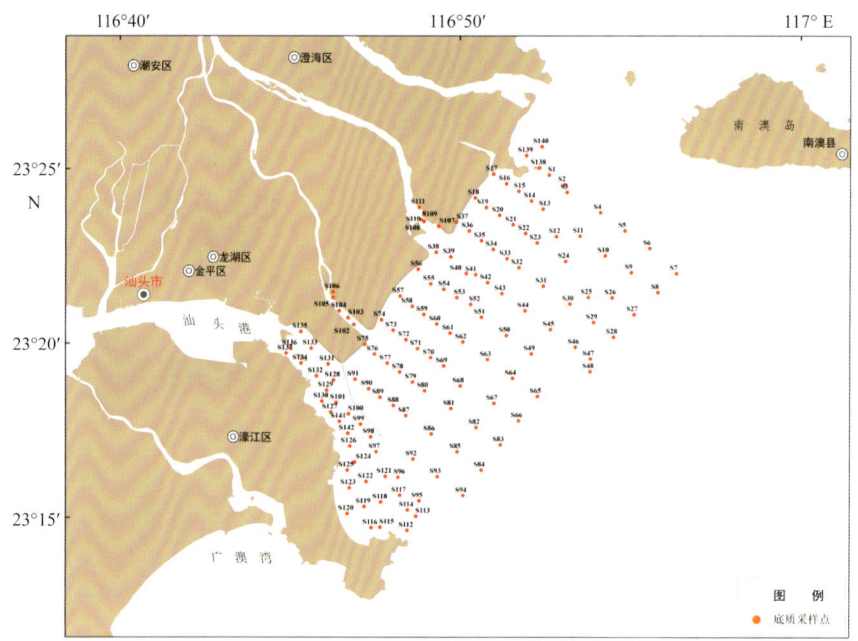

图2.5-5　表层沉积物采样站位分布图（2013年12月、2014年6月、2015年1月）

沉积物粒级采用尤登—温德华氏等比 Φ 制标准（$\Phi = -\log_2 D$，D为泥沙粒径 mm）；沉积物粒度参数采用中值粒径和福克和沃德提出的4种参数：平均粒径、分选系数、偏态系数和峰态系数（根据福克和沃德公式计算）[13]；沉积物的分类和命名采用谢帕德的沉积物粒度三角图解法。

2.5.3.1　粒度参数特征

（1）中值粒径（d_{50}）

中值粒径又称为中位数直径，是50%累积含量的粒径，是度量沉积物颗粒平均大小的一个指标，它受频率曲线偏态、峰型和扩散程度的影响，不完全等于平均粒径。

表2.5-4为工程区域表层沉积物中值粒径分布情况。4个航次整体泥沙中值粒径分别为5.6Φ（0.021 mm）、5.29Φ（0.026 mm）、5.26Φ（0.026 mm）、5.37Φ（0.024 mm），区域整体泥沙平均中值粒径为5.38Φ（0.024 mm），为粗粉砂级。

表2.5-4　工程区域表层沉积物中值粒径　　　　　　　　　　　　单位：Φ

采样时间	2012年9月	2013年12月	2014年6月	2015年1月
分布范围	1.35～7.35	0.69～7.14	0.36～7.15	0.25～7.04
平均值	5.6	5.29	5.26	5.37

将4个航次表层沉积物采样的中值粒径插值到各剖面线节点上（剖面节点划分方法见第3章图3.1-3），得到剖面线节点各季中值粒径变化图，见图2.5-6。

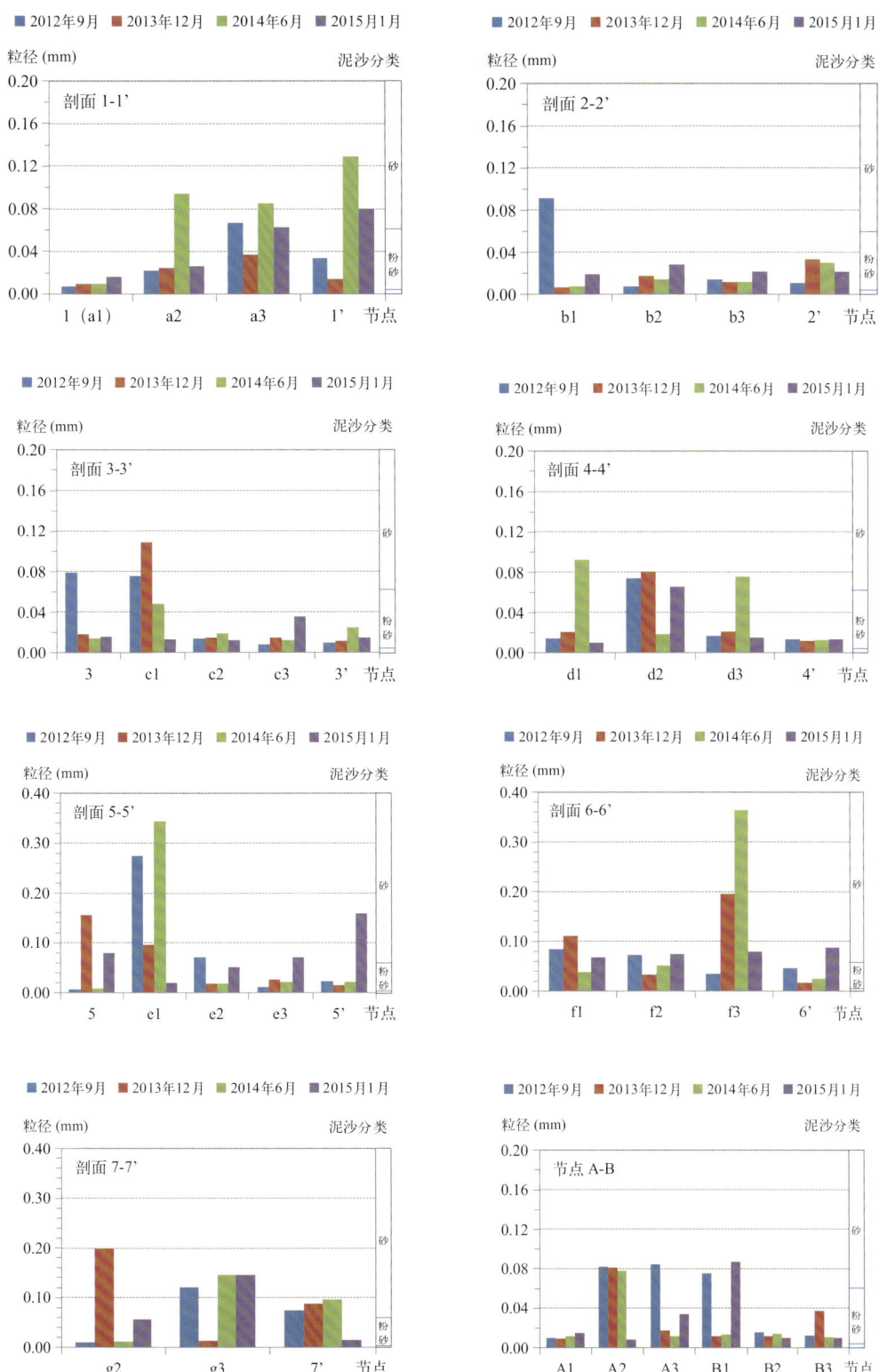

图2.5-6 剖面线节点各季中值粒径变化

1-1' 剖面线为汕头港航道中心水深剖面。在第 1 次至第 2 次地形测量期间，汕头港航道进行了大范围的疏浚，之后一直保持航道的自然冲刷状态。由图 2.5-6 可以看出，自汕头港航道内向航道外的泥沙粒径逐渐增大，剖面节点的中值粒径随时间变化呈递增趋势，表明航道疏浚后有较粗的泥沙颗粒进入航道内，沉积在拦沙堤头附近。自新津片区合拢后，围片区与拦沙堤之间的泥沙沉积区域也随之外移，新津河河口输沙路径相应缩短，河口出流的泥沙一部分在新的新津河河口至拦沙堤之间的三角地带淤积，部分较粗的泥沙颗粒在拦沙堤头附近的波浪作用下掀起，随涨潮流作用下越过拦沙堤进入汕头港外航道落淤。

2-2' 剖面线垂直于新津片区岸线中部，其中 b1 节点位于采砂坑区域。2012 年 9 月底质调查时 b1 节点泥沙类型为砂，其余节点为粉砂。2013 年 12 月底质调查以后工程区域的采砂活动停止，b1 节点处的采砂坑开始回淤，泥沙中值粒径减小，泥沙类型为粉砂。其余节点所在的地形剖面随时间增长变化不大，泥沙类型均为粉砂。由于 2-2' 剖面线邻近拦沙堤东侧浅滩，泥沙中值粒径变化与季节有一定相关性，夏季略小于冬季。

3-3' 至 6-6' 剖面线节点的中值粒径变化与 2-2' 剖面线相似，但泥沙中值粒径变化与季节的相关性较小。离河口、围填区岸线较近的节点受河道整治开挖以及采砂作业的影响，泥沙中值粒径变化较大，工程期间泥沙类型多以砂为主，工程后因河道、采砂坑回淤，泥沙类型以粉砂为主。其余节点所在的地形剖面随时间增长变化不大，泥沙类型以粉砂居多，个别节点如 6-6' 剖面线 f3 节点以砂为主。

7-7' 剖面线垂直于莲阳河口以南的莱芜岛。该剖面线各节点泥沙中值粒径较粗，泥沙类型以砂为主。g2 节点位于冲刷坑附近，泥沙中值粒径变化较大。其余两个节点 g3 和 7' 的泥沙中值粒径在各季底质调查中虽略有变化，但所在的地形剖面变化不大，可大致认为海床稳定，泥沙中值粒径与季节的相关性较小。

（2）平均粒径（M_z）

平均粒径是衡量沉积物颗粒粗细的综合指标，能在一定程度上反映出沉积环境的变化、沉积动力的强弱和物质的来源等。工程区域的平均粒径呈现以下特点：外砂河河口至南澳岛之间的中部砂带区、各分流河口拦门沙区域、部分弧形海滩区域 Φ 值小、泥沙颗粒粗，汕头湾内及中部砂带区的南、北广大区域 Φ 值大、泥沙颗粒细。区域整体泥沙平均粒径约为 5.4Φ（0.024 mm），为粗粉砂级。

根据表 2.5-5 工程区域表层沉积物平均粒径统计，工程区域总体泥沙颗粒中等，沉积动力中等，且不同区域沉积差异较大。从表层沉积物采样时间来看，工程区域泥沙平均粒径经历了由变粗后变细的过程，整体沉积动力表现出增强至减弱的趋势。

表2.5-5 工程区域表层沉积物平均粒径　　　　　　　　　　　　单位：Φ

采样时间	2012 年 9 月	2013 年 12 月	2014 年 6 月	2015 年 1 月
分布范围	1.79～7.47	0.86～7.09	1.16～7.06	0.35～7.00
平均值	5.71	5.33	5.32	5.46

(3) 分选系数 (σ_i)

分选系数是反映沉积物分选好坏能力的标志，指示沉积物被淘选富集的程度，反映沉积介质荷载筛选能力。工程区域的分选系数呈现出以下特点：受波浪、潮汐与潮流和径流相互作用，调查海区的表层沉积物分选差，但砂质分布区域的分选性一般略好于粉砂分布区域。

表层沉积物的分选系数分布与平均粒径的分布有一定的相似性，即平均粒径越细（Φ值越大）的区域，分选一般越差，平均粒径越粗（Φ值越小）的区域，分选一般相对越好。根据表 2.5-6 统计结果，工程区域表层沉积物总体分选差。从表层沉积物采样时间来看，工程区域整体的分选系数变化过程为变好至变差。

表2.5-6　工程区域表层沉积物分选系数　　　　　　　　　单位：Φ

采样时间	2012年9月	2013年12月	2014年6月	2015年1月
分布范围	0.40~3.29	0.62~2.98	0.57~3.63	0.75~3.72
平均值	1.96	1.73	1.65	1.78

(4) 偏态 (S_{ki})

偏态可度量沉积物颗粒频率分布的对称程度，表明平均值和众数（频率曲线的峰值）的相对位置，平均值位于众数之右称正偏态或细偏，平均值位于众数之左称为负偏态或粗偏。

工程区域偏态呈现出以下特点：即南澳岛西南侧海域 5~10 m 海域，汕头湾口、新津河河口、外砂河河口三个河口外的拦门沙区域，莱芜半岛南、北 5 m 以浅的部分海域，以及表角北侧弧形海滩等这些砂质分布区域偏态多位于 0.3~0.7 之间，为极正偏，汕头湾内、调查区东部砂质以外的分布区域偏态多位于 −0.1~0.1 之间，成近对称态，调查区域表层沉积物成负偏（偏态位于 −0.1 至 −0.3 之间）或极负偏（偏态< −0.3）的情况较少，这与该海域的泥沙来源和组成物质有很大关系。

由表 2.5-7 可知，工程区域表层沉积物正偏和负偏均有分布，2012 年 9 月以正偏态居多，2013 年 12 月、2014 年 6 月及 2015 年 1 月，泥沙整体平均表现为近对称态。

表2.5-7　工程区域表层沉积物偏态

采样时间	2012年9月	2013年12月	2014年6月	2015年1月
分布范围	−0.45~0.78	−0.32~0.74	−0.38~0.74	−0.40~0.76
平均值	0.15	0.06	0.09	0.09

(5)峰态分布特征（K_g）

峰态用来衡量粒度频率曲线尖锐程度，一般是用频率曲线尾部展开度与中部展开度之比来表示，值越大峰越尖，越小越平，可用于判断沉积环境和追溯物质方向。

由表2.5-8可知，工程区域表层沉积物平均峰值略大于1.0，峰值为中等，峰型接近于正态。从表层沉积物采样时间来看，工程区域沉积物平均峰值呈逐渐减小的趋势。

表2.5-8　工程区域表层沉积物峰态

采样时间	2012年9月	2013年12月	2014年6月	2015年1月
分布范围	0.61～3.63	0.66～4.03	0.63～3.54	0.58～4.09
平均值	1.23	1.12	1.19	1.08

2.5.3.2　沉积物类型分布

工程区域表层沉积物类型共有6种：砂、砂质粉砂、砂—粉砂—黏土、粉砂质砂、粉砂、黏土质粉砂，以黏土质粉砂和砂质粉砂为主，见图2.5-7至图2.5-10。

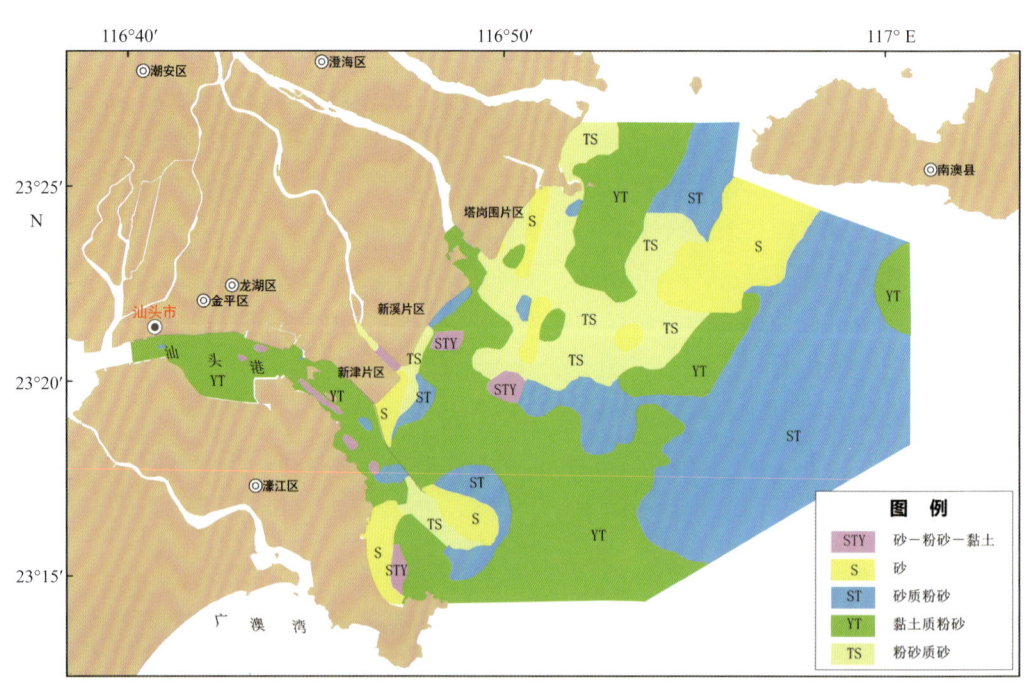

图2.5-7　汕头海域表层沉积物类型分布（2012年9月）

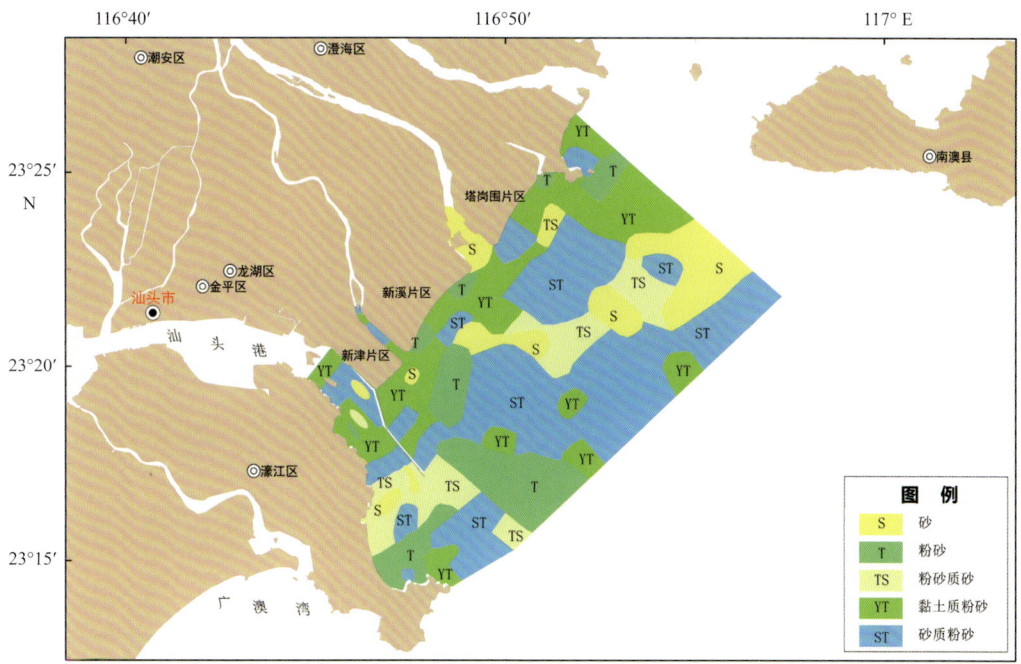

图2.5-8 汕头海域表层沉积物类型分布（2013年12月）

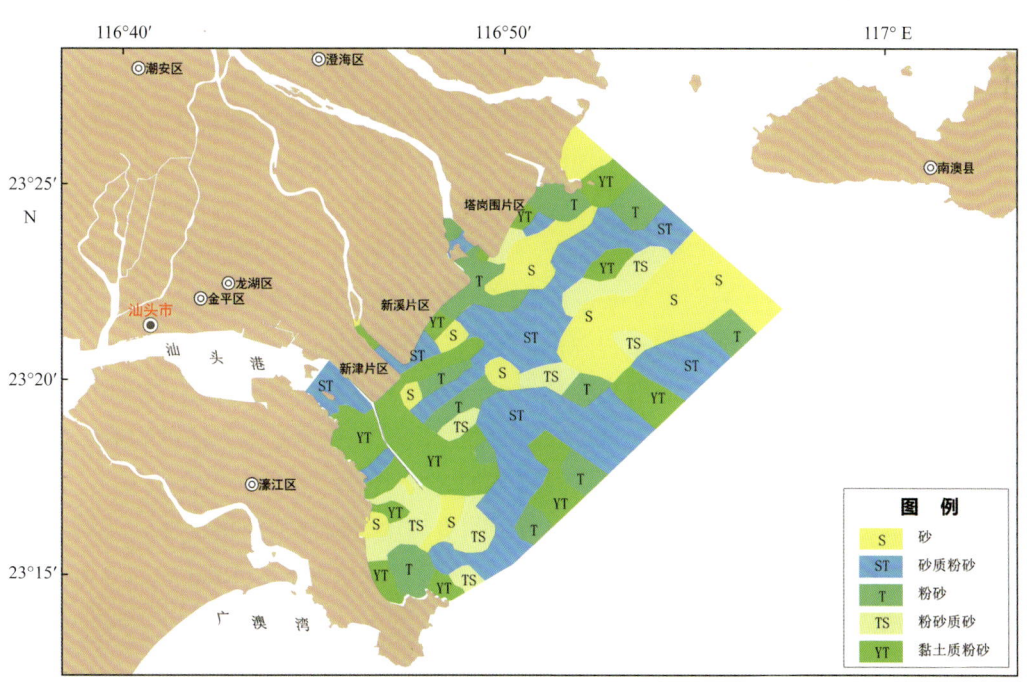

图2.5-9 汕头海域表层沉积物类型分布（2014年6月）

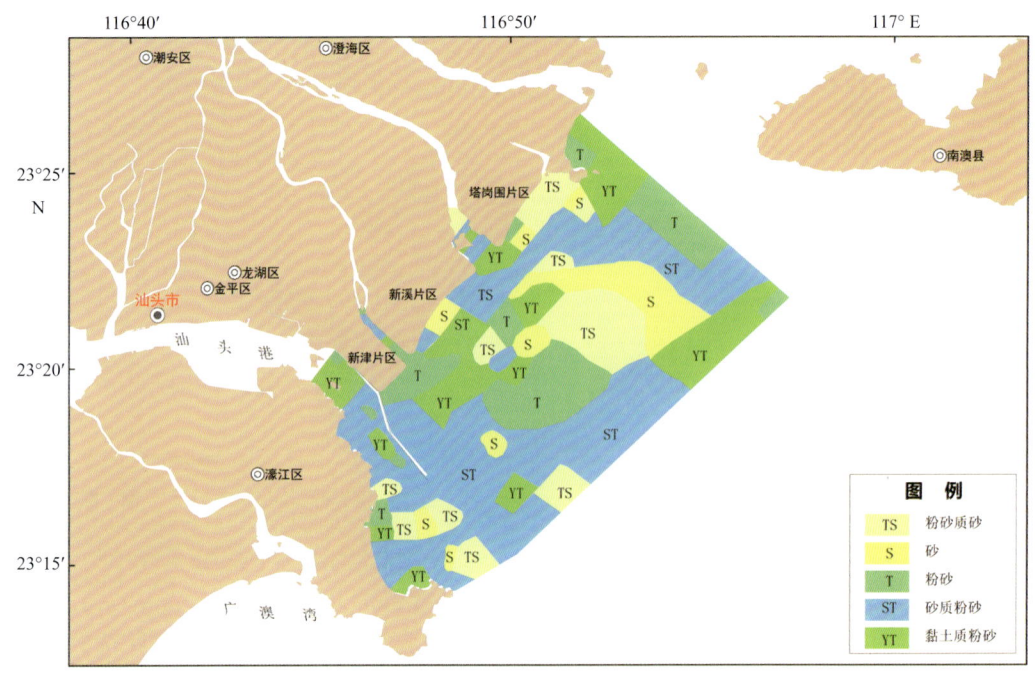

图2.5-10　汕头海域表层沉积物类型分布（2015年1月）

（1）2012年9月（秋季）

砂（包括细砂和极细砂）主要成块状或小块状分布于南澳岛西南水深 5～10 m 的区域内，汕头湾口、新津河河口、外砂河河口拦门沙区域，以及表角北侧的弧形海滩区。砂的颗粒最粗，反映出波浪动力沉积作用下的强动力沉积环境。

粉砂质砂和砂质粉砂颗粒中等，反映的沉积动力环境介于黏土质粉砂与砂之间，粉砂质砂主要成片状分布于莱芜半岛至外砂河河口一线以外 10 m 以浅的外海区域，汕头湾口、新津河河口的口门区域，以及莱芜半岛以北 5 m 以浅的浅滩区。砂质粉砂主要成片状或小块状分布于南澳岛西南 10 m 以深的区域以及上述砂体的外缘。

砂—粉砂—黏土分布范围最小，零星分布于汕头湾内的部分航道区、新津河河口的口门区，新津河河口至外砂河河口一线以外的部分区域，主要受人为活动影响（如航道疏浚、采砂等），各物质未经长时间的分选作用而沉积下来。

黏土质粉砂分布面积最广，成片状分布于汕头湾内，新津河河口至外砂河河口一线以南的外海区域，以及调查区北部南澳岛与莱芜半岛之间水深 5～10 m 的部分海区，反映出潮汐作用为主的弱动力沉积环境。

（2）2013年12月（冬季）

砂（包括细砂和极细砂）主要成块状或小块状分布于外砂河河口东南面水深 5～10 m 的海域，汕头湾口、外砂河河口的口门区域。

粉砂主要分布于外砂河河口、新津河河口、汕头湾口口门外东西两侧，莱芜半岛的西南和东北侧亦有分布。

黏土质粉砂分布面积较广，成块状或片状分布于外砂河河口、新津河河口、汕头湾口门附近，以及莱芜半岛东侧和北侧区域，后江湾南岬角表角附近，妈屿岛南面亦有分布。

砂质粉砂分布面积最广，约占整个调查区域的35%，主要成片状或大块状分布于砂和粉砂质砂分布区域的南、北广大区域。

（3）2014年6月（夏季）

砂（包括细砂和极细砂）主要成块状或小块状分布于外砂河河口东南面水深5~10 m的海域，汕头湾口外、外砂河河口外的部分区域亦有零星分布，砂分布面积在五种类型中排行第三。

粉砂质砂主要成小片状或块状分布于上述砂体的边缘，分布面积最小。

粉砂主要分布于外砂河河口口门附近以及莱芜半岛西南和东南侧，调查海域的东南面以及后江湾南岬角附近亦有分布，分布面积略大于粉砂质砂。

黏土质粉砂分布面积较广，成块状或片状分布于拦沙堤东西两侧、莱芜半岛东南侧、调查海域的东南面以及后江湾南岬角附近。

砂质粉砂分布面积最广，约占整个调查区域的31%，主要成片状或大块状分布于调查区域的南、北广大区域。

（4）2015年1月（冬季）

砂（包括细砂和极细砂）主要成块状或小块状分布于外砂河河口东南面水深5~10 m的海域，汕头湾口外、外砂河河口内的部分区域，拦沙堤东侧亦有零星分布，砂分布面积最小，约占调查海域的10%。

粉砂质砂主要成小片状或块状分布于上述砂体的边缘，分布面积比砂略大。

粉砂主要分布于外砂河河口、新津河河口、汕头湾口口门附近，以及莱芜半岛北侧，调查海域的东北面，后江湾北岬角附近亦有分布，在五种类型中排名第三。

黏土质粉砂分布面积较广，成块状或片状分布于外砂河河口、新津河河口、汕头湾口口门附近，以及莱芜半岛东侧，调查海域的东面，后江湾南、北岬角附近，妈屿岛南面亦有分布。

砂质粉砂分布面积最广，约占整个调查区域的40%，主要成片状或大块状分布于调查区域的南、北广大区域。

2.5.4 含沙量

2.5.4.1 遥感反演表层悬沙输移特征[12]

卫星遥感技术具有迅速、同步和大面积测量的特点，可大面积、动态反映近海悬沙的特性。本节利用多幅卫星遥感信息资料，结合遥感解译以及悬沙信息定量提取技术，分析韩江河口悬沙空间分布特征。

涨、落潮悬沙分布与其所处涨、落潮阶段相关，不同涨、落潮阶段的分布特征串联起来可以勾勒出河口悬沙输移的特点。表层悬沙定量模式公式[14]如下，

$$\lg S = \frac{(L_3/L_2) - 0.7057}{0.1258} \quad (2.5\text{-}1)$$

式中，S 为水体悬沙浓度，单位为 mg/L；L_3、L_2 为陆地卫星 TM3、TM2 波段的辐射率，单位为 mW/（sr·cm²）。根据韩江河口不同涨、落潮阶段的悬沙平面分布影像图，分析韩江河口悬沙分布和输移的特征，见图 2.5-11 至图 2.5-12。

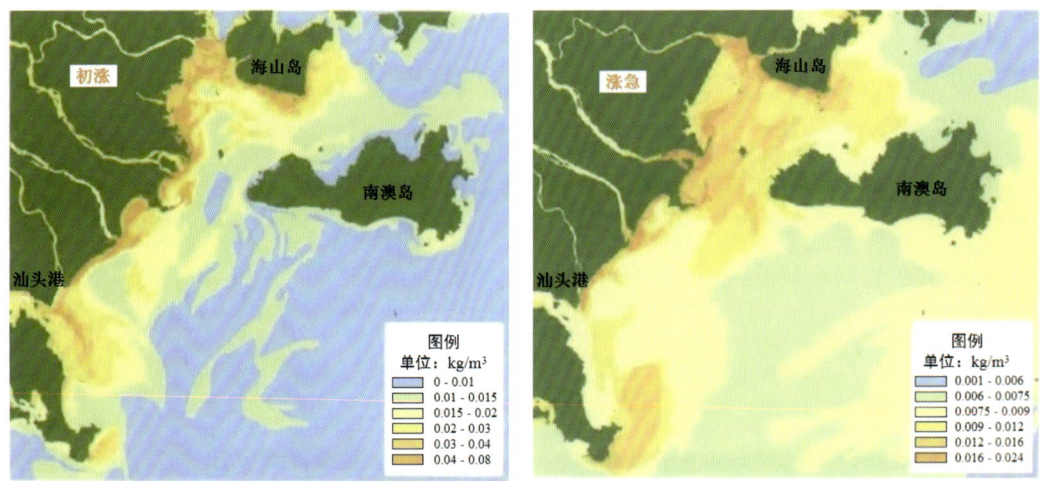

图2.5-11　韩江河口初涨与涨急表层悬沙分布图

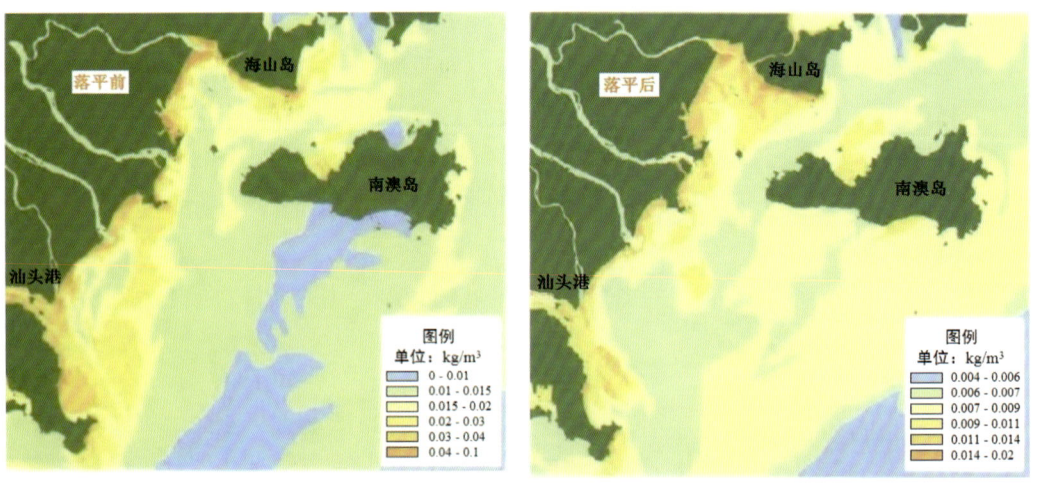

图2.5-12　韩江河口落平前后表层悬沙分布图

（1）涨潮悬沙分布与输移特征

图 2.5-11 是韩江河口分别处于初涨和涨急阶段的典型影像。该时段悬沙分布的特点是：初涨时无论洪枯季悬沙高值区基本分布在口门及其两侧，湾内悬沙含量高于湾外；涨

急时,从表角一带上潮的潮流将悬沙分为3个区,近岸高值分布带,带宽较窄,近岸高值区主要分布在北部两个口门区,尤以北部湾顶为甚,充满湾顶,成片分布;涨潮主流低值区,带宽较大;湾外形成相对高值区,其受风浪、沿岸流的影响,分布区域不稳定。

(2)落潮悬沙分布与输移特征

图2.5-12代表韩江河口落平前后阶段的典型影像。其落潮时段,以湾内悬沙含量相对较低的落潮主流带为界,将悬沙分为近岸和湾外两个相对悬沙较高的悬沙分布带,其中又以近岸悬沙含量较高,这些近岸高值主要分布在河道出口两侧的岸滩,以及韩江河口湾的南北两个湾顶,即榕江口、新津河河口湾和义丰溪河口湾。落潮输沙大致可以分为3个区:近岸落潮流输沙带,湾内落潮主流输沙带及湾外沿岸流输沙带,其悬沙含量呈两头大,中间小。

(3)韩江河口表层悬沙量级分布特征

韩江河口遥感悬沙输移受边界和径流、潮流、波浪等不同动力组合作用,表现出不同的特点。从典型影像的悬沙定量成果可见,韩江河口从总体上看表层悬沙含量较低,基本上在 0.3 kg/m^3 以下;洪季表层悬沙含量高于枯季表层悬沙含量,洪季表层最大含沙量达 0.3 kg/m^3,枯季表层最大含沙量约 0.025 kg/m^3。

悬沙分布从近岸水域至湾内浅海区再到湾外海域逐步减小。0.3 kg/m^3 的悬沙高值区出现在近岸,而湾外的悬沙不高于 0.02 kg/m^3。洪季泄流时口门悬沙含量整体较高,以口门为中心呈辐射状扩散状态;枯季或关闸时悬沙以风浪掀沙为主,主要聚集在沿岸一带。

韩江属丰水少沙河流,整个河口区泥沙含量较低,泥沙含量从河道向口外不断扩散降低。口门拦门沙区及海湾滩涂区含沙量相对较高,而水深较大的外海深槽通道含沙量较低。整体来看,韩江河口相对较高的悬沙分布在近岸线附近的浅滩水域。

2.5.4.2 实测含沙量与周日单宽输沙量

2012年9月至2015年1月,南海调查技术中心在工程区域进行了4个航次的全潮(大潮、中潮和小潮)悬沙观测。表2.5-9至表2.5-12列出了4个航次各站垂线平均含沙量、周日单宽输沙量的统计结果。可以看出,工程区域平均含沙量较小,为 $0.01 \sim 0.07 \text{ kg/m}^3$,大潮大于中、小潮,冬季平均含沙量略大于夏季。对比各站实测海流可知,夏季最大流速大于冬季,因此潮流动力的强弱并不是决定含沙量大小的唯一因素,波浪、径流等其他动力条件也是影响工程区域内泥沙输运的重要因素。

夏季(6月),河口径流量增加,新津河河口、外砂河河口门处的含沙量较高,平均值 $0.02 \sim 0.06 \text{ kg/m}^3$,河口外的含沙量较小,平均值 $0.01 \sim 0.02 \text{ kg/m}^3$;冬季(1月),河口径流量减小,新津河河口、外砂河河口门处的含沙量较小,平均值 $0.01 \sim 0.03 \text{ kg/m}^3$,河口外的海域风浪作用较强,含沙量有所增大,平均值 $0.03 \sim 0.07 \text{ kg/m}^3$。

图2.5-13至图2.5-16绘制了4个航次各站的周日单宽输沙量。与含沙量分布情况相似,汕头港航道、各河口的输沙量受径流影响较大,悬沙主要向河口外海输运,输运方向与航道、岸线的走向一致。夏季河口附近的周日单宽输沙量较大,外海相对较小;冬

季河口附近的周日单宽输沙量较小，外海相对较高。

1月，拦沙堤头输沙量最大，最大周日单宽输沙量为12 226 kg/(m·d)；其次为围填区外海，为3 457 kg/(m·d)，河口输沙量较小，为1 438 kg/(m·d)。围填区外海的C3站输沙方向为西南，C2站大潮为西南，中、小潮为北和东北。

6月，河口输沙量最大，最大周日单宽输沙量为10 458 kg/(m·d)；其次为拦沙堤头，为2 494 kg/(m·d)；围填区外海最小，为765 kg/(m·d)。围填区外海输沙方向大潮为西南，中、小潮为西北和东北。

9月，汕头湾输沙量最大，最大周日单宽输沙量为14 132 kg/(m·d)，其次为外海，为1 958 kg/(m·d)，河口输沙量最小，为296 kg/(m·d)。围填区外海输沙方向以西南为主。

12月，外海输沙量最大，最大周日单宽输沙量为6 479 kg/(m·d)，其次为拦沙堤头，为6 081 kg/(m·d)，河口输沙量最小，为1 026 kg/(m·d)。围填区外海输沙方向为西南。

表2.5-9 航次1各测站垂线平均含沙量、余流与周日单宽输沙量（中潮因风浪缺测）

潮期	站号	垂线平均含沙量（kg/m³）	垂线平均余流		周日单宽输沙量	
			流速（cm/s）	流向（°）	大小[kg/(m·d)]	方向（°）
大潮	C1	0.033	9	189	890	35
	C2	0.015	5	50	429	48
	C3	0.020	6	307	1 958	239
	C4	0.013	11	185	296	188
	C5	0.017	4	200	268	185
	C6	0.059	2	298	9 714	68
	C7	0.065	12	83	14 132	85
中潮	C1	0.018	—	—	—	—
	C2	0.023	—	—	—	—
	C3	0.014	—	—	—	—
	C4	0.007	11	174	159	175
	C5	0.009	9	202	89	293
	C6	0.031	4	80	2 779	71
	C7	0.040	18	76	7 888	79
小潮	C1	0.010	3	235	351	333
	C2	0.007	4	219	257	207
	C3	0.009	9	248	823	242
	C4	0.008	4	162	78	163
	C5	0.015	9	207	222	244
	C6	0.024	5	97	2 832	76
	C7	0.016	16	88	2 707	86

表2.5-10　航次2各测站垂线平均含沙量、余流与周日单宽输沙量

潮期	站号	垂线平均	垂线平均余流		周日单宽输沙量	
		含沙量（kg/m³）	流速（cm/s）	流向（°）	大小[kg/(m·d)]	方向（°）
大潮	C1	0.047	13	194	6 081	164
	C2	0.029	8	219	1 589	215
	C3	0.041	11	216	5 107	219
	C4	0.024	3	209	615	211
	C5	0.026	1	281	259	240
中潮	C1	0.047	10	185	2 585	186
	C2	0.023	4	223	518	223
	C3	0.075	9	213	6 479	211
	C4	0.022	3	209	492	215
	C5	0.040	3	44	1 026	351
小潮	C1	0.021	15	204	2 139	204
	C2	0.020	11	217	1 418	217
	C3	0.034	15	225	4 638	223
	C4	0.014	6	176	24	243
	C5	0.034	5	135	249	126

表2.5-11　航次3各测站垂线平均含沙量、余流与周日单宽输沙量

潮期	站号	垂线平均	垂线平均余流		周日单宽输沙量	
		含沙量（kg/m³）	流速（cm/s）	流向（°）	大小[kg/(m·d)]	方向（°）
小潮	C1	0.022	9	137	1 357	102
	C2	0.016	6	30	765	29
	C3	0.015	2	354	472	19
	C4	0.033	40	169	4 205	169
	C5	0.059	38	150	7 909	151
中潮	C1	0.024	15	164	2 494	149
	C2	0.014	3	23	180	24
	C3	0.011	2	5	88	317
	C4	0.026	31	165	2 530	164
	C5	0.040	54	150	8 975	149
大潮	C1	0.018	15	169	1 603	152
	C2	0.008	5	234	404	222
	C3	0.009	6	229	242	225
	C4	0.016	14	163	620	162
	C5	0.034	69	157	10 458	157

表2.5-12 航次4各测站垂线平均含沙量、余流与周日单宽输沙量

潮期	站号	垂线平均	垂线平均余流		周日单宽输沙量	
		含沙量（kg/m³）	流速（cm/s）	流向（°）	大小［kg/(m·d)］	方向（°）
小潮	C1	0.050	10	170	3 018	145
	C2	0.031	3	19	1 411	22
	C3	0.057	1	217	1 996	223
	C4	0.018	8	185	282	193
	C5	0.028	14	140	1 438	139
中潮	C1	0.052	2	150	1 389	52
	C2	0.027	3	349	702	358
	C3	0.041	2	309	804	277
	C4	0.011	2	189	184	343
	C5	0.014	1	54	52	84
大潮	C1	0.072	15	162	12 226	115
	C2	0.034	1	263	1 001	212
	C3	0.045	4	261	3 457	238
	C4	0.013	1	258	357	346
	C5	0.028	2	356	144	355

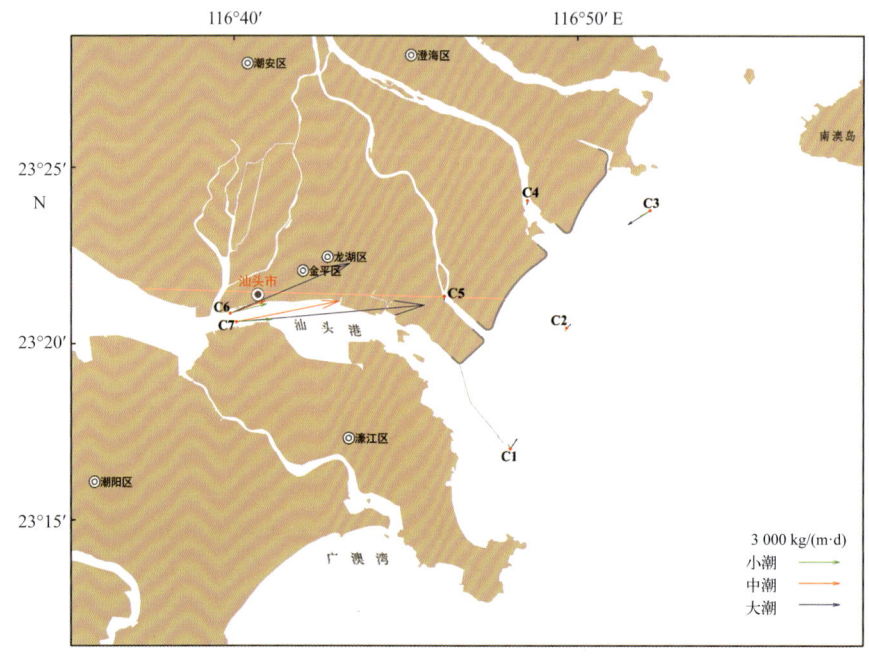

图2.5-13 航次1周日单宽输沙量图（2012年9月）

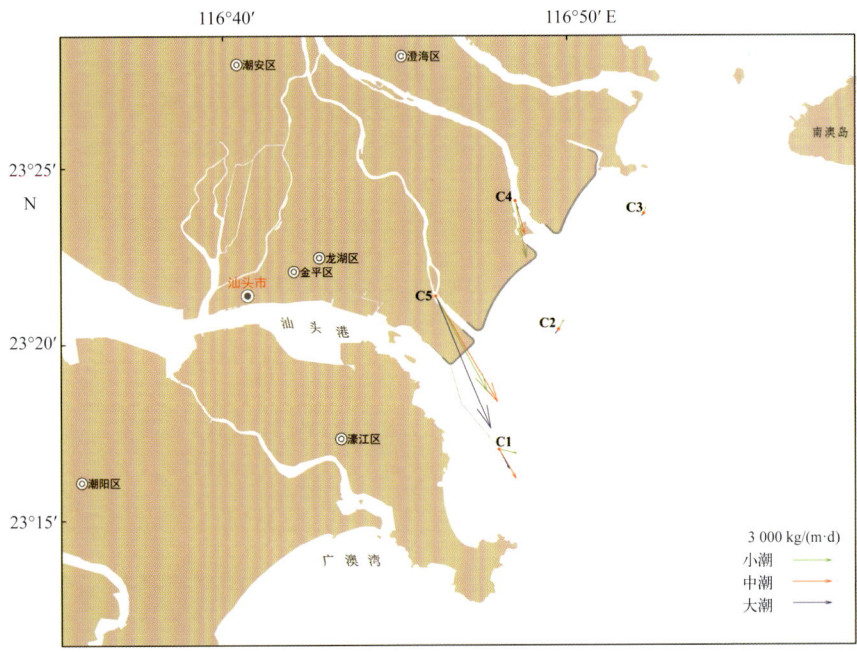

图2.5-14　航次2周日单宽输沙量图（2013年12月）

图2.5-15　航次3周日单宽输沙量图（2014年6月）

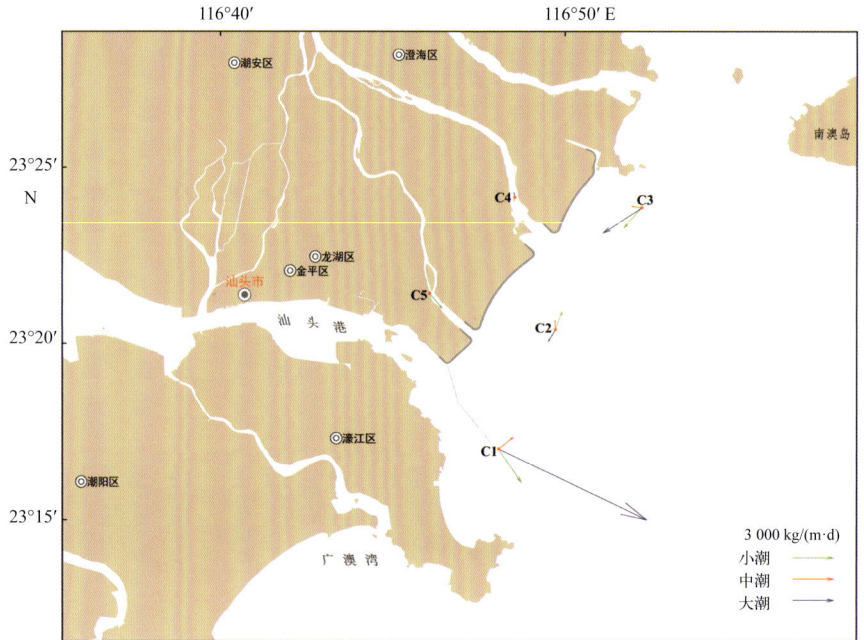

图2.5-16　航次4周日单宽输沙量图（2015年1月）

第3章 海床演变分析

通过收集工程区域 1986—2015 年的卫星遥感影像、不同年代的 4 幅历史海图以及监测期间的四次水下地形测量数据，采用定性与定量相结合的分析方法，综合分析工程区域历史和监测期间的海床冲淤变化特征。

具体分析流程为：首先，根据收集的卫星遥感影像和历史海图分析工程区域岸线的历史变迁；其次，根据收集的历史海图和实测的水下地形数据利用 ArcGIS 软件进行建模（DEM）与空间分析，分析工程区域海床冲淤的平面变化；最后，沿工程区域纵向、横向分别选取多条剖面线进行四次水下地形剖面对比分析，深入了解不同区域海床冲淤的剖面变化。

3.1 资料来源与处理方法

（1）卫星遥感影像

收集工程区域 1986—2015 年的卫星遥感影像，资料来源于谷歌地球的历史卫星影像数据，坐标系及投影分别为 WGS-84 地理坐标系和 web 墨卡托投影。由于仅用于显示工程区域的历年岸线变迁化过程，因此不需要对遥感影像进行数据的提取处理。

（2）历史海图与水下地形资料

收集历史海图资料共 4 幅，均由中国人民解放军海军司令部航海保证部出版，有关各海图测量时间、采用的坐标系、投影和基面等的海图信息详见表3.1-1。

表3.1-1 历史海图资料信息表

序号	出版时间	比例尺	工程区域测量时间	坐标系	投影	深度基准面	图幅号
1	1986年5月	1:7.5万	东部1971年，西部为1980年、1979年、1966年	北京54	墨卡托投影	理论深度基准面	15440
2	1997年12月	1:7.5万	东部1971年，西部为1989年、1966年	北京54	墨卡托投影	理论深度基准面	15440
3	2007年11月	1:7.5万	东部为2006和2002年，西部为2000年，中部为1989年、1971年和1966年	WGS-84	墨卡托投影	理论深度基准面	14479
4	2013年7月	1:7.5万	东、西部为2012年、中部为2008年，外砂河河口为2000年和1989年	CGCS2000	墨卡托投影	理论深度基准面	14479

工程区域水下地形重复测量由广东省粤东航道局航道工程测量队完成。测量和制图方法按国家相关标准和规范进行。测量时间分别为 2012 年 9 月、2014 年 5 月、2014 年 11 月和 2015 年 5 月共 4 次。测量采用的比例尺：近岸 700 m 范围内及汕头港航道为 1∶5000，其他区域为 1∶10000。成图坐标系采用 CGCS2000，投影采用高斯投影，深度基准面为理论深度基准面。

需要说明的是，中国人民解放军海军司令部航海保证部出版的四幅海图，虽然不同区域标明了不同的测量时间，但由于区域的界线不明确，为了计算方便，在分析的时候，同一幅海图全部用其出版年限来代替其测量年限，图内不再细区分为不同的测量时间，如 1986 年出版的海图，不同区域测量时间不同，全部统一为 1986 年测图。再者，监测期间测量的海图与海军航保部出版的历史海图，由于二者采用的比例尺相差较大，并且采用的投影方式和坐标系不同，二者之间的转换关系尚不明确，故在后面的分析中，二者之间不作对比分析。

利用 ArcGIS 软件对扫描后的 4 幅历史海图分别进行配准和矢量化（包括海岸线、等深线、水深点数字化）。由于 4 幅海图的坐标系存在差别，但基准面一致，在进行坐标转换和深度基准面转换时，先通过转换关系（事先通过不同坐标系下 9 个已知点，计算得到七参数）统一转换到 CGCS2000 坐标系下，深度基准面改正系数为 0。最后将不同年份海图的海岸线和等深线提取出来，叠加在同一图上，用于定性分析工程区域历史岸线及等深线的变化特征。

对于矢量化的海图，利用 ArcMap 扩展模块中的 3DAnalyst 工具盒 \TIN Management\ Create TIN，对等深线和水深点数据，生成 TIN 模型，然后利用 3D Analyst 工具盒 \Conversion\From TIN \TIN to Raster 将 TIN 模型转换成 Raster 数据，即建立数字高程模型（DEM），栅格网格统一为 3 m × 3 m 的网格。然后将不同年代的 Raster 数据，利用 3D Analyst 工具盒 \Raster Math\Minus 进行相减，得到不同年代间的冲淤变化图。

海床冲淤厚度和年化冲淤速率的计算方法：根据上述计算的不同年代的 Raster 数据，利用 3D Analyst 工具盒 \3D Analyst 模块的 Area and Volume 功能计算不同年份海图的水面面积、海底地形曲面面积和海床容积，将不同年份的海床容积相减就等于这个时期内的泥沙冲淤体积，泥沙冲淤体积再除以水面面积，即得平均泥沙冲淤厚度（单位为 m），平均泥沙冲淤厚度再除以海图测量年份的时间间隔就得出海床的年化冲淤速率（单位为 cm/a）。

由于工程区域面积较大（约 170 km^2），为计算和分析方便，根据地形、地貌和沉积环境的特征差异，将工程区域划分为 23 个区，见图 3.1-1，其中二区为汕头港外航道区域，五区、十二区、二十二区、二十区、十七区为习惯性的小船航路区域，九区至十一区与十三区至十五区为围填区的近岸区域。

对 4 幅历史海图和现场测量的 4 幅水下地形测图，采用上述海床冲淤厚度和年化冲淤速率的计算方法，分别计算出不同年代间和不同时期的各分区和全区的冲淤体积、平均冲淤厚度和年化冲淤速率，最后对各分区和全区进行较详细地分析，并结合相关动力和沉积背景，综合论述历史和监测期间工程区域海床冲淤变化特征。

关于海床稳定性的判别，目前国内尚未有统一的标准和规范，参考《海洋灾害调查技术规程》海岸稳定性分级标准[15]，并结合海床变化的特性，制定出海床稳定性的判别标准（见表3.1-2）。本章节海床稳定性的类别界定即依据表3.1-2。

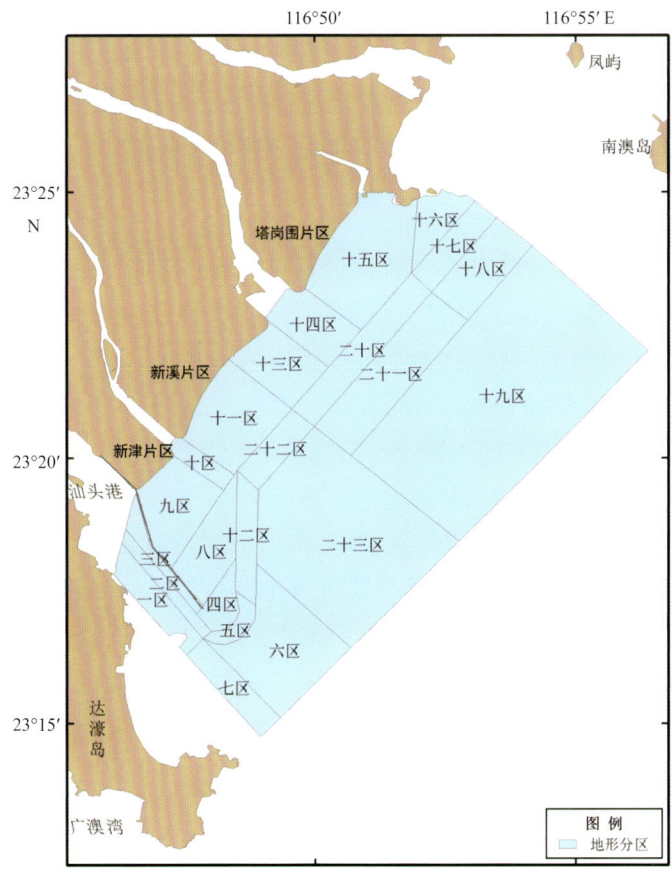

图3.1-1　工程区域的地形分区

表3.1-2　海床稳定性判别标准

海床稳定性分类	海床冲淤
	冲淤速率（cm/a）
严重淤积	$s \geqslant 15$
强淤积	$10 \leqslant s < 15$
淤积	$5 \leqslant s < 10$
微淤积	$1 \leqslant s < 5$
稳定	$-1 \leqslant s < 1$

续表

海床稳定性分类	海床冲淤
	冲淤速率（cm/a）
微侵蚀	$-5 \leqslant s < -1$
侵蚀	$-10 \leqslant s < -5$
强侵蚀	$-15 \leqslant s < -10$
严重侵蚀	$s < -15$

注："+"代表淤积；"-"代表侵蚀。

（3）剖面线的确定以及水深节点提取

为了进一步分析四次地形调查中工程区域不同区域的剖面冲淤变化，沿工程区域的纵向、横向分别选取3条、5条剖面线，每条剖面线的节点间隔为50 m，调用ArcMap扩展模块中的Spatial Analyst Tools工具盒\Extraction\Extract Values To Points，从数字高程模型（DEM）中提取水深值到每条剖面线的节点上。

剖面线的确定：以理论深度基准面（海图基准面）为基面，根据图2.2-1的汕头海洋站基面关系图绘制各潮汐特征值相对高度，见图3.1-2。根据《海岸带调查技术规程》[16]关于潮间带的定义为"平均大潮高潮线到平均大潮低潮线之间的区域"，可推算工程区域的潮上带区间约为2.25～3.75 m，潮间带区间为0.29～2.25 m，潮下带在0.29 m以下。围填区域最外围约在海图等深线的位置区域2 m处（即平均海面以下3.35 m），处于潮下带位置。通常情况下，这个区域水动力作用较强，以潮流作用为主，波浪影响明显，沉积物粒径较粗。

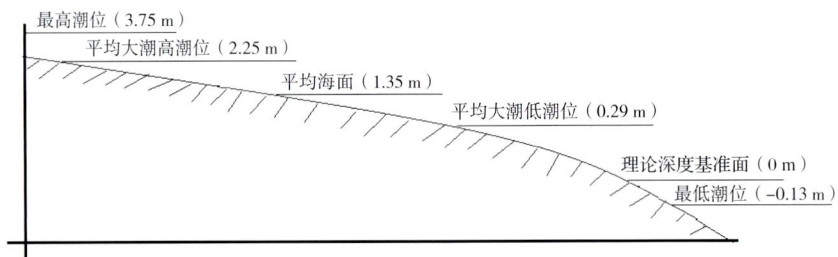

图3.1-2　汕头海洋站各潮位特征值相对高度

沿工程区域纵向选择3条剖面线A1-B1、A2-B2、A3-B3，剖面线大致位于海图等深线4 m、5 m和7 m的位置。横向选择7条剖面线，自西南向东北分布，编号分别为1-1'、2-2'……6-6'、7-7'，剖面线之间相互平行，见图3.1-3。其中1-1'剖面线位于汕头港航道线上，2-2'、4-4'、6-6'剖面线分别垂直于新津、新溪和塔岗围片区域的外围中部，3-3'、5-5'剖面线分别位于新津河河口、外砂河河口处，与河口的潮汐通道平行；7-7'剖面线位于塔岗围片区东北侧的岬角区域。

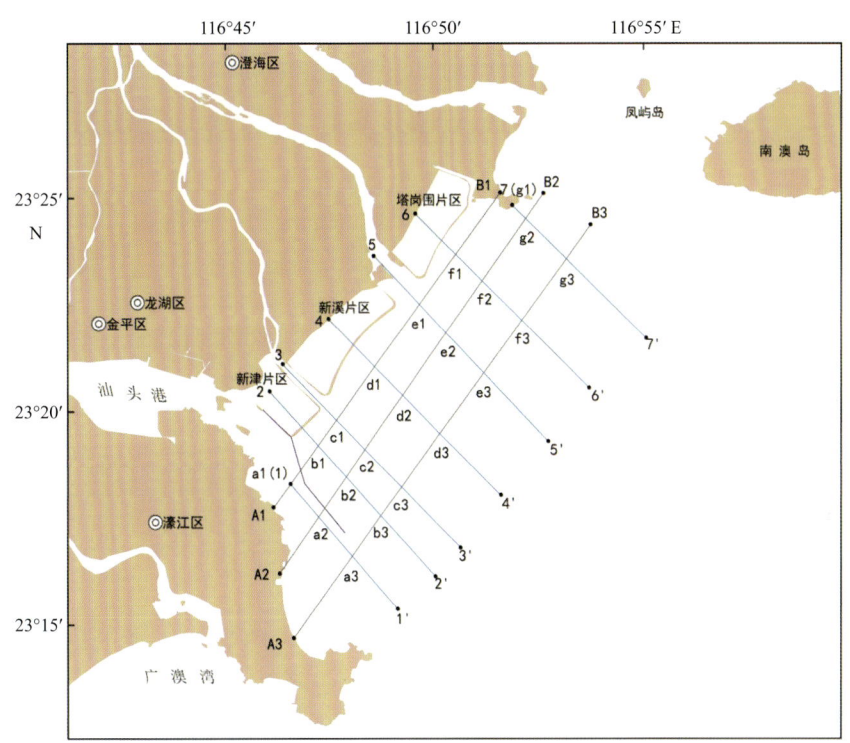

图3.1-3 工程区域计算剖面线位置

表 3.1-3 至表 3.1-5 列出了各剖面的节点位置、节点间距及平均边坡。

表3.1-3 工程区域各剖面计算点位置

起点	纬度N	经度E	终点	纬度N	经度E
A1	23°17.76′	116°46.16′	B1	23°24.91′	116°51.43′
A2	23°16.21′	116°46.31′	B2	23°25.11′	116°52.62′
A3	23°14.69′	116°46.64′	B3	23°24.39′	116°53.73′
1	23°18.37′	116°46.53′	1′	23°15.34′	116°49.07′
2	23°20.48′	116°46.06′	2′	23°16.15′	116°50.00′
3	23°21.12′	116°46.38′	3′	23°16.84′	116°50.60′
4	23°22.25′	116°47.42′	4′	23°18.05′	116°51.60′
5	23°23.61′	116°48.54′	5′	23°19.31′	116°52.70′
6	23°24.68′	116°49.53′	6′	23°20.56′	116°53.70′
7	23°24.89′	116°51.95′	7′	23°21.74′	116°55.08′

表3.1-4　工程区域纵剖面线节点累积间距　　　　　　　　　　　　　　　　　单位：m

起点\节点	a	b	c	d	e	f	g	端点B	总节点数	总取样数
A1	1 324	3 237	4 668	7 424	10 632	13 330	—	16 500	8	331
A2	2 971	5 010	6 500	9 300	12 454	15 213	18 578	19 650	9	394
A3	4 333	6 422	7 987	10 754	13 885	16 666	20 018	21 600	9	433

说明：对应剖面 A1-B1 时，节点 a、b…，表示 a1、b1…，端点 B 对应 B1，以此类推，取样间隔为 50 m。

表3.1-5　工程区域横剖面线节点间距　　　　　　　　　　　　　　　　　　单位：m

剖面 序号	1-1' 线段	1-1' 间距	2-2' 线段	2-2' 间距	3-3' 线段	3-3' 间距	4-4' 线段	4-4' 间距	5-5' 线段	5-5' 间距	6-6' 线段	6-6' 间距	7-7' 线段	7-7' 间距
1	1-a1	0	2-b1	3 229	3-c1	3 400	4-d1	3 042	5-e1	2 886	6-f1	2 590	7-g1	0
2	1-a2	1 955	2-b2	4 988	3-c2	5 096	4-d2	4 795	5-e2	4 440	6-f2	4 155	7-g2	829
3	1-a3	4 179	2-b3	7 220	3-c3	7 363	4-d3	7 046	5-e3	6 753	6-f3	6 530	7-g3	3 226
4	1-1'	7 100	2-2'	10 450	3-3'	10 750	4-4'	10 550	5-5'	10 750	6-6'	10 450	7-7'	7 850
节点数	3		5		5		5		5		5		4	
取样数	143		210		216		212		216		210		158	
平均边坡	1/2000		1/1000		1/1100		1/1200		1/1500		1/1500		1/1300	
间距						剖面线取样间隔为 50 m								

3.2　历史岸线海床冲淤变化

3.2.1　遥感反演岸线历史变迁

要了解项目建设对工程区域附近及汕头港航道的水流、泥沙运动影响，掌握新的围填岸线海床演变规律，首先需要了解工程区域岸线的历史变迁过程。近几十年来，汕头湾内的围垦、汕头港外航道整治以及项目的围填海工程等一系列人类活动，对工程区域的水沙环境产生了较大的影响[17][18]。本节收集了工程区域 1986—2014 年间的卫星遥感资料（图 3.2-1），结合已有的研究成果对工程区域岸线的历史变迁进行简要说明。

（1）新津河河口[19]

1986—1997 年间，新津河河口的岸线变化不大，右岸（河口向海右侧，下同）的变化大于左岸（河口向海左侧，下同）。由于汕头港实施了拦沙堤工程，对新津河河口出口滩、槽的发展产生重要影响：一是加速口门拦门沙的淤积发展，使左岸沙嘴向西南延伸，

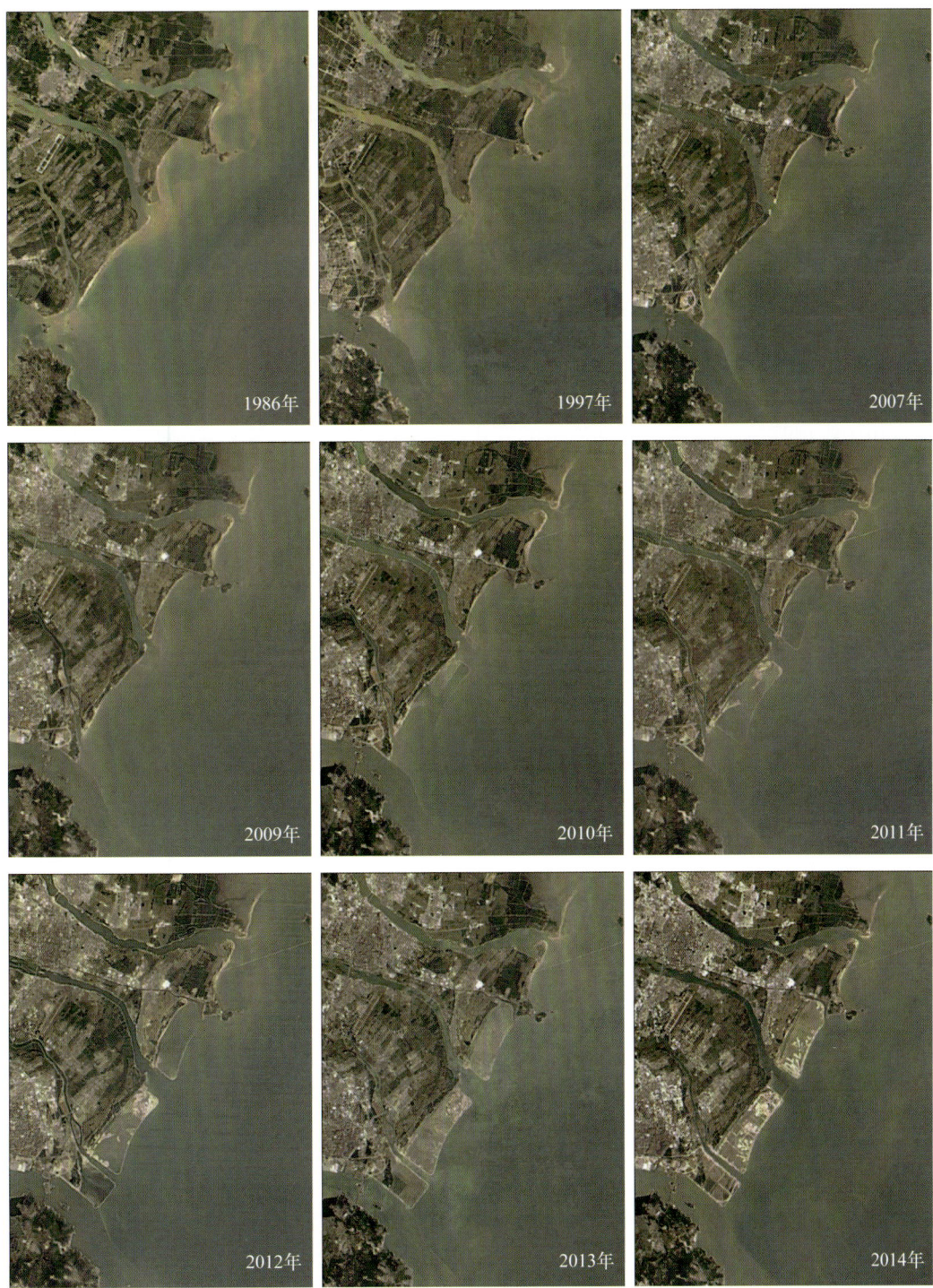

图3.2-1 工程区域1986—2014年岸线变化图

右岸拦沙堤头附近的浅滩面积增大；二是由于拦沙堤走向与河口的出流方向正交，促使新津河河口的出流方向由原来的西南方向转变与拦沙堤相同的东南方向。

1997—2009年间，新津河河口岸线的变化主要是由于右岸浅滩的围海开发工程的实施，使右岸岸线向海延伸，围海开发的滩涂面积较大。左岸岸线向西南继续延伸，岸滩开发的面积小于右岸。至2009年年末，围海区已经成陆，且拦沙堤进一步加高。

2010—2014年间，汕头东部城市经济带实施了大面积的围填海和河口整治工程。2014年卫星影像图显示，圈围作业完成之后，汕头东部陆域岸线整体外移了1.5～2.4 km，直接与拦沙堤东南向的第一个节点相接，该段相应成为陆域岸线。同时，新津河河口因河口整治工程改为东南走向，河口不再正对拦沙堤。

（2）外砂河河口[19]

1986—1997年间，这一时期岸线的变化特点是左岸岸线的变化较为突出，表现在口门以上河道左岸滩的开发利用而使岸线向河槽移动，并使河道宽度缩窄。

1997—2009年间，外砂河河口岸线的变化不大，主要表现在河口口门两侧的滨海岸滩的围垦使岸线向海推进。口门两侧的沙坝走向发生变动，其中右侧沙坝原来是一道与滨海岸沙堤走向一致的直线沙堤，逐渐形成向口门内弯曲的沙堤，左岸也同样形成向里弯曲沙坝，反映了近年来该河口口门内外涨潮流动力有增强趋势。另外，口门泄流槽道走向为南东方向，与河道轴线较为平顺衔接。

2010—2014年间，汕头东部经济带实施了大面积的围填海和河口整治工程，外砂河河口因河口整治工程形成新的海堤，出海河口口门拓宽，形成面向东南方向的深水区。

（3）莱芜半岛

自1969年莲阳河河口南端的大莱芜岛建成海堤与陆地相连后，莱芜岛与北侧岸段的海域构成半封闭海湾，形成有利于泥沙堆积的地貌环境。1969—1983年间，莱芜岛以北岸段扩展淤积较快，但由于其三角洲前缘水下地形有一条海流冲刷槽（后江水道），强劲的潮流不停地将莲阳河河口下泄的泥沙移往较远的地方，因此，莱芜岛北侧岸段的扩展淤积受到一定的限制；莱芜岛南侧岸段的扩展淤积相对较慢，其陆域岸线甚至有短期蚀退现象[10][20]。

1986—1997年间，莲阳河河口的中心浅滩发育较快，受其影响，河口由原来的东向入海逐渐改为东南向入海；莱芜岛北侧岸段持续淤积，南侧岸段的岸线变化不大，岸线较稳定。

1997—2009年间，莱芜岛北侧岸段淤积加快，最终与莲阳河河口的中心浅滩相连，导致莲阳河河口调整为偏南向入海；莱芜岛南侧岸段的岸线变化不明显。期间，莱芜岛北侧的南澳大桥于2009年1月兴建。

2010—2014年间，莱芜岛北侧岸段淤积速度减缓，南侧岸段的岸线变化较小，大部分区域岸线较稳定。2014年年底，南澳大桥建成通车。

（4）汕头港外航道[21~23]

汕头港是粤东地区较大的港口之一，地处榕江口与南海交汇的河口地区，是典型的以潮汐作用为主的河口港，其特点是径流弱、潮流强，水动力受潮流控制。出海航道主要依赖于一定的纳潮量来维持潮汐通道水深。

从 20 世纪 50 年代开始，汕头湾的大面积围垦使得纳潮量减少了将近 1/3，上游下泄的泥沙造成湾内港池发生淤积。同时潮汐通道内的流速减小，加之口门外新津河、外砂河下泄的泥沙经波浪和潮流的共同作用，由东往西向推移至潮汐通道，形成了外拦门沙（待狎金浅滩尾部组成部分）。20 世纪 80 年代末，为了拦挡来自支流新津河的泥沙淤积，在汕头港的东面建成了长约 8 km 的拦沙防波堤，从而改变了该地区的水文状况。

1985 年起，汕头港实施外航道拦门沙一期整治工程，主要包括拦沙防波堤建设和航道疏浚两大工程。1989 年年底拦沙防波堤建设工程开工，1994 年 10 月竣工；航道疏浚工程于 1993 年 5 月开工，1995 年外航道拦门沙一期整治工程全部竣工，至此外航道拦门沙被打通，外航道水深从 4.7 m 增至 9.5 m。拦沙防波堤的建设，使其东侧待狎金浅滩的沿岸泥沙输运受到拦截；而新津河河口下泄泥沙的就近落淤导致河口岸线（尤其是西侧岸线）进一步淤长延伸，同时也变得更为平直；此后几年，陆域岸线与河口小岛逐渐合并沿导堤方向延伸。

由于一期整治工程采用的建设标准偏低，在其后几年的使用过程中拦沙防波堤发生了不同程度的沉降和变形。基于航道升级改造和进一步改善导堤导流拦沙效果的需求等方面考虑，汕头港开始实施外航道及外拦门沙整治二期工程。总长 6.1 km 的导堤各段堤顶被统一加高至 2.3 m（工程设计高水位），整个堤身加高加固工程于 2004 年 12 月竣工。全长约 13.2 km 的 3 万吨级航道工程也于 2005 年 11 月竣工。

2010—2014 年期间，汕头东部经济带实施了大面积的围填海和河口整治工程，汕头东部陆域岸线整体外移。同时，新津河河口改道为东南向，在一定程度上缓解了下泄泥沙在拦沙堤堤脚处的直接沉降堆积。此后，工程区域的岸线格局基本保持稳定不变。

3.2.2 岸线及等深线变化

（1）1986—1997 年

图 3.2-2 至图 3.2-5 分别为 1986—1997 年工程区域的岸线及等深线变化分布图及局部区域放大图。期间海岸线变化最大的区域为新津河河口西侧兴建的拦沙堤，用于防止汕头湾口外波浪和待狎金浅滩泥沙进入汕头港内。

0 m 等深线变化较大的区域位于新津河河口和外砂河河口附近，其他区域变化不大。新津河河口 0 m 等深线围成的东西两侧岸滩（图 3.2-3），1986 年，东侧岸滩成舌状向西南突伸，西侧岸滩成倒三角状向东南突出，至 1997 年，东侧岸滩被冲刷成由北向南分布的三块浅滩，面积明显缩小。受西侧拦沙堤影响，西侧岸滩向东侧淤浅，并与东侧冲刷下来的最南侧浅滩连成一片，0 m 等深线之间的深槽方向由朝南开口演变为朝东开口。外砂河河口外的拦门沙岛（图 3.2-4），1986 年，该拦门沙岛西南端存在一个长约 1.1 km，宽约 0.3 km，方向由东北向西南延伸的 0 m 等深线围成的浅滩，至 1997 年，该浅滩几近消失，长度仅为 0.3 km。

2 m 等深线是各等深线中变化最为剧烈的等深线。1986—1997 年间，2 m 等深线从新津河河口至外砂河河口段，向陆后退了 0.1 ~ 1.3 km 不等，海床表现为侵蚀，其他区段较为稳定。

由于拦沙堤的兴建，外海波浪（主要为东—东南向的波浪）传递到堤头附近波能辐聚，波高增大，汕头湾口外落潮三角洲东侧海床表现为侵蚀，该处的 5 m 等深线向湾口（向陆）移动了 0.3 ~ 1.2 km 不等。靠近外砂河河口外 5 m 等深线，由于 2 m 以内的海床表现为侵蚀，其侵蚀下来的泥沙，大多堆积在 5 m 以内海床上，故此处的 5 m 等深线主要向外海方面移动，移动最大距离约为 0.5 km。工程区域 10 m 等深线变化不大，除西侧有部分微小冲淤外，其他区域均较稳定。

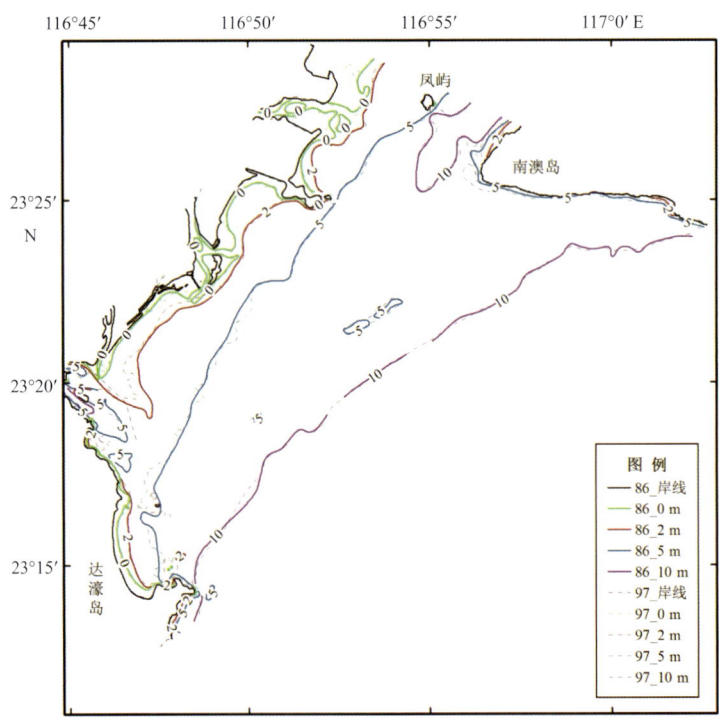

图3.2-2　工程区域1986—1997年等深线平面变化图

第 3 章 海床演变分析

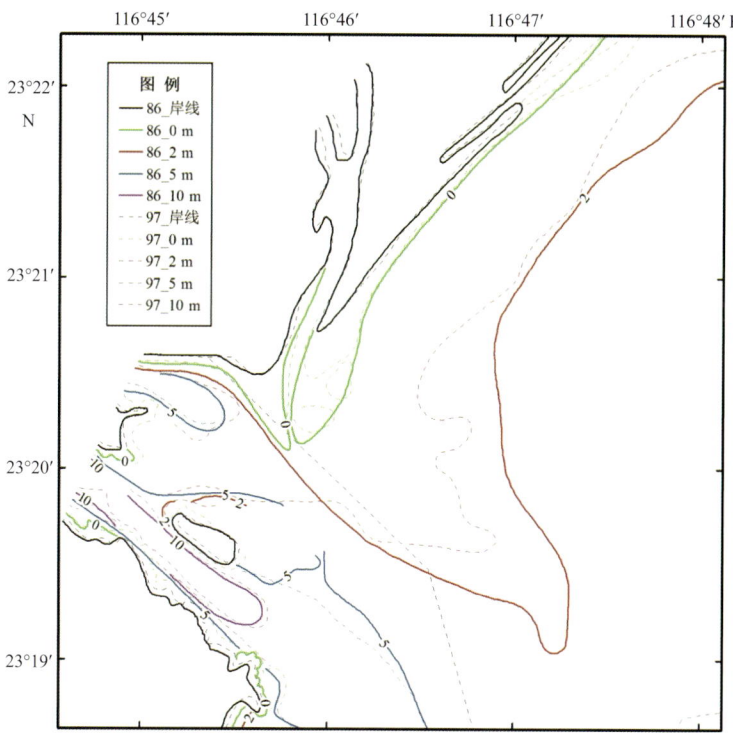

图3.2-3　工程区域1986—1997年等深线平面变化图局部（一）

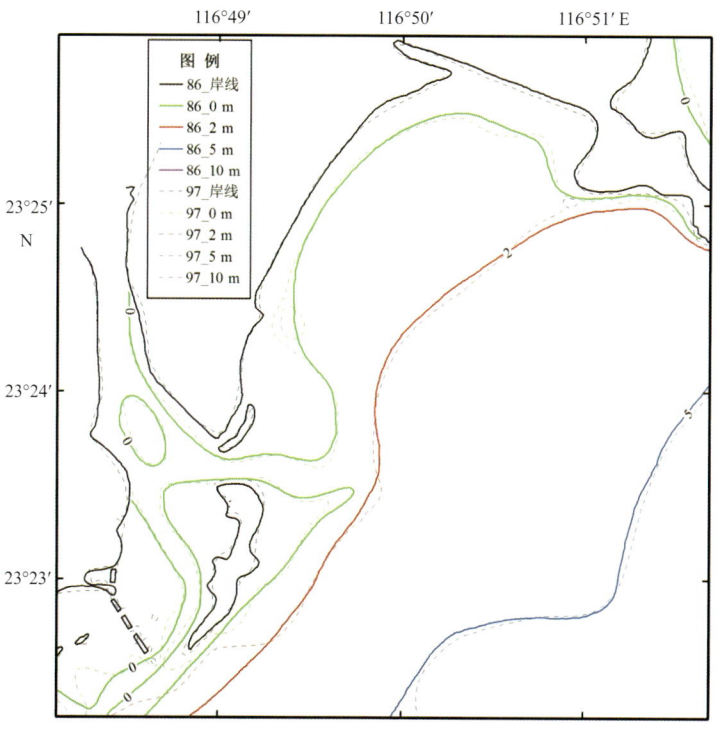

图3.2-4　工程区域1986—1997年等深线平面变化图局部（二）

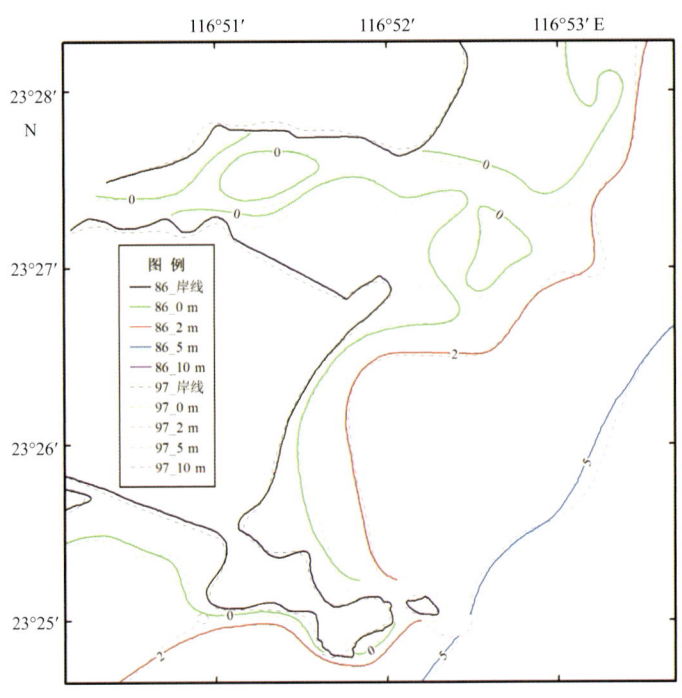

图3.2-5　工程区域1986—1997年等深线平面变化图局部（三）

(2) 1997—2007年

图 3.2-6 至图 3.2-9 分别为 1997—2007 年工程区域的岸线及等深线变化分布图及局部区域放大图。期间海岸线变化最大的区域为新津河河口及其附近的岸线，其次为后江湾（即广澳北湾）处岸线，其他岸线较为稳定。

新津河河口西侧岸线（右岸）向海方向淤进，淤进面积约 0.9 km²，最大淤进距离约 1.4 km，岸线方向由东北西南走向变为接近南北走向；新津河河口东侧岸线（左岸）亦向海方向淤进，淤进距离约 0.15～0.18 km，原先向西南方向伸出的 0.7 km 的沙嘴收缩至消失；新津河河口入海口方向由朝西南入海变化为朝南入海，见图 3.2-6。后江湾处岸线变化较明显，表现为整体地向海方向淤进，淤进距离达 0.25～0.33 km，与人工围填海活动有关。

0 m 等深线变化最大的是位于新津河河口至外砂河河口一线附近。这一时期新津河河口岸线发生较大变化，1997 年的 0 m 等深线，特别是西侧（右岸）大部分变成了陆地，新的 0 m 等深线在新岸线周边形成，整体表现为向海淤进。0 m 等深线之间的口门朝东，有新的水下拦门浅滩形成。

2 m 等深线在新津河河口至外砂河河口一线仍然变化较剧烈，其他区域变化不大，海床较稳定。在新津河河口至外砂河河口一带，表现为向陆蚀退和向海淤进交替出现，此处海床则表现为冲淤交替出现。新津河河口口门朝向变化，正对着口门方向的 2 m 等深线，由于泥沙来源丰富，表现为向海淤进，最大淤进距离超过 0.5 km，两侧的 2 m 等深线，由于泥沙来源变少，特别是西侧靠拦沙堤处，海床侵蚀较严重，2 m 等深线向陆蚀退最大距离达 0.67 km。

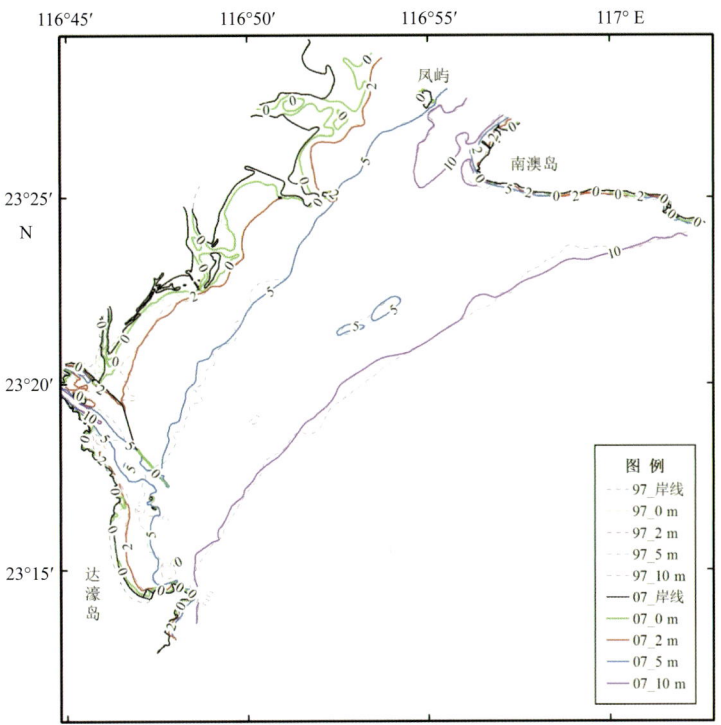

图3.2-6 工程区域1997—2007年等深线平面变化图

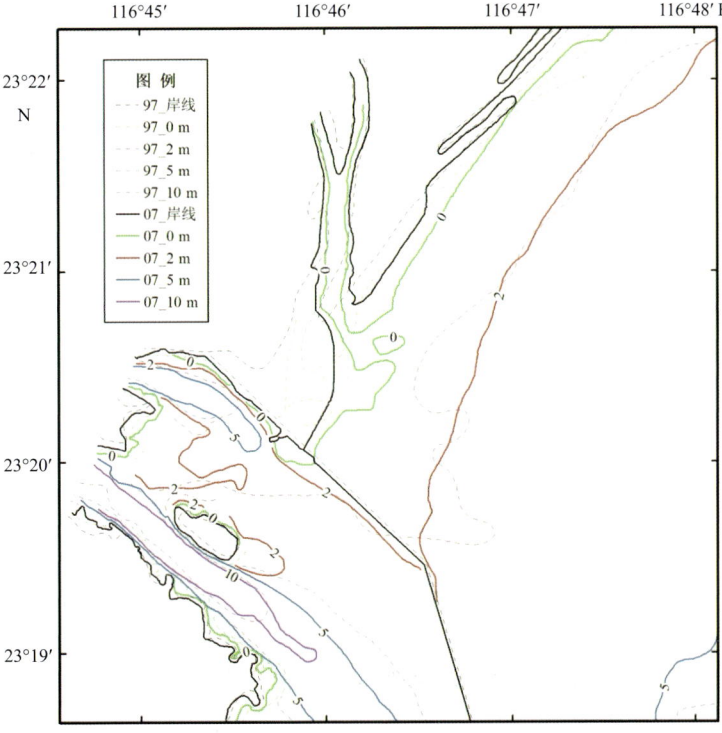

图3.2-7 工程区域1997—2007年等深线平面变化图局部(一)

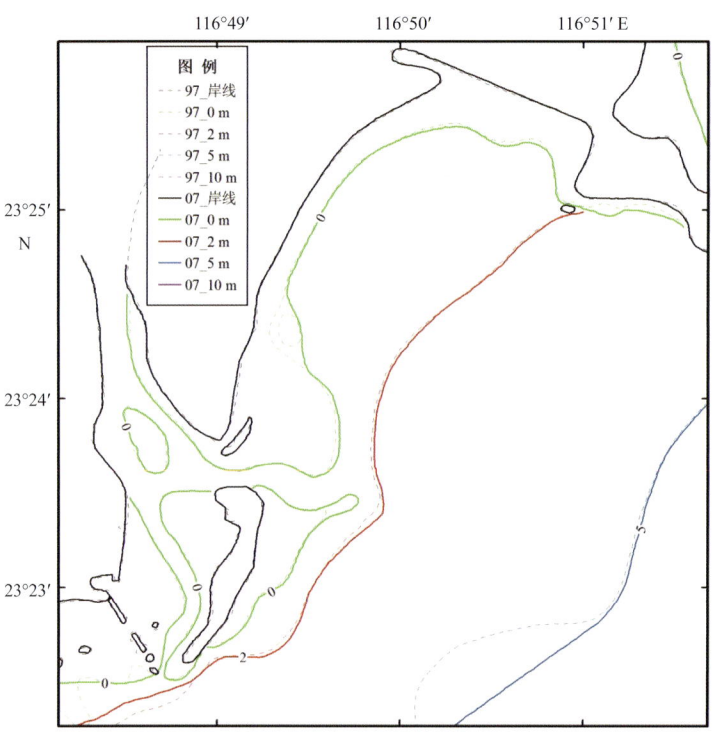

图3.2-8 工程区域1997—2007年等深线平面变化图局部（二）

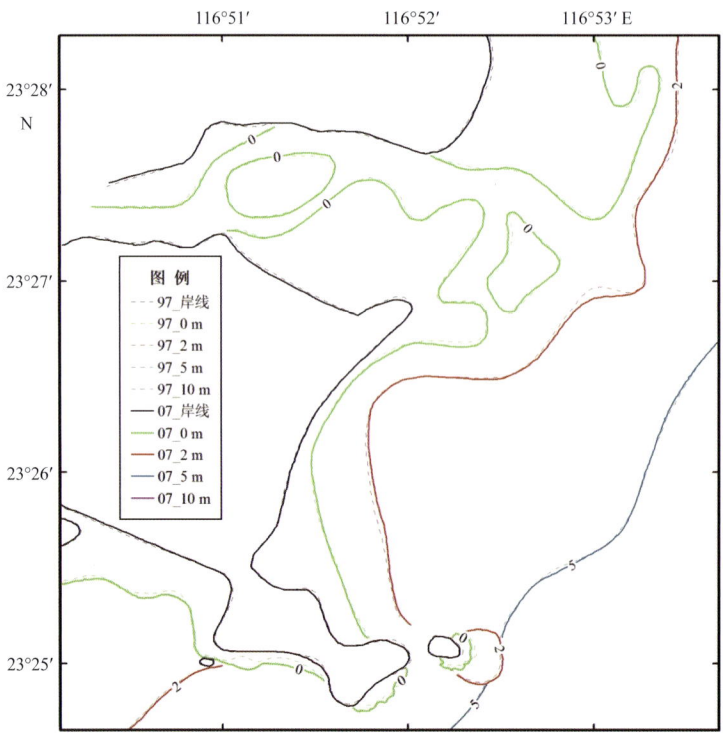

图3.2-9 工程区域1997—2007年等深线平面变化图局部（三）

5 m 等深线变化较大的区域位于汕头湾口、新津河河口至外砂河河口外海一带，其他区域变化不大。由于汕头港航道的开挖，由拦门沙堤头与达濠岛海岸组成的新湾口附近，原来小于 5 m 的拦门浅滩均被挖深，5 m 等深线走向成西北东南向，与 1997 年差异较大。新津河河口至外砂河河口外海一带附近，除外砂河河口外侧表现为向海淤进外，其他均表现为向陆蚀退，最大蚀退距离达 0.86 km。

10 m 等深线表现为冲淤交替进行，莱芜岛以东主要表现为淤进，莱芜岛以西主要表现为蚀退，但淤进和蚀退的幅度均不大。

（3）2007—2013 年

图 3.2-10 至图 3.2-13 分别为 2007—2013 年工程区域的岸线及等深线变化分布图及局部区域放大图。期间，海岸线及 2 m 以浅等深线变化最大的区域为新津河河口至外砂河河口一带岸线附近。由于大面积人工围填海活动，2007 年 2 m 以浅的浅滩全部变成陆地，岸线直接向海推进了 1.5 ~ 2.4 km 不等。

其次，莲阳河河口（北港口）附近岸线、0 m 和 2 m 等深线变化亦较剧烈，海岸线向海方向淤进了 0.1 ~ 0.3 km 不等。莲阳河河口南岸（右岸）发育了一条长约 1.3 km，宽约 0.1 km 的鹿角状沙嘴，向口门突伸；莲阳河河口北岸（左岸）也发育了一条长约 2.2 km，宽约 40 m，方向为东北西南走向的沙坝，表明此处的常浪向为东南向。沙坝后方沿岸方向还发育了一个长约 1.0 km、宽约 0.6 km 的沙嘴。

总体而言，2013 年的莲阳河河口较 2007 年的莲阳河河口有较大变化，河口入海方向由原来朝东，变成了 2013 年朝东南，河口形状由 2007 年的大喇叭状，变成了 2013 年的含有鹿角状沙坝和线状沙岛出现的小喇叭状，反映出莲阳河河口性质由潮汐为主的河口类型向波浪为主的河口类型转变。与海岸线变化一致，莲阳河河口外的 0 m 和 2 m 等深线，亦主要表现为向海方向淤进的变化特点，其中莲阳河河口南侧的 2 m 等深线向海最大淤进距离超过 0.9 km。

5 m 等深线，在汕头湾内，主要表现为向航道内淤进，使得东、西两侧 5 m 等深线间的宽度变窄。新津河河口至外砂河河口一线的 5 m 等深线，整体表现为向陆方向蚀退，最大蚀退距离约为 1.2 km。此外，靠凤屿岛附近的 5 m 等深线也表现明显地向陆蚀退的特点，在凤屿岛西侧，有一条水深 5 m 的深槽出现。

若从外砂河河口沿东南方向向海方向画一条线，与 10 m 等深线相交，将 10 m 等深线分为东、西两部分，东部主要表现为向陆侵蚀后退，最大蚀退距离约为 0.7 km，西部则表现为稳定或向海微淤。

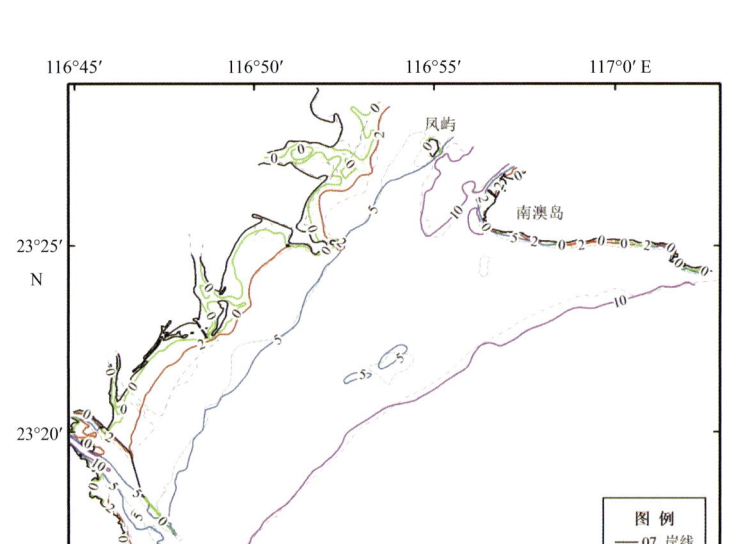

图3.2-10　工程区域2007—2013年等深线平面变化图

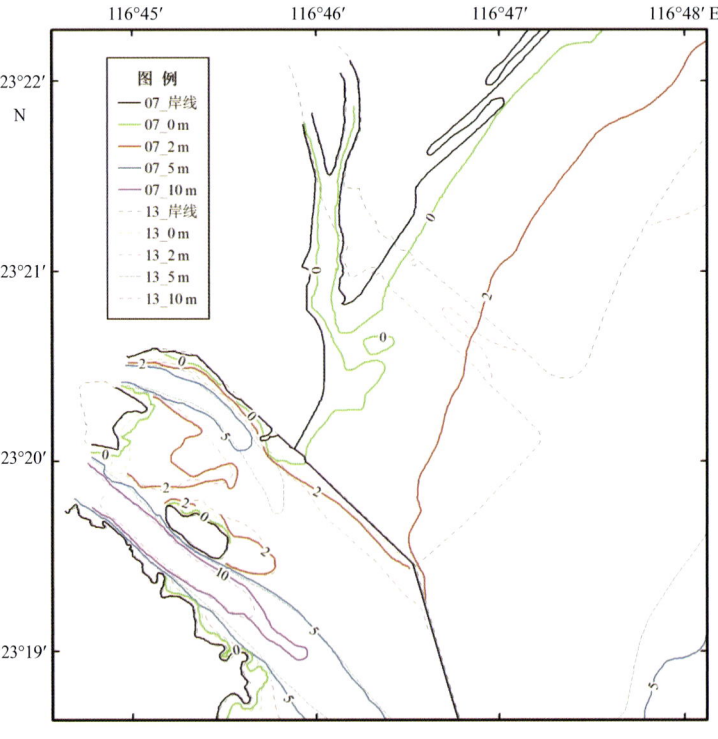

图3.2-11　工程区域2007—2013年等深线平面变化图局部（一）

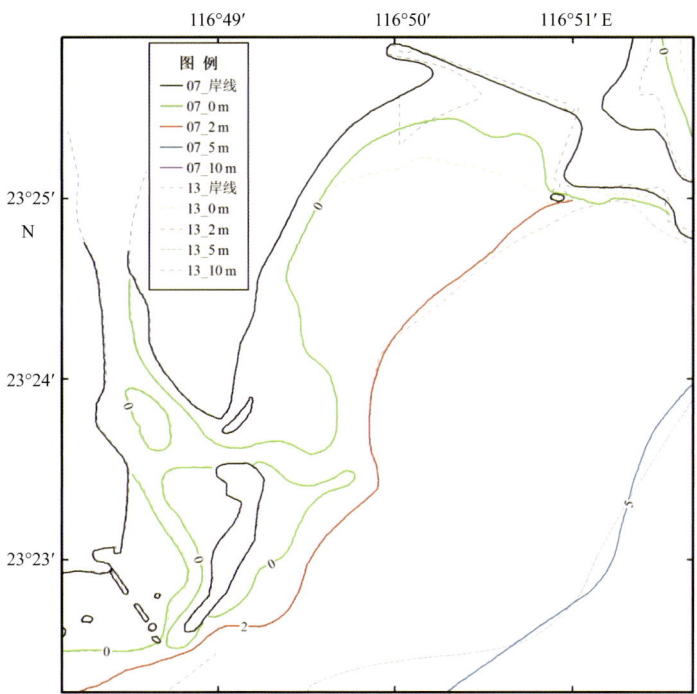

图3.2-12　工程区域2007—2013年等深线平面变化图局部（二）

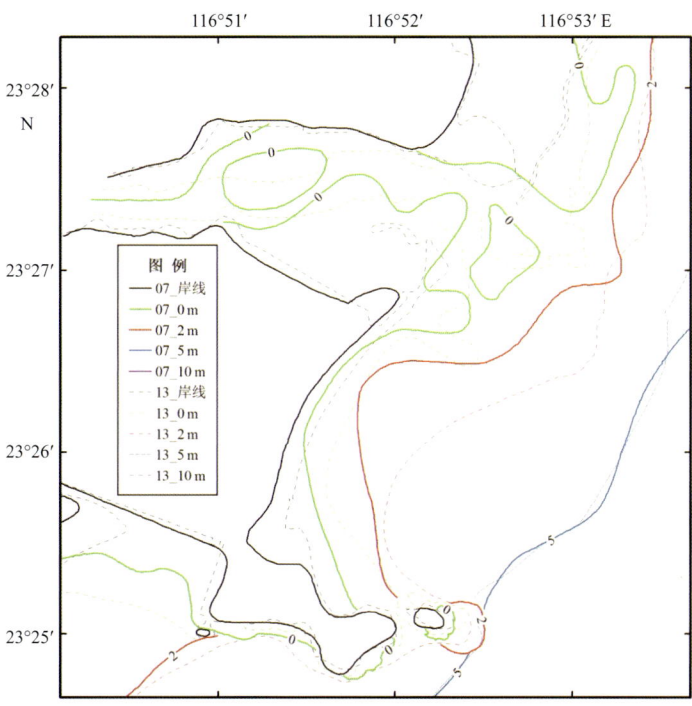

图3.2-13　工程区域2007—2013年等深线平面变化图局部（三）

3.2.3　海床冲淤平面变化

表 3.2-1 至表 3.2-3 为工程区域不同分区的冲淤计算情况表，图 3.2-14 至图 3.2-16 为不同年代间的冲淤变化分布图。可以看出，冲淤变化图与等深线变化图反映的海床冲淤性质较相似。

（1）1986—1997 年

工程区域不同区域的海床有冲有淤，总体海床较稳定（年化冲淤速率仅为 –0.1 cm/a），见图 3.2-14。

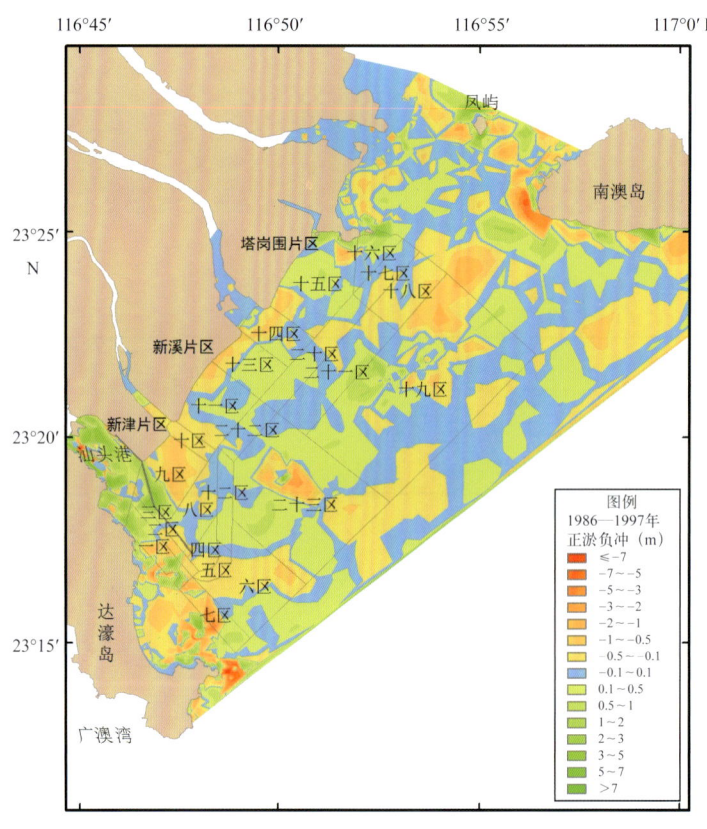

图3.2-14　汕头东部海域1986—1997年冲淤变化图

汕头湾妈屿岛至湾口口门附近水道主要表现为淤积，特别是北水道，淤积厚度达 1～3 m；汕头湾口口门外东、西两侧水深 5～10 m 的海域附近，表现为冲刷，冲刷幅度在 1 m 以内，10 m 以深的海域主要表现为淤积；新津河河口至外砂河河口一线 5 m 以浅的近岸海域，主要为冲刷，冲刷幅度多在 1 m 以内；外砂河河口至莱芜半岛区域，2 m 以浅的海域为冲刷，水深 2～5 m 的海域主要表现为淤积；莲阳河河口南、北岸水深 2～5 m 的海域主要表现为冲刷。

若沿外砂河河口向东南画一条线，将工程区域分成东、西两块，则东部水深 5～10 m

的海域主要表现为冲刷，西部水深 5～10 m 的海域则主要表现为淤积，10 m 以深的海域主要表现为稳定或微冲。

就计算的 23 个分区而言，变化较剧烈的为一区和三区，年化冲淤率略大于 5 cm/a，表现为淤积，其他各分区块年化冲淤速率均在 –5～5 cm/a 之间，表现为微侵蚀、稳定或微淤积，见表 3.2-1。

表3.2-1　1986—1997年各区冲淤情况表（+为淤，–为冲）

区号	面积（m²）	体积变化（m³）	冲淤厚度（m）	年化冲淤速率（cm/a）	海床稳定性判别
一区	3 177 440	1 885 936	0.594	5.4	淤积
二区	1 691 650	116 182	0.069	0.6	稳定
三区	1 550 810	958 659	0.618	5.6	淤积
四区	1 782 880	30 890	0.017	0.2	稳定
五区	1 151 780	–232 558	–0.202	–1.8	微侵蚀
六区	10 613 400	–1 014 835	–0.096	–0.9	稳定
七区	3 214 880	–1 828 424	–0.569	–5.2	侵蚀
八区	4 778 050	–338 450	–0.071	–0.6	稳定
九区	6 087 770	–224 520	–0.037	–0.3	稳定
十区	1 471 390	–528 131	–0.359	–3.3	微侵蚀
十一区	7 704 500	–784 968	–0.102	–0.9	稳定
十二区	2 822 760	509 449	0.180	1.6	微淤积
十三区	4 925 490	214 587	0.044	0.4	稳定
十四区	4 478 880	–575 427	–0.128	–1.2	微侵蚀
十五区	11 267 400	1 233 238	0.109	1.0	微淤积
十六区	2 740 470	1 168 866	0.427	3.9	微淤积
十七区	3 082 480	–191 683	–0.062	–0.6	稳定
十八区	5 120 870	–1 417 342	–0.277	–2.5	微侵蚀
十九区	45 850 300	–1 572 701	–0.034	–0.3	稳定
二十区	5 799 850	440 432	0.076	0.7	稳定
二十一区	9 453 330	654 024	0.069	0.6	稳定
二十二区	2 713 990	119 325	0.044	0.4	稳定
二十三区	28 330 000	–436 949	–0.015	–0.1	稳定
全区	169 810 370	–1 814 401	–0.011	–0.1	稳定

（2）1997—2007 年

工程区域海床变化较大的主要位于外砂河河口以西的西南海域、南澳岛南边的东北海域，工程区域的北部区域变化不大，海床较稳定，见图 3.2-15。

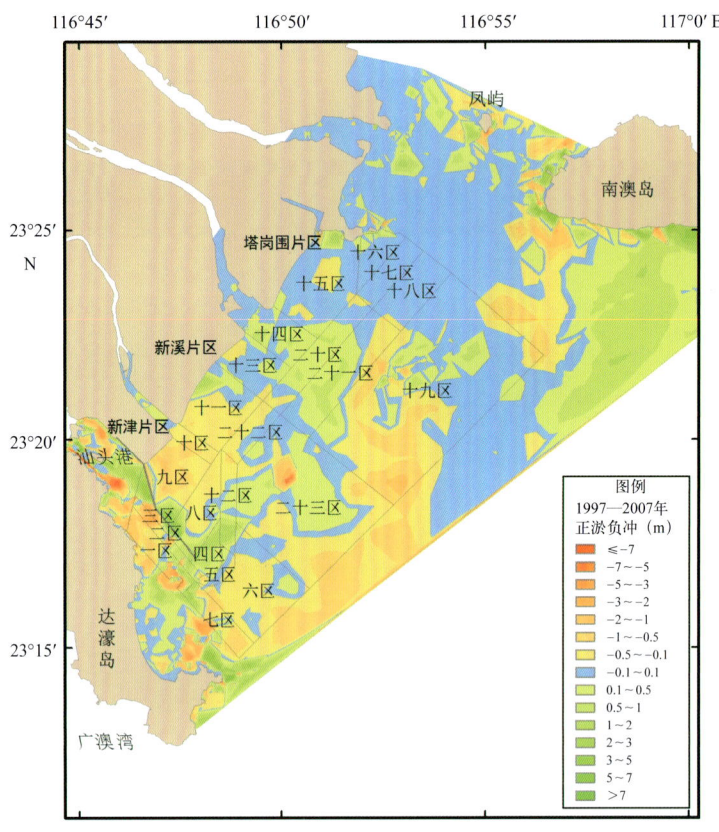

图 3.2-15　汕头东部海域 1997—2007 年冲淤变化图

外砂河河口以西区域由海向陆呈现出冲淤交替的发展态势：2 m 以浅的海域主要以淤积为主；水深 2～5 m 的海域多以冲刷为主，水深 5～10 m 的海域又多以淤积为主，10 m 以深的区域又多以冲刷为主。南澳岛南边海域主要以淤积为主。

就计算的 23 个分区而言，冲淤幅度最大的分区位于汕头湾口及其附近的一区至四区。其中，一区和二区表现为侵蚀，平均厚度分别为 0.747 m 和 0.618 m，年化淤积速率分别为 7.5 cm/a 和 6.2 cm/a。其他 19 个区域冲淤幅度不大，年化冲淤速率在 -5～5 cm/a 之间，表现为微侵蚀、稳定或微淤积，见表 3.2-2。

全区平均冲淤厚度为 -0.065 m，年化冲淤速率为 -0.7 cm/a，工程区域海床总体此段时间内表现为稳定状态。

表3.2-2　1997—2007年各区冲淤情况表（+为淤，-为冲）

区号	面积（m²）	体积变化（m³）	冲淤厚度（m）	年化冲淤速率（cm/a）	海床稳定性判别
一区	3 177 440	-2 372 372	-0.747	-7.5	侵蚀
二区	1 691 650	-1 046 036	-0.618	-6.2	侵蚀
三区	1 550 810	1 784 913	1.151	11.5	强淤积
四区	1 782 880	1 586 794	0.890	8.9	淤积
五区	1 151 780	-49 956	-0.043	-0.4	稳定
六区	10 613 400	-1 952 302	-0.184	-1.8	微侵蚀
七区	3 214 880	-686 812	-0.214	-2.1	微侵蚀
八区	4 778 050	645 616	0.135	1.4	微淤积
九区	6 087 770	-2 005 059	-0.329	-3.3	微侵蚀
十区	1 471 390	-625 773	-0.425	-4.3	微侵蚀
十一区	7 704 500	-688 182	-0.089	-0.9	稳定
十二区	2 822 760	870 412	0.308	3.1	微淤积
十三区	4 925 490	111 447	0.023	0.2	稳定
十四区	4 478 880	1 254 837	0.280	2.8	微淤积
十五区	11 267 400	189 418	0.017	0.2	稳定
十六区	2 740 470	227 067	0.083	0.8	稳定
十七区	3 082 480	-5 762	-0.002	0.0	稳定
十八区	5 120 870	-46 687	-0.009	-0.1	稳定
十九区	45 850 300	-7 780 067	-0.170	-1.7	微侵蚀
二十区	5 799 850	1 263 155	0.218	2.2	微淤积
二十一区	9 453 330	1 942 557	0.205	2.1	微淤积
二十二区	2 713 990	-497 815	-0.183	-1.8	微侵蚀
二十三区	28 330 000	-3 187 482	-0.113	-1.1	微侵蚀
全区	169 810 370	-11 068 087	-0.065	-0.7	稳定

（3）2007—2013 年

由于人工围填海活动，工程区域海床冲淤变化较大，整体冲淤均有分布。冲刷区域主要分布于南澳岛与莲阳河之间的深槽区、南澳岛南面 10 m 等深线附近海域、汕头湾拦沙堤东侧以及外砂河河口西南 5 m 等深线附近海域；淤积区域主要分布于近岸 2 m 以浅的海域、汕头湾口外水深 5～10 m 的沉积区，莱芜半岛东南水深 5～10 m 的海域，见图 3.2-16。

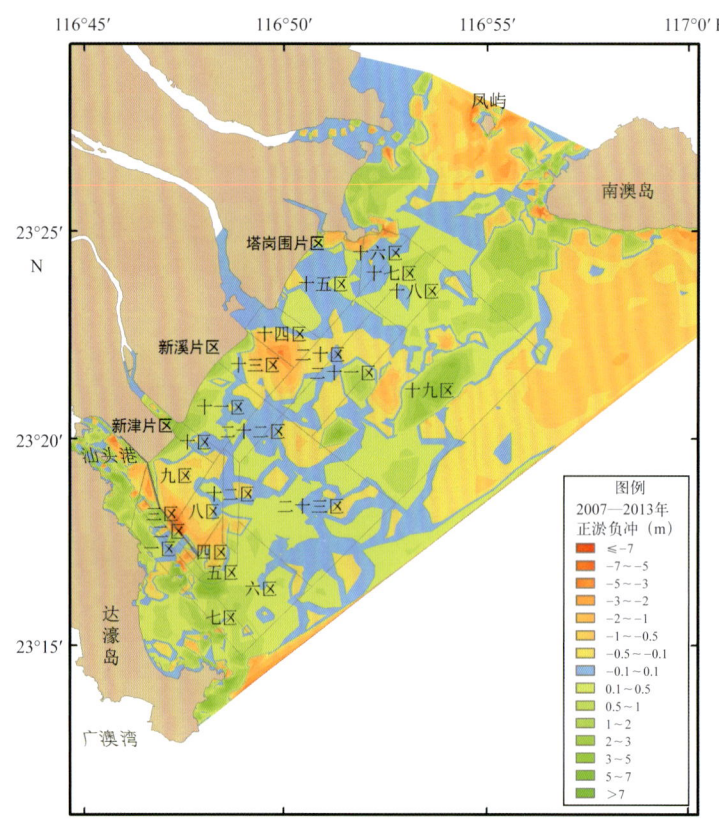

图3.2-16　汕头东部海域2007—2013年冲淤变化图

就计算的 23 个分区而言，存在两个严重的淤积区域，分别为五区和七区，年化淤积速率均超过 15 cm/a；存在一个强淤积区域，为十区，年化淤积速率为 12.6 cm/a；存在三个强侵蚀区，为三区、八区和十四区，年化侵蚀速率在 10～15 cm/a 之间；其他区域从淤积—侵蚀各态势均有分布，见表 3.2-3。

全区平均冲淤厚度为 0.139 m，年化冲淤速率为 2.3 cm/a，工程区域海床总体表现为微淤积。

表3.2-3 2007—2013年各区冲淤情况表（+为淤，-为冲）

区号	面积（m²）	体积变化（m³）	冲淤厚度（m）	年化冲淤速率（cm/a）	海床稳定性判别
一区	3 177 440	1 700 537	0.535	8.9	淤积
二区	1 691 650	221 438	0.131	2.2	微淤积
三区	1 550 810	-1 259 585	-0.812	-13.5	强侵蚀
四区	1 782 880	-872 041	-0.489	-8.2	侵蚀
五区	1 151 780	1 279 236	1.111	18.5	严重淤积
六区	10 613 400	5 742 552	0.541	9.0	淤积
七区	3 214 880	3 094 702	0.963	16.0	严重淤积
八区	4 778 050	-2 923 401	-0.612	-10.2	强侵蚀
九区	6 087 770	-1 417 003	-0.233	-3.9	微侵蚀
十区	1 471 390	1 115 553	0.758	12.6	强淤积
十一区	7 704 500	3 594 128	0.466	7.8	淤积
十二区	2 822 760	-114 494	-0.041	-0.7	稳定
十三区	4 925 490	-1 644 176	-0.334	-5.6	侵蚀
十四区	4 478 880	-3 008 459	-0.672	-11.2	强侵蚀
十五区	11 267 400	-433 028	-0.038	-0.6	稳定
十六区	2 740 470	-966 000	-0.352	-5.9	侵蚀
十七区	3 082 480	717 350	0.233	3.9	微淤积
十八区	5 120 870	1 886 204	0.368	6.1	淤积
十九区	45 850 300	16 633 719	0.363	6.0	淤积
二十区	5 799 850	-1 524 147	-0.263	-4.4	侵蚀
二十一区	9 453 330	198 388	0.021	0.3	侵蚀
二十二区	2 713 990	134 349	0.050	0.8	稳定
二十三区	28 330 000	1 426 725	0.050	0.8	稳定
全区	169 810 370	23 582 548	0.139	2.3	微淤积

3.3 监测期间海床冲淤变化

工程区域的地形测量面积约为170 km², 由岸向海水深逐渐变深, 最大水深不超过15 m, 水深5～10 m的分布范围较广, 约占测量面积的70%。原潮滩填海成陆, 新岸线（堤）形成后, 其岸外地形边坡较陡, 3～5 m水深直逼新岸线（堤）, 等深线的总体走向为东北—西南向, 越靠岸边越接近岸线的走向（北北东—南南西向）。

图3.3-1为根据4次实测地形数据绘制的不同时期水下地形图。

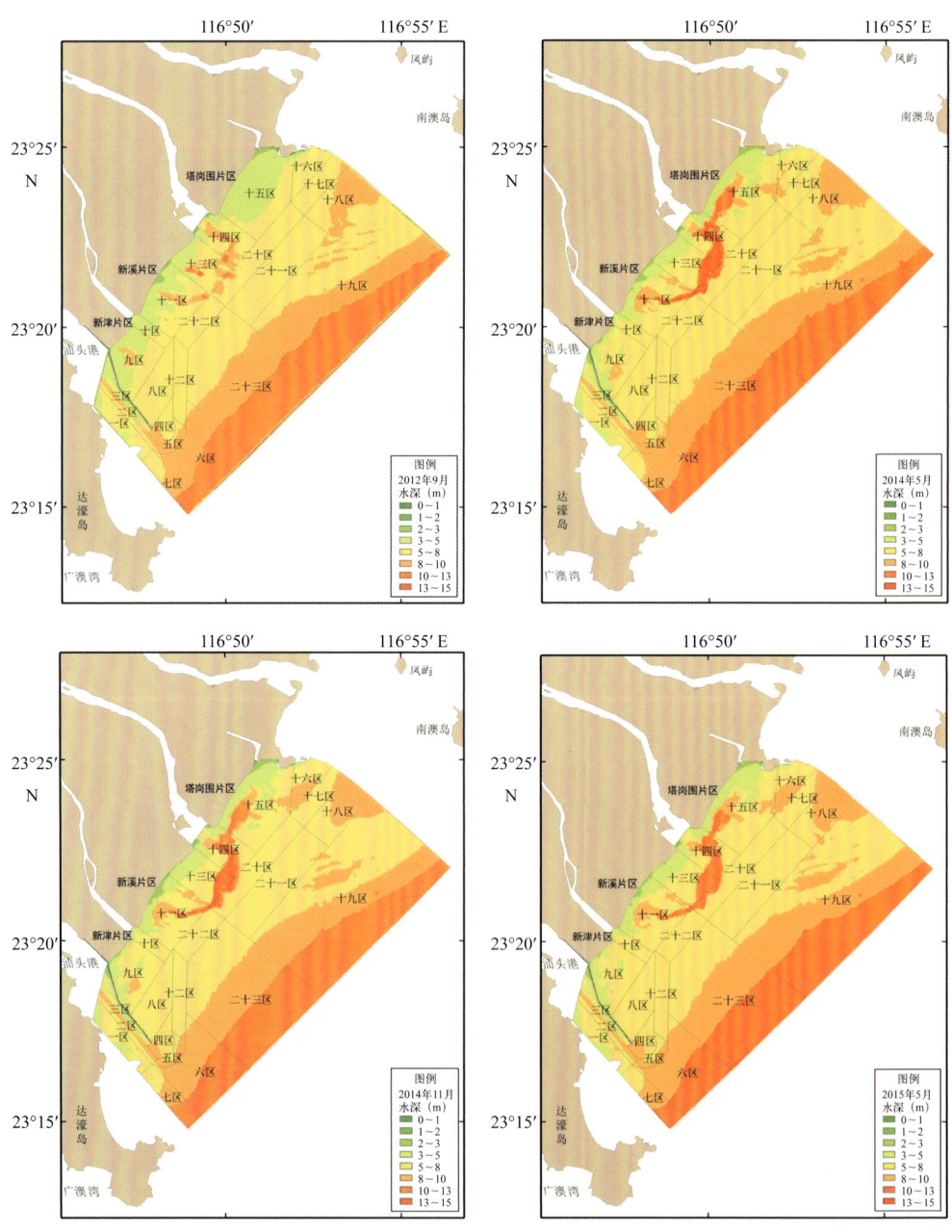

图3.3-1 监测期间水下地形图

3.3.1 海床冲淤平面变化

表 3.3-1 至表 3.3-3 为 4 个不同时期不同地形分区的冲淤变化计算情况表。图 3.3-2 至图 3.3-5 为 4 个不同时期的冲淤变化图。

（1）2012 年 9 月至 2014 年 5 月

此段时期内，填海所用的砂料大部分在工程区域近岸 3～8 m 水深处开挖获取（图 3.3-2 近岸红色区域），致使工程区域海床的泥沙损失较大。受采砂活动影响，采砂区的海床表现为严重侵蚀或强侵蚀，并出现较强的回淤。采砂区以外的其他区域，受采砂的间接影响表现为侵蚀或微侵蚀。工程区域海床总体表现为严重侵蚀，总侵蚀体积 $5\,976\times10^4\,m^3$，平均侵蚀厚度 0.352 m，年化侵蚀速率 21.1 cm/a，见表 3.3-1 和图 3.3-2。

表3.3-1　2012年9月至2014年5月各区冲淤情况表（+为淤，-为冲）

区号	面积（m²）	体积变化（m³）	冲淤厚度（m）	年化冲淤速率（cm/a）	海床稳定性判别
一区	3 177 440	-313 382	-0.099	-5.9	侵蚀
二区	1 691 650	-518 662	-0.307	-18.4	严重侵蚀
三区	1 550 810	-206 522	-0.133	-8.0	侵蚀
四区	1 782 880	-110 578	-0.062	-3.7	微侵蚀
五区	1 151 780	16 833	0.015	0.9	稳定
六区	10 613 400	-1 297 528	-0.122	-7.3	侵蚀
七区	3 214 880	-1 234 655	-0.384	-23.0	严重侵蚀
八区	4 778 050	-61 517	-0.013	-0.8	稳定
九区	6 087 770	-4 361 100	-0.716	-43.0	严重侵蚀
十区	1 471 390	-1 448 794	-0.985	-59.1	严重侵蚀
十一区	7 704 500	-7 874 534	-1.022	-61.3	严重侵蚀
十二区	2 822 760	-245 134	-0.087	-5.2	侵蚀
十三区	4 925 490	-2 266 559	-0.460	-27.6	严重侵蚀
十四区	4 478 880	-6 901 902	-1.541	-92.5	严重侵蚀
十五区	11 267 400	-14 714 102	-1.306	-78.4	严重侵蚀
十六区	2 740 470	-1 773 238	-0.647	-38.8	严重侵蚀
十七区	3 082 480	-665 822	-0.216	-13.0	强侵蚀
十八区	5 120 870	-178 492	-0.035	-2.1	微侵蚀
十九区	45 850 300	-8 139 660	-0.178	-10.7	强侵蚀
二十区	5 799 850	-3 091 583	-0.533	-32.0	严重侵蚀

续表

区号	面积（m²）	体积变化（m³）	冲淤厚度（m）	年化冲淤速率（cm/a）	海床稳定性判别
二十一区	9 453 330	−542 371	−0.057	−3.4	微侵蚀
二十二区	2 713 990	−164 981	−0.061	−3.6	微侵蚀
二十三区	28 330 000	−3 662 071	−0.129	−7.8	侵蚀
全区	169 810 370	−59 756 354	−0.352	−21.1	严重侵蚀

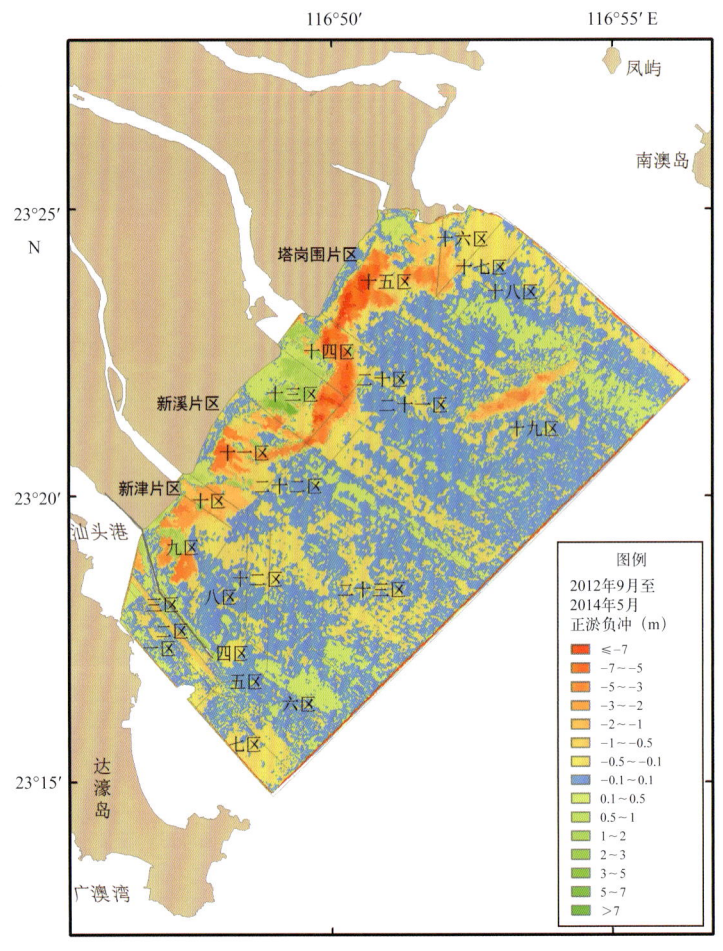

图3.3-2　2012年9月至2014年5月冲淤变化图

汕头港外航道（一区至三区）。受航道开挖疏浚影响，位于航道上的二区海床表现为严重侵蚀，平均侵蚀厚度0.307 m，年化侵蚀速率18.4 cm/a，侵蚀强度略低于工程区域的平均值。位于航道东、西两侧浅滩上的三区和一区，在二区开挖后，有部分泥沙往二区回淤，海床表现为侵蚀。其中，一区平均侵蚀厚度为0.099 m，年化侵蚀速率为5.9 cm/a；三区平均侵蚀厚度为0.133 m，年化侵蚀速率为8.0 cm/a。

汕头港拦沙堤东南（四区至八区）。这几个区受人为因素（如航道疏浚、挖沙）的直接影响较小，但波浪和潮流动力存在较大差异，冲淤情况亦有所不同。七区靠近表角岬角，该区波能辐聚，波浪动力强，海床表现为严重侵蚀，年化侵蚀速率为23.0 cm/a；四区至五区位于汕头港外航道和新津河河口下泄水流沿拦沙堤东南方向出流的交汇区域，该区域有利于水流携带的泥沙沉降堆积。由于拦沙堤头附近的波浪动力较强，沉降堆积的细颗粒泥沙在强浪作用下容易重新掀起并随涨落潮流搬运到其他区域，经浪流淘选后的较粗颗粒泥沙保留在海床上，因此四区和五区沉积物类型以粉砂质砂或砂为主。同时，四区、五区以及拦沙堤东侧浅滩的八区由于有新津河下泄水流携带的泥沙持续补充，海床冲刷较轻，表现为微侵蚀或稳定；六区沉积物类型以较细颗粒的砂质粉砂或黏土质粉砂居多，在强浪作用下容易起动后搬运，由于与泥沙沉降区相隔较远，得到的泥沙供给相对于四区和五区要少，故海床表现为侵蚀，平均侵蚀厚度为0.122 m，年化侵蚀速率为7.3 cm/a。

新津河河口（九区至十一区）。由于人为采砂，海床出现大面积的侵蚀。其中，河口右岸的九区靠新津片区海岸约300 m的范围内海床出现淤积，淤厚0.3~1.3 m，其他区域海床挖深约2~4 m不等，年化侵蚀速率43.0 cm/a；河口中间的十区平均侵蚀厚度0.985 m，年化侵蚀速率59.1 cm/a；河口左岸的十一区平均侵蚀厚度1.022 m，年化侵蚀速率61.3 cm/a，但靠近新津河河口的区域出现部分淤积，淤积厚度0.25~0.55 m。

外砂河河口（十三区至十五区）。同样由于人为采砂，河口右岸的十三区、河口中间的十四区以及河口左岸的十五区海床均出现严重侵蚀。其中，十四区的侵蚀幅度为工程区域23个区之最，平均侵蚀厚度超过1.5 m，年化侵蚀速率为92.5 cm/a；十三区和十四区整体呈现严重侵蚀的同时，其西北靠新溪片区岸堤约1~2 km的海床呈现淤积状态，淤积达0.3~6.0 m不等。

莱芜半岛（十六区至十八区）。各区均出现不同程度的侵蚀。近岸的十六区为严重侵蚀，平均侵蚀厚度为0.647 m，年化侵蚀速率为38.8 cm/a；十七区为强侵蚀，外海的十八区为微侵蚀。

外海（十二区、十九区至二十三区）。各区均出现不同程度的侵蚀。二十区受北侧采砂影响，平均侵蚀厚度为0.533 m，年化侵蚀速率为32.0 cm/a，为严重侵蚀区；十九区年化侵蚀速率为10.7 cm/a，为强侵蚀区；十二区、二十三区，年化侵蚀速率为5~10 cm/a，为侵蚀区；二十一区、二十二区年化侵蚀速率为1~5 cm/a，为微侵蚀区。

（2）2014年5月至2014年11月

至2014年3月，项目的采砂活动已经停止，填海造地任务也于2014年年底结束。工程区域海床经历了2014年夏季和秋季后的自然条件演变，整体表现稳定，局部冲淤变化仍较大。新津河河口至外砂河河口的近岸区域、采砂区以及汕头湾口外表现为严重淤积和强淤积，工程区域中部存在一个巨大的侵蚀区，面积约60 km^2。此段时期内，工程区域海床冲淤总体积仅为43×10^4 m^3，平均冲淤厚度为0.003 m，年化冲淤速率为0.5 cm/a，总体表现为稳定，见表3.3-2和图3.3-3。

汕头港外航道（一区至三区）。受洪季榕江河口输沙（主要为悬沙）和前期航道开挖疏浚影响，位于航道上的二区表现为淤积。海床平均淤积厚度 0.029 m，年化淤积速率 5.9 cm/a。位于航道东、西两侧浅滩上的三区和一区，海床冲淤存在较大差异。其中，一区由于北段出现较大面积的侵蚀，总体表现为侵蚀，平均侵蚀厚度为 0.038 m，年化侵蚀速率为 7.6 cm/a；三区的南、北段均出现较大幅度的淤积，中段出现一定程度的侵蚀，总体上仍表现为强淤积，淤积厚度为 0.062 m，年化淤积速率为 12.4 cm/a。

表3.3-2　2014年5月至2014年11月各区冲淤情况表（+为淤，−为冲）

区号	面积（m²）	体积变化（m³）	冲淤厚度（m）	年化冲淤速率（cm/a）	海床稳定性判别
一区	3 177 440	−120 447	−0.038	−7.6	侵蚀
二区	1 691 650	49 556	0.029	5.9	淤积
三区	1 550 810	95 799	0.062	12.4	强淤积
四区	1 782 880	58 016	0.033	6.5	淤积
五区	1 151 780	88 454	0.077	15.4	严重淤积
六区	10 613 400	570 845	0.054	10.8	强淤积
七区	3 214 880	−181 442	−0.056	−11.3	强侵蚀
八区	4 778 050	−430 845	−0.090	−18.0	严重侵蚀
九区	6 087 770	536 076	0.088	17.6	严重淤积
十区	1 471 390	121 259	0.082	16.5	严重淤积
十一区	7 704 500	387 686	0.050	10.1	强淤积
十二区	2 822 760	−162 018	−0.057	−11.5	强侵蚀
十三区	4 925 490	454 318	0.092	18.4	严重淤积
十四区	4 478 880	893 772	0.200	39.9	严重淤积
十五区	11 267 400	960 021	0.085	17.0	严重淤积
十六区	2 740 470	−1 085 869	−0.396	−79.2	严重侵蚀
十七区	3 082 480	−334 489	−0.109	−21.7	严重侵蚀
十八区	5 120 870	−97 926	−0.019	−3.8	微侵蚀
十九区	45 850 300	−555 661	−0.012	−2.4	微侵蚀
二十区	5 799 850	166 665	0.029	5.7	淤积
二十一区	9 453 330	−471 943	−0.050	−10.0	侵蚀
二十二区	2 713 990	−323 392	−0.119	−23.8	严重侵蚀
二十三区	28 330 000	−192 021	−0.007	−1.4	微侵蚀
全区	169 810 370	426 414	0.003	0.5	稳定

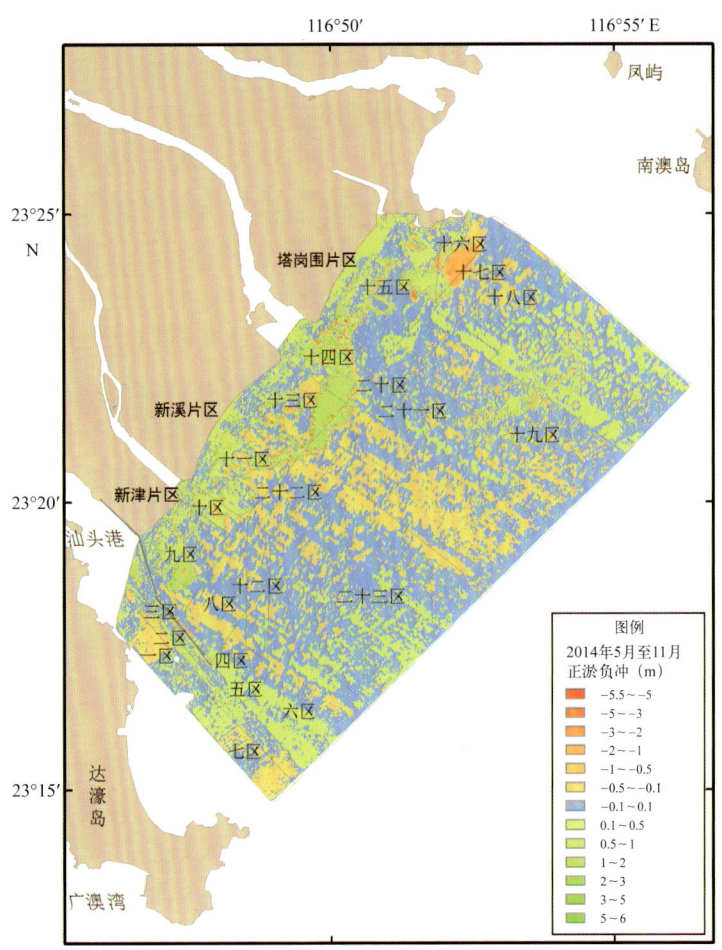

图3.3-3 2014年5月至2014年11月冲淤变化图

汕头港拦沙堤东南（四区至八区）。受洪季影响，汕头湾内水流与拦沙堤东侧的新津河河口下泄水流一同携带大量泥沙往外海输运，抵达湾口附近时由于口门变宽，坡陡变缓，流速减弱，在外海潮水顶托作用下迅速沿口门向四周扩散沉积。湾口附近的四区至六区表现出不同程度的淤积，平均淤积厚度分别为 0.033 m、0.077 m 和 0.054 m。位于拦沙堤东侧浅滩的八区，在表层泥沙被搬运后海床侵蚀较为严重，平均侵蚀厚度为 0.09 m。位于表角北侧的七区，北段淤积，南段出现较强的侵蚀，最大侵蚀厚度超过 0.4 m，整体上表现为强侵蚀。

新津河河口（九区至十一区）。前期大量采砂活动停止后，此段时期以淤积为主。平均淤积厚度为 0.05～0.1 m，年化淤积厚度为 10.1～17.6 cm/a，泥沙淤积的主要来源：一为采砂区靠外海一侧的海床侵蚀；其次为新津河河口的河流输沙。

外砂河河口（十三区至十五区）。与新津河河口淤积情况相似，前期大量采砂结束后河口及两侧均出现较强的回淤。平均淤积厚度为 0.1～0.2 m，年化淤积厚度为 17.0～40 cm/a，泥沙淤积的主要来源：一为采砂区靠外海一侧的海床侵蚀；其次为外砂河河口的河流输沙。

莱芜半岛（十六区至十八区）。各区均出现不同程度的侵蚀。其中，近岸的十六区侵蚀强度较大，最大侵蚀厚度超过 2 m，平均侵蚀厚度为 0.396 m，年化侵蚀速率为 79.2 cm/a；离岸较远的十七区、十八区侵蚀强度相对较小，平均侵蚀厚度分别为 0.109 m、0.019 m。

外海（十二区、十九区至二十三区）。各区均出现不同程度的侵蚀和淤积。其中，十九区东北段、二十区以及二十三区的西南段表现淤积；十九区西南段以及其余区段共同组成工程区域最大侵蚀区，在 E～S 向波浪作用下，侵蚀的泥沙往围填区近岸以及东北方向搬运，致使围填区近岸、采砂坑和十九区东北段发生不同程度的淤积。

（3）2014 年 11 月至 2015 年 5 月

此段时期内，工程区域海床经历了 2014 年冬季和 2015 年春季后的自然条件下的演变，整体表现为微侵蚀，局部冲淤变化较大，侵蚀总体积 105×10^4 m³，平均侵蚀厚度 0.006 m，年化侵蚀速率 1.2 cm/a。新津河河口至外砂河河口一带海岸附近出现不同程度的侵蚀，采砂区域严重淤积。此外，外海存在自东北往西南交替分布的侵蚀—淤积带，见表 3.3-3 和图 3.3-4。

汕头港外航道（一区至三区）。各区均出现不同程度的侵蚀。其中，位于航道上的二区表现为严重侵蚀，平均侵蚀厚度为 0.135 m，年化侵蚀速率为 26.9 cm/a。位于航道东、西两侧浅滩上的三区和一区表现为严重侵蚀和侵蚀，平均侵蚀厚度分别为 0.078 m 和 0.035 m。

汕头港拦沙堤东南（四区至八区）。靠近湾口附近的区域（原泥沙沉积区域）表现为侵蚀，拦沙堤东侧浅滩与表角东北部表现为淤积。就各分区而言，四区至六区表现为微淤积或稳定，七区为严重淤积，八区为淤积。上段时期内（2014 年 5 月至 2014 年 11 月）靠近湾口附近的泥沙沉积区域表现为淤积，此段时期表现正好相反，这亦反映出不同季节海床侵蚀与淤积的交替变化特征。

新津河河口（九区至十一区）。此段时期正值枯季，上游来沙较少，波浪动力增强，近岸海床出现不同程度的侵蚀。采砂区仍以淤积为主，采砂区以外的区域多表现为侵蚀。河口右岸的九区以及中间的十区严重淤积，平均淤积厚度分别为 0.091 m 和 0.098 m；河口左岸的十一区年化冲淤速度不足 1 cm/a，整体表现较稳定。

外砂河河口（十三区至十五区）。与新津河河口变化相似，前期采砂的区域表现为不同程度的淤积，采砂区以外的区域多表现为侵蚀。河口右岸的十三区严重淤积，平均淤积厚度 0.108 m；河口中间的十四区表现为淤积，年化淤积速率为 9.3 cm/a；河口左岸的十五区严重侵蚀，年化侵蚀速率为 19.4 cm/a。

莱芜半岛（十六区至十八区）。各区均出现不同程度的侵蚀，表现为严重侵蚀，年化侵蚀速率均超过 20 cm/a。结合前两期的冲淤特性可知，监测期间此三区均为工程区域的侵蚀区，尤以近岸的十六区侵蚀较为严重，年化侵蚀速率为 34.7 cm/a。

外海（十二区、十九区至二十三区）。除二十二区表现稳定外，各区均出现不同程度的侵蚀和淤积。其中，十二区为强淤积，淤积厚度为 0.062 m，年化淤积速率为 12.4 cm/a，二十三区为微淤积，十九区至二十一区为微侵蚀。

表3.3-3 2014年11月至2015年5月各区冲淤情况表（+为淤，-为冲）

区号	面积（m²）	体积变化（m³）	冲淤厚度（m）	年化冲淤速率（cm/a）	海床稳定性判别
一区	3 177 440	−112 171	−0.035	−7.1	侵蚀
二区	1 691 650	−227 807	−0.135	−26.9	严重侵蚀
三区	1 550 810	−121 441	−0.078	−15.7	严重侵蚀
四区	1 782 880	25 218	0.014	2.8	微淤积
五区	1 151 780	8 791	0.008	1.5	微淤积
六区	10 613 400	−5 158	0.000	−0.1	稳定
七区	3 214 880	417 093	0.130	25.9	严重淤积
八区	4 778 050	218 973	0.046	9.2	淤积
九区	6 087 770	553 479	0.091	18.2	严重淤积
十区	1 471 390	143 865	0.098	19.6	严重淤积
十一区	7 704 500	−4 401	−0.001	−0.1	稳定
十二区	2 822 760	175 072	0.062	12.4	强淤积
十三区	4 925 490	534 024	0.108	21.7	严重淤积
十四区	4 478 880	207 873	0.046	9.3	淤积
十五区	11 267 400	−1 094 995	−0.097	−19.4	严重侵蚀
十六区	2 740 470	−474 898	−0.173	−34.7	严重侵蚀
十七区	3 082 480	−348 637	−0.113	−22.6	严重侵蚀
十八区	5 120 870	−517 819	−0.101	−20.2	严重侵蚀
十九区	45 850 300	−467 961	−0.010	−2.0	微侵蚀
二十区	5 799 850	−118 371	−0.020	−4.1	微侵蚀
二十一区	9 453 330	−91 564	−0.010	−1.9	微侵蚀
二十二区	2 713 990	−7 879	−0.003	−0.6	稳定
二十三区	28 330 000	258 656	0.009	1.8	微淤积
全区	169 810 370	−1 050 057	−0.006	−1.2	微侵蚀

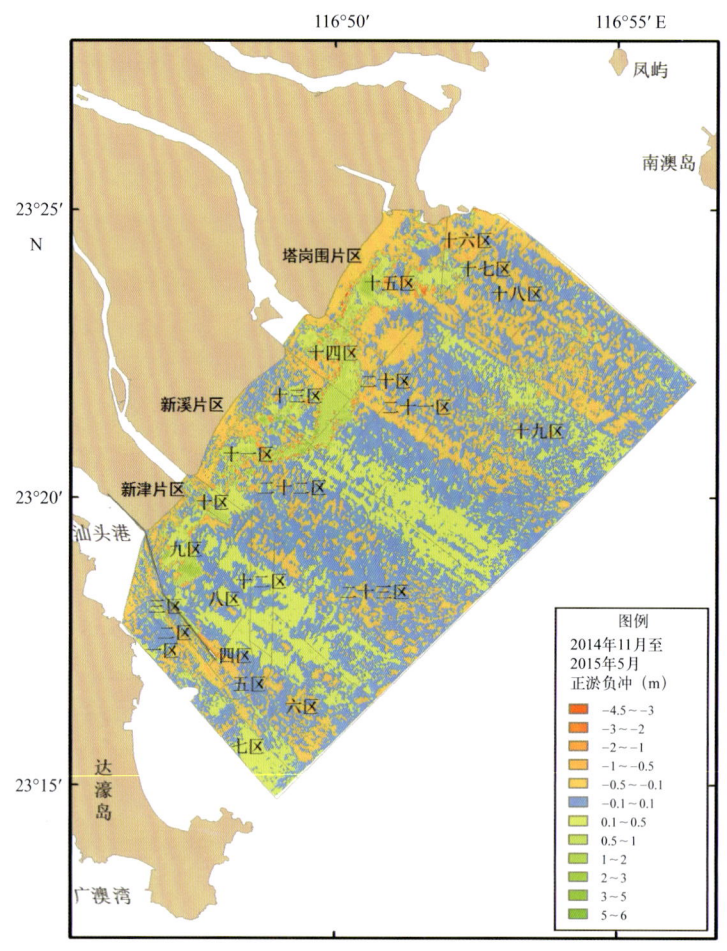

图3.3-4　2014年11月至2015年5月冲淤变化图

3.3.2　海床冲淤剖面变化

图 3.3-5 至图 3.3-6 为根据 4 次实测地形数据绘制的各剖面线水深变化图（深度基准面为理论深度基准面），其中图 3.3-5 为沿岸纵向剖面图，图 3.3-6 为垂岸横向剖面图。各剖面线节点的冲淤速率见表 3.3-4 至表 3.3-5。

根据表 3.3-4 至表 3.3-5，围填区合拢完成后且无采砂等人为活动影响的时段内（2014 年 5 月至 2015 年 5 月），各剖面线均经历了一个完整的洪、枯季冲淤变化，由此可计算出各剖面线节点的年冲淤厚度变化，还可以此计算结果对各剖面线节点的年冲淤速率进行粗略估算。采用此方法，图 3.3-5 至图 3.3-6 的次纵坐标轴绘制了各剖面线相应的年冲淤速率曲线。

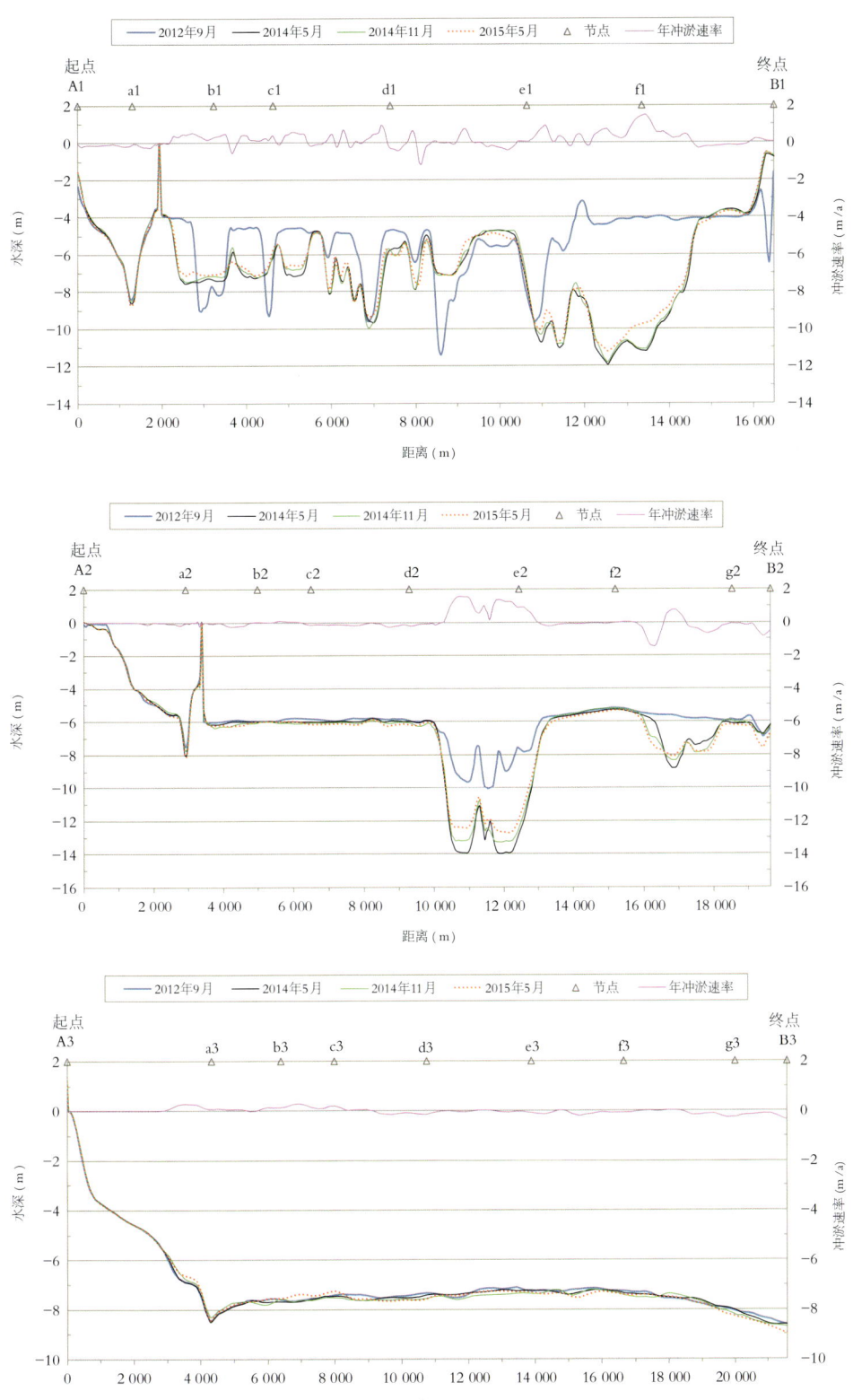

图3.3-5 纵向剖面线各季实测水深与年冲淤速率

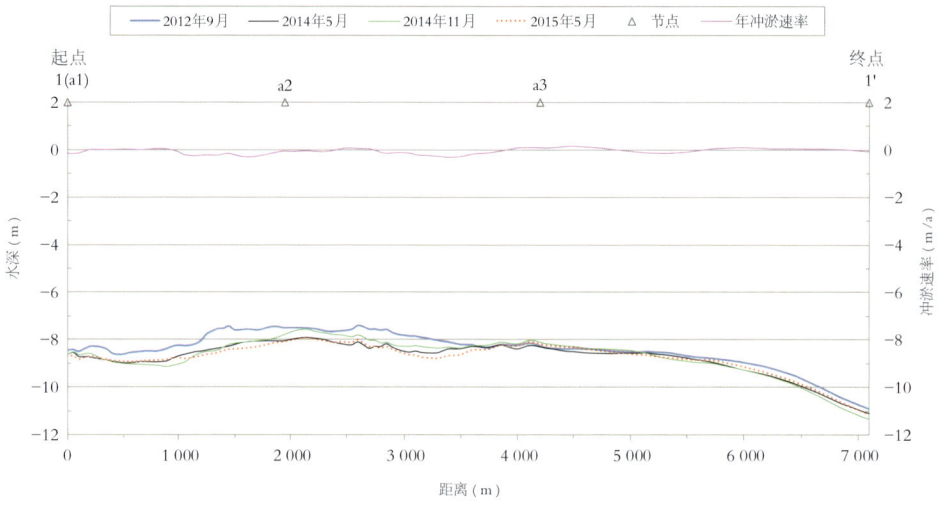

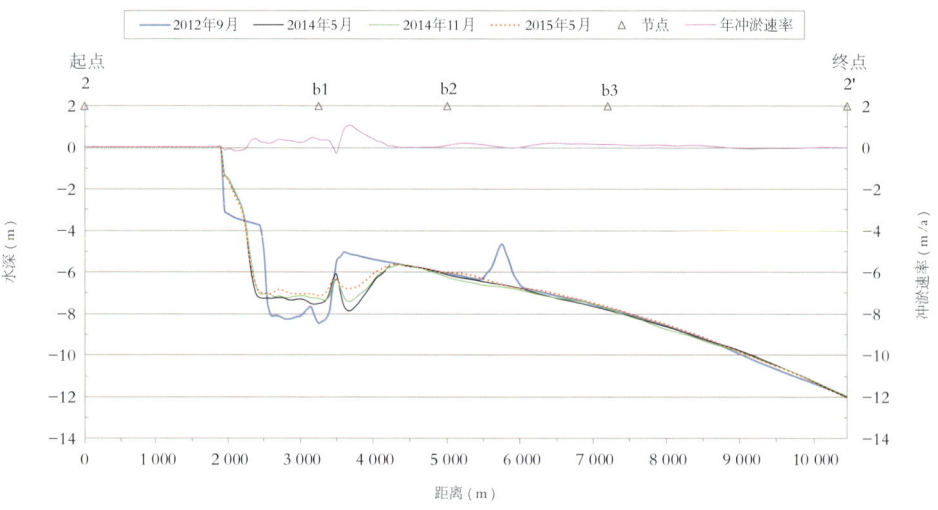

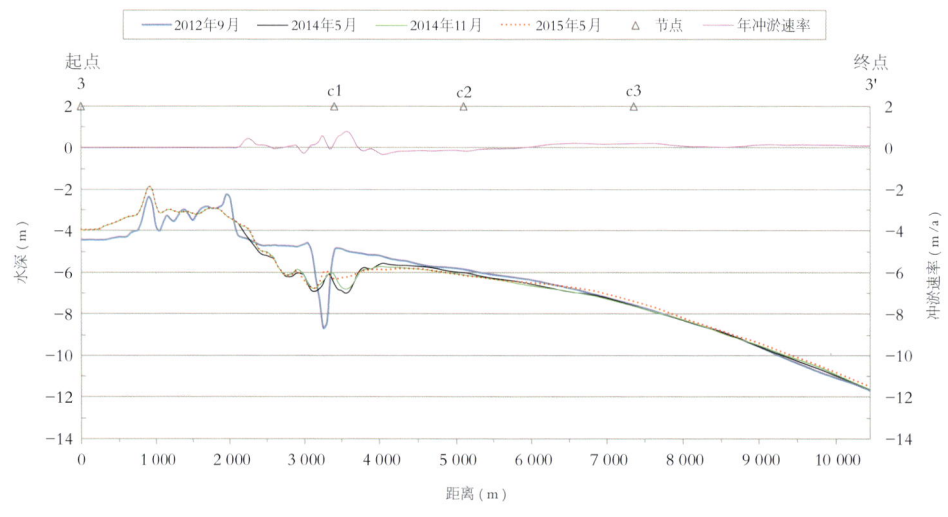

图3.3-6 横向剖面线各季实测水深与年冲淤速率

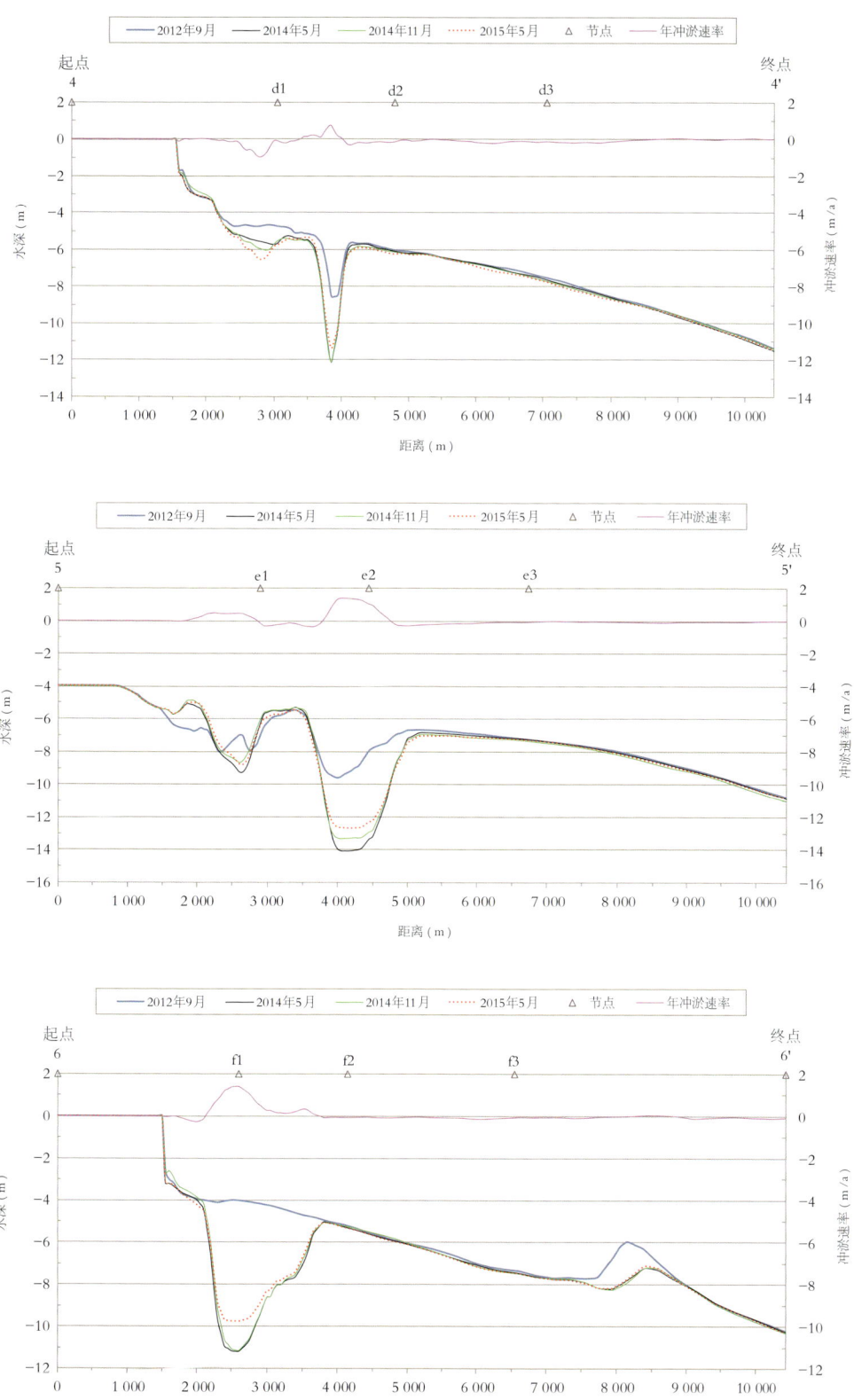

图3.3-6（续） 横向剖面线各季实测水深与年冲淤速率

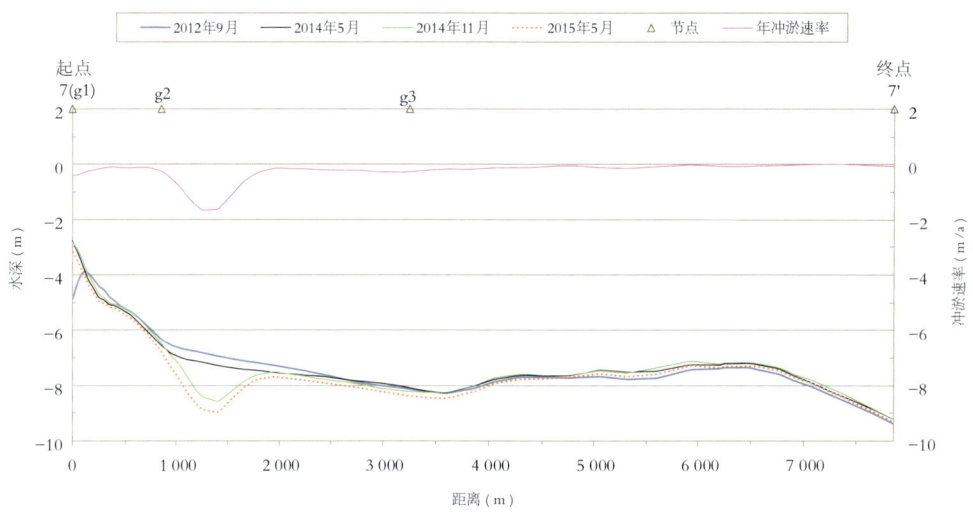

图3.3-6（续） 横向剖面线各季实测水深与年冲淤速率

A1—B1剖面线　全长16.5 km，与围填区岸线的垂直距离约为1.3 km，对应海图等深线约4 m位置。由于围填区前沿分布有大面积的采砂区，剖面线整体变化较为剧烈。第1次（2012年9月）地形测量时，A1—B1剖面线的平均水深5.3 m。拦沙堤—外砂河段的平均水深6.0 m，多处存在挖深超过2.0 m的采砂坑，最大挖深超过6.0 m。外砂河—莱芜岛段的平均水深4.0 m，水深变化较为平稳。第1次至第2次地形测量期间，工程区域的采砂作业正在进行。至第2次地形测量时，拦沙堤—外砂河段的平均水深加深至7.0 m，外砂河—莱芜岛段的平均水深急剧加深，由原先的4.0 m变为7.0 m，最大挖深接近8.0 m。第2次地形测量以后，围填区的采砂作业结束，采砂坑出现不同程度的回淤，其两侧的剖面线亦发生剧烈变化，导致A1—B1剖面线趋向平滑，表明采砂坑回淤的泥沙来源除了新津河与外砂河的河口输沙外，还有相当部分来源于采砂坑四周冲刷下来的泥沙以及部分潮流输沙。第3次（2014年11月）、第4次（2015年5月）的剖面线与第2次相似，总体表现为原先较浅的剖面线加深，较深的剖面线变浅，同时还可以看出，剖面线大部分区域冬季的冲淤速度要快过夏季，这与观测期间工程区域冬季波浪作用较强，夏季波浪作用较弱有关。根据表3.3-4的统计结果，A1—B1剖面线未来的变化趋势为淤积，平均淤积速率0.15 m/a。

A2—B2剖面线　全长19.7 km，与围填区岸线的垂直距离约为2.5 km，对应海图等深线约5.0 m位置，剖面线整体变化较缓。第1次（2012年9月）地形测量时，A2—B2剖面线平均水深5.8 m，拦沙堤—外砂河段的剖面线e2节点位置有一宽3 km、最大挖深超过4.0 m的采砂坑，外砂河—莱芜岛段的剖面线变化相对平稳，平均水深5.7 m。第2次地形测量时，e2节点的采砂坑最大挖深8.0 m，外砂河—莱芜岛段的剖面线出现挖深3.0 m采砂坑，表明这两次地形测量期间采砂活动仍在继续。第2次地形测量以后，

e2 节点的采砂坑逐渐回淤，平均淤积速率约 0.8 m/a，最大淤积速率 1.5 m/a。由于采砂坑两侧的剖面线形状变化不大，因此淤积的泥沙主要来源于外砂河河口下泄的泥沙以及潮流输沙；靠近莱芜岛附近的采砂坑平均淤积速率略小，约 0.3 m/a，采砂坑两侧的剖面线出现加宽，因此淤积的泥沙来源以采砂坑四周冲刷下来的泥沙为主，部分来源于潮流输沙。根据表 3.3-4 的统计结果，A2-B2 剖面线未来的变化趋势为淤积，平均淤积速率 0.01 m/a。

A3-B3 剖面线　全长 21.6 km，与围填区岸线的垂直距离约为 4.8 km，对应海图等深线约 7.0 m 位置。第 1 次～第 4 次地形测量的剖面线形状较一致，整体变化不大。表明此深度向海一侧的海床冲淤属于自然条件下的动态冲淤，采砂坑对此深度区域的冲淤影响有限。此外，汕头港航道靠近达濠岛一侧的剖面线上升，表现微淤趋势，但航道中心水深无明显变化。根据表 3.3-4 的统计结果，A3-B3 剖面线未来的变化趋势为侵蚀，平均侵蚀速率 0.01 m/a。

表3.3-4　纵向剖面线各节点各季水深值与月平均冲淤速率

节点		实测水深（m）				冲淤厚度（m）			月平均冲淤速率（cm/month）			冲淤变化
		2012.9	2014.5	2014.11	2015.5	2012.9-2014.5	2014.5-2014.11	2014.11-2015.5	2012.9-2014.5	2014.5-2014.11	2014.11-2015.5	
A1-B1剖面	A1	-2.31	-1.57	-1.58	-1.59	0.74	-0.01	-0.01	3.7	-0.2	-0.2	淤-冲-冲
	a1	-8.34	-8.60	-8.48	-8.70	-0.26	0.12	-0.22	-1.3	2.0	-3.7	冲-淤-冲
	b1	-7.83	-7.35	-7.15	-7.06	0.48	0.20	0.09	2.4	3.3	1.5	淤
	c1	-6.86	-6.08	-5.89	-5.69	0.78	0.19	0.20	3.9	3.2	3.3	淤
	d1	-4.68	-5.75	-5.74	-6.00	-1.07	0.01	-0.26	-5.4	0.2	-4.3	冲-淤-冲
	e1	-8.19	-7.77	-7.46	-7.70	0.42	0.31	-0.24	2.1	5.2	-4.0	淤-淤-冲
	f1	-4.02	-11.17	-11.08	-9.76	-7.15	0.09	1.32	-35.8	1.5	22.0	冲-淤-淤
	B1	-1.60	-0.76	-0.69	-0.71	0.84	0.07	-0.02	4.2	1.2	-0.3	淤-淤-冲
	平均	-5.33	-6.71	-6.65	-6.56	-1.38	0.06	0.09	-6.9	1.0	1.5	冲-淤-淤

续表

节点		实测水深（m）				冲淤厚度（m）			月平均冲淤速率（cm/month）			冲淤变化
		2012.9	2014.5	2014.11	2015.5	2012.9–2014.5	2014.5–2014.11	2014.11–2015.5	2012.9–2014.5	2014.5–2014.11	2014.11–2015.5	
A2–B2剖面	A2	−0.11	0.05	0.05	0.05	0.16	0.00	0.00	0.8	0.0	0.0	淤–平衡
	a2	−7.48	−8.03	−7.75	−8.08	−0.55	0.28	−0.33	−2.7	4.7	−5.5	冲–淤–冲
	b2	−5.97	−5.99	−6.06	−5.98	−0.02	−0.07	0.08	−0.1	−1.2	1.3	冲–冲–淤
	c2	−5.84	−5.99	−6.08	−6.15	−0.15	−0.09	−0.07	−0.8	−1.5	−1.2	冲
	d2	−5.95	−5.97	−6.09	−6.19	−0.02	−0.12	−0.10	−0.1	−2.0	−1.7	冲
	e2	−7.64	−12.67	−12.32	−11.79	−5.03	0.35	0.53	−25.2	5.8	8.8	冲–淤–淤
	f2	−5.19	−5.27	−5.23	−5.31	−0.08	0.04	−0.08	−0.4	0.7	−1.3	冲–淤–冲
	g2	−5.89	−6.11	−6.01	−6.20	−0.22	0.10	−0.19	−1.1	1.7	−3.2	冲–淤–冲
	B2	−6.44	−6.18	−6.29	−6.70	0.26	−0.11	−0.41	1.3	−1.8	−6.8	淤–冲–冲
	平均	−5.75	−6.55	−6.56	−6.54	−0.80	−0.01	0.02	−4.0	−0.2	0.3	冲–冲–淤
A3–B3剖面	A3	/	/	/	/	/	/	/	/	/	/	/
	a3	−8.46	−8.49	−8.28	−8.41	−0.03	0.21	−0.13	−0.1	3.5	−2.2	冲–淤–冲
	b3	−7.61	−7.70	−7.58	−7.56	−0.09	0.12	0.02	−0.4	2.0	0.3	冲–淤–淤
	c3	−7.43	−7.48	−7.52	−7.28	−0.05	−0.04	0.24	−0.3	−0.7	4.0	冲–冲–淤
	d3	−7.36	−7.44	−7.55	−7.59	−0.08	−0.11	−0.04	−0.4	−1.8	−0.7	冲
	e3	−7.28	−7.24	−7.37	−7.33	0.04	−0.13	0.04	0.2	−2.2	0.7	淤–冲–淤
	f3	−7.28	−7.36	−7.42	−7.44	−0.08	−0.06	−0.02	−0.4	−1.0	−0.3	冲
	g3	−8.08	−8.04	−8.21	−8.30	0.04	−0.17	−0.09	0.2	−2.8	−1.5	淤–冲–冲
	B3	−8.62	−8.61	−8.68	−8.98	0.01	−0.07	−0.30	0.0	−1.2	−5.0	平衡–冲
	平均	−6.99	−7.03	−7.04	−7.04	−0.04	−0.01	0.00	−0.2	−0.2	0.0	冲–平衡

注：表中"平均"为剖面线上所有取样点的平均值，冲淤一栏正值表示淤积，负值表示侵蚀。

1–1'剖面线为汕头港航道中心水深剖面，全长 7.1 km，平均水深 8.4 m，平均边坡 1/2000。根据 1–1'剖面线的水深变化特点，以 a3 节点为界，将剖面线划分为"拦沙堤堤头以内的汕头港航道"和"拦沙堤头至外海的航道"两部分。可以看出：(1)"拦沙堤堤头以内的汕头港航道"在第 1 次至第 2 次地形测量期间，进行了大范围的疏浚，航道挖深 0.5~1.0 m。随着新津、新溪、塔岗围片区的合拢完成，第 2 次至第 3 次地形测量期间，汕头港航道出现一定程度的回淤，月最大淤积厚度超过 0.04 m。在此期间 1407 号热带风暴"海贝思"在汕头登陆。因此，造成淤积的可能原因有：河口洪季下泄径流挟带的泥沙在涨落潮流、波浪的作用下，以直接进入汕头港航道（榕江）或越过拦沙堤（新津河和外砂河河口往西南方向输运的泥沙）的方式在汕头港航道落淤，前期航道开挖疏浚后产生的泥沙回淤以及台风过境造成的淤积。第 3 次地形测量以后，汕头港航道处于自然条件下的冲刷，航道水深略有加深；(2)"拦沙堤头至外海的航道"在四次地形测量期间，剖面线冲淤深度变化都不大，属于自然条件下的冲淤平衡，表明新津河河口及外砂河河口整治工程对此段的航道无较大影响。根据表 3.3-5 的统计结果，1–1'剖面线未来的变化趋势为侵蚀，平均侵蚀速率 0.06 m/a。

表3.3-5 横向剖面线各节点各季水深值与月平均冲淤速率

节点		实测水深（m）				冲淤厚度（m）			月平均冲淤速率（cm/month）			冲淤变化
		2012.9	2014.5	2014.11	2015.5	2012.9–2014.5	2014.5–2014.11	2014.11–2015.5	2012.9–2014.5	2014.5–2014.11	2014.11–2015.5	
1–1'剖面线	1（a1）	−8.46	−8.61	−8.62	−8.77	−0.15	−0.01	−0.15	−0.7	−0.2	−2.5	冲
	a2	−7.50	−8.04	−7.78	−8.11	−0.54	0.26	−0.33	−2.7	4.3	−5.5	冲–淤–冲
	a3	−8.27	−8.29	−8.10	−8.20	−0.02	0.19	−0.10	−0.1	3.2	−1.7	冲–淤–冲
	1'	−10.93	−11.09	−11.33	−11.16	−0.16	−0.24	0.17	−0.8	−4.0	2.8	冲–冲–淤
	平均	−8.43	−8.73	−8.69	−8.79	−0.30	0.04	−0.10	−1.5	0.7	−1.7	冲–淤–冲
2–2'剖面线	2	/	/	/	/	/	/	/	/	/	/	
	b1	−8.43	−7.50	−7.25	−7.14	0.93	0.25	0.11	4.7	4.2	1.8	淤
	b2	−6.04	−6.11	−6.23	−6.03	−0.07	−0.12	0.20	−0.4	−2.0	3.3	冲–冲–淤
	b3	−7.72	−7.81	−7.71	−7.68	−0.09	0.10	0.03	−0.4	1.7	0.5	冲–淤–淤
	2'	−11.97	−12.01	−11.97	−12.03	−0.04	0.04	−0.06	−0.2	0.7	−1.0	冲–淤–冲
	平均	−6.16	−6.29	−6.28	−6.19	−0.13	0.01	0.09	−0.6	0.2	1.5	冲–淤–淤

续表

节点		实测水深（m）				冲淤厚度（m）			月平均冲淤速率（cm/month）			冲淤变化
		2012.9	2014.5	2014.11	2015.5	2012.9–2014.5	2014.5–2014.11	2014.11–2015.5	2012.9–2014.5	2014.5–2014.11	2014.11–2015.5	
3-3'剖面线	3	−4.44	−3.95	−3.95	−3.95	0.49	0.00	0.00	2.5	0.0	0.0	淤−平衡
	c1	−4.90	−6.51	−6.12	−6.32	−1.61	0.39	−0.20	−8.1	6.5	−3.3	冲−淤−冲
	c2	−5.86	−6.01	−6.11	−6.15	−0.15	−0.10	−0.04	−0.7	−1.7	−0.7	冲
	c3	−7.56	−7.59	−7.60	−7.39	−0.03	−0.01	0.21	−0.2	−0.2	3.5	冲−冲−淤
	3'	−12.13	−12.07	−12.06	−11.96	0.06	0.01	0.10	0.3	0.2	1.7	淤
	平均	−6.64	−6.73	−6.72	−6.67	−0.09	0.01	0.05	−0.5	0.2	0.8	冲−淤−淤
4-4'剖面线	4	/	/	/	/	/	/	/	/	/	/	
	d1	−4.73	−5.66	−5.55	−5.75	−0.93	0.11	−0.20	−4.7	1.8	−3.3	冲−淤−冲
	d2	−6.02	−6.08	−6.14	−6.24	−0.06	−0.06	−0.10	−0.3	−1.0	−1.7	冲
	d3	−7.50	−7.61	−7.71	−7.74	−0.11	−0.10	−0.03	−0.6	−1.7	−0.5	冲
	4'	−11.51	−11.61	−11.52	−11.60	−0.10	0.09	−0.08	−0.5	1.5	−1.3	冲−淤−冲
	平均	−6.05	−6.28	−6.31	−6.36	−0.23	−0.03	−0.05	−1.2	−0.5	−0.8	冲
5-5'剖面线	5	−3.95	−3.95	−3.95	−3.95	0.00	0.00	0.00	0.0	0.0	0.0	平衡
	e1	−6.96	−6.24	−6.00	−6.40	0.72	0.24	−0.40	3.6	4.0	−6.7	淤−淤−冲
	e2	−7.93	−13.33	−12.90	−12.31	−5.40	0.43	0.59	−27.0	7.2	9.8	冲−淤−淤
	e3	−7.25	−7.22	−7.33	−7.30	0.03	−0.11	0.03	0.2	−1.8	0.5	淤−冲−淤
	5'	−11.13	−11.17	−11.32	−11.21	−0.04	−0.15	0.11	−0.2	−2.5	1.8	冲−冲−淤
	平均	−7.38	−7.81	−7.80	−7.77	−0.43	0.01	0.03	−2.2	0.2	0.5	冲−淤−淤
6-6'剖面线	6	/	/	/	/	/	/	/	/	/	/	
	f1	−4.02	−11.18	−11.14	−9.78	−7.16	0.04	1.36	−35.8	0.7	22.7	冲−淤−淤
	f2	−5.22	−5.30	−5.25	−5.35	−0.08	0.05	−0.10	−0.4	0.8	−1.7	冲−淤−冲
	f3	−7.32	−7.40	−7.45	−7.46	−0.08	−0.05	−0.01	−0.4	−0.8	−0.2	冲
	6'	−10.21	−10.24	−10.30	−10.31	−0.03	−0.06	−0.01	−0.1	−1.0	−0.2	冲
	平均	−5.50	−6.30	−6.27	−6.25	−0.80	0.03	0.02	−4.0	0.5	0.3	冲−淤−淤

续表

节点		实测水深（m）				冲淤厚度（m）			月平均冲淤速率（cm/month）			冲淤变化
		2012.9	2014.5	2014.11	2015.5	2012.9–2014.5	2014.5–2014.11	2014.11–2015.5	2012.9–2014.5	2014.5–2014.11	2014.11–2015.5	
7-7'剖面线	7(g1)	-4.86	-2.78	-2.81	-3.17	2.08	-0.03	-0.36	10.4	-0.5	-6.0	淤–冲–冲
	g2	-6.33	-6.56	-6.48	-6.79	-0.23	0.08	-0.31	-1.2	1.3	-5.2	冲–淤–冲
	g3	-8.13	-8.11	-8.23	-8.36	0.02	-0.12	-0.13	0.1	-2.0	-2.2	淤–冲–冲
	7'	-9.37	-9.24	-9.23	-9.29	0.13	0.01	-0.06	0.6	0.2	-1.0	淤–淤–冲
	平均	-7.42	-7.41	-7.46	-7.63	0.01	-0.05	-0.17	0.0	-0.8	-2.8	平衡–冲

注：表中"平均"为剖面线上所有取样点的平均值，冲淤一栏正值表示淤积，负值表示冲刷。

2-2'剖面线垂直于新津片区岸线中部，全长10.5 km，水深范围1.5～12 m，平均边坡1/1000。第1次地形测量时，堤前水深3 m，离岸堤0.45 km处地形急剧变陡，出现一宽1.2 km、挖深超过4.0 m的采砂坑，离岸堤约3.7 km处有一高约2.0 m的水下沙坝。第2次地形测量时，新津片区岸堤与汕头港拦砂堤之间的区域出现泥沙回淤，导致堤前水深减小至1.3 m，前次测量的2.0 m高水下沙坝已完全消失。这两次地形测量期间，工程区域的采砂作业仍在进行，由于采砂坑与岸堤距离很近，岸堤附近大量泥沙往坑内回填，导致岸堤附近形成光滑边坡（平均边坡约为17/1000），采砂坑宽度进一步加宽至2 km，平均坑深减小了0.8 m，月平均淤积0.04 m。第3次至第4次地形测量期间，采砂坑回淤速度有所减缓，b1节点处月平均淤积0.02 m。在新津河河口沿岸输沙以及采砂坑四周冲刷的泥沙补给下，采砂坑逐渐回淤至约7.0 m的深度，此时岸堤附近的冲刷趋于停止并开始回淤，采砂坑与水下岸坡趋于平滑，进入自然调整阶段。根据表3.3-5的统计结果，2-2'剖面线未来的变化趋势为淤积，平均淤积速率0.1 m/a。

3-3'剖面线位于新形成的新津河河口中轴线，与河口潮汐通道平行，全长10.8 km，水深范围2.0～12.0 m，平均边坡1/1100。第1次地形测量时，新津河河口内水道的水深在2.0～5.0 m左右，离河口约1 km的c1节点位置有一宽0.4 km、挖深3.7 m的采砂坑，坑外的水下岸坡变化较平缓。第2次地形测量时，河口内的河道出现回淤，月平均淤积约0.03 m。采砂坑由于四周冲刷以及期间的采砂作业导致宽度加宽至1.7 km，采砂坑快速回淤至6.7 m的深度，月平均淤积0.1 m。第2次至第4次地形测量期间，河口内的河道冲淤趋于平衡，采砂坑回淤速度有所减缓，月最大淤积0.06 m，夏季和秋季回淤速度略小于冬季和春季，采砂坑外的水下岸坡变化不大，处于微淤状态。根据表3.3-5的统计结果，3-3'剖面线未来的变化趋势为淤积，平均淤积速率0.06 m/a。

4-4'剖面线垂直于新溪片区岸线中部，全长10.6 km，水深范围2.0～11.0 m，平均边坡 1/1200。第 1 次地形测量时，距离岸堤 1 km 处的水深为 5.0 m，平均边坡 5/1000，距离岸堤 2.2 km 处有一宽 0.7 km，挖深大于 3.0 m 的采砂坑，深坑外的水下岸坡变化较平缓。第 2 次地形测量时，距离岸堤 1km 处的海床出现强烈冲刷，最大冲刷深度 0.8 m；距离岸堤 2.2 km 处的采砂坑深度有所增大，较第一次挖深增加了 3.7 m，表明第 1 次至第 2 次地形测量期间，采砂活动仍在进行。第 2 次至第 4 次地形测量期间，采砂作业已经停止。受季节影响，新溪片区岸线夏季出现淤积，冬季出现冲刷。近岸 0.6 km 范围内出现轻微侵蚀，月平均冲刷小于 0.003 m，距离岸堤 0.6 ~ 1.8 km 处的海床保持冲刷趋势，月平均冲刷 0.028 m，距离岸堤 1.8 ~ 2.4 km 处的采砂坑四周出现轻微冲刷，采砂坑开始回淤，月平均淤积 0.023 m，距离岸堤 2.4 km 以外的海床，月平均侵蚀 0.01 m。根据表 3.3-5 的统计结果，4-4' 剖面线未来的变化趋势为侵蚀，平均侵蚀速率 0.08 m/a。

5-5' 剖面线位于新形成的外砂河河口中轴线，与河口潮汐通道平行，全长 10.8 km，水深范围 4.0 ~ 11.0 m，平均边坡 1/1500。第 1 次地形测量时，外砂河河口内水道的水深为 4.0 ~ 8.0 m，距河口 2.5 km 处有一宽 1.5 km、挖深近 3.0 m 的采砂坑，距河口 4.0 km 处有一宽 1.5 km、挖深近 4.0 m 的采砂坑。第 2 次地形测量时，由于期间采砂作业仍在进行，这两处的采砂坑深度分别增加了 1.0 m 和 4.3 m。第 2 次至第 4 次地形测量期间，采砂作业已经停止，河口缓慢自然回淤，月平均淤积 0.03 m；采砂坑回淤速度较快，月平均淤积 0.12 m，与河口一样，采砂坑的回淤也属于自然条件下的海床回淤。通过冲淤剖面图可以看出，河口与采砂坑的四周坍塌现象并不明显，但采砂坑的淤积速率明显快过河口，表明河口淤积的泥沙主要来源于外砂河河口下泄径流挟带的泥沙以及部分涨潮流输沙，而采砂坑回淤的泥沙除了部分来源于外砂河河口下泄径流挟带的泥沙外，主要来源于外海的涨落潮流输沙。根据表 3.3-5 的统计结果，5-5' 剖面线未来的变化趋势为淤积，平均淤积速率 0.04 m/a。

6-6' 剖面线垂直于塔岗围片区岸线中部，全长 10.5 km，水深范围 3.0 ~ 10.0 m，平均边坡 1/1500。第 1 次地形测量时，水下岸坡变化平缓，距岸堤约 6 km 处有一高约 2.0 m 的水下沙坝。第 1 次至第 2 次地形测量期间，距岸堤约 0.5 km 处的海床进行大量海砂开采，形成一宽 1.8 km、水深 11.0 m、挖深 7.0 m 的采砂坑，同时距岸堤 6 km 的水下沙坝发生冲刷，沙坝高度减小至 1.0 m。第 2 次至第 3 次地形测量期间，岸堤附近床面与采砂坑均有少量泥沙回淤。第 3 次至第 4 次地形测量期间，岸堤附近床面出现较强冲刷，最大冲刷深度 0.3 m，采砂坑则出现大量泥沙回淤，最大回淤 1.3 m。上述冲淤现象表明，夏季和秋季工程区域盛行 S 浪向，外砂河河口下泄径流挟带的泥沙在 S 浪向作用下沿塔岗围片区岸线的东北方向输运，淤积在岸堤前沿。由于夏季和秋季的风浪较小，对岸堤水下床面的扰动也较小，采砂坑的存在对塔岗围片区岸堤的冲刷影响不大；冬季和春季河口径流挟带的泥沙减少，风浪作用较强，容易起动岸堤附近的水下泥沙造成床面冲刷，冲刷的泥沙随涨落潮流的运动，部分落淤在采砂坑内，成为采砂坑回淤泥沙的一部分来源。通过冲淤剖面图可以看出，采砂坑四周没有出现大面积的坍塌现象，采砂坑的宽度也没有发生较大改变,因此塔岗围片区岸线的冲刷主要是由于冬季强浪作用下引起的堤前冲刷。由于夏季塔岗围片区岸线出现了泥沙回淤,从整体上看,塔岗围片区岸线在1年间(2014年5月至2015年1月)里没有发生大的冲刷或淤积,总体处于冲淤平衡状态采砂坑对岸堤的冲刷影响相对较小。根据表3.3-5的统计结果,6-6'剖面线未来的变化趋势为淤积,平均淤积速率0.05 m/a。

7-7'剖面线垂直于莲阳河河口以南的莱芜岛,全长7.9 km,水深范围3.0~9.0 m,平均边坡1/1300。根据剖面线的水深变化特点,以离岛岸2.5 km处为界,将剖面线划分为"水深8.0 m以浅段"和"水深8.0 m以深段"两部分。可以看出:①"水深8.0 m以浅段"的水下边坡较陡,平均边坡1/500。第1次至第2次地形测量期间,岛岸附近出现较大淤积,淤厚约2.0 m,离岛岸约1.2 km处发生大面积的床面冲刷,形成一宽1 km、冲刷深度0.4 m的冲刷坑(以下简称"冲刷坑")。第2次至第3次地形测量期间,岛岸附近的冲淤变化不明显,冲刷坑的冲刷范围加剧,最大冲刷深度1.3 m,月平均冲刷0.22 m。第3次至第4次地形测量期间,岛岸附近发生冲刷,最大冲刷深度0.3 m,冲刷坑的冲刷范围持续扩大,最大冲刷深度0.4 m,月平均冲刷0.07 m。②"水深8.0 m以深段"的水下边坡较缓,四次地形测量期间,剖面线冲淤深度变化都不大,属于自然条件下的冲淤平衡。根据表3.3-5的统计结果,7-7'剖面线未来的变化趋势为侵蚀,平均侵蚀速率0.22 m/a。

结合前面章节的海床冲淤分析结果可知,莱芜半岛海域(十六区)海床在2007年以前为微淤积或稳定,2007年以后为侵蚀,以近岸侵蚀较为严重。自项目开展以后为严重侵蚀,见表3.3-6。出现上述冲淤现象的可能原因是,莱芜岛岬角位于波能辐聚区,岬角附近的床面泥沙在强风浪作用下容易掀起,并被右侧潮流动力强劲的后江水道输往其他区域。2012年以来,工程区域实施了大面积的围填和采砂活动,改变了莱芜岛附近波浪、潮流的动力场结构(这一点将在模型章节中加以说明),加剧了工程区域海床的冲刷程度。

表3.3-6 莱芜半岛近岸(十六区)海床稳定性

	时段	冲淤厚度(m)	年化冲淤速率(cm/a)	海床稳定性判别
历史海图	1986—1997年	0.427	3.9	微淤积
	1997—2007年	0.083	0.8	稳定
	2007—2013年	-0.352	-5.9	侵蚀
地形监测	2012年9月至2014年5月	-0.647	-38.8	严重侵蚀
	2014年5月至2014年11月	-0.396	-79.2	严重侵蚀
	2014年11月至2015年5月	-0.173	-34.7	严重侵蚀

第4章 数学模型

本章介绍项目研究过程中使用到的数学模型，包括风场模型、波浪模型和潮流泥沙模型。其中，风场模型生成的风场用于波浪模型计算波浪场；风场、波浪场为潮流泥沙模型提供动力条件；潮流泥沙模型计算水动力场和泥沙场，分析和预测正常天气下和极端天气（台风期）下工程区域海床的冲淤变化。

4.1 风场模型

使用 NCEP、ERA5 两种再分析风场数据建立 2012 年 9 月至 2015 年 1 月工程区域 4 个全潮期的风场，以及 1950—2018 年影响工程区域的台风场。其中，NCEP 风场数据（1997—2016 年）用于 4 个全潮期和台风"海鸥""天兔"等的波浪场计算，ERA5 风场数据（1950—2018 年）因资料时限较长，用于多年一遇外海波浪要素推算。

全潮期的风场数据由再分析风场数据插值得到，但台风期的风场数据需要借助台风风场模型计算得到。台风风场模型采用的是气压场模型中的第二类经验模型：Holland 台风模型。

4.1.1 模型简介

在热带地区广阔的洋面上，由于测站资料缺乏，这使开展台风的研究非常困难，人们对海上台风的研究往往集中在台风的动力结构（Anthes，1982）[24]和热力结构（Emanuel，1991）[25]，预报它的移向、移速及其登陆时间、地点，而对海面气压场和风场的研究相对较少。迄今为止，人们只能利用有限的手段去研究台风海面气压场和风场，其中主要是台风模型数值模拟。风场的获取在数值上主要有中尺度大气模式和热带气旋模式两种方法（Lance，1997）[26]，中尺度大气模式总体上来说效果良好，但最近的一些研究倾向于采用结构更精细的热带气旋模式（Geeritsen[27]，1995；Flemming[28]，2004；Henrik[29]，2004），由于海上观测资料稀少，在采用动力数值模式（如 GFDL、GFS、NOGAPS 和 UKMET 等）对台风风场进行计算时会遇到许多问题，例如初始条件、边界条件缺乏精度，导致计算准确性、可靠性降低。

为避免动力数值模式的缺陷，一些学者一直关注简化的台风气压场、风场模型的研究和发展。简化的台风风场计算方法基本上可以分为两类，第一类是利用经验关系式，直接由最大风速、最大风速半径等热带气旋要素求出热带气旋风场；第二类是根据梯度风原理，由热带气旋气压场计算风场。根据梯度风原理计算热带气旋风场时，需要计算热带气旋气压场。

代表性的气压场模型主要有三类,第一类是理论气压模型[30],如 Fujita(藤田 1952)[31]、Myers(1954)[32]圆形气压模型;第二类是经验模型,如 Holland 公式(Holland,1980;2008)[33][34];第三类是半理论半经验模型(盛立芳,1993)[35]。这三类气压模型对台风海面气压场的描述各有其优点和不足:理论模型便于描述计算,但未能客观地反映台风海面真实气压场;经验模型则完全受到时间和地域等因素的限制,经验参数确定较为困难;半理论半经验模型综合了前两种模型的优点,但仍需进一步发展和完善。在本书采用的气压场模型为第二类经验模型:Holland 台风模型。

4.1.2 资料来源

(1)NCEP 再分析数据

美国国家环境预报中心(NECP)提供的再分析数据 FNL Operational Global Analysis data(FNLs,http://rda.ucar.edu/datasets/ds083.2/)。该数据集来自于全球数据模拟系统(GDAS),该系统从 1999 年开始一直到现在仍在持续运行中。系统运行的过程中会利用 Global Telecommunications System(GTS)以及其他的资料系统,不断将搜集到的资料同化到再分析数据中。FNLs 所采用的模型与 NCEP 相同,即 Global Forecast System(GFS),但是 FNLs 会滞后 GFS 一个小时左右,这是为了能够更多的利用观测资料。FNLs 提供的是每六小时一次的全球 $1°\times1°$ 的数据。FNLs 可以提供从海表一直到高空 26 层的变量,主要包括气压高度、湿度、风速、温度等,其中海表风速是搜集的变量。

由于 FNLs 空间分辨率较低,对台风的模拟效果不理想,因而采用台风重构的算法对 FNLs 的风场进行重构。为了细致的刻画台风空间特征,将 FNLs 风场线性插值到 $0.125°\times0.125°$。空间范围:$0°$—$40°N$,$100°$—$140°E$;时间跨度为 1997—2016 年。

(2)ERA5 再分析数据

ERA5 再分析数据是欧洲中期天气预报中心(ECMWF)第五代气象再分析资料(https://cds.climate.copernicus.eu/cdsapp#!/home),实现了从 1950 年开始到现在的历史时期数据覆盖,并实现滞后约 3 个月的实时数据更新。时间分辨率为每小时,空间分辨率为 $0.25°\times0.25°$,可提供多达 240 个要素的下载,包括地面 2 m 温度、地面 2 m 相对湿度、海平面气压、10 m 风等地面要素,以及温度、相对湿度、位势高度、气压、露点温度等高空要素。

收集的 ERA5 再分析数据空间分辨率为:$0.25°\times0.25°$,空间范围与 FNLs 相同,为:$0°$—$40°N$,$100°$—$140°E$;时间跨度为:1950—2018 年。由于 ERA5 对台风的模拟效果不理想,因而仍需要采用台风重构的算法对风场进行重构,重构方法与重构 FNLs 风场相似。

(3)台风数据

采用的台风数据来自中国气象局热带气旋资料中心提供的 CMA-STI 热带气旋最佳路径数据集(https://tcdata.typhoon.org.cn)。该数据集提供了 1949 年以来西北太平洋(含南海，赤道以北，东经 180° 以西）海域热带气旋每 6 小时的位置和强度，其主要参数包括时间、经纬度、中心最低气压、中心最大风速、平均风速等。本书篇末的附表为 1949—2021 年影响广东地区的热带气旋统计结果，共计 649 个。

4.1.3 计算流程

图 4.1-1 为台风风场后报流程图。利用台风中心位置、台风中心最低气压、最大风速半径等台风参数构造准确的台风模型风场，以"FNLs/ERA5 风场"作为环境风场，通过一个权重系数使台风风场和环境风场平滑相接，重构新的、更为准确合理的风场作为海浪数值模式输入风场，以提高台风浪后报精度。

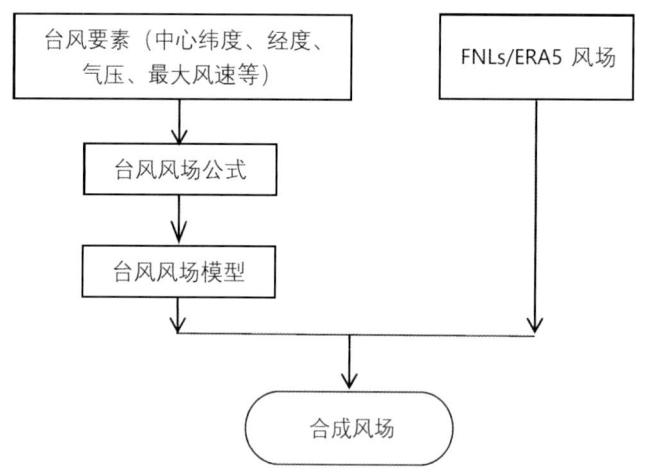

图4.1-1　台风风场后报流程图

4.1.4 构造方法

以 FNLs 风场为例，采用的台风风场重构模型为 Holland 在 1980 年提出的 Holland 台风模型，具体方法如下：

（1）Holland（1980）[32] 通过对台风实测记录数据进行拟合分析，假定径向风速分布在 R_{max} 范围内呈指数变化，表达式为

$$V(r) = \left[\frac{B}{\rho_a} \left(\frac{R_{max}}{r} \right)^B (P_n - P_c) \exp\left[-\left(\frac{R_{max}}{r} \right)^B \right] + \left(\frac{rf}{2} \right)^2 \right]^{1/2} - \frac{rf}{2} \qquad (4.1-1)$$

其中，B 是 Holland 拟合参数，ρ_a 为空气密度，r 为计算点距台风中心的距离，R_{max} 为最大风速半径，P_n、P_c 分别为台风外围气压和中心气压，f 为科氏参数。

（2）最大风速半径 R_{max}

台风云墙附近最大风速 V_{max} 出现处与台风中心的径向距离被定义成最大风速半径

R_{max}，R_{max} 是台风气压场、风场模型中最为关键的参数之一。最大风速半径 R_{max} 的选取直接影响到风场的尺度和风速（气压）的分布，亦即影响到风速的真实性。即使一个很好的风场模式，若 R_{max} 的值选取不当，也会造成不好的结果；反之，即使风场模式不太好，通过适当调整 R_{max} 值，也会使结果得到改善。

在我国由于各方面的原因，一般的气象站台风参数实况分析并不包括最大风速半径 R_{max}，而代之以近中心最大风速和某一风速的风圈半径，因此需要寻求最大风速半径与已知变量之间的关系。目前比较通用的有三种计算最大风速半径的方，具体计算方法可参考篇末的参考文献[36～38]。

（3）海面拟合参数 B 的计算公式为：

$$V_{max} = \left(\frac{B}{\rho e}\Delta p\right)^{0.5} \qquad (4.1-2)$$

式中，Δp 为台风中心气压差，e 为自然对数的底，取 2.718 28。

（4）台风外圈背景风场与模型风场的合成

对于台风引起的许多问题的计算，有时需要关心的风场不仅仅是台风过境的时刻，而是台风临近目标前的几天。台风气旋中心附近的风场受台风系统控制，但是在离热带气旋中心比较远的范围，风场同时受到台风系统和其他大气系统的作用，在更远的范围，风场基本上由其他天气系统控制，因此需要将台风风场和背景风场合成，两者的合成方法[39]为：

$$V_{new} = V_{old} \times (1-e) + e \times V_d \qquad (4.1-3)$$

式中，V_{old} 是台风模型计算的风场，V_d 是 FNLs 风场；e 是一个权重系数，$e = \frac{C^4}{1+C^4}$，C 是一个考虑台风影响范围的数，

$$C = \frac{r}{nR_w} \qquad (4.1-4)$$

式中，r 是计算点距台风中心的距离，R_w 是最大风速半径，系数 n 通过计算和观测的均方根误差（RMS）最小来确定。权重系数 e 随计算点到台风中心距离的不同而不同，这样既保证了在台风附近用台风模式计算的风场，在距台风中心远的点用 FNLs 风场，又保证了两个风场的平滑过渡。

4.1.5 台风个例

自 2012 年 9 月至 2015 年 5 月影响工程区域较大的台风有 1319 号强台风"天兔"、1407 号台风"海贝思"、1415 号台风"海鸥"等，其中台风"天兔"对工程区域的影响最为显著。本节选取 1319 号强台风"天兔"作为影响工程区域海洋环境的台风个例进行研究，见图 4.1-2。

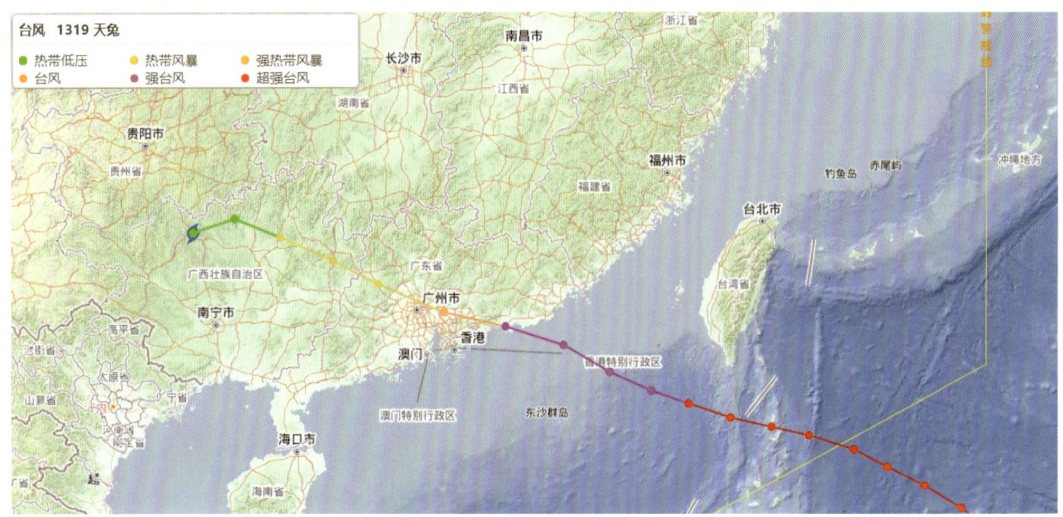

图4.1-2 台风"天兔"路径图

图片来源于中央气象台台风网。网址：http://typhoon.nmc.cn/web.html

"天兔"（USAGI，名字来源：日本；名字意义：天兔星座）是2013年太平洋台风季中第19个被命名的热带气旋，于北京时间2013年9月17日02时在菲律宾以东的西北太平洋洋面上生成，最大风速18 m/s（8级），台风中心最低气压1000hPa；天兔缓慢向西移动并且逐渐增强，18日20时增强为台风，19日11时增强为强台风，19日17时增强为超强台风并且维持了30 h，期间最大风速为52 m/s（16级），中心最低气压为930 hPa；之后台风继续往西北方向移动，于21日20时减弱为强台风，9月22日19时40分左右在广东省汕尾市南部沿海地区登陆，登陆时中心附近最大风力14级（45 m/s），中心最低气压为940 hPa。登陆后台风一路西行，台风强度一步减弱[40]。

4.1.6 风场构造

采用前述的重构方法，对1997—2016年的FNLs风场进行了重构，重构后的空间分辨率为0.25°×0.25°，时间分辨率为每6小时一次，空间范围为0°—40°N，100°—140°E。

以2013年9月17日在17.1°N，131°E生成的"天兔"台风为例，通过数据重构，可以看出，在FNLs风场中能够非常好的刻画台风的位置、强度以及风场结构，见图4.1-3。

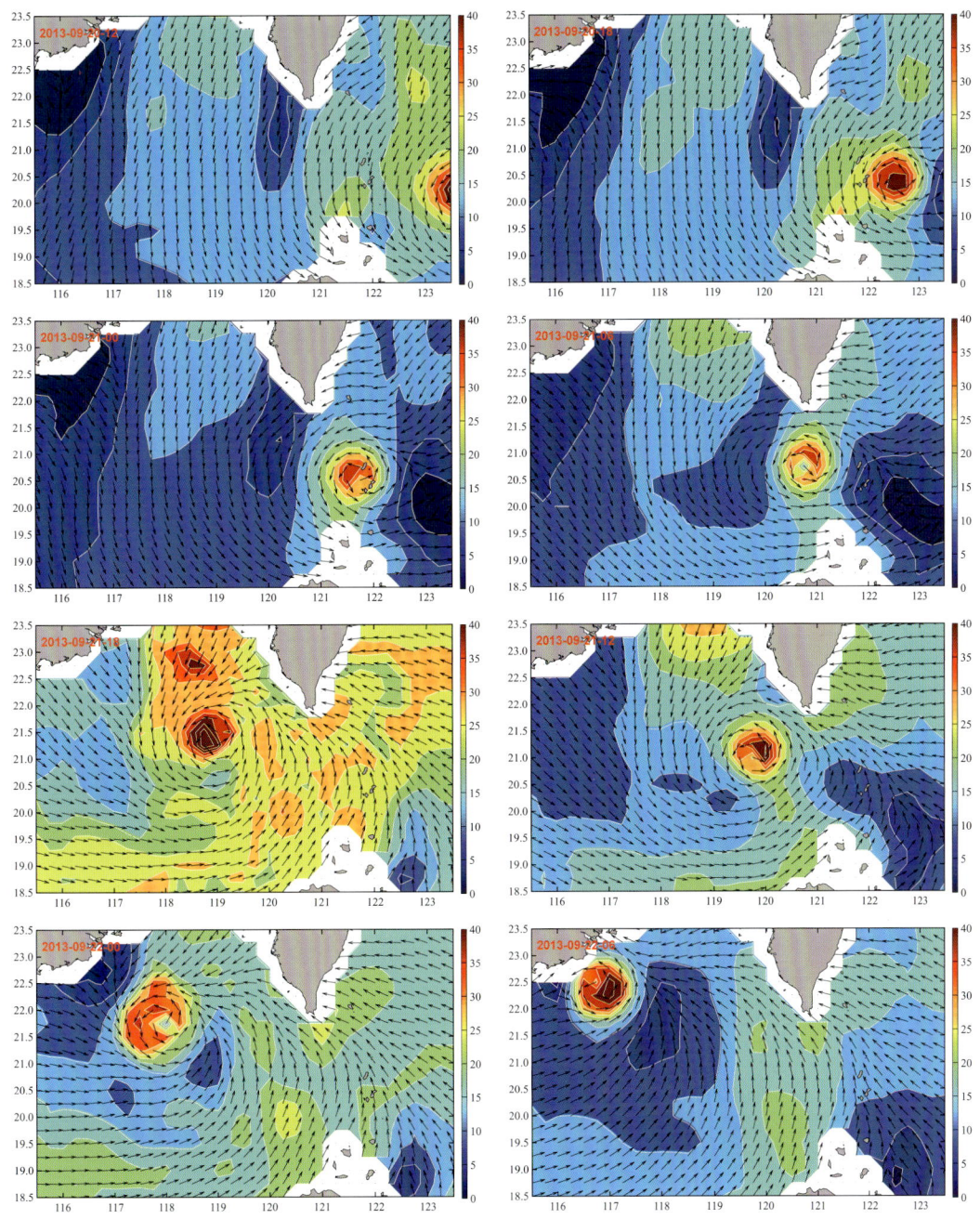

图4.1-3 天兔台风重构风场（填充色表示风速大小，箭头为风向的单位矢量）

4.1.7 结果验证

风场验证选取汕头外海处的一个浮标站观测的风场数据与重构风场数据进行比对。浮标观测站位于22°20′N，117°20.4′E，观测频率为每10 min一次，包含风速大小及风向。由于重构风场的时间分辨率为6 h，为了消除观测数据的超高频震荡，将观测数据平均到了每 6 小时一次。所获得的浮标资料为 2013 年和 2014 年，在这两年间经过该浮标站的台风共有 3 个，分别是 2013 年 9 月 17 号到 23 号的"天兔"（201319），2014 年 6 月的"海贝思"（201407）和同年 8 月生成于南海的热带气旋（未命名）。

图 4.1-4 是数据对比图，从观测资料中可以看到，台风过境能显著引起局地风速的快速增强，特别是"天兔"引起的最大风速超过了 35 m/s。数据重构后的风场能够较好的再现台风过境时的风速突然增强，通过比对也可以发现，重构风场对台风风速存在一定高估和低估，但是总体上来讲能够比较好再现风场过境时风场的变化特征。

重构风场与现场观测风场的均方根误差（RMSE）以及相关系数（R）列于表 4.1-1 中。可以看到，均方根误差随着台风强度的增强会有所增大，但是量值均不大。相关系数主要描述重构数据和现场观测数据两者之间的契合度，可以看到 3 个台风个例的相关系数均大于 0.9，即超过了 99% 的置信检验。均方根误差和相关系数均表明重构风场能够对台风的强度以及演变有较为真实的再现。

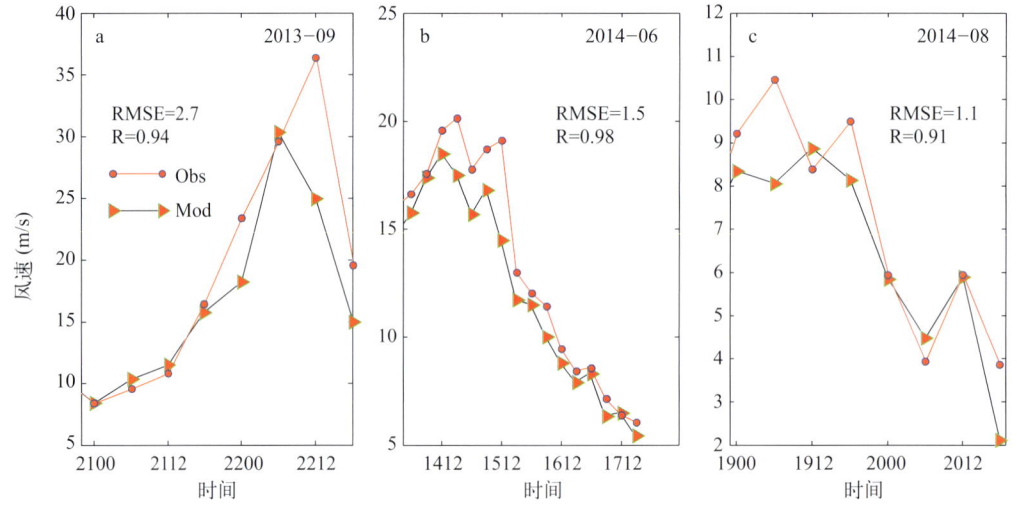

图4.1-4　风速大小对比（a：天兔；b：海贝思；c：未命名）

表4.1-1　观测与重构数据的统计误差

台风	天兔（201319）	海贝思（201407）	未命名
均方根误差（m/s）	2.7	1.5	1.1
相关系数	0.94	0.98	0.91

4.2　波浪模型

波浪模型分为外海波浪模型和近岸波浪模型两部分。

外海波浪模型采用国际通用的第三代海浪数学模型 SWAN 模型，利用第四章重构的 FNLs/ERA5 风场，在充分验证的基础上计算 2012 年 9 月至 2015 年 1 月 4 个全潮期和热带气旋"海鸥""天兔"等天气影响下的大范围波浪场,以及工程外海 40 m 等深线附近的夏季(2014 年 6 月)、冬季(2015 年 1 月)及多年一遇波浪要素,目的是为近岸波浪模型计算提供边界条件。

近岸波浪模型计算各种外海波浪边界条件下工程区域的波浪要素。其计算特点为:空间尺度为几十千米、主要考虑极大值时刻、空间分辨率为数米至数百米,除需考虑折射、底摩擦、流和非线性作用外,还须考虑风浪的成长和衰减。本书采用的近岸波浪模型为 MIKE 21 SW 波浪模型,该模型考虑了波—波间的非线性作用、水深变化引发的波浪破碎产生的能量损耗、底摩阻引起的能量损耗、水深变化以及干湿边界的影响、风生浪、波浪反射、绕射及浅水变形等。

4.2.1 模型简介

4.2.1.1 SWAN 波浪模型[41]

外海波浪计算采用第三代 SWAN(Simulating WAves Nearshore)波浪模型,由荷兰 Delft 大学土木工程系开发并维护。从第一个公开发布的版本 SWAN 30.51 到目前的 41.31 版本,经过不断进行改进和扩充,性能不断提高,功能也逐渐增强。SWAN 模式考虑了较多的物理过程,包含了当前海浪预报研究的最新成果。

SWAN 主要用于综合描述近岸和中尺度海域波浪传播过程,如:地形和海流空间变化导致的波浪折射作用、地形和海流空间变化导致的浅水变形作用、逆向流造成的障碍和反射作用、障碍物的阻挡或部分传播作用。该模型同时考虑波浪的成长和消减过程,如:风成浪作用,白浪的消减作用,水深引起的破碎作用,海底摩擦作用,3 个和 4 个波—波的非线性作用。

(1)基本方程

波作用守恒方程:

$$\frac{\partial N}{\partial t}+\frac{\partial c_x N}{\partial x}+\frac{\partial c_y N}{\partial y}+\frac{\partial c_\sigma N}{\partial \sigma}+\frac{\partial c_\theta N}{\partial \theta}=\frac{S_{tot}}{\sigma} \quad (4.2-1)$$

在地球坐标框架下波作用守恒方程:

$$\frac{\partial N}{\partial t}+\frac{\partial c_\lambda N}{\partial \lambda}+\cos^{-1}\varphi\frac{\partial c_\varphi \cos\varphi N}{\partial \varphi}+\frac{\partial c_\sigma N}{\partial \sigma}+\frac{\partial c_\theta N}{\partial \theta}=\frac{S_{tot}}{\sigma} \quad (4.2-2)$$

能量源项 S_{tot} 由 6 项组成:

$$S_{tot}=S_{in}+S_{nl3}+S_{nl4}+S_{ds,w}+S_{ds,b}+S_{ds,br} \quad (4.2-3)$$

式中,S_{in} 为风能输入项,S_{nl3} 为 3 个波—波的非线性作用项,S_{nl4} 为 4 个波—波的非线性作用项,$S_{ds,w}$ 为白帽的波能耗散项,$S_{ds,b}$ 为底摩擦引起的波能耗散项,$S_{ds,br}$ 为水深引起的波破碎项。各项意义类似于海洋波浪数学模式,但非线性作用项除了在海洋模式所考虑的使谱成长的4波相互作用外,还考虑了3波相互作用。3波相互作用在浅水中作用明显,它使波能向高频转移,导致高阶波。

(2)能量源项

a. 风能输入

$$S_{in}(\sigma,\theta) = A + BE(\sigma,\theta) \quad (4.2-4)$$

其中:

$$A = \frac{1.5 \times 10^{-3}}{2g^2\pi} \left\{ U_* \max\left[0, \cos(\theta - \theta_w)\right] \right\}^4 H \quad (4.2-5)$$

$$H = \exp\left[-\left(\sigma/\sigma_{PM}^*\right)^{-4}\right] \quad (4.2-6)$$

$$\sigma_{PM}^* = \frac{0.13g}{28U_*} 2\pi \quad (4.2-7)$$

$$B = \max\left\{0, 0.25 \frac{\rho_a}{\rho_w}\left[28\frac{U_*}{C_{ph}}\cos(\theta - \theta_w) - 1\right]\right\}\sigma \quad (4.2-8)$$

b. 波能耗散

波能耗散包括白帽的波能耗散和底摩擦。

白帽的波能耗散:

$$S_{ds,w}(\sigma,\theta) = -\Gamma \tilde{\sigma} \frac{k}{\tilde{k}} E(\sigma,\theta) \quad (4.2-9)$$

其中:

$$\Gamma = \Gamma_{KJ} = C_{ds}\left[(1-\delta) + \delta\frac{k}{\tilde{k}}\right]\left(\frac{\tilde{s}}{\tilde{s}_{PM}}\right)^P = -\Gamma \tilde{\sigma} \frac{k}{\tilde{k}} E(\sigma,\theta) \quad (4.2-10)$$

$$\tilde{s} = \tilde{k}\sqrt{E_{tot}} \quad (4.2-11)$$

$$\tilde{\sigma} = \left[E_{tot}^{-1} \int_0^{2\pi}\int_0^{\infty} \frac{1}{\sigma} E(\sigma,\theta) d\sigma d\theta\right]^{-1} \quad (4.2-12)$$

$$\tilde{k} = \left[E_{tot}^{-1} \int_0^{2\pi}\int_0^{\infty} \frac{1}{\sqrt{k}} E(\sigma,\theta) d\sigma d\theta\right]^{-2} \quad (4.2-13)$$

$$E_{tot} = \int_0^{2\pi}\int_0^{\infty} E(\sigma,\theta) d\sigma d\theta \quad (4.2-14)$$

底摩擦:

$$S_{ds,b}(\sigma,\theta) = -C_b \frac{\sigma^2}{g^2 \sinh^2(kd)} E(\sigma,\theta) \qquad (4.2\text{--}15)$$

$$U_{rms}^2 = \int_0^{2\pi}\!\!\int_0^\infty \frac{\sigma^2}{\sinh^2(kd)} E(\sigma,\theta) d\sigma d\theta \qquad (4.2\text{--}16)$$

底摩擦系数 C_b 可选 Colins（1972）：

$$C_b = C_f g U_{rms} \qquad (4.2\text{--}17)$$

或 Madsen et al.（1988）：

$$C_b = f_w \frac{g}{\sqrt{2}} U_{rms} \qquad (4.2\text{--}18)$$

$$\frac{1}{4\sqrt{f_w}} + \log_{10}\left[\frac{1}{4\sqrt{f_w}}\right] = m_f + \log_{10}\left[\frac{a_b}{K_N}\right] \qquad (4.2\text{--}19)$$

$$a_b^2 = 2\int_0^{2\pi}\!\!\int_0^\infty \frac{1}{\sinh^2(kd)} E(\sigma,\theta) d\sigma d\theta \qquad (4.2\text{--}20)$$

c. 水深引起的波破碎

采用 Eldeberky and Battjes（1995）为基础的公式：

$$S_{ds,br}(\sigma,\theta) = D_{tot}\frac{E(\sigma,\theta)}{E_{tot}} \qquad (4.2\text{--}21)$$

其中：

$$D_{tot} = -\frac{1}{4}\alpha_{BJ}Q_b\left(\frac{\bar{\sigma}}{2\pi}\right)H_m^2 \qquad (4.2\text{--}22)$$

$$\frac{1-Q_b}{\ln Q_b} = -8\frac{E_{tot}}{H_m^2} \qquad (4.2\text{--}23)$$

$$\bar{\sigma} = E_{tot}^{-1}\int_0^{2\pi}\!\!\int_0^\infty \sigma E(\sigma,\theta)d\sigma d\theta \qquad (4.2\text{--}24)$$

d. 波浪的非线性作用

该模型考虑了 3 个和 4 个波—波的非线性作用，4 个波—波的非线性作用的计算同 WAVEWATCH III。3 个波—波的非线性作用的计算采用 Eldeberky（1996）的 LTA 法：

$$S_{nl3}(\sigma,\theta) = S_{nl3}^-(\sigma,\theta) + S_{nl3}^+(\sigma,\theta) \qquad (4.2\text{--}25)$$

$$S_{nl4}(\sigma,\theta) = S_{nl4}^*(\sigma,\theta) + S_{nl4}^{**}(\sigma,\theta) \qquad (4.2\text{--}26)$$

其中：

$$S_{nl3}^{+}(\sigma,\theta) = \max\left\{0, \alpha_{EB} 2\pi cc_g J^2 |\sin\beta|\left[E^2(\sigma/2,\theta) - 2E(\sigma/2,\theta)(\sigma,\theta)\right]\right\}$$

(4.2-27)

$$S_{nl3}^{-}(\sigma,\theta) = -2S_{nl3}^{+}(2\sigma,\theta) \quad (4.2-28)$$

$$\beta = -\frac{\pi}{2} + \frac{\pi}{2}\tanh\left(\frac{0.2}{Ur}\right) \quad (4.2-29)$$

$$Ur = \frac{g}{8\sqrt{2}\pi^2}\frac{H_s T_{m01}^2}{d^2} \quad (4.2-30)$$

$$J = \frac{k_{\sigma/2}^2\left(gd + 2c_{\sigma/2}^2\right)}{k_\sigma d\left(gd + \frac{2}{15}gd^3 k_\sigma^2 - \frac{2}{5}\sigma^2 d^2\right)} \quad (4.2-31)$$

$$S_{nl4}(\sigma,\theta) = S_{nl4}^{*}(\sigma,\theta) + S_{nl4}^{**}(\sigma,\theta) \quad (4.2-32)$$

$$S_{nl4}^{finite-depth} = R(k_p d) S_{nl4}^{deep-depth} \quad (4.2-33)$$

$$R(k_p d) = 1 + \frac{C_{sh1}}{k_p d}\left(1 - C_{sh2} k_p d\right) e^{C_{sh3} k_p d} \quad (4.2-34)$$

$$S_{nl4}^{d} = S_{nl4}^{d_N}\frac{R(k_p d)}{R(k_p d_N)} \quad (4.2-35)$$

（3）参数选取

（1）初始条件

初始条件的谱密度函数采用 JONSWAP 频谱，其定义为：

$$\eta(n\Delta t) = A \cdot f^{-5}\exp\left(-B \cdot f^{-4}\right) \cdot \gamma^a \quad (4.2-36)$$

谱形参数 a、σ 定义如下：

$$a = \exp\left[-\frac{1}{2}\left(\frac{f - f_p}{\sigma f_p}\right)\right] \quad (4.2-37)$$

$$\sigma = \begin{cases} \sigma_a, & f \leqslant f_p \\ \sigma_b, & f > f_p \end{cases} \quad (4.2-38)$$

其中：f_p 为谱峰频率；γ 为谱峰升高因子，标准 JONSWAP 谱中取值 3.3；标准 JONSWAP

谱中 σ_a、σ_b 取值分别为 0.07 和 0.09。

波能的方向分布假定与频率无关，方向谱采用：

$$D(f,\theta) = D(\theta_i) = \begin{cases} \beta \cos^n(\theta_m - \theta_i), |\theta_m - \theta_i| \leq \theta_d \\ 0, |\theta_m - \theta_i| > \theta_d \end{cases} \quad (4.2\text{-}39)$$

其中，β 为标准化参数，θ_m 为最大波向角，θ_d 为最大偏转角度，该角度必须小于或等于 90°，n 为方向分布参数，取值范围介于 1～100 之间，方向函数的集中度随 n 值的增大而减小。

（2）破碎指标

工程所处外海海域地形变化相对平缓，在工程附近海域的地形水深变化略为复杂，本次计算时破碎指标取为 0.7。

（3）底摩擦系数

本次计算时按粉砂质海域考虑底摩擦系数的取值，根据以往相关工程经验取值范围介于 0.004～0.008 之间。

4.2.1.2　MIKE 21 SW 波浪模型

工程区域波浪计算采用 MIKE 21 SW 波浪模型[42]。MIKE 21 软件是丹麦 DHI Water & Environment 机构开发的一个用于数值模拟各种流场问题（如海域、港湾、河流等）和基于流场下的环境问题（如污染物平流扩散、水质、重金属、泥沙输移）等工程问题的软件包。

该软件包含的模型有：二维水动力模型、波浪模型、水质运移模型、富营养模型、泥沙运移模型等，可进行水利工程设计及规划、复杂条件下的水流计算、洪水淹没计算、泥沙沉积与传输、水质模拟预报和环境治理规划等多方面研究应用。MIKE21（二维）可与 MIKE11（一维）、MIKE3（三维）耦合，进行河口、海岸及海洋复杂水流的模拟，洪水预报和淹没范围计算等。

SW 模型为风浪谱模式，模型理论基于波浪能量守恒原理，可考虑波浪绕射、折射、底部摩擦损耗、白帽耗散、风能输入及波浪破碎等因素，其控制方程为：

$$\frac{\partial N}{\partial t} + \nabla \cdot (\vec{v} N) = \frac{S}{\sigma} \quad (4.2\text{-}40)$$

$$(c_x, c_y) = \frac{d\vec{x}}{dt} = \vec{c_g} + \vec{U} \quad (4.2\text{-}41)$$

$$c_\sigma = \frac{d\sigma}{dt} = \frac{\partial \sigma}{\partial d}\left[\frac{\partial d}{\partial t} + \vec{U} \cdot \nabla_x d\right] - c_g \vec{k} \cdot \frac{\partial \vec{U}}{\partial s} \quad (4.2\text{-}42)$$

$$c_\theta = \frac{d\theta}{dt} = \frac{1}{k}\left[\frac{\partial \sigma}{\partial d}\frac{\partial d}{\partial m} + \vec{k}\cdot\frac{\partial \vec{U}}{\partial m}\right] \qquad (4.2\text{-}43)$$

式中：N 为动谱密度，t 为时间，$\vec{x}$ 为笛卡尔坐标系，$\vec{v}(c_x,c_y,c_\sigma,c_\theta)$ 为波群速度，∇ 为微分算子，s 为波浪的传播方向，θ 和 m 为垂直于 s 的方向，$\nabla_{\vec{x}}$ 为在 $\vec{x}$ 空间上的二维微分算子，S 为能量平衡方程中的源项，其中包括风能输入、非线性波波相互作用、白浪、底摩阻及破碎耗散项。

风能输入项形式为：

$$S_{wind}(f,\theta) = \gamma E(f,\theta) \qquad (4.2\text{-}44)$$

$$\gamma = \begin{cases} \left(\dfrac{\rho_a}{\rho_w}\right)\left(\dfrac{1.2}{\kappa^2}\mu(\ln\mu)^4\right)\sigma\left[\left(\dfrac{u_*}{c}+0.011\right)\cos(\theta-\theta_w)\right]^2, & \mu \leq 1 \\ 0, & \mu > 1 \end{cases} \qquad (4.2\text{-}45)$$

$$\mu = kz_0 e^{\kappa/x} \qquad (4.2\text{-}46)$$

$$x = \left(\frac{u_*}{c}+0.011\right)\cos(\theta-\theta_w) \qquad (4.2\text{-}47)$$

其中，θ、θ_w 分别为波向角和风向角，u_* 为风速，ρ_a、ρ_w 分别为空气的密度和水的密度，$\kappa = 0.41$，z_0 为粗糙度长度。

4.2.2 外海波浪计算

4.2.2.1 计算区域

外海波浪计算区域为 10°—35°N，105°—135°E。其中，海岸线和岛屿的信息来自 GEODAS 中等精度的岸线数据。将计算区域的岸线分辨率设为 0.1°，岛屿分辨率设为 0.15°，开边界分辨率设为 0.25°。根据此分辨率，计算海域初步生成的非结构网格数量为 39 020 个，节点数量为 20 055 个，最后得到的计算网格见图 4.2-1。

4.2.2.2 水深数据

水深数据采用水平分辨率为 1' 的 ETOPO1 数据和近岸海图水深，将该水深数据按照距离权重线性插值到所有网格点后得到该计算海域的水深。

4.2.2.3 风场条件

采用第 4.1 节重构后的 FNLs/ERA5 风场，水平分辨率为 0.125°，时间分辨率为 6 h/1 h 的海面 10 m 风场再分析资料。

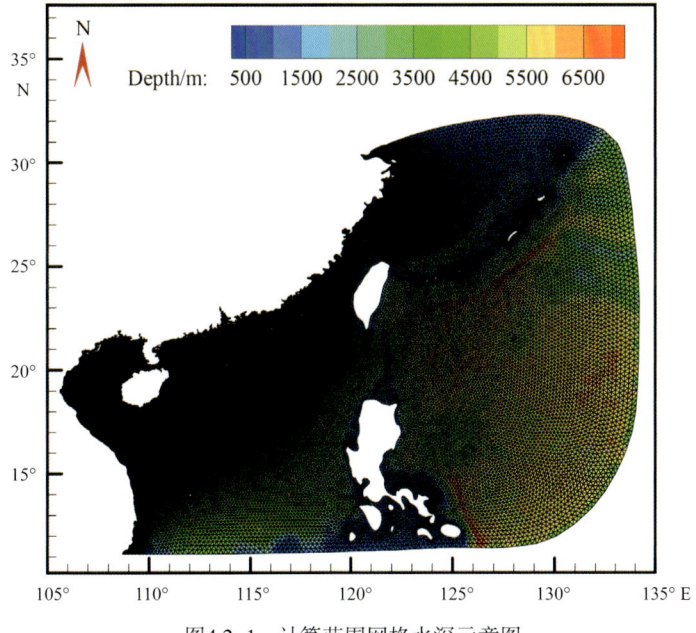

图4.2-1 计算范围网格水深示意图

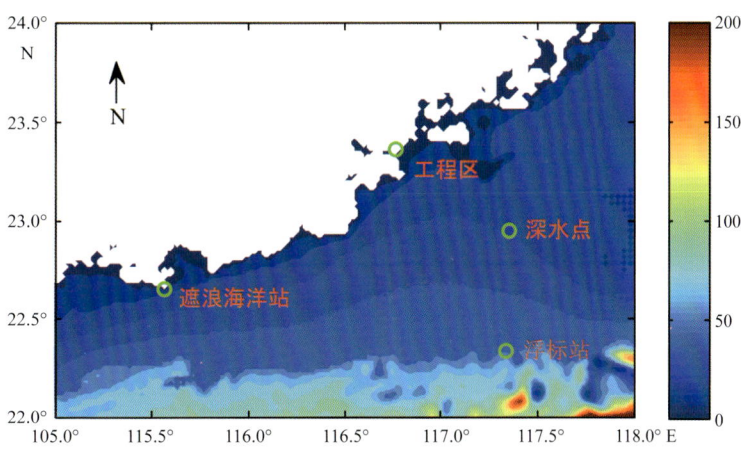

图4.2-2 波浪计算点及工程区域示意图

4.2.2.4 模型验证

应用遮浪海洋站（22°39′N，115°34′E，水深20 m）观测的波浪资料（$H_{1/3}$、$T_{1/3}$和主波向，观测时间为每日8:00、11:00、14:00和17:00）和汕头市气象局59515海洋气象浮标站（22°20′N，117°20.4′E，水深40 m）观测的波浪资料（$H_{1/3}$、$T_{1/3}$，观测时间为每10 min一次）对模式计算结果进行验证，见图4.2-3至图4.2-7。

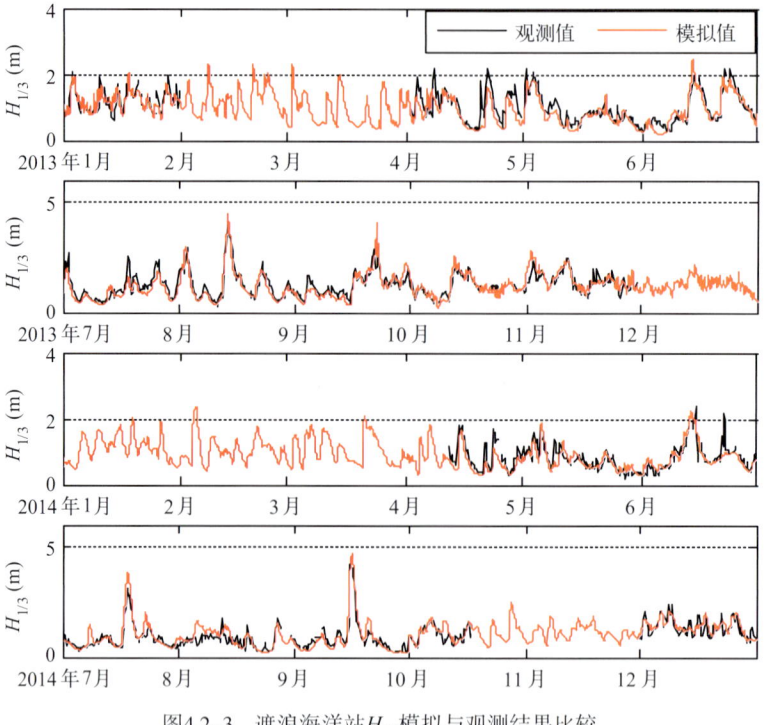

图4.2-3　遮浪海洋站$H_{1/3}$模拟与观测结果比较

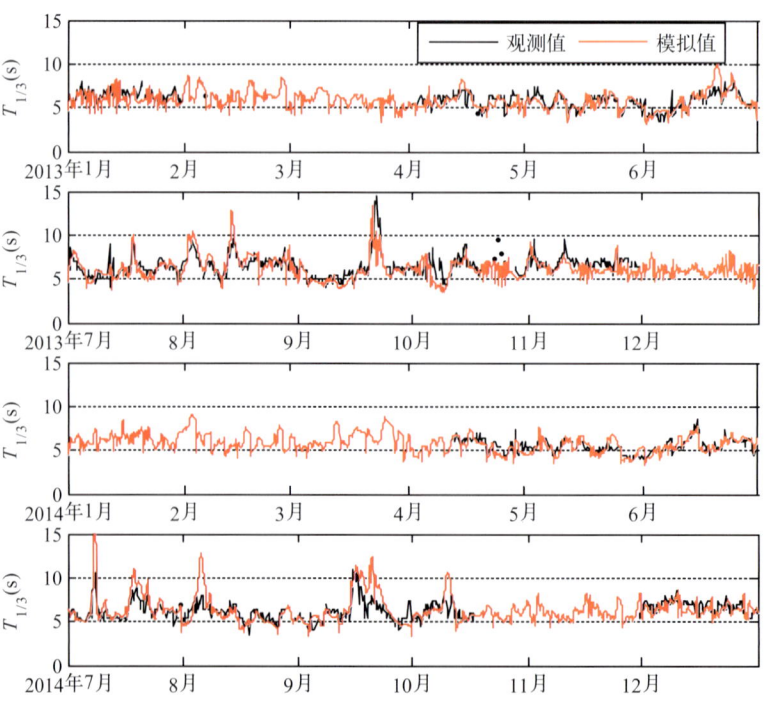

图4.2-4　遮浪海洋站$T_{1/3}$模拟与观测结果比较

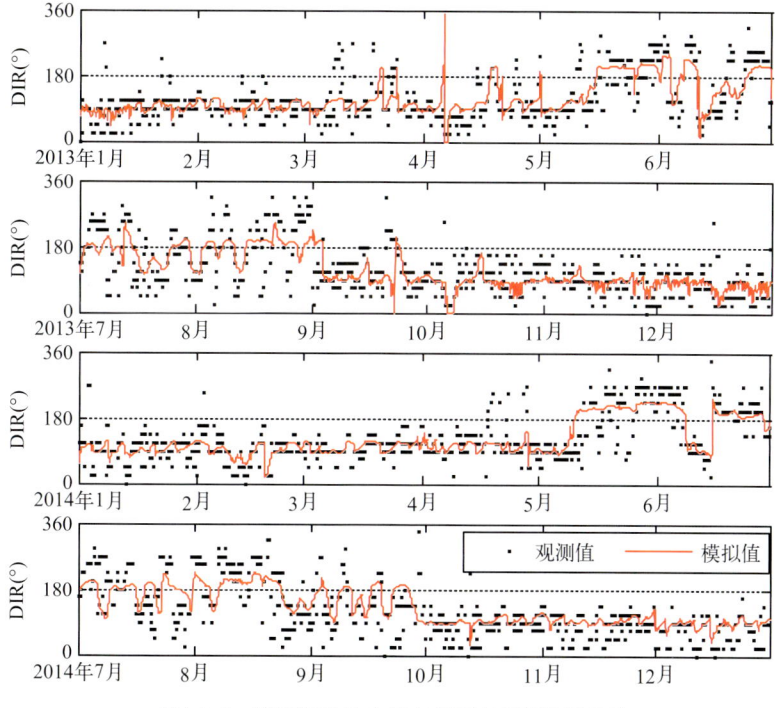

图4.2-5 遮浪海洋站主波向模拟与观测结果比较

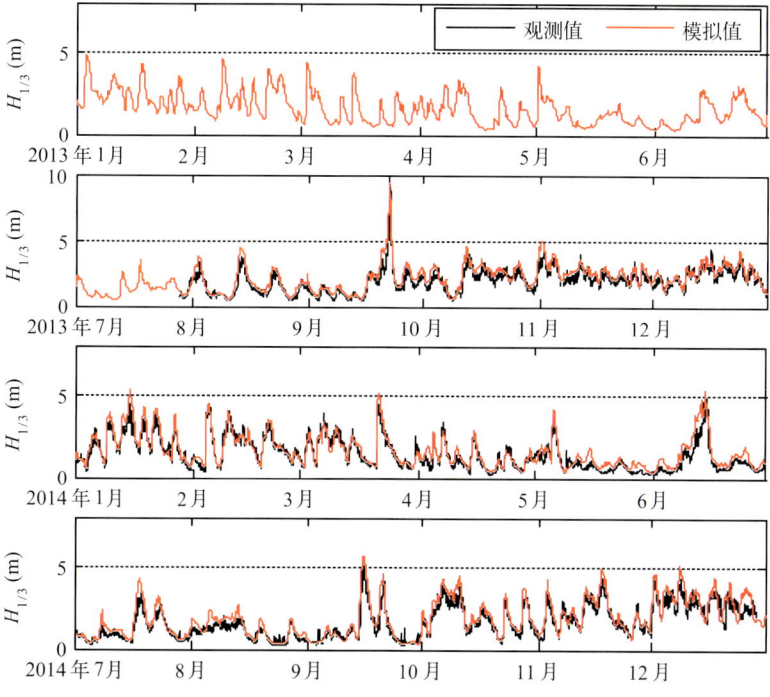

图4.2-6 气象浮标站$H_{1/3}$模拟与观测结果比较

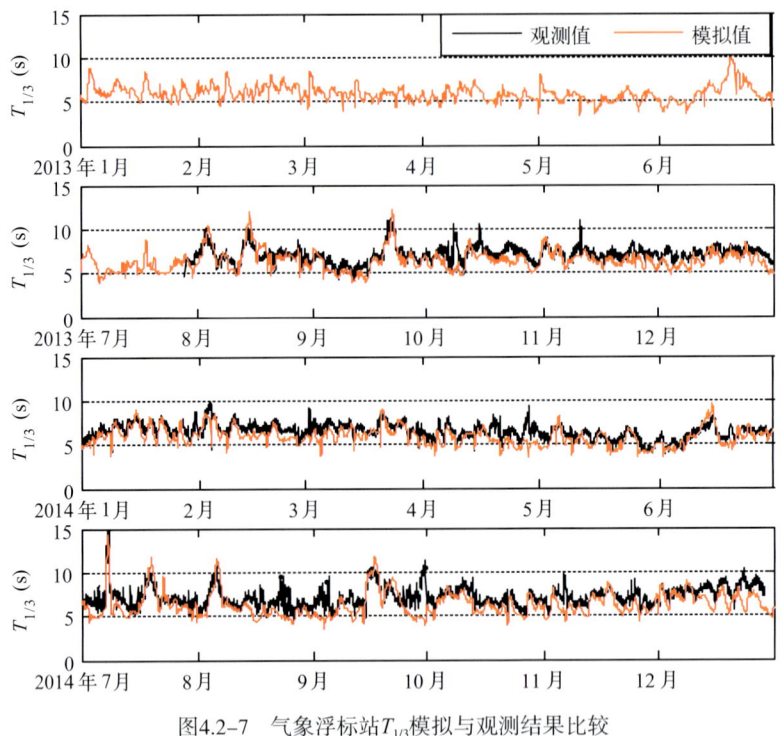

图4.2-7　气象浮标站$T_{1/3}$模拟与观测结果比较

表4.2-1为遮浪海洋站与气象浮标站的波浪要素验证，包括有效波高和有效波周期。模式计算结果与实测资料的统计误差包括：平均绝对误差、平均相对误差和相关系数。

根据图4.2-3至图4.2-7和表4.2-1的对比结果可知，模拟计算的结果与实测数据基本吻合，可满足后续模型计算的需求。

表4.2-1　遮浪海洋站与气象浮标站波浪要素验证

站点	有效波高 $H_{1/3}$			有效波周期 $T_{1/3}$		
	平均绝对误差（m）	平均相对误差（%）	相关系数	平均绝对误差（s）	平均相对误差（%）	相关系数
遮浪海洋站（$H_{1/3} \geq 0.3$ m）	0.20	20.0	0.88	0.71	11.2	0.70
气象浮标站（$H_{1/3} \geq 1$ m）	0.36	17.6	0.90	0.90	12.6	0.71

4.2.2.5　模拟结果

输出工程所在海域采样点（图4.2-2的标记点"工程区"，23°18.5′N，116°52.3′E；水深13.5 m）的逐时波浪要素，模拟4个航次和热带气旋"海鸥""天兔"等天气影响下的波浪过程。

模式输出的波浪特征值有：显著波高 $H_s = 4\sqrt{m_0}$（m_0 为谱的相对于原点的 0 阶距）、谱峰周期 T_p 等，其他常用的特征值如 H_{max}、T_{max}、$H_{1/10}$、$H_{1/3}$、$T_{1/10}$、$\bar{H}$ 和 $\bar{T}$ 一般需要通过换算后得到。

波高：根据《港口与航道水文规范》[43]公式（6.3.2）换算，即：

$$H_F = \bar{H}\left[-\frac{4}{\pi}\left(1+\frac{1}{\sqrt{2\pi}}H^*\right)\ln F\right]^{\frac{1-H^*}{2}} \tag{4.2-48}$$

其中，H_F 为累积频率为 F 的波高、$\bar{H}$ 为平均波高、H^* 为相对水深、$H^* = \bar{H}/d$、d 为水深、F 为累积频率。

根据第 2.2.6 节及《港口与航道水文规范》，有以下关系式：

$$H_{max} \approx H_{1\%}；H_{1/10} \approx H_{4\%}；H_{1/3} \approx H_{13\%} \tag{4.2-49}$$

周期：根据文圣常编写的《海浪理论与计算原理》[44]经验公式（4.4.1-26）换算，即：

$$T_{1/3} = 0.937\,T_{max}；\bar{T} = 0.833\,T_{max}；T_{1/10} = T_{1/3} \tag{4.2-50}$$

另外，根据《海浪理论与计算原理》的经验公式（4.4.1-8），有

$$H_{1/3} = 4\sqrt{m_0} \tag{4.2-51}$$

可得到关系式：$H_s = H_{1/3} \approx H_{13\%}$。在本书中未特别说明时，$H_s$、$H_{13\%}$ 这两种波高均视为等同于有效波高 $H_{1/3}$，不再加以区别。

（1）波浪基本特征

工程区域波浪主要受西南季风、热带气旋、东北季风三种天气系统所影响。观测期及台风期的波浪特征值见表 4.2-2，观测期及台风期特征波高随时间变化过程见图 4.2-8 至图 4.2-13。

表4.2-2 观测期及台风期波浪特征统计

模拟时段	航次1（2012.9.10-2012.10.10）	航次2（2013.12.10-2014.1.10）	航次3（2014.6.10-2014.7.10）	航次4（2015.1.10-2015.2.10）	台风"天兔"（2013.9.3-2013.9.30）	台风"海鸥"（2014.9.3-2014.9.30）
H_{max} 最大（cm）	320	311	503	304	829	505
对应周期（s）	6.4	6.5	9.1	6.3	11.2	9.5
对应波向（°）	77	76	122	93	112	147
$H_{1/10}$ 最大（cm）	251	243	401	238	686	403
$H_{1/10}$ 平均（cm）	117	139	116	139	140	99
$H_{1/3}$ 最大（cm）	203	198	331	193	585	333

续表

模拟时段	航次1 （2012.9.10– 2012.10.10）	航次2 （2013.12.10– 2014.1.10）	航次3 （2014.6.10– 2014.7.10）	航次4 （2015.1.10– 2015.2.10）	台风"天兔" （2013.9.3– 2013.9.30）	台风"海鸥" （2014.9.3– 2014.9.30）
$H_{1/3}$ 平均（cm）	94	112	94	112	114	80
$T_{1/3}$ 最大（cm）	6.5	7.3	9.9	6.0	11.7	10.7
$T_{1/3}$ 平均（cm）	4.4	4.6	4.8	4.3	4.6	4.9
$\overline{H}$ 最大（cm）	130	126	216	123	402	217
$\overline{H}$ 平均（cm）	59	71	59	71	72	51
$\overline{T}$ 最大（s）	5.8	6.5	8.8	5.3	10.4	9.5
$\overline{T}$ 平均（s）	3.9	4.1	4.3	3.8	4.1	4.4

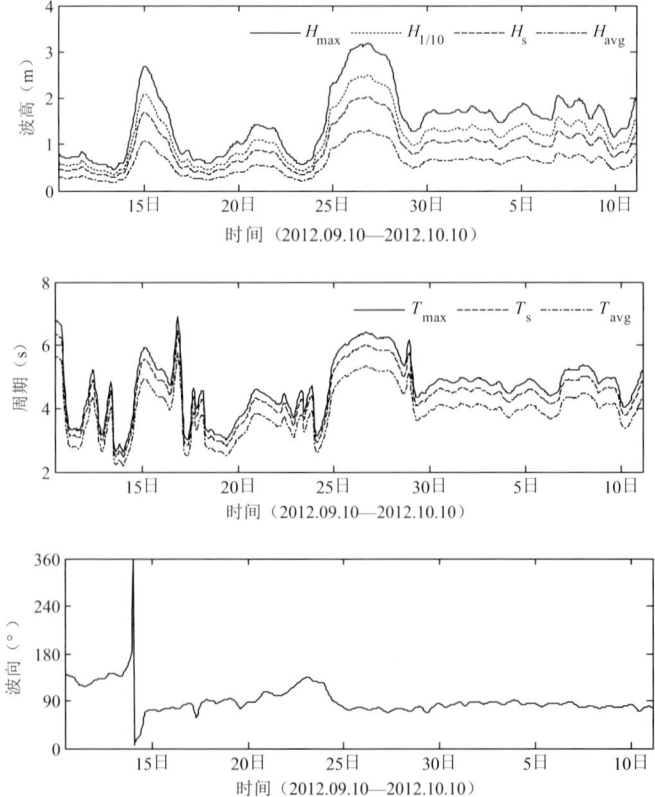

图4.2-8 航次1期间采样点处模拟的波高、周期、波向

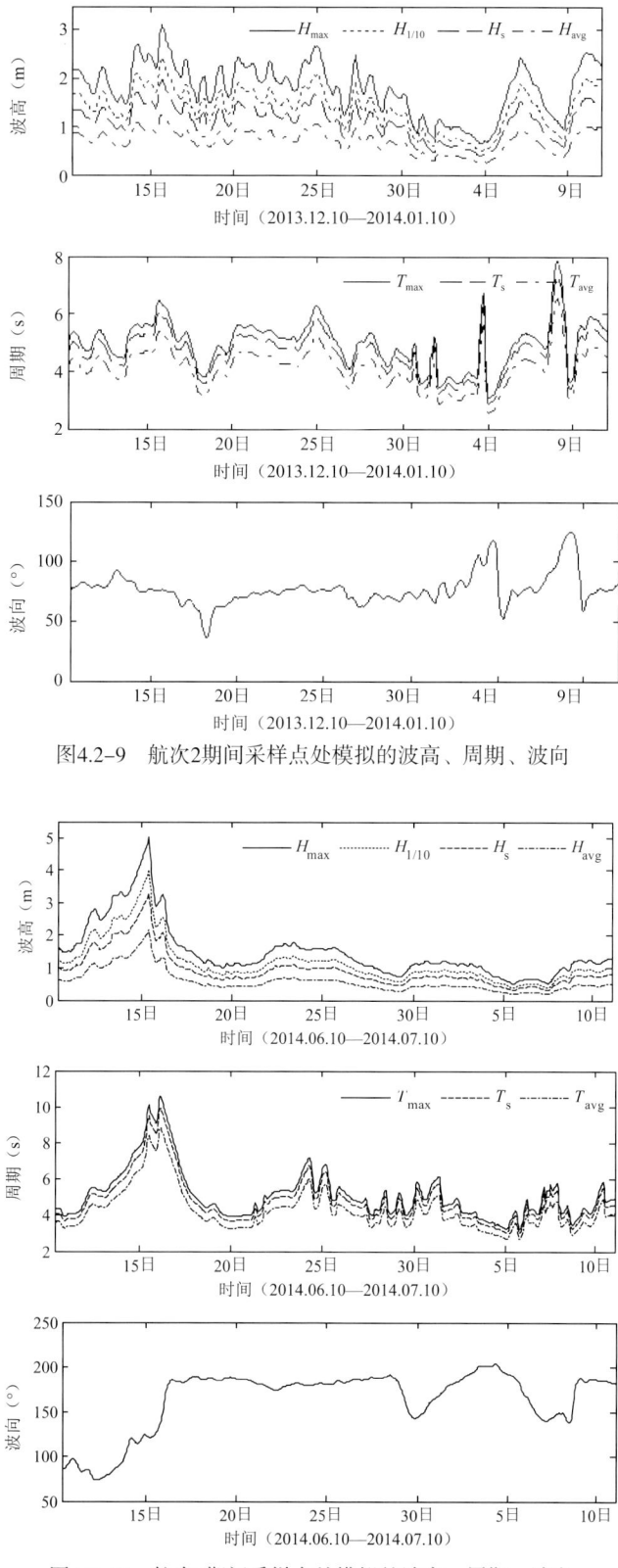

图4.2-9 航次2期间采样点处模拟的波高、周期、波向

图4.2-10 航次3期间采样点处模拟的波高、周期、波向

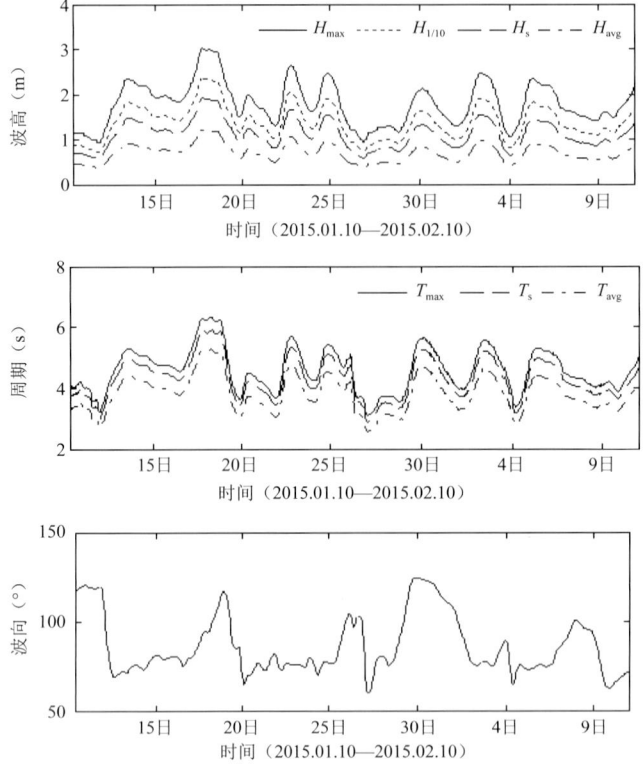

图4.2-11 航次4期间采样点处模拟的波高、周期、波向

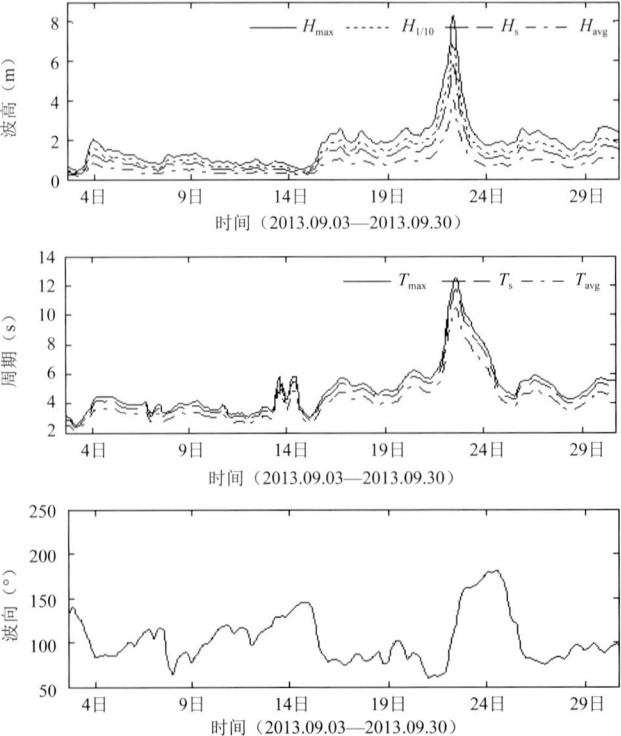

图4.2-12 台风"天兔"期间采样点处模拟的波高、周期、波向

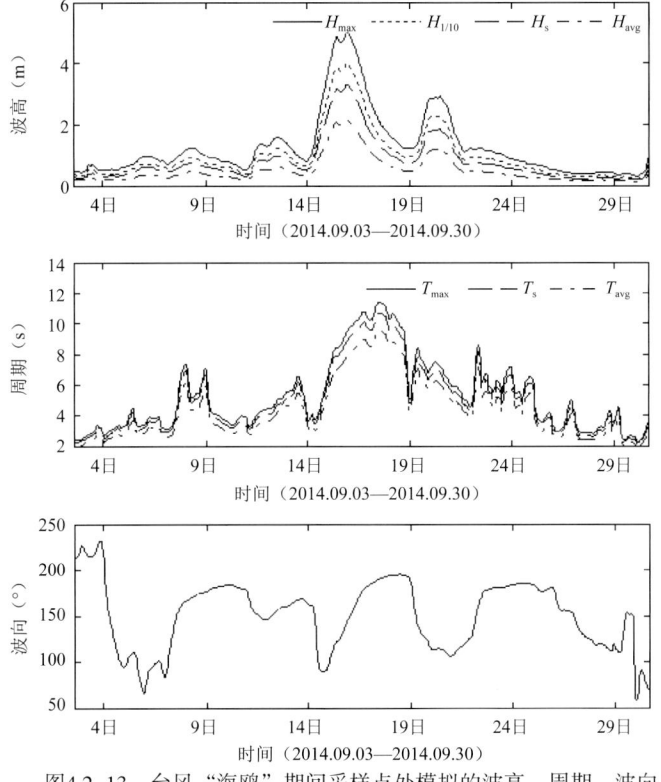

图4.2-13 台风"海鸥"期间采样点处模拟的波高、周期、波向

（2）最大波高

依据模式计算结果统计各航次和台风期间最大波高及对应周期、对应波向等（见表4.2-2、图4.2-8至图4.2-13）。由图表可知，4个航次及两次台风期间最大 H_{max} 介于 311～829 cm 之间。

航次1：最大波高320 cm，周期6.4 s，浪向77°，对应有效波高203 cm，发生在2012年9月26日20时，此时天气过程为台风"杰拉华"影响期间，采样点处的波浪从9月25日06时到9月28日06时，连续73个小时 $H_{max} > 239$ cm，$H_{1/3} > 150$ cm。

航次2：最大波高311 cm，周期6.5 s，浪向76°，对应有效波高198 cm，发生在2013年12月15日17时，此时天气过程为东北大风影响期间，采样点处的波浪从12月15日11时到12月16日08时，连续22个小时 $H_{max} > 239$ cm，$H_{1/3} > 150$ cm。

航次3：最大波高503 cm，周期9.1 s，浪向122°，对应有效波高331 cm，发生在2014年6月15日09时，此时天气过程为热带风暴"海贝思"影响期间，采样点处的波浪从6月12日00时到6月16日10时，连续107个小时 $H_{max} > 240$ cm，$H_{1/3} > 150$ cm。

航次4：最大波高304 cm，周期6.3 s，浪向93°，对应有效波高193 cm，发生在2015年1月12日18时，此时天气过程为东北大风影响期间，采样点处的波浪从1月12日06时到1月13日23时，连续42个小时 $H_{max} > 240$ cm，$H_{1/3} > 150$ cm。

2013年超强台风"天兔"正面袭击工程区域所在海域，采样点处最大波高829 cm，周期 11.2 s，浪向 112°，对应有效波高 585 cm，发生在 2013 年 9 月 22 日 17 时，同时该最大波高为 2012 年 1 月至 2015 年 2 月的最大波高。采样点处的波浪从 9 月 21 日 04 时到 9 月 23 日 16 时，连续 37 个小时 $H_{max} > 240$ cm，$H_{1/3} > 150$ cm。

2014 年台风"海鸥"过境期间，采样点处最大波高 505 cm，周期 9.5 s，浪向 147°，对应有效波高 333 cm，发生在 2014 年 9 月 16 日 08 时，同时该最大波高为 2014 年全年的最大波高。采样点处的波浪从 9 月 15 日 00 时到 9 月 17 日 16 时，连续 65 个小时的 $H_{max} > 240$ cm，$H_{1/3} > 150$ cm。

4.2.2.6　外海波浪要素推算

工程区域外海波浪传入位置选取在工程区域东南面的深水点（22.95°N，117.35°E），约位于海图水深 40 m 等深线处，见图 4.2-2。本节通过外海波浪模型推算该深水点夏季（2014 年 6 月）、冬季（2015 年 1 月）常浪向及多年一遇的波浪要素，为工程区域近岸波浪模型计算提供边界条件。

（1）夏、冬季常浪向外海波浪要素推算

根据计算的夏、冬季全潮期大范围波浪场，将 40 m 深水点处的三个主要浪向：S—SSW（夏季出现频率 100%）、NNE—ENE（冬季出现频率 76.5%）、E—ESE（冬季出现频率 23.5%），分别合并到 S 向、NE 向、ESE 向，见图 4.2-14。过滤掉对泥沙运动作用轻微的波浪数据（波高小于 0.5 m 的数据），得到统计后的夏、冬季常浪向波浪要素，见表 4.2-3。

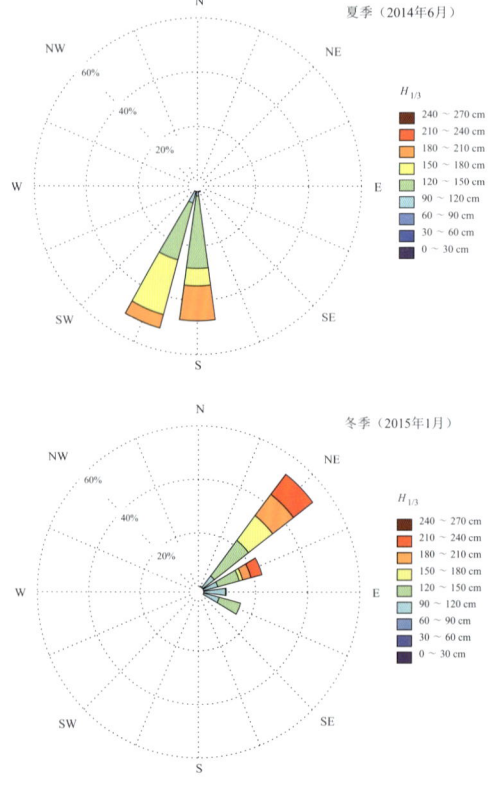

图 4.2-14　夏、冬季全潮观测期间波浪玫瑰图

表4.2-3 夏、冬季外海波浪计算参数表

要素 \ 方向	夏季（2014年6月）	冬季（2015年1月）	
	S	NE	ESE
平均风速（m/s）	3.8	4.2	4.2
平均最大波高（m）	2.8	3.2	2.3
平均有效波高（m）	1.5	1.6	1.2
平均谱峰周期（m）	10.0	6.3	8.4
平均周期（s）	6.0	4.8	5.0
平均波向（°）	191	52	107
频率（%）	100	76.5	23.5

根据表4.2-3的统计结果，外海边界夏季平均波向为191°（S向）、平均有效波高为1.5 m；冬季主要平均波向为52°（NE向），次平均波向为107°（ESE向），平均有效波高分别为1.6 m、1.2 m。

根据汕头海洋站同期整点实测风（一分钟平均）资料统计，夏季最大风速为8.3 m/s，风向202°，平均风速3.8 m/s；冬季观测期间，最大风速为9.8 m/s，风向91°，平均风速4.2 m/s。图4.2-15为夏、冬季汕头海洋站整点实测风速、风向过程线。

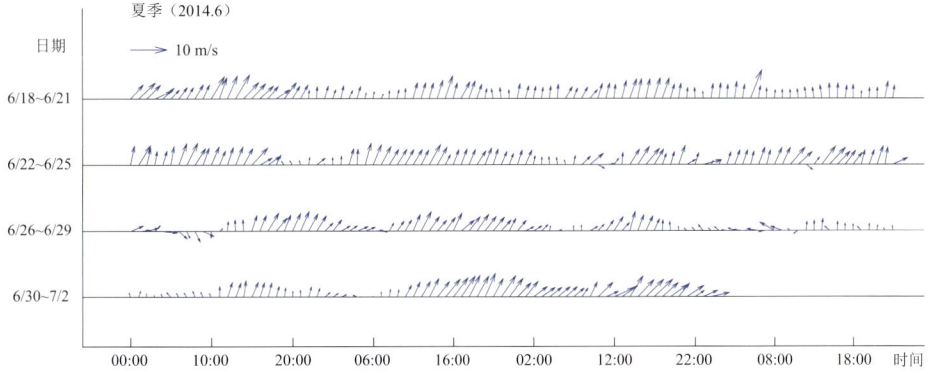

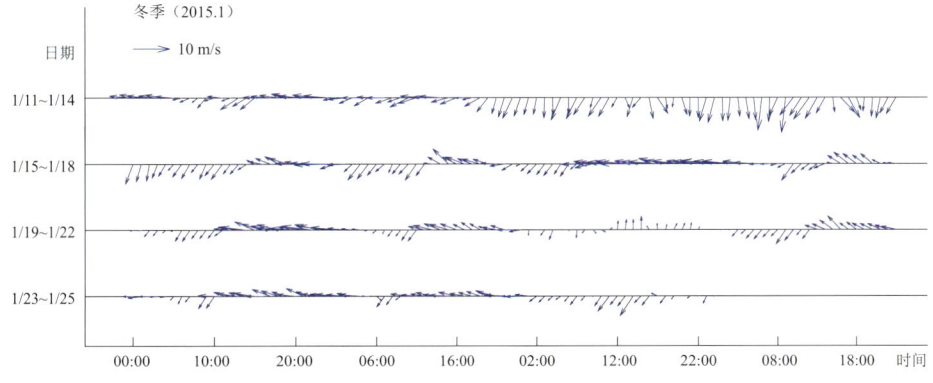

图4.2-15 观测期汕头海洋站风速、风向过程线

（2）多年一遇外海波浪要素推算

根据收集的 ERA5 风场数据，选取本书篇末的附表中 1950—2018 年经过工程外海 40 m 深水点（22°57′N，117°21′E），半径 400 km 范围内，可能产生影响的 234 次热带气旋进行台风浪数值后报（台风场构造方法见 4.1 节），分别计算外海 10 m 参照点（23°24′N，117°06′E）、40 m 深水点的波浪要素，见图 4.2-16。参考表 2.2-9 表角站各向波频统计，分向选取 NE、E、SE 和 S 历年波浪要素最大值，采用皮尔逊 III 型概率分布拟合得到各分向重现期波浪要素。

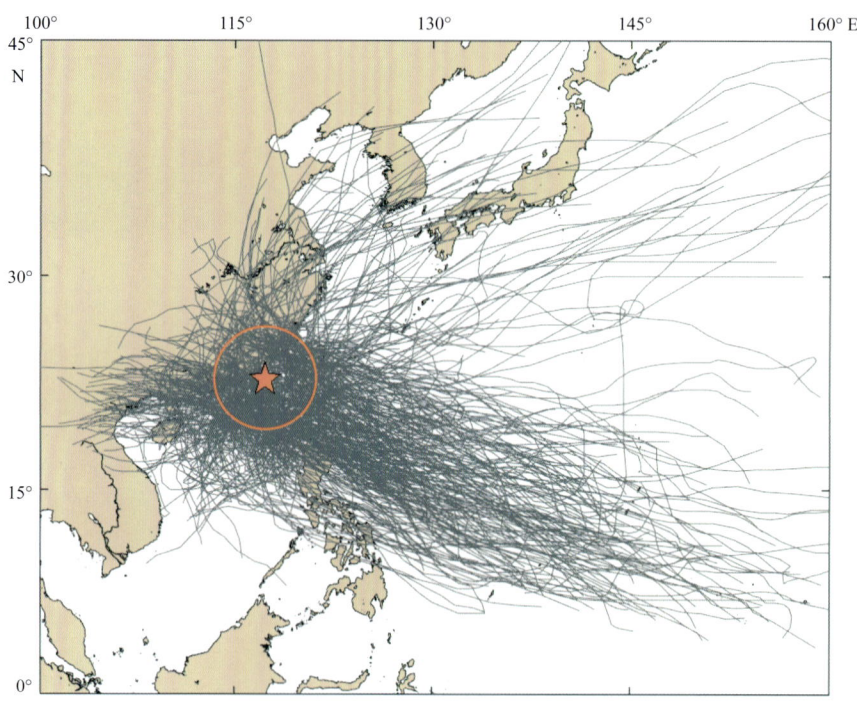

图 4.2-16　1950—2018 年间经过 40 m 深水推算点 400 km 半径圆范围的台风

表 4.2-4 为《广东省海堤工程设计导则（试行）》（DB44/T182-2004）[45] 以云澳海洋站参照点（23°24′N，117°06′E）10 m 水深的重现期波浪要素。表 4.2-5 为模型计算同一位置的重现期波浪要素。表中 $H_{13\%}$ 为累积频率 13% 的波高，相当于有效波高 $H_{1/3}$，T 为波浪周期。对比这两个表可以看出，模型计算和导则推荐的波浪分向重现期要素基本一致。

表 4.2-6 为模型计算外海 40 m 深水点各向重现期波浪要素，T_p 为谱峰周期。为了比较模型计算结果，另外下载了欧洲中期天气预报中心（ECMWF）的 ERA5 再分析资料，数据范围（22.5°—23°N，117°—117.5°E）。通过插值提取 40 m 深水点从 1950 年 1 月至 2018 年 12 月逐时的有效波高、平均波向及谱峰周期，然后分向提取各向历年波浪要素最大值，采用皮尔逊 III 型概率分布拟合得到 NE 向、E 向、SE 向和 S 向重现期波浪要素。

根据表 4.2-6 模型计算和 ERA5 提取得到的重现期波浪要素，考虑最不利情况，选择两者最大的结果作为多年一遇外海波浪推算要素。

表4.2-4 参照点重现期波浪要素（水深：10 m）

方向\重现期	$H_{13\%}$ (m)				T (s)			
	10年	20年	50年	100年	10年	20年	50年	100年
NE	3.6	4.1	4.8	5.2	7.6	8.1	8.6	9.0
E	4.0	4.5	5.4	6.0	8.0	8.5	9.1	9.5
SE	4.3	4.9	5.8	6.5	8.2	8.8	9.5	10.0
S	3.9	4.6	5.4	6.2	7.9	8.5	9.2	9.7

表4.2-5 模型计算参照点重现期波浪要素（水深：10 m）

方向\重现期	$H_{1/3}$ (m)				$T_{1/3}$ (s)			
	10年	20年	50年	100年	10年	20年	50年	100年
NE	3.6	4.0	4.7	5.4	7.9	8.3	8.6	9.3
E	4.2	4.6	5.6	6.2	8.0	8.5	9.1	9.7
SE	4.5	5.1	6.2	7.0	8.3	8.9	9.3	10.5
S	3.8	4.5	5.4	6.1	8.0	8.4	9.3	9.5

表4.2-6 模型计算深水点重现期波浪要素（水深：40 m）

方向	重现期	$H_{1/3}$ (m)				T_p (s)			
		10年	20年	50年	100年	10年	20年	50年	100年
NE	ERA5 提取	6.0	6.5	7.2	7.7	10.5	10.9	11.4	11.8
	模型计算	6.5	6.9	7.6	8.0	10.4	10.7	11.1	11.3
	MAX	6.5	6.9	7.6	8.0	10.5	10.9	11.4	11.8
E	ERA5 提取	5.7	6.5	7.5	8.3	12.7	13.9	15.6	16.8
	模型计算	5.9	6.5	7.3	7.9	12.8	13.3	14.1	15.4
	MAX	5.9	6.5	7.5	8.3	12.8	13.9	15.6	16.8
SE	ERA5 提取	6.5	7.5	8.8	9.7	12.3	13.3	14.5	15.5
	模型计算	7.6	8.4	9.4	10.1	12.2	12.9	13.7	14.3
	MAX	7.6	8.4	9.4	10.1	12.3	13.3	14.5	15.5
S	ERA5 提取	5.6	6.4	7.4	8.1	12.2	13.4	13.9	14.6
	模型计算	6.5	7.3	8.2	8.9	12.1	12.6	13.2	13.6
	MAX	6.5	7.3	8.2	8.9	12.2	13.4	13.9	14.6

4.2.3 工程区域波浪计算

4.2.3.1 计算区域与计算点

考虑到后续模拟浪流耦合下泥沙输运过程的需要,工程区域波浪模型的计算区域选取及网格划分与潮流泥沙模型相同。计算区域面积约 8 400 km², 东南边界位于 40 m 等深线处,计算网格采用非结构网格,工程区域进行局部加密。计算区域及网格设计详见 4.3 节。

波浪模型使用的海图水深一律订正到平均海面,与潮流泥沙模型一致。模型在计算区域选取 23 个计算点(其中的 C1 站至 C3 站为夏、冬季海流测站)输出波浪、潮流、泥沙等要素,覆盖汕头港航道、三个围片区及河口等关注区域。图 4.2-17 为工程区域水下地形和计算点示意图。

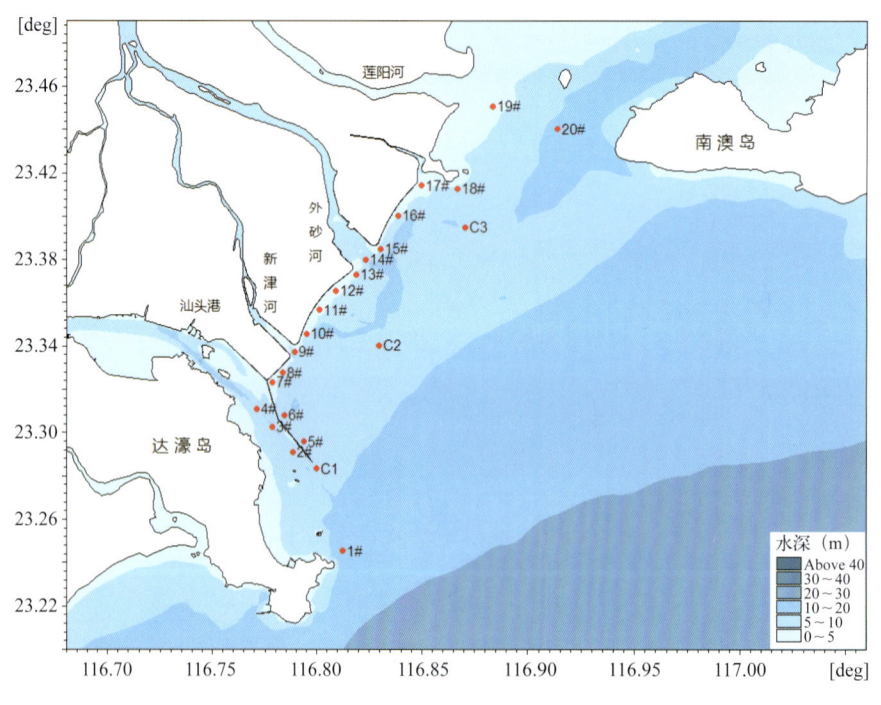

图4.2-17 工程区域水下地形与计算点

4.2.3.2 夏冬季常浪向波浪场计算

(1) 计算参数

波浪模型的东北、西南边界条件取侧向边界条件,东南边界条件采用表 4.2-3 给定的外海 40 m 深水点波浪要素:有效波高 $H_{1/3}$、谱峰周期 T_p 和平均波向。风速分别取夏、冬季观测期间的平均风速。计算方向分布因子取 $n=7$。

夏季模拟时段的起始时间为 2014 年 6 月 18 日 0 时,冬季模拟时段的起始时间为 2015 年 1 月 11 日 0 时,当模型输出的波浪要素达到稳定后停止计算。

（2）计算组合

分夏季（2014年6月）、冬季（2015年1月），地形有/无采砂坑，共计6种组合模拟，见表4.2-7。

表4.2-7　计算工况组合

计算组合		波向/风向	$H_{1/3}$（m）	T_p（s）	平均风速（m/s）	水位（m）
无采砂坑	工况1	S	1.5	10.0	3.8	0 m
	工况2	NE	1.6	6.3	4.2	
	工况3	ESE	1.2	8.4	4.2	
有采砂坑	工况4	S	1.5	10.0	3.8	
	工况5	NE	1.6	6.3	4.2	
	工况6	ESE	1.2	8.4	4.2	

4.2.3.3　多年一遇常浪向波浪场计算

（1）计算参数

波浪模型的东北、西南边界条件取侧向边界条件，东南边界条件采用表4.2-6给定的外海40 m等深线处深水波浪要素：有效波高 $H_{1/3}$、谱峰周期 T_p 和平均波向。设计风速与设计高水位分别取自《广东海堤工程设计导则》[45]汕头地区（23°24′N，116°41′E）10 m高最大10分钟平均风速，妈屿水文测站设计水位成果表，见表4.2-8至表4.2-9。计算方向分布因子取 n=7。

模拟时段的起始时间为2014年6月18日00时，当模型输出的波浪要素达到稳定后停止计算。

表4.2-8　汕头地区设计风速统计　　　单位：m/s

重现期 \ 方向	NE	E	SE	S
100年	32.4	32.0	26.2	24.9
50年	29.2	28.6	23.4	22.4
10年	21.5	20.7	16.7	16.4
5年	18.0	17.1	13.7	13.7
2年	12.7	11.6	9.1	9.6

表4.2-9　妈屿测站设计年最高潮（水）位成果　　　单位：m，基面：珠基

频率（%）	0.2	0.5	1	2	3.33	5	10
水位	4.05	3.50	3.11	2.71	2.33	2.21	1.85

（2）计算组合

工程区域主要受 NE 向、E 向、SE 向和 S 向波浪作用，设计水位考虑设计高水位，重现期分别为 50 年和 100 年。根据表 4.2-6、表 4.2-8、表 4.2-9 得到不同设计风速、设计水位、重现期和波向，地形有／无采砂坑的计算工况组合一共 16 种，见表 4.2-10。

表4.2-10　计算工况组合

计算组合		波向/风向	$H_{1/3}$（m）	T_p（s）	设计风速（m/s）	设计高水位（m）
无采砂坑	50年一遇 工况1	NE	7.6	11.4	29.2	换算至平均海面 2.88 m
	工况2	E	7.5	15.6	28.6	
	工况3	SE	9.4	14.5	23.4	
	工况4	S	8.2	13.9	22.4	
	100年一遇 工况5	NE	8.0	11.8	32.4	换算至平均海面 3.28 m
	工况6	E	8.3	16.8	32.0	
	工况7	SE	10.1	15.5	26.2	
	工况8	S	8.9	14.6	24.9	
有采砂坑	50年一遇 工况9	NE	7.6	11.4	29.2	换算至平均海面 2.88 m
	工况10	E	7.5	15.6	28.6	
	工况11	SE	9.4	14.5	23.4	
	工况12	S	8.2	13.9	22.4	
	100年一遇 工况13	NE	8.0	11.8	32.4	换算至平均海面 3.28 m
	工况14	E	8.3	16.8	32.0	
	工况15	SE	10.1	15.5	26.2	
	工况16	S	8.9	14.6	24.9	

注：妈屿站平均海面位于珠基之下 0.17 m，资料年限为 1979—2001 年[46]。

4.3　潮流泥沙模型

围填工程实施以后，工程区域的岸线及海底地形变化较大，由于涉及韩江多个分流河口，地形与水流边界条件变得尤为复杂。本节采用波浪作用下的二维潮流泥沙模型模拟工程前后附近海域的水流、泥沙运动过程。根据计算条件的不同，分为正常天气和极端天气（台风）两种情况模拟。

4.3.1 正常天气下的泥沙输运模拟

采用 MIKE 21/3 浪流耦合模型[47][48]，通过波浪模型（SW 模块，见第 4.2 节）、潮流模型（FM 模块）和泥沙模型（MT 模块）的迭代耦合实现波流之间的相互作用以及海床变化对波浪和水流作用的完整响应。首先，波浪模型的边界条件由外海波浪模型 SWAN 提供，由 SW 模块计算出工程区域波浪场的辐射应力提供给潮流场，然后工程区域潮流场计算得到的水位和流速再提供给波浪场，重复这一迭代耦合过程，直至获得各时刻的波浪场和潮流场，从而为泥沙模型（MT 模块）提供所需的波流参数。

MT 模块[48]能够模拟黏性泥沙（粒径 <0.06 mm）和非黏性泥沙（0.06 ~ 0.125 mm）的悬沙输运，但不能够模拟推移质输运。根据工程区域 2012 年 9 月至 2015 年 1 月的 4 次表层沉积物采样结果可知，工程区域表层沉积物类型以黏土质粉砂和砂质粉砂为主，整体泥沙平均中值粒径为 0.024mm。同时，由表 2.2-9 知工程区域 $H_{1/10}$ 主要分布在 0.0 ~ 2.0 m 范围内，占总频率的 95.16%，年平均波高为 1.06 m。"根据试验，在近岸 3 m 海域，波高 1 ~ 2 m，周期在 3 ~ 7 s 常见情况下，对于粒径为 0.6 ~ 1.0 mm 的粗砂海岸，推移质占总输沙率的 26% ~ 43%，粒径为 0.1 ~ 0.2 mm 的一般砂质海岸，推移质只占总输沙率的 0.2% ~ 5%，而对粉砂质海岸，推移质输沙率所占的比例更小"（严恺，2002）[49]。由此可知，正常天气下工程区域的泥沙输运以悬沙输运为主，推移质输运只占很小的一部分，使用 MT 泥沙模型可以满足正常天气下工程区域的冲淤分析要求。

4.3.1.1 波浪作用下的水动力模型

（1）基本方程

对于平面大范围的自由表面流动、平面尺度远大于水深尺度、垂向流速小的浅水流动，可用静水压力取代动水压力，并沿水深方向进行积分来简化 N-S 方程，整合水平动量方程和连续方程，得到笛卡尔坐标系下二维非恒定浅水方程组。

连续方程：

$$\frac{\partial h}{\partial t}+\frac{\partial h\bar{u}}{\partial x}+\frac{\partial h\bar{v}}{\partial y}=hS \quad (4.3-1)$$

动量方程：

$$\frac{\partial h\bar{u}}{\partial t}+\frac{\partial h\bar{u}^2}{\partial x}+\frac{\partial h\bar{v}\bar{u}}{\partial y}=f\bar{v}h-gh\frac{\partial \eta}{\partial x}-\frac{1}{\rho_0}h\frac{\partial P_a}{\partial x}+A_x+hu_sS \quad (4.3-2)$$

$$\frac{\partial h\bar{v}}{\partial t}+\frac{\partial h\bar{v}^2}{\partial y}+\frac{\partial h\bar{u}\bar{v}}{\partial x}=-f\bar{u}h-gh\frac{\partial \eta}{\partial y}-\frac{1}{\rho_0}h\frac{\partial P_a}{\partial y}+A_y+hv_sS \quad (4.3-3)$$

式（4.3-1）~ 式（4.3-3）中，t 为时间；x、y 分别表示横轴和纵轴坐标；d 为静止水深；$h = \eta + d$ 为总水深；η 为水位；u、v 分别为流速在 x、y 方向上的分量；ρ_0 为参考水密度；P_a

为当地的大气压；$f=2\Omega \sin\phi$ 为 Corioli 参数（Ω 是地球自转角速率，ϕ 为地理纬度）；$f\overline{v}$ 和 $f\overline{u}$ 为地球自转引起的加速度；S 为源汇项，u_s、v_s 为源汇项水流流速。横线表示深度的平均值。例如，$\overline{u}$ 和 $\overline{v}$ 深度的平均速度，被定义为：

$$h\overline{u} = \int_{-d}^{\eta} u \mathrm{d}z, \quad h\overline{v} = \int_{-d}^{\eta} v \mathrm{d}z \qquad (4.3-4)$$

应力项 A_x、A_y 由应力模型提供，包括水平黏滞应力、表面风应力、底部切应力和波浪辐射应力。其方程如下：

$$A_x = -\frac{1}{\rho_0}\left(\tau_{bx} - \tau_{sx} + \frac{\partial S_{xx}}{\partial x} + \frac{\partial S_{xy}}{\partial y}\right) + \frac{\partial}{\partial x}(hT_{xx}) + \frac{\partial}{\partial y}(hT_{xy}) \qquad (4.3-5)$$

$$A_y = -\frac{1}{\rho_0}\left(\tau_{by} - \tau_{sy} + \frac{\partial S_{yx}}{\partial x} + \frac{\partial S_{yy}}{\partial y}\right) + \frac{\partial}{\partial x}(hT_{xy}) + \frac{\partial}{\partial y}(hT_{yy}) \qquad (4.3-6)$$

① 水平黏滞应力

T_{xx}、T_{xy}、T_{yy} 为水平黏滞应力（N/m²），主要由黏性阻力、紊动阻力等引起，可由基于垂线平均流速梯度的涡黏方程得到：

$$T_{xx} = 2A\frac{\partial \overline{u}}{\partial x}, \quad T_{xy} = A\left(\frac{\partial \overline{u}}{\partial y} + \frac{\partial \overline{v}}{\partial x}\right), \quad T_{yy} = 2A\frac{\partial \overline{v}}{\partial y} \qquad (4.3-7)$$

A 为水平涡动黏滞力系数，可按下列各式计算：

$$A = c_s^2 l^2 \sqrt{2S_{ij}S_{ij}} \qquad (4.3-8)$$

$$S_{ij} = \frac{1}{2}\left(\frac{\partial u_i}{\partial x_j} + \frac{\partial u_j}{\partial x_i}\right), \quad (i,j=1,2) \qquad (4.3-9)$$

c_s 为 Smagorinsky 常数，取值区间为 0.25～1.0，l 为特征长度。模型中通过输入 c_s 来确定 A 值。

② 表面风应力矢量

$\overline{\tau}_s$ 为表面风应力矢量，$\overline{\tau}_s = (\tau_{sx}, \tau_{sy}) = \rho_a c_d |\overline{u}_w|\overline{u}_w$，$\rho_a$ 为大气密度，$\overline{u}_w = (u_w, v_w)$ 为海面上 10 m 处的风速矢量；c_d 为风的拖曳力系数：

$$c_d = \begin{cases} 1.255 \times 10^{-3} & |\overline{u}_w| < 7 \text{ m/s} \\ (0.8 + 0.065|\overline{u}_w|) \times 10^{-3} & 7 \text{ m/s} < |\overline{u}_w| < 25 \text{ m/s} \\ 2.425 \times 10^{-3} & |\overline{u}_w| > 25 \text{ m/s} \end{cases} \qquad (4.3-10)$$

③ 底部切应力

$\overline{\tau}_b$ 为水流引起的底部切应力，根据牛顿摩擦定律可定义为：

$$\overline{\tau}_b = (\tau_{bx}, \tau_{by}) = \rho_0 c_f |\overline{u}_b|\overline{u}_b \qquad (4.3-11)$$

式中，ρ_0 为水的密度，$\bar{u}_b=(\bar{u},\bar{v})$ 为深度的平均速度；$c_f=\dfrac{g}{C^2}$ 为水流拖曳力系数，C 为谢才系数。

④ 辐射应力

S_{xx}、S_{xy}、S_{yx} 和 S_{yy} 为波浪辐射应力分量，辐射应力分量表达式：

$$S_{xx}=E\left[(2n-1/2)-n\sin^2\theta\right] \quad (4.3\text{-}12)$$

$$S_{xy}=S_{yx}=En\sin\theta\cos\theta \quad (4.3\text{-}13)$$

$$S_{yy}=E\left[(n-1/2)+n\sin^2\theta\right] \quad (4.3\text{-}14)$$

式中，波能 $E=\rho g H^2/8$，H 为波高；$n=c_g/c$，c_g 为波群速度，c 为波速；θ 为波向。

（2）定解条件

求解方程（4.3-1）~方程（4.3-3）须给定适当的初始条件和边界条件。

① 边界条件

计算域与其他水域相同的开边界 Γ_1 上有：

$$\eta(x,y,z)\big|_{\Gamma_1}=\eta^*(x,y,z) \quad (4.3\text{-}15)$$

或

$$u(x,y,z)\big|_{\Gamma_1}=u^*(x,y,z) \quad (4.3\text{-}16)$$

$$v(x,y,z)\big|_{\Gamma_1}=v^*(x,y,z) \quad (4.3\text{-}17)$$

其中，$\eta^*(x,y,z)$、$u^*(x,y,z)$、$v^*(x,y,z)$ 均为已知值。

计算水域与陆地交界的固边界 Γ_2 上有：

$$\vec{U}\cdot\vec{n}\big|_{\Gamma_2}=0 \quad (4.3\text{-}18)$$

式中，$\vec{n}$ 为固边界法向向量，式（4.3-18）的物理意义为流速矢量沿固边界的法向分量为零，固边界无渗透。

② 初始条件

$$\left.\begin{array}{l}\eta(x,y,t)\big|_{t=t_0}=\eta_0(x,y,t_0)\\ u(x,y,t)\big|_{t=t_0}=u_0(x,y,t_0)\\ v(x,y,t)\big|_{t=t_0}=v_0(x,y,t_0)\end{array}\right\} \quad (4.3\text{-}19)$$

式中，$\eta_0(x,y,t_0)$、$u_0(x,y,t_0)$、$v_0(x,y,t_0)$ 为初始时刻 t_0 的已知值。

（3）数值解法

模型的空间离散是用单元中心有限体积法（Finite Volume Method），将该连续统一体细分为不重叠的单元，单元可以是任意形状的多边形，在本模型中水平面上非结构化网格均由三角形单元组成。方程离散时，结果矢量参数 u、v 位于单元中心上。中心上的变量通过该三角形三边的净通量来计算，而节点上变量的计算是通过与该点相连的三角形中心和边中心连线的净通量进行的，节点与中心变量计算过程示意图如图4.3-1所示。跨边界通量的计算采用Riemann近似求解。

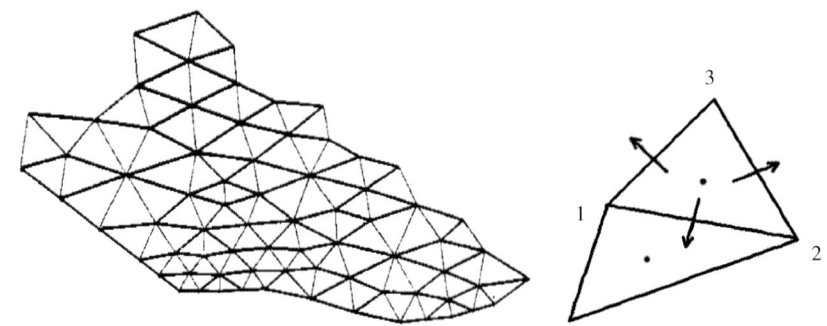

图4.3-1 非结构网格的模型数值解法示意图

模型的时间差分格式采用显式迎风格式，如图4.3-2所示。模型中使用了动态时间步长，依据网格大小在保证模型收敛的条件（CFL<1）下自动调整。

$$CFL = \left(\sqrt{gh} + |u|\right)\frac{\Delta t}{\Delta x} + \left(\sqrt{gh} + |v|\right)\frac{\Delta t}{\Delta y} \quad （4.3-20）$$

式中，Δt 为时间步长，Δx 和 Δy 分别为每个单元 x 方向和 y 方向上的特征长度比例。

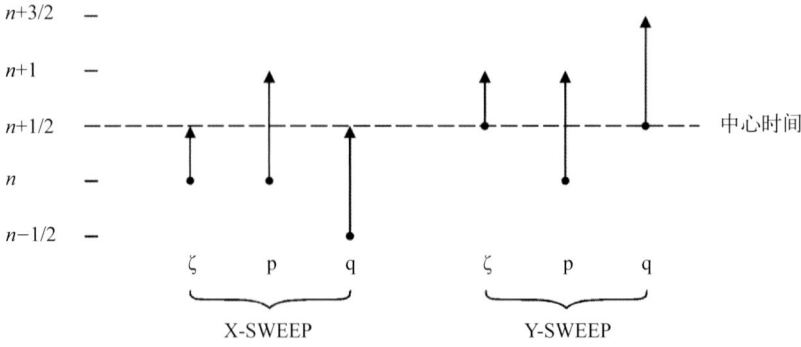

图4.3-2 时间差分格式示意图

4.3.1.2 二维悬沙输运模型

采用二维悬沙输运模型（MT泥沙模型）计算正常天气下工程区域的泥沙输运，并对工程区域年冲淤变化进行预测。

（1）基本方程

① 悬沙输运扩散方程

黏性泥沙输运模型涉及泥沙在水体中的运动以及泥沙与底床的相互作用。悬沙的输运一般建立在水动力模型中的对流项中，可用以下方程来描述：

$$\frac{\partial \overline{c}}{\partial t} + u\frac{\partial \overline{c}}{\partial x} + v\frac{\partial \overline{c}}{\partial y} = \frac{1}{h}\frac{\partial}{\partial x}\left(hD_x \frac{\partial \overline{c}}{\partial x}\right) + \frac{1}{h}\frac{\partial}{\partial y}\left(hD_y \frac{\partial \overline{c}}{\partial y}\right) + Q_L C_L \frac{1}{h} - S \quad (4.3\text{-}21)$$

其中：$\overline{c}$ 为悬沙含量的垂向平均值（g/m³）；u、v 为流速垂向平均值（m/s）；D_x、D_y 分别为 x、y 方向的泥沙扩散系数（m²/s）；h 为水深；Q_L 为单位水平面积的源强流量（m³/s/m²）；c_L 为源强流量的泥沙浓度（g/m³）；S 为泥沙沉积/冲刷项（g/m³/s）；

悬沙的输运采用被动分量输运求解程序（对流扩散模块）。式（4.3-21）同样适用于非均匀沙，只要将淤积和冲刷过程与那一组泥沙相应即可。

② 底部冲淤函数

底部冲淤函数 S 与底部剪切应力及泥沙特征有关，由下式确定：

$$S = \begin{cases} S_D, & \tau_b \leqslant \tau_{cd} \\ 0, & \tau_{cd} < \tau_b < \tau_{ce} \\ S_E, & \tau_b \geqslant \tau_{ce} \end{cases} \quad (4.3\text{-}22)$$

式中，S_D 为沉积速率、S_E 为底床侵蚀率，kg/(m²·s)；τ_b 为水流底部剪切应力，N/m²；τ_{cd} 为不淤临界剪切应力，N/m²；τ_{ce} 为不冲临界剪切应力，N/m²。

沉积速率 S_D 的确定：

根据 Krone（1962）等提出计算黏性土沉积的方法，公式如下：

$$S_D = w_s c_b p_d \quad (4.3\text{-}23)$$

式中，w_s 为泥沙沉降速度，m/s，由式（4.3-24）确定；p_d 为沉降几率，由式（4.3-25）确定；c_b 为近底床面泥沙浓度，kg/m³，在二维模型中无法直接计算得到，可由式（4.3-26）~式（4.3-28）确定。

泥沙沉降速度公式：

$$w_s = \begin{cases} kc^{\gamma}, & c \leqslant 10\,\text{kg/m}^3 \\ w_{s,r}\left(1 - \dfrac{c}{c_{gel}}\right)^{w_{s,n}}, & c > 10\,\text{kg/m}^3 \end{cases} \quad (4.3\text{-}24)$$

式中，c 为体积浓度；k、γ 为系数，γ 取值在 1~2 之间；$w_{s,r}$ 为沉速系数；$w_{s,n}$ 为组分能量（常数）；c_{gel} 为泥沙絮凝常数。

沉降概率公式：

$$p_d = \begin{cases} 1 - \dfrac{\tau_b}{\tau_{cd}}, & \tau_b \leqslant \tau_{cd} \\ 0, & \tau_b > \tau_{cd} \end{cases} \quad (4.3\text{-}25)$$

式中，τ_b 为水流底部剪切应力，N/m²；τ_{cd} 为不淤临界剪切应力，N/m²。

泥沙垂向浓度分布：

泥沙浓度分布计算包括以下两种方法：

A：Teeter 公式，基于 Teeter profile 公式，可以描述近底含沙量 c_b^i 与垂线平均含沙量 $\overline{c}^i$ 的关系：

$$c_b = \overline{c}^i \left(1 + \frac{p_e^i}{1.25 + 4.75 P_d^{i\,2.5}}\right) \qquad (4.3-26)$$

其中，p_e^i 是与第 i 组粒径泥沙相应的 Peclet 数，定义为：

$$p_e^i = 6\frac{w_s^i}{\kappa U_f} \qquad (4.3-27)$$

其中，U_f 是摩阻流速，κ 是冯卡门常数，一般取为 0.4。

B：Rouse 公式，通过 Rouse profile 公式可以描述近底含沙量 c_b^i 与垂线平均含沙量 $\overline{c}^i$ 的关系。近底含沙量可定义为：

$$c_b = \frac{\overline{c}^i}{RC} \qquad (4.3-28)$$

其中，RC 是质心的相对高度，定义为从河床到含沙量的质量中心的距离与水深之比。它不随时间变化，所以近底含沙量分布是恒定的。

底床侵蚀率 S_E 的确定：

A. 密实、固结底床侵蚀计算公式：

$$S_E = E\left(\frac{\tau_b}{\tau_e} - 1\right)^n, \quad \tau_b > \tau_e \qquad (4.3-29)$$

式中：E 为底床侵蚀度，kg/m²/s；τ_b 为水流底部剪切应力，N/m²；τ_{ce} 为不冲临界剪切应力，N/m²；n 为侵蚀能力。

B. 软、部分固结底床侵蚀计算公式：

$$S_E = E\exp[\alpha(\tau_b - \tau_e)^{1/2}], \quad \tau_b > \tau_e \qquad (4.3-30)$$

式中：α 为系数。

水流底部剪切应力 τ_b 的确定：

考虑波流联合作用时，MT 模块提供了三种计算床面切应力的公式。

（1）Soulsby 等（1993）（平均床面剪切应力）；

（2）Soulsby 等（1993）（最大床面剪切应力）；

（3）Fredsøe（1981）（平均床面剪切应力）。

本模型计算时选择 Fredsøe（1981），其波流作用下平均床面剪切力 τ_b 计算式为：

$$\tau_b = \frac{1}{2}\rho_0 f_w \left(U_b^2 + U_\delta^2 + 2U_b U_\delta \cos\alpha\right) \qquad (4.3-31)$$

式中，ρ_0 为水的密度（kg/m³），U_b 为波浪水质点在近底床面的水平轨道速度（m/s），U_δ 为波浪边界层高度 $z=\delta_w$ 处的流速（m/s）；α 为流向与波向之间的夹角，f_w 为波浪底摩阻系数，由下式估算：

$$f_w = \begin{cases} \exp\left(5.213\left(\dfrac{a}{k_b}\right)^{-0.194} - 5.977\right)^{0.47}, & 1 < \dfrac{a}{k_b} \leq 3\,000 \end{cases} \quad (4.3\text{-}32)$$

式中，a 为波浪水质点中床底的平均振幅，k_b 为粗糙高度。

③ 海床冲淤方程

悬沙运动造成的海床冲淤方程：

$$\gamma_0 \frac{\partial \eta_s}{\partial t} = S \quad (4.3\text{-}33)$$

式中，γ_0 为床面泥沙干容重；η_s 为海底床面的竖向位移（即冲淤变化量）；S 为泥沙冲淤函数。

地形变化通过每一步的泥沙净通量对水深的更新来体现的，这样能确保海床演变的稳定更新，不会破坏水动力模拟。

$$Z^{n+1} = Z^n + \Delta z^n \quad (4.3\text{-}34)$$

式中，Z^n 为当前时刻的水深值；Z^{n+1} 为下一时刻的水深值；Δz 为当前时刻的泥沙净通量；n 为时间步长。

地形的更新将按以下方式加速地形演变：

$$Z^{n+1} = Z^n + \Delta z^n \cdot Speedup \quad (4.3\text{-}35)$$

其中，$Speedup$ 是一个无因次加速因子。每层的厚度以相同的方式更新。计算过程当中悬沙量不受此影响，仅仅对河床有影响。

（2）定解条件

① 初始条件

$$c(x,y,t)\big|_{t=t_0} = c_0(x,y,t_0) \quad (4.3\text{-}36)$$

式中，$c_0(x,y,t_0)$ 为初始时刻 t_0 的已知值。

② 边界条件

计算水域与陆地交界的固边界 Γ_1 上有：

$$c(x,y,t)\big|_{\Gamma_1} = c^*(x,y,t) \quad \text{（当水流流入计算域时）} \quad (4.3\text{-}37)$$

$$\frac{\partial(hc)}{\partial t} + \frac{\partial(hcu)}{\partial x} + \frac{\partial(hcv)}{\partial y} = 0 \quad \text{（当水流流出计算域时）} \quad (4.3\text{-}38)$$

计算水域与陆地交界的固边界 Γ_2 上有：

$$\frac{\partial c}{\partial \bar{n}} = 0 \qquad (4.3-39)$$

式中，$c^*(x,y,t)$ 为已知值（实测或准实测或分析值），$\bar{n}$ 为陆地边界的单位法向矢量，该式的物理意义为泥沙沿固边界的法向通量为零。

（3）求解方法

输运方程的解与水动力条件密切相关。在空间上，采用中心有限体积法对原方程进行离散，把整体的计算区域细分为非重叠的单元。水平方向上采用非结构三角网格，时间上采用显式积分。

4.3.1.3 计算参数选取

（1）计算基面

工程海区的海平面与理论深度基准面平均高程差约为 1.3 m，为了保证模型计算基面的统一，所有使用的海图水深一律订正到平均海平面。除特别说明外，模型计算成果均采用平均海平面高程。

（2）计算域及网格设计

为了合理给定工程区域模拟所需的开边界，准确反映工程区域水文要素的变化过程，在满足工程区域高分辨率计算要求的同时减少模型计算时间，计算中采用了嵌套网格计算的方法。即在整个南海北部海域，采用较大的网格进行风浪场模拟，大区域网格划分见图 4.2-1；在工程区域及附近海域，采用高分辨率网格，以大区域模拟风浪结果作为开边界条件，计算工程区域的波流相互作用及泥沙运动过程。

工程模型区域的选取主要考虑两个方面，即计算域包含研究的对象并且工程对边界的影响足够小，另外边界条件容易取得。模型主要研究对象位于新津河河口与外砂河河口附近，因此数模的东边界定在东山岛附近，在工程以东约 50 km；西边界设置在靖海鹿角礁附近，在工程以西约 47 km；北边界延伸至韩江白莲村和榕江磐东附近；南开边界设置在工程以南约 40 m 等深线处，距工程区域垂岸方向最远距离约 72 km，整个计算域约为 8 400 km^2。

计算模式采用非结构三角形网格，该方式网格布设灵活，边界拟合好，局部加密方便。为保证数模计算的精度，在水流和地形变化梯度比较大的区域适度加密网格，海域的岸线均适当加密处理，在工程区域附近对网格进一步细化。流场验证阶段共布设 78 230 个计算节点和 147 518 个单元，最小空间步长约 3.15 m（防波堤段）。计算时间步长自适应调节，最小时间步长 0.03 s，平均时间步长 0.06 s。

计算域及网格剖分详见图 4.3-3 和图 4.3-4。航次 1 至航次 4 的模型计算水深见图 4.3-5 至图 4.3-7。

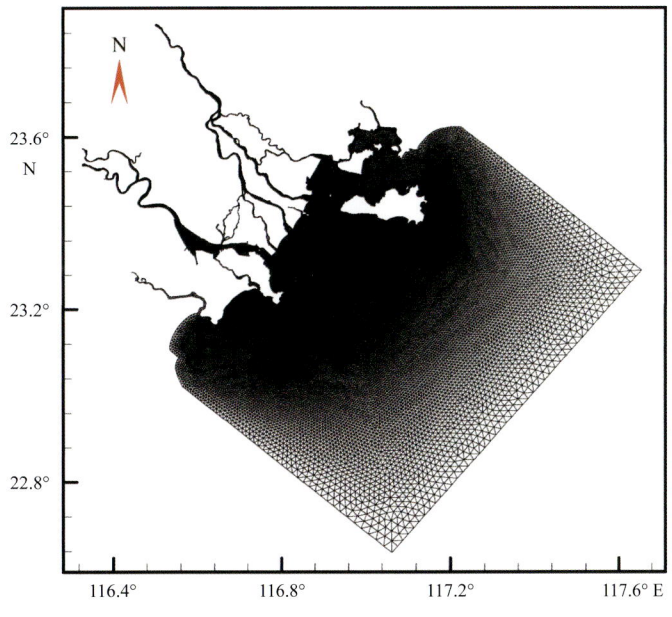

图4.3-3　计算范围网格水深示意图

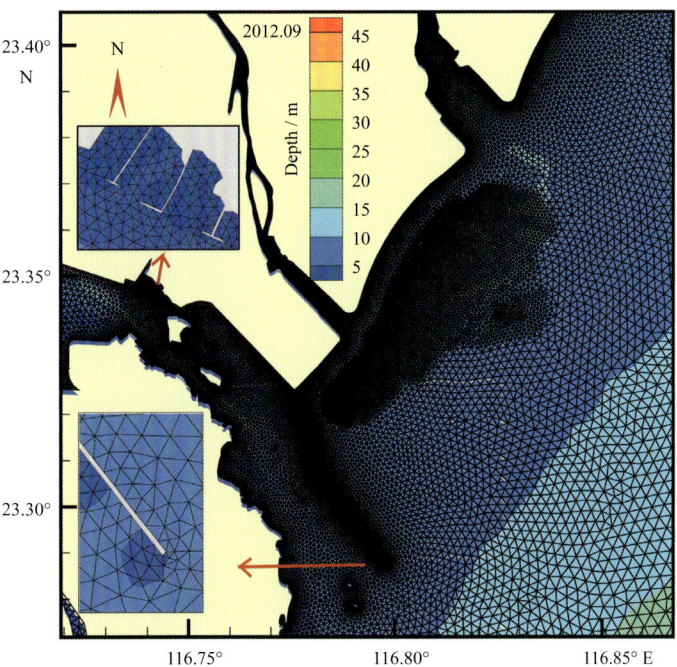

图4.3-4　工程区域局部网格水深示意图

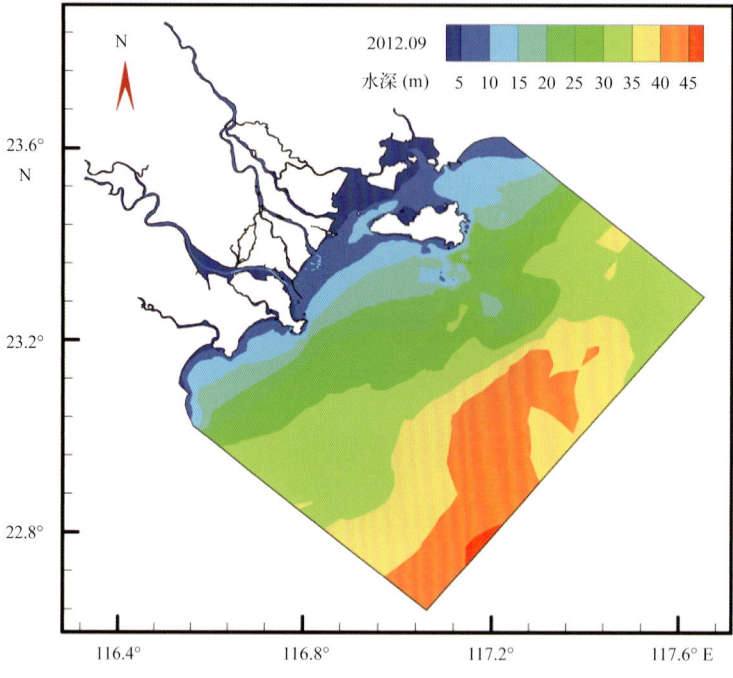

图4.3-5　航次1和航次2水深示意图

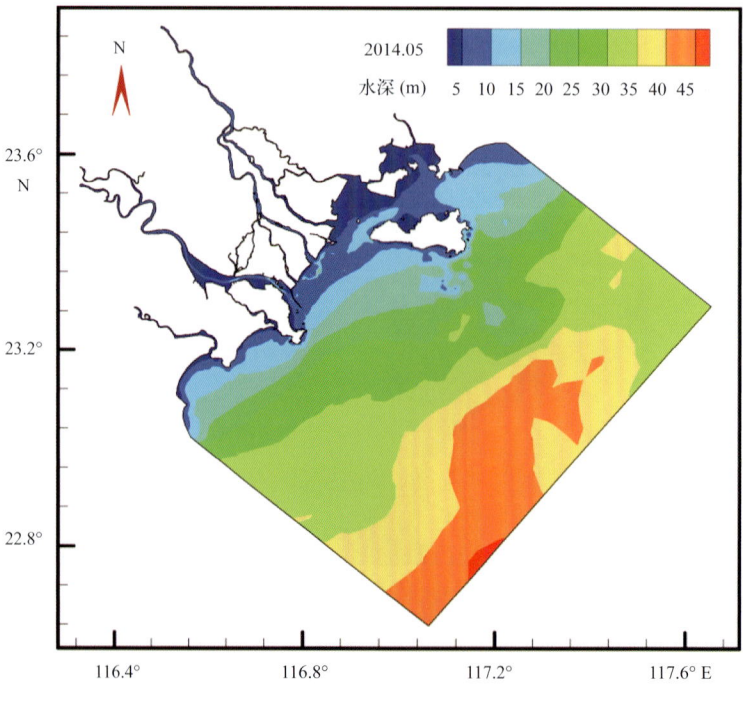

图4.3-6　航次3水深示意图

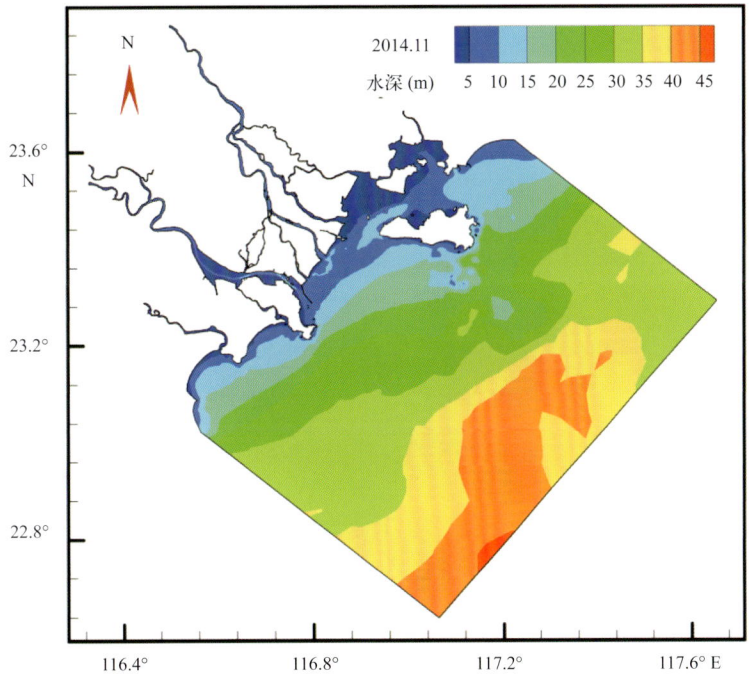

图4.3-7 航次4水深示意图

（3）边界条件

岸边界采用可滑不可入条件，靠近陆地的水边界根据实测潮位值得出；在河口处，给定流量与径流泥沙输入通量。韩江水系复杂，上游来水来沙年际变化较大，因此上游下泄多年平均径流量和输沙量参考表2.5-1～表2.5-3以及相关文献。由于夏季与冬季的季风相反，径流也相差很大，分两种季风与径流条件计算。

外海水边界利用全球潮汐模型（TPXO7.2）求得，该模型通过13个分潮推算天文潮位，包含分潮 M_2、S_2、N_2、K_2、K_1、O_1、P_1、Q_1、M_F、M_M、M_4、M_{S4}、M_{N4}，基本能够构造出外海深水处真实的天文潮过程：

$$\xi_0(x) = \zeta_p(x) + \sum_{i=1}^{13} A_i(x) \cdot \sin[\omega_i t + \alpha_i(x)] \quad (4.3-40)$$

式中，ξ_0 为边界处的潮位，ξ_p 为边界处静压水位，i 等于1至13，分别对应上述分潮，A_i、α_i 分别为分潮在3条边界处的振幅和迟角，ω_i 为分潮的角频率。在模型计算和调试过程中根据部分水文观测站的实测潮位值进行实时调整，以尽可能拟合潮位过程线。

模型中的风应力计算综合考虑了风场模型计算结果，以及汕头海洋站和云澳海洋站的实测风场；波浪作用通过耦合辐射应力场来实现，波浪边界条件由SWAN模型计算的大范围波浪场提供；由于外海水边界缺乏实测的含沙量资料，泥沙边界条件根据挟沙力关系给出。

（4）计算时段

对应于 2012 年 9 月至 2015 年 1 月 4 个航次的全潮观测时段，模型分别模拟了这 4 个航次的潮位、水动力和含沙量，用于验证对比同期实测数据。各航次观测时段及模型计算使用的资料时段见表 4.3-1。

表4.3-1　计算时段表

航次	模型计算时段	模型所用地形	水文监测时段	地形测量时段
1	2012.09.17—10.02	2012.09	2012.09.20—09.29	2012.09.04—09.25
2	2013.12.16—12.31	2012.09	2013.12.19—12.28	2014.04.11—05.15
3	2014.06.18—07.03	2014.05	2014.06.21—06.30	2014.10.21—11.08
4	2015.01.11—01.26	2014.11	2015.01.14—01.23	2015.04.25—05.22

4.3.1.4　模型验证

模型验证包括 4 个航次大潮、中潮和小潮各测站的潮位、垂向平均流速、流向、垂向平均含沙量和泥沙冲淤验证对比，航次 1 至航次 4 各测站位置见图 2.2-2 至图 2.2-5。图 4.3-8 至图 4.3-21 分别为潮位、流速、流向、含沙量及泥沙冲淤验证结果。可以看出，所建立的二维潮流泥沙数学模型能较好地反映工程区域潮流、泥沙场的时空分布，可用于工程后流场、地形冲淤变化的计算分析。

（1）潮位验证

潮位验证选取了汕头海洋站和云澳海洋站的 4 个航次潮位实测与计算过程曲线进行对比，图 4.3-8 至图 4.3-11 为潮位验证过程曲线。从图中可以看出，潮位实测值与计算值吻合较好，潮位峰谷值及涨落潮趋势一致，验证效果较理想。

（2）潮流验证

潮流验证包括 4 个航次观测的海流站点。航次 1 测站为 C1 站至 C7 站，其中 C1 站中潮观测期间因天气原因未能观测后半时段海流数据，因此图中显示这后半时段的实测海流数据为空白；航次 2 至航次 4 海流测站为 C1 站至 C5 站，少了航次 1 在汕头港内观测的 C6 站和 C7 站。

图 4.3-12 至图 4.3-15 为垂向平均流速、流向验证过程曲线。从图中可以看出，计算的潮流流速、流向的量值与实测数据相近，变化过程也基本一致。

（3）含沙量验证

含沙量验证站位与 4 个航次的海流站点相同。其中，航次 1 的 C1 站至 C3 站中潮观测期间因天气原因未能观测后半时段悬沙数据，因此图中显示这后半时段的实测含沙量数据为空白。

图 4.3-16 至图 4.3-19 为垂向平均含沙量验证过程曲线。与实测结果相比，含沙量验证有个别站位计算误差略大，主要出现在含沙量峰值突变过程中，但总体量值及变化趋势与实测较一致。

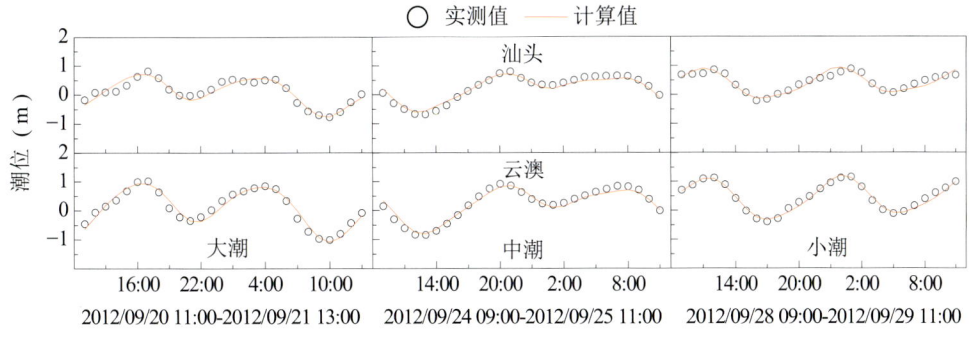

图4.3-8 航次1各测站潮位验证

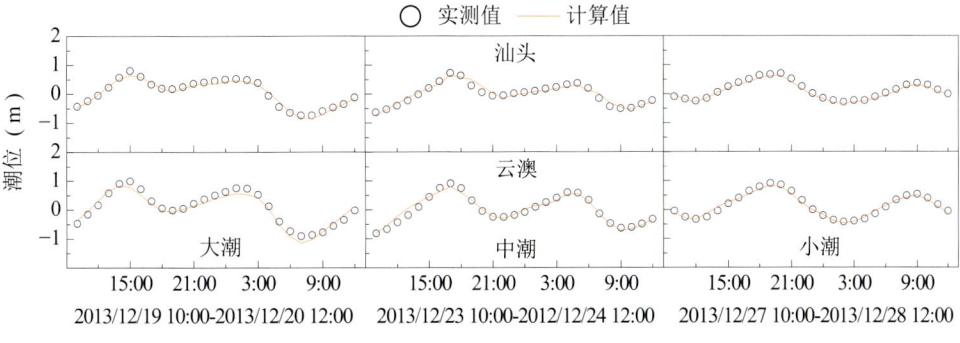

图4.3-9 航次2各测站潮位验证

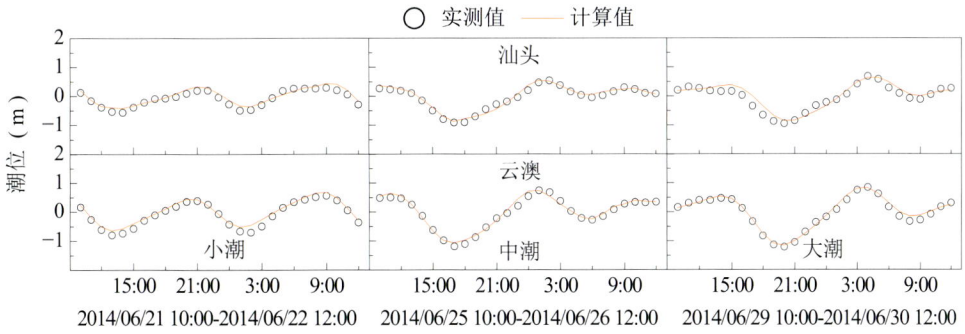

图4.3-10 航次3各测站潮位验证

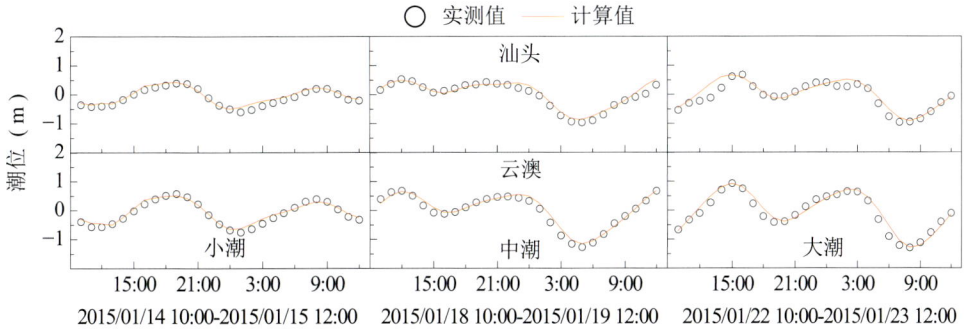

图4.3-11 航次4各测站潮位验证

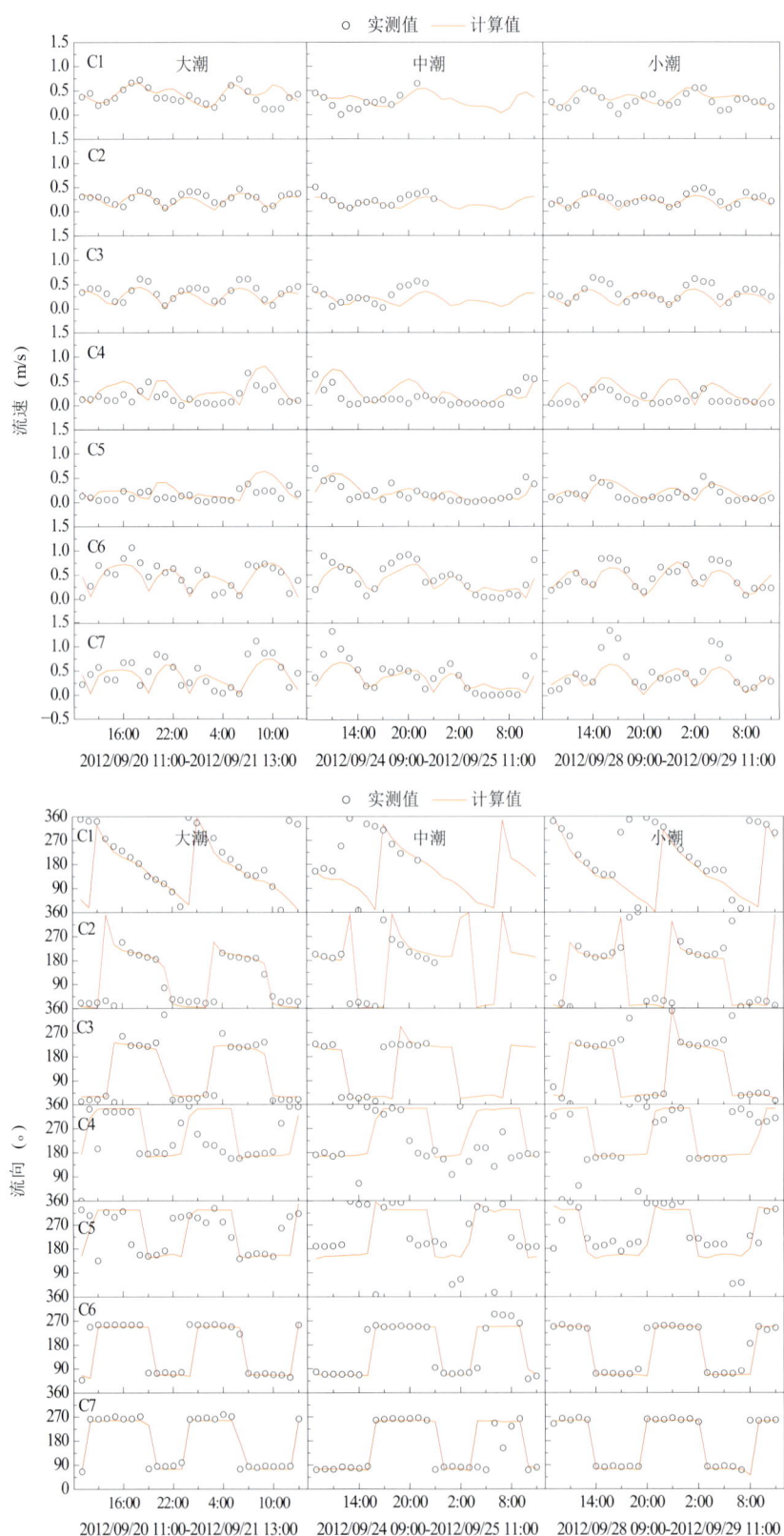

图4.3-12　航次1流速与流向验证

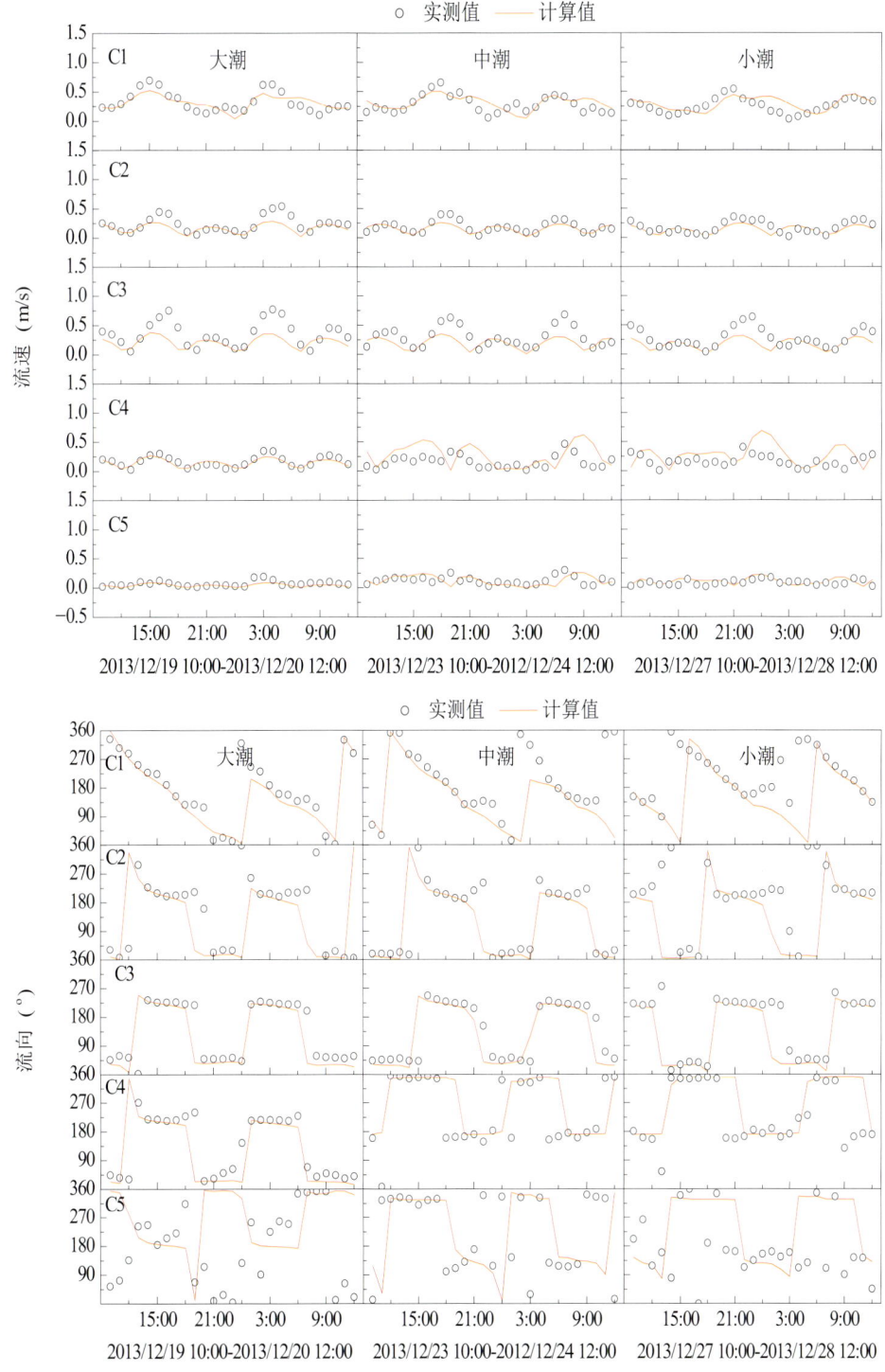

图4.3-13 航次2流速与流向验证

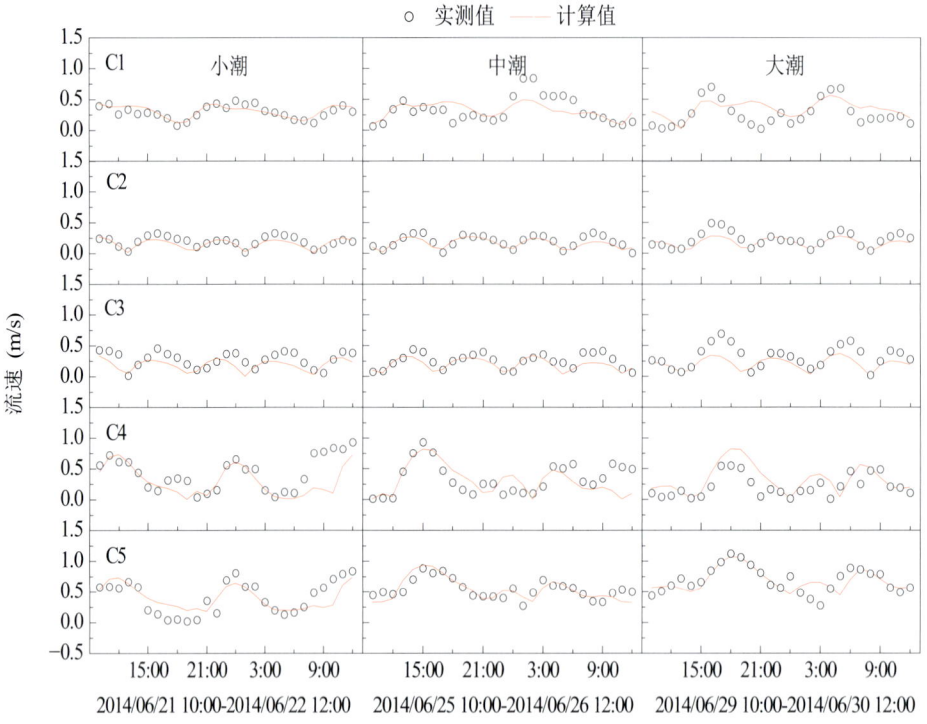

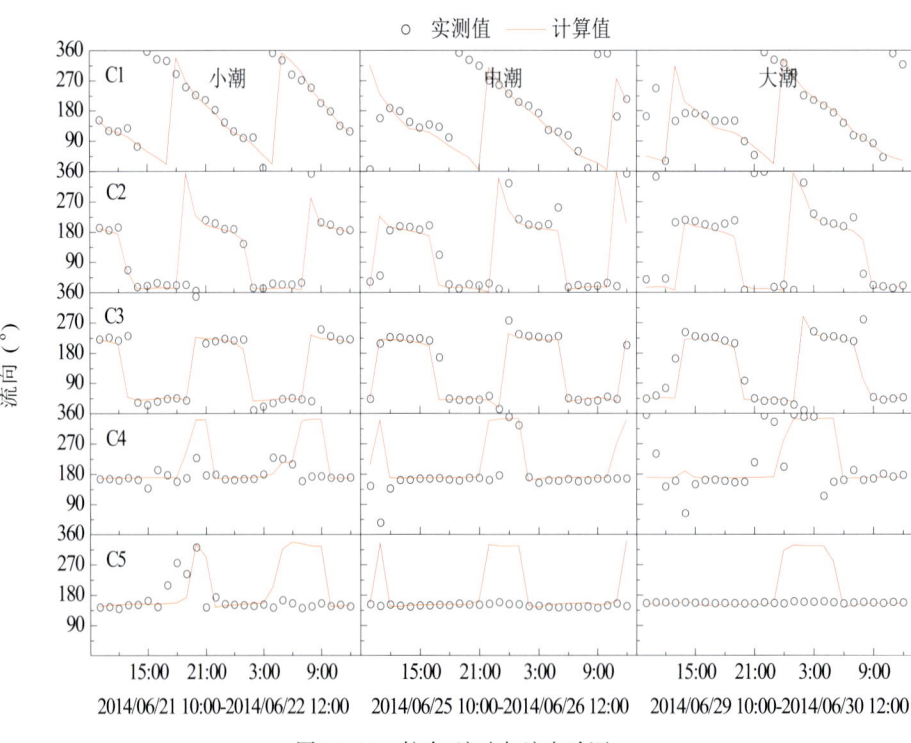

图4.3-14 航次3流速与流向验证

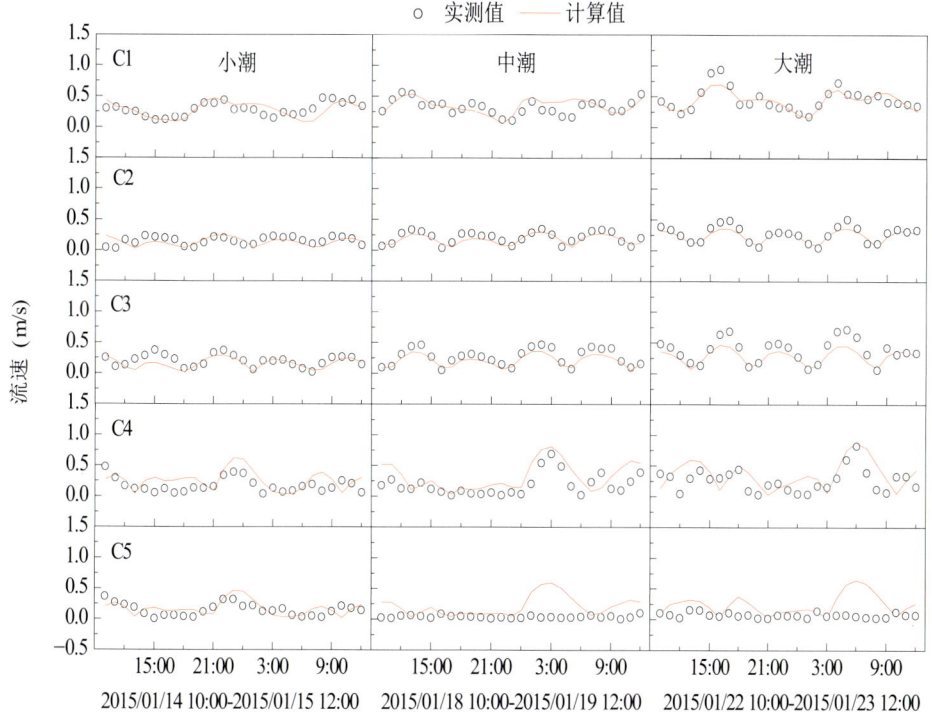

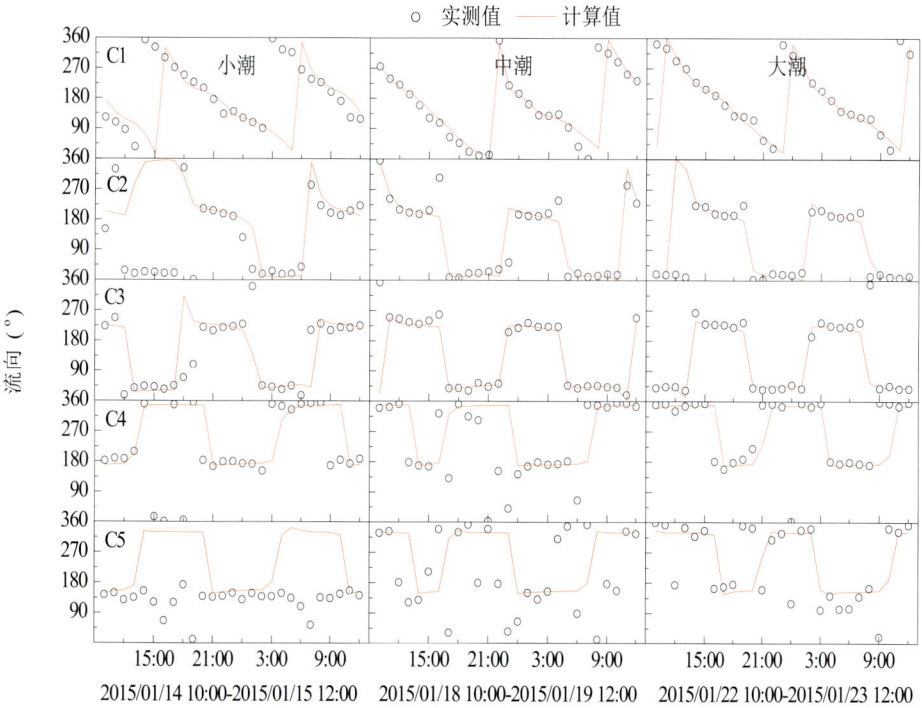

图4.3-15 航次4流速与流向验证

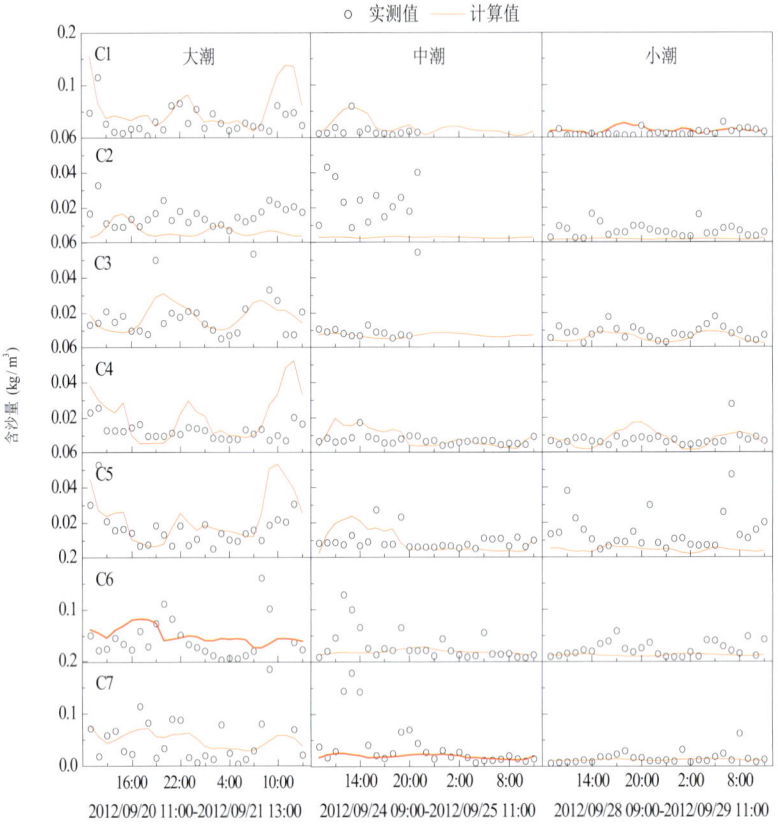

图4.3-16 航次1各测站悬沙含量验证

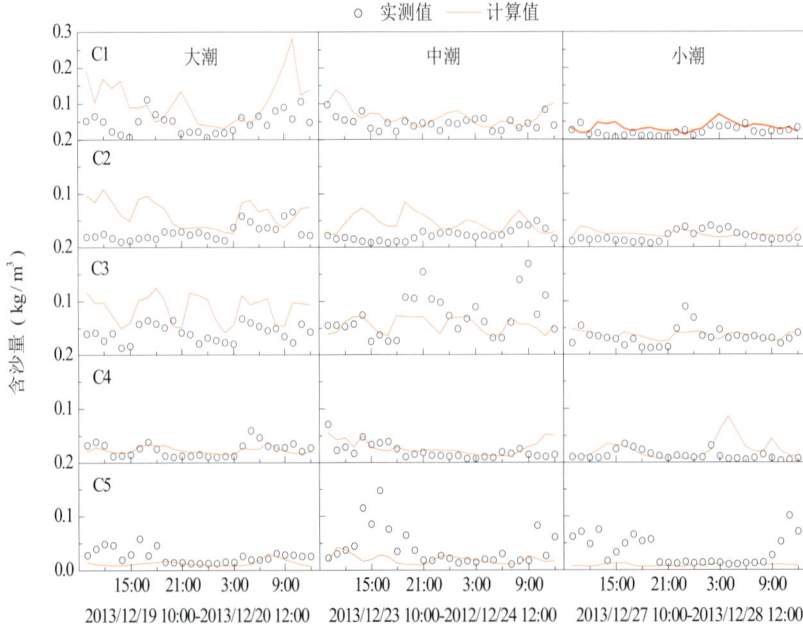

图4.3-17 航次2各测站悬沙含量验证

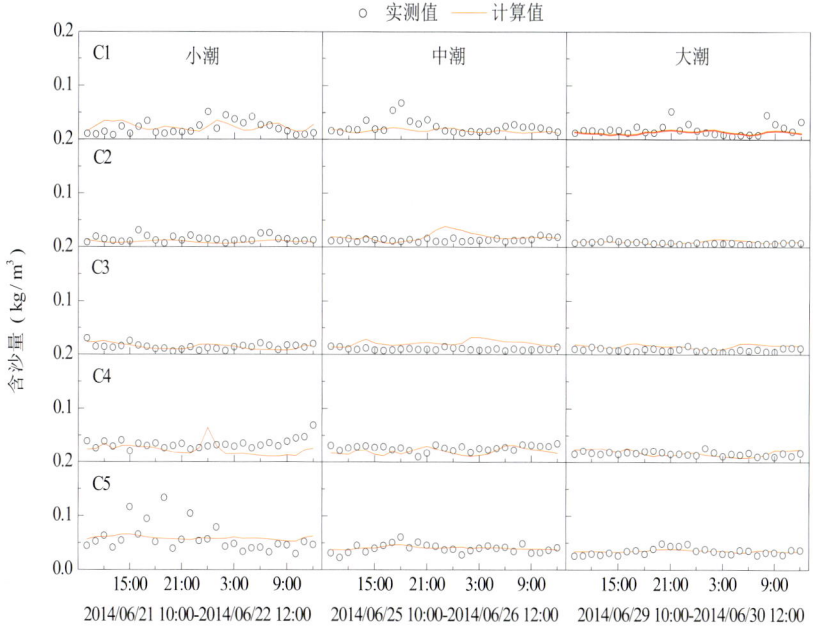

图4.3-18 航次3各测站悬沙含量验证

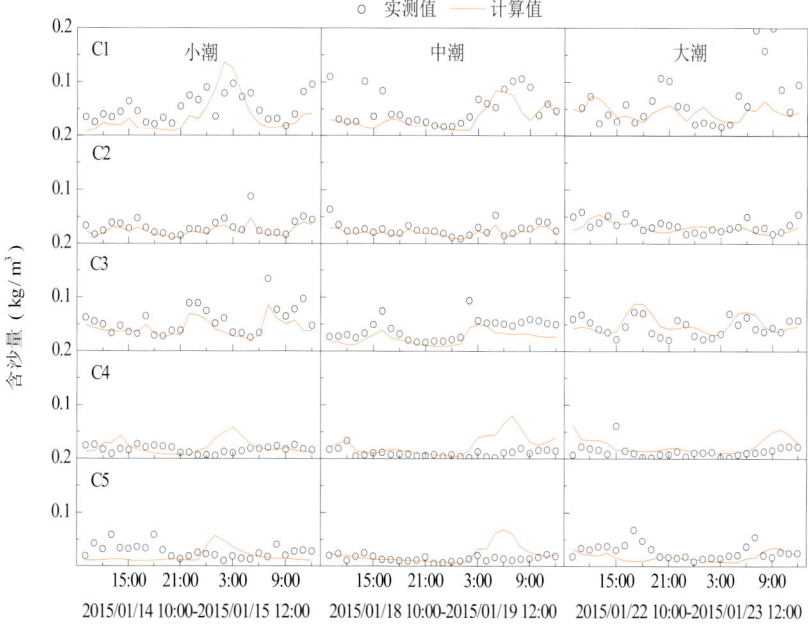

图4.3-19 航次4各测站悬沙含量验证

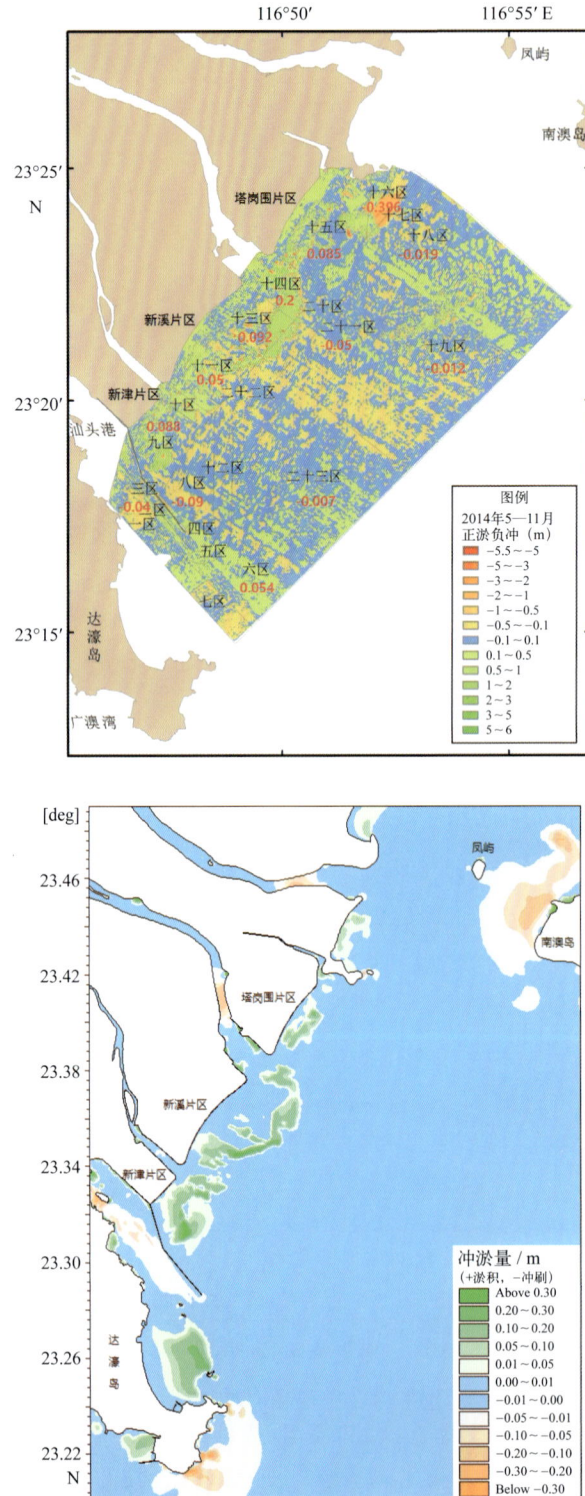

图4.3-20 实测(上图)与计算(下图)冲淤增量比较(2014年5月至2014年11月)

注:上图中的红色数值为所在区块的平均冲淤增量,单位m,正淤负冲。

（4）海床冲淤验证

为了保证所建立的模型在冲淤性质及地形变化量级上的准确性，选取工程区域2014年5月至2014年11月的水深变化进行地形冲淤验证。同时，根据第3章海床演变分析中海床冲淤剖面线位置（图3.1-3），选取工程所在海域7条剖面（剖面线1-1'至7-7'）的实测水深与模型计算进行对比。

采用2014年6月（航次3）大潮、中潮、小潮观测期间的潮型作为典型潮，进行2014年5月至2014年11月的地形冲淤计算，计算过程中考虑浪流耦合作用与地形演变加速。图4.3-20为工程区域实测和计算地形增量比较，图4.3-21为实测和计算水深剖面比较。

可以看出，剖面5-5'、剖面7-7'在"深坑"处的计算值与实测值相差较大，其余剖面的计算值与实测值较为一致。其中，剖面5-5'深坑处的实际泥沙淤积厚度大于计算值的主要原因在于模型仅考虑了悬沙落淤，而深坑四周的泥沙崩塌造成的落淤在模型中并没有考虑，这部分泥沙在淤积中占据了主要部分；剖面7-7'深坑处的实际泥沙侵蚀厚度相对于计算值要大很多，可能的原因是该处的泥沙类型以砂为主，使用MT泥沙模型进行模拟时效果较差，但由于该处与所关注的围片区相隔较远，因此对分析围片区附近冲淤变化的影响相对较小。总体而言，计算结果反映了工程区域海床的整体冲淤变化趋势，计算值与实测值的量级接近。

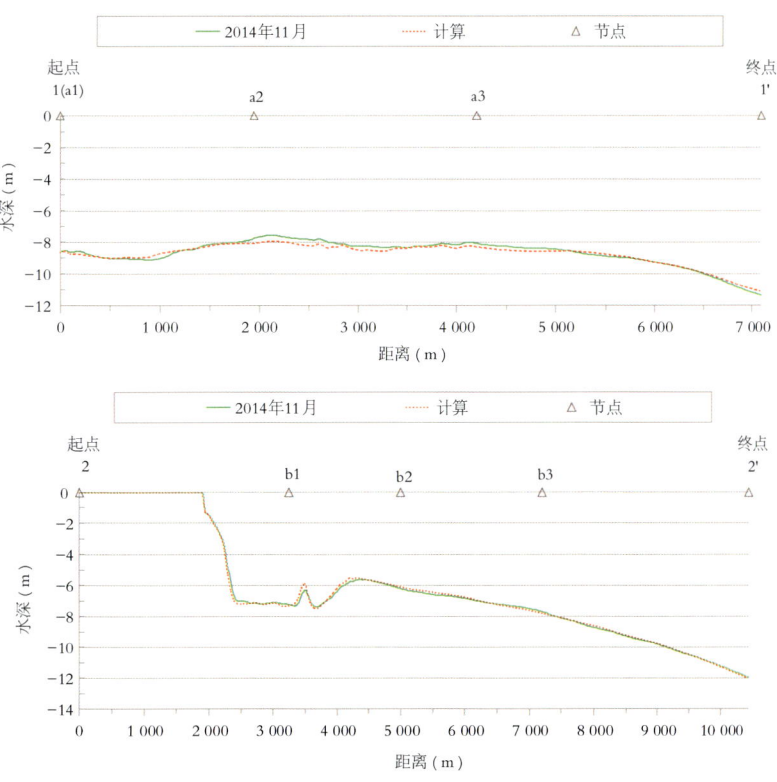

图4.3-21　剖面冲淤验证

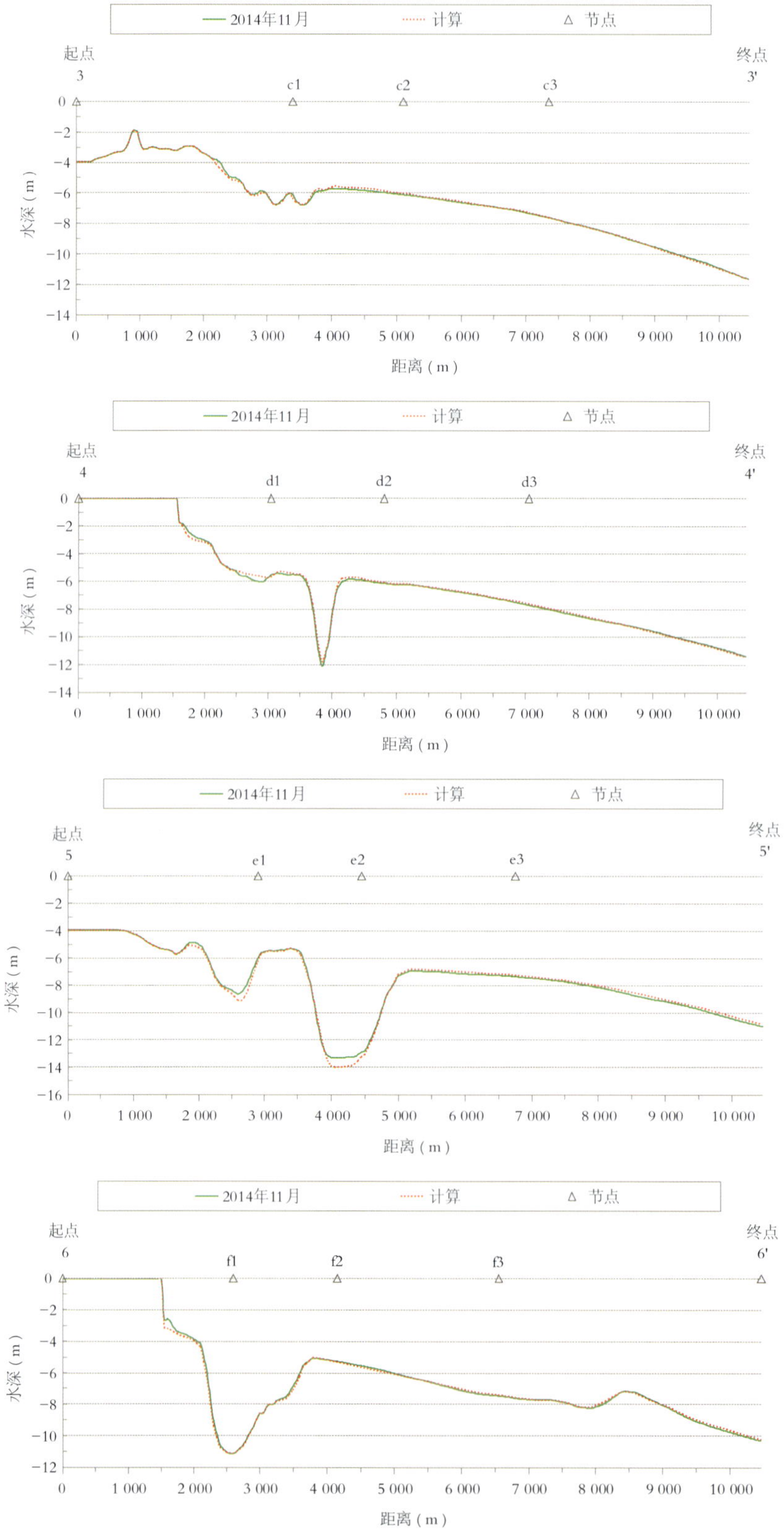

汕头东部城市经济带近岸河口工程区域水动力与地形演变研究

图4.3-21 剖面冲淤验证（续）

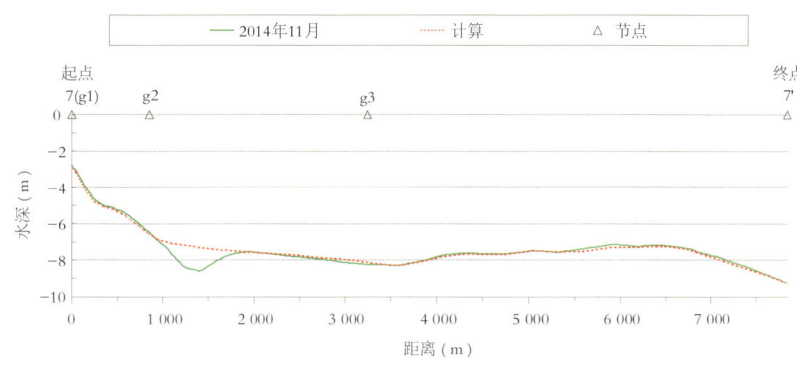

图4.3-21　剖面冲淤验证（续）

4.3.1.5　流场模拟

流场模拟时段覆盖了航次1至航次4的全潮（大潮、中潮、小潮）观测时段，对于同一航次而言，大潮、中潮和小潮的涨、落急流态相似，仅在流速的量值上略有区别。这里以航次1至航次4的大潮作为代表潮型进行分析说明。

图4.3-22至图4.3-29为各航次涨、落急时刻大范围和局部流场图。可以看出，4个航次的涨、落潮流运动规律较一致。

涨潮流总体为西南往东北方向流动。受地形岸线的阻挡，西侧的海流绕经广澳湾东北侧的表角岬角，途经汕头港拦沙堤头时一分为二，其中的分支流进入汕头港航道，另一主支流绕过拦沙堤进入工程区域，有少量随涨潮运动流入新津河、外砂河、莲阳河等河口内，大部分经由南澳岛西侧的后江水道继续向北流动，最后与南澳岛东侧的涨潮流汇合向北流入柘林湾。

落潮流总体为东北往西南方向流动，其流动方向依然受到地形岸线的制约，大体与涨潮过程相反。从柘林湾内流出的落潮流受南澳岛的阻挡分成两支。其中，南澳岛西侧的落潮流经由后江水道往西南方向流动，一路汇集莲阳河、外砂河、新津河等河口的落潮流，经由拦沙堤头时与汕头港航道的落潮流汇合绕过表角岬角进入广澳湾内；南澳岛东侧的落潮流从由北往南流动逐渐转变为往西南方向流动，与南澳岛西侧的落潮流方向保持一致。

从各航次的局部流态来看，工程区域总体表现为顺岸往复流特征，涨潮流向主要呈NE向，落潮流向主要呈SW向，主流向与岸线或等深线基本平行。流速较大的区域有表角岬角、汕头港航道、后江水道等海域，新津河、外砂河、莲阳河等河口因河道口门拓宽，流速有所减弱。围填区近岸的涨、落潮平均流速约为0.2～0.4 m/s，最大流速约为0.3～0.7 m/s，涨潮流速小于落潮流速。

根据2012年9月航次1的现场水文现场调查，工程区域的外海围堤作业已经完成。直至2015年5月的第四次地形测量时，工程区域除了海底局部地形水深有较大的变化外，整体海岸边界未发生较大的改变。因而在固定的陆地和外海边界条件下的模拟计算中，航次1至航次4各航次虽然观测的季节并不相同，但涨急或落急的流态是比较相似的，整体流场运动也趋于一致。

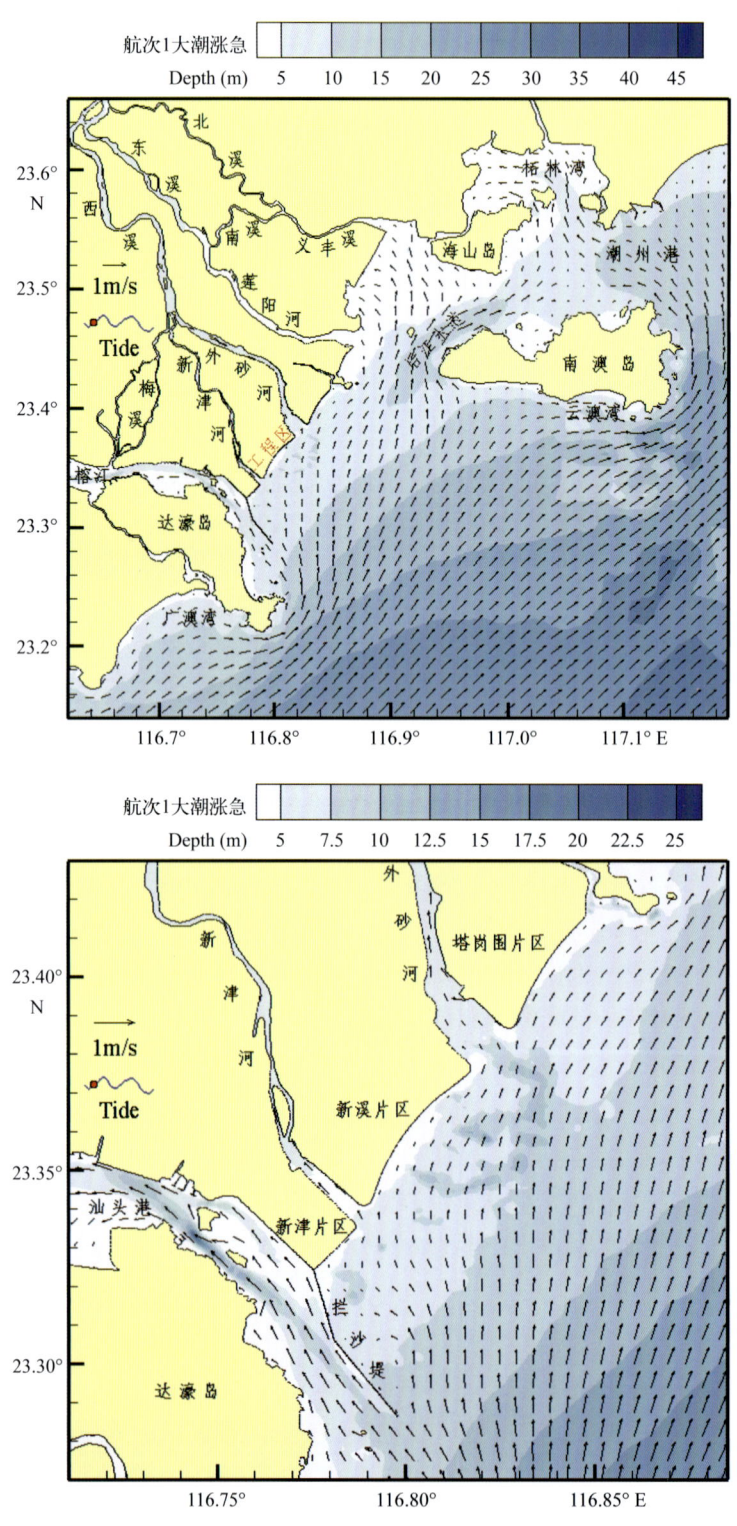

图4.3-22 航次1大潮涨急（2012年9月20日13时00分）

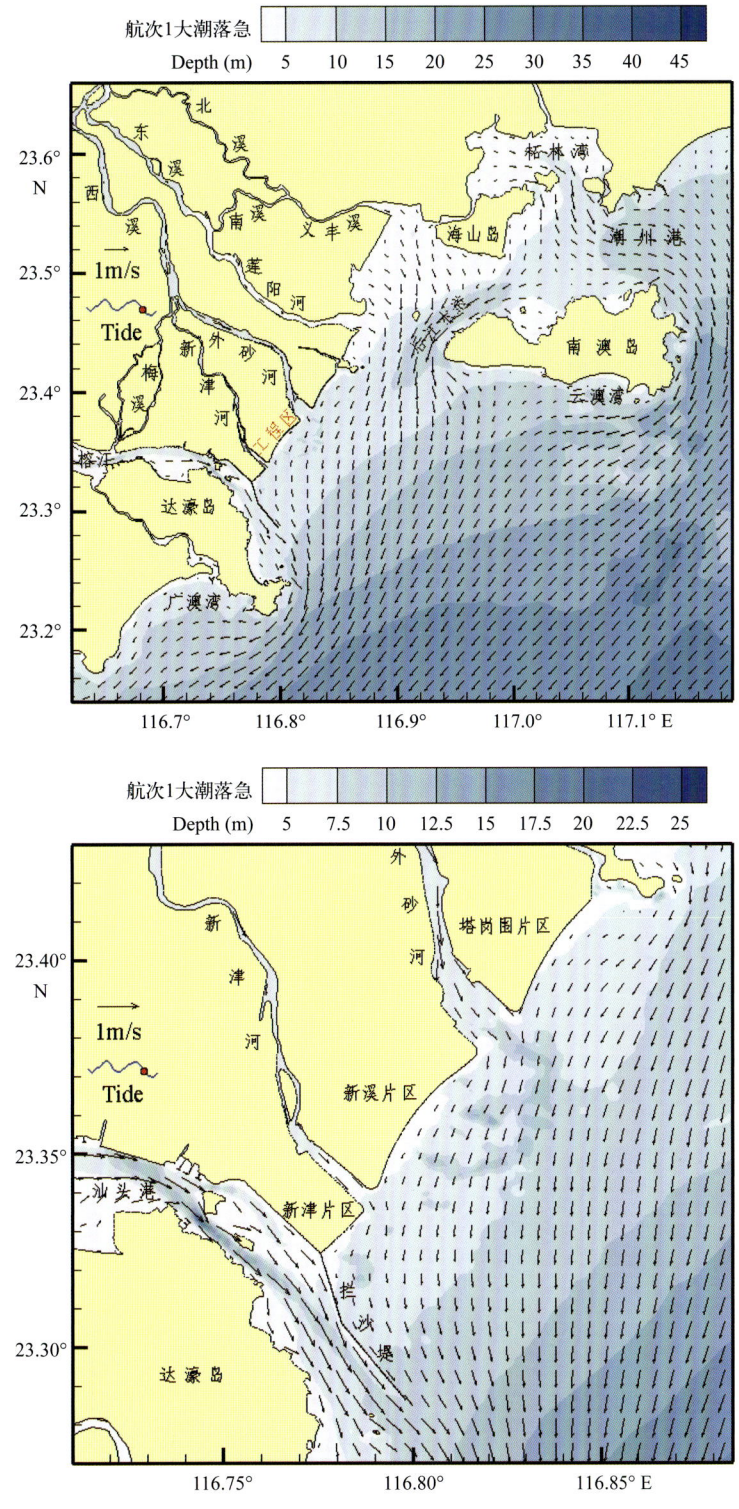

图4.3-23 航次1大潮落急（2012年9月21日07时30分）

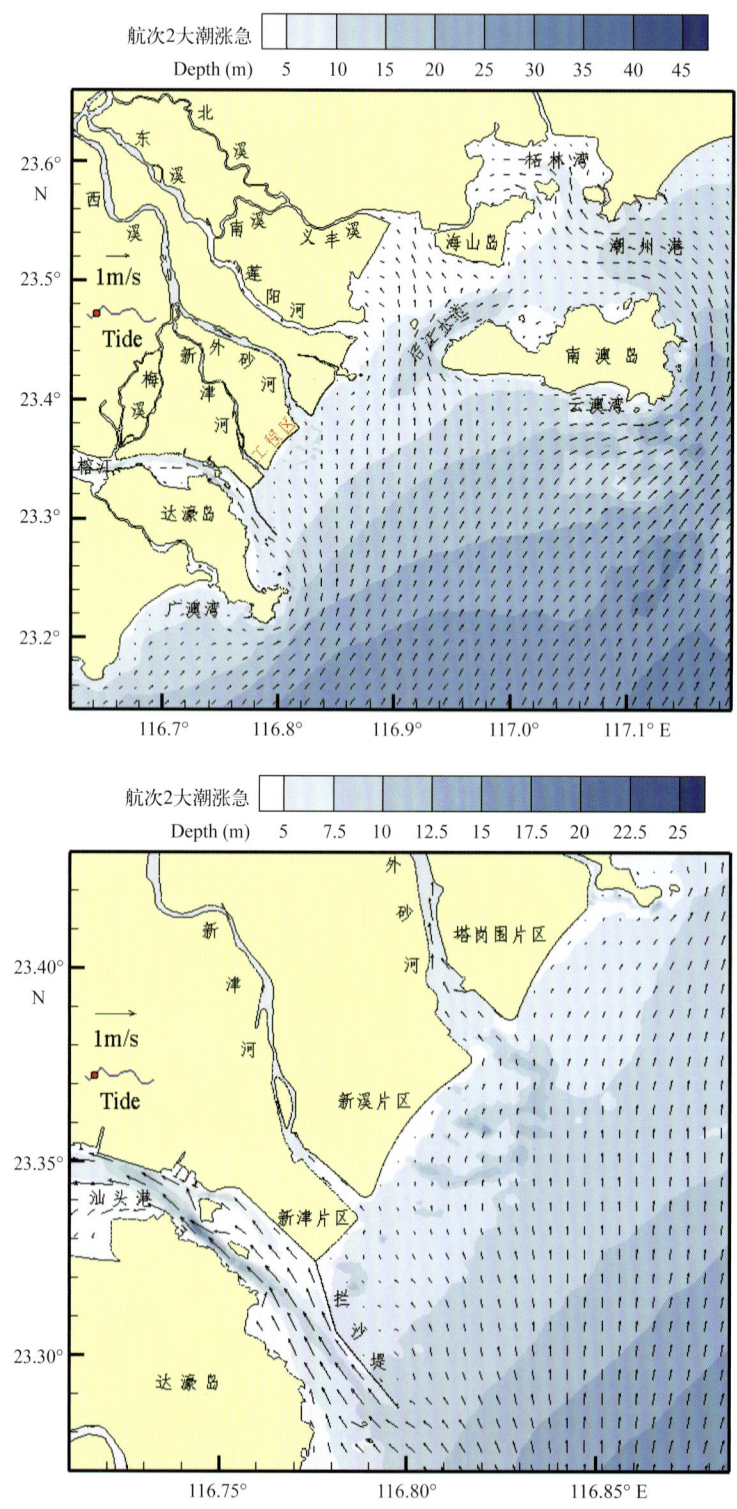

图4.3-24　航次2大潮涨急（2013年12月19日12时30分）

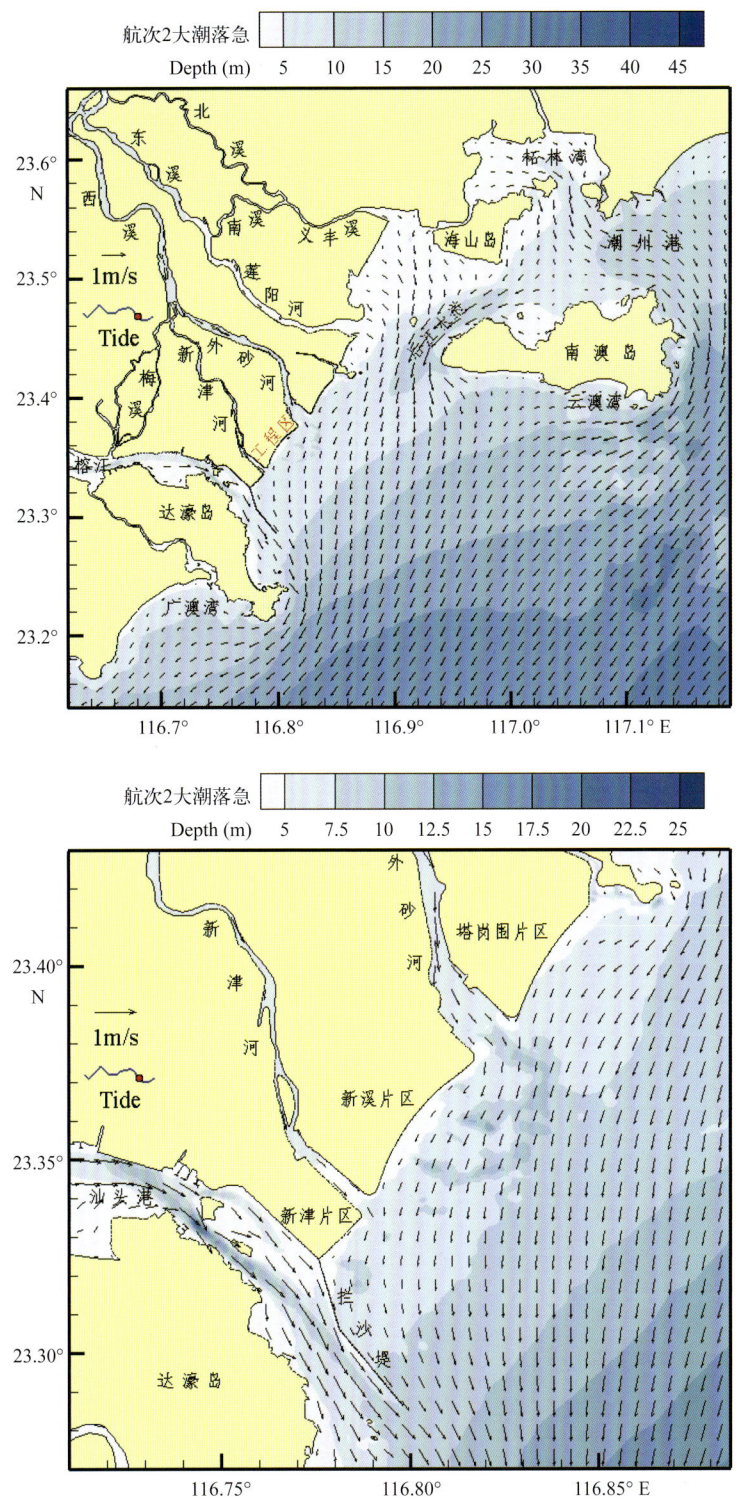

图4.3-25 航次2大潮落急（2013年12月20日05时30分）

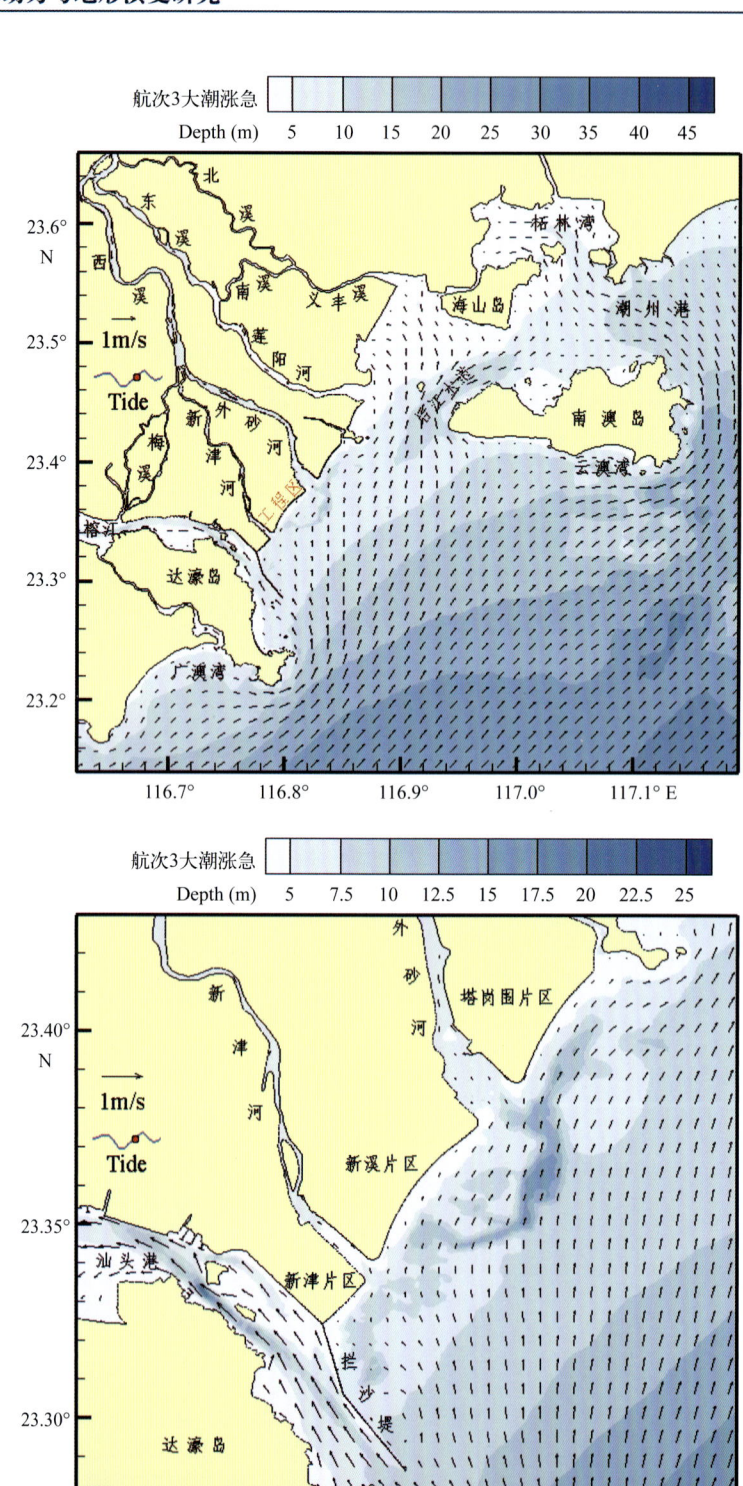

图4.3-26 航次3大潮涨急（2014年6月30日00时30分）

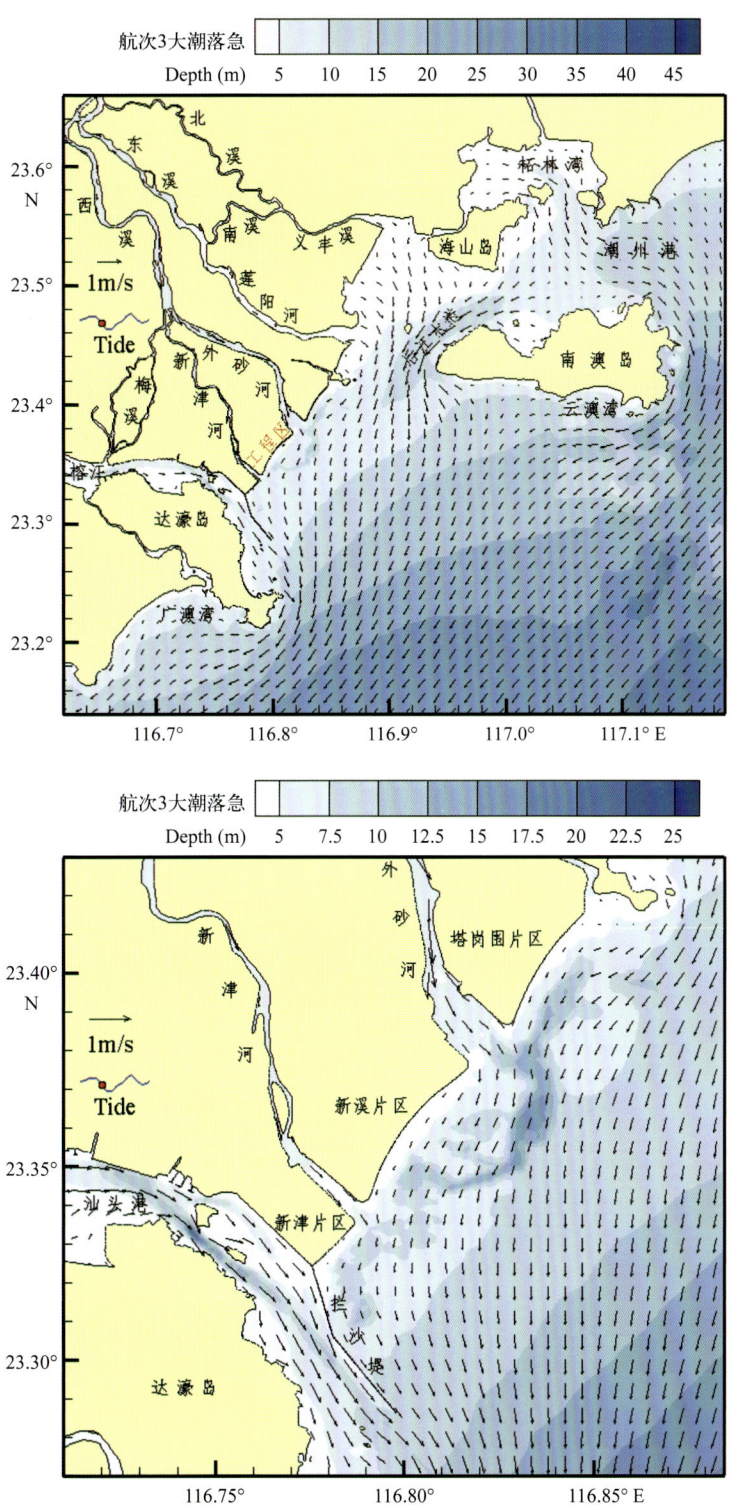

图4.3-27　航次3大潮落急（2014年6月29日17时00分）

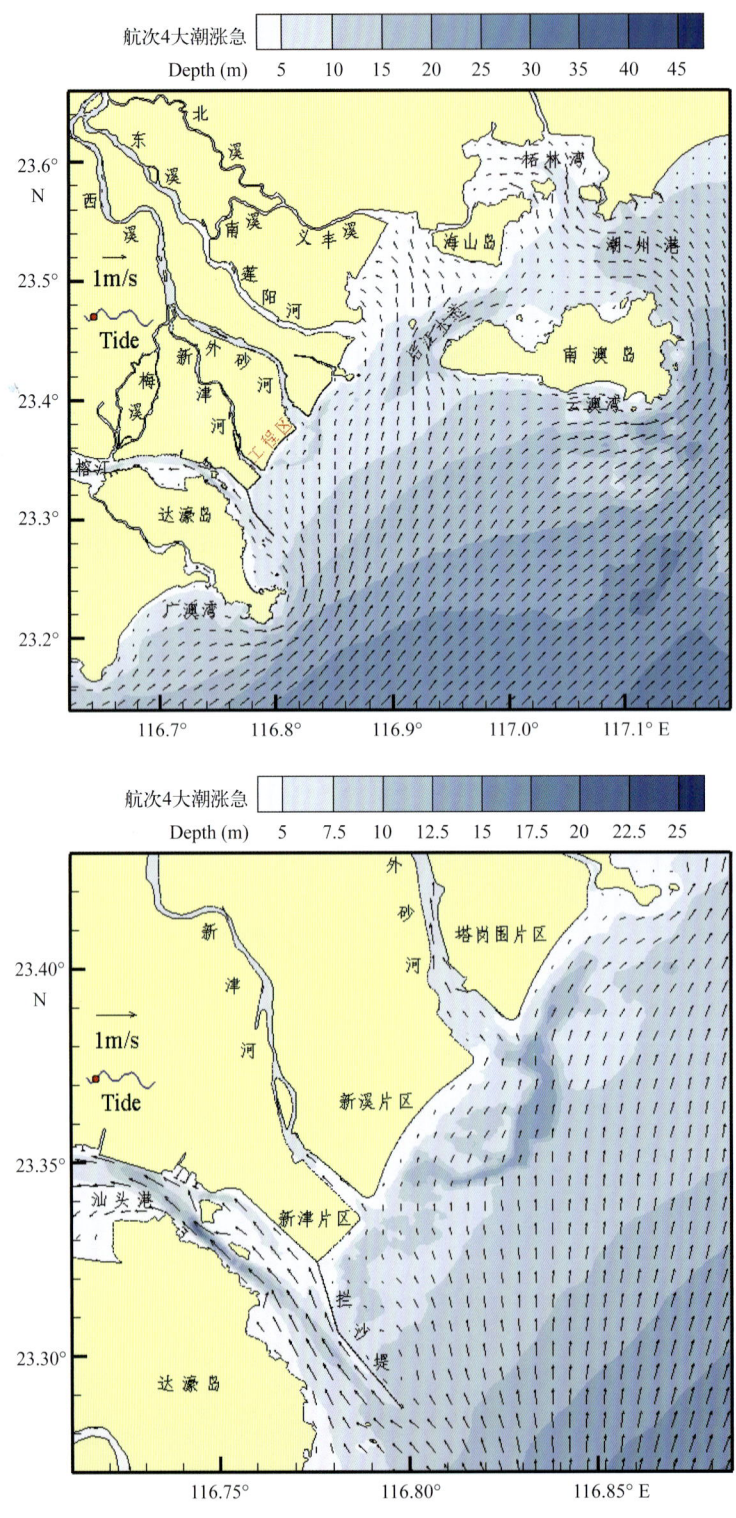

图4.3-28 航次4大潮涨急（2015年1月22日12时00分）

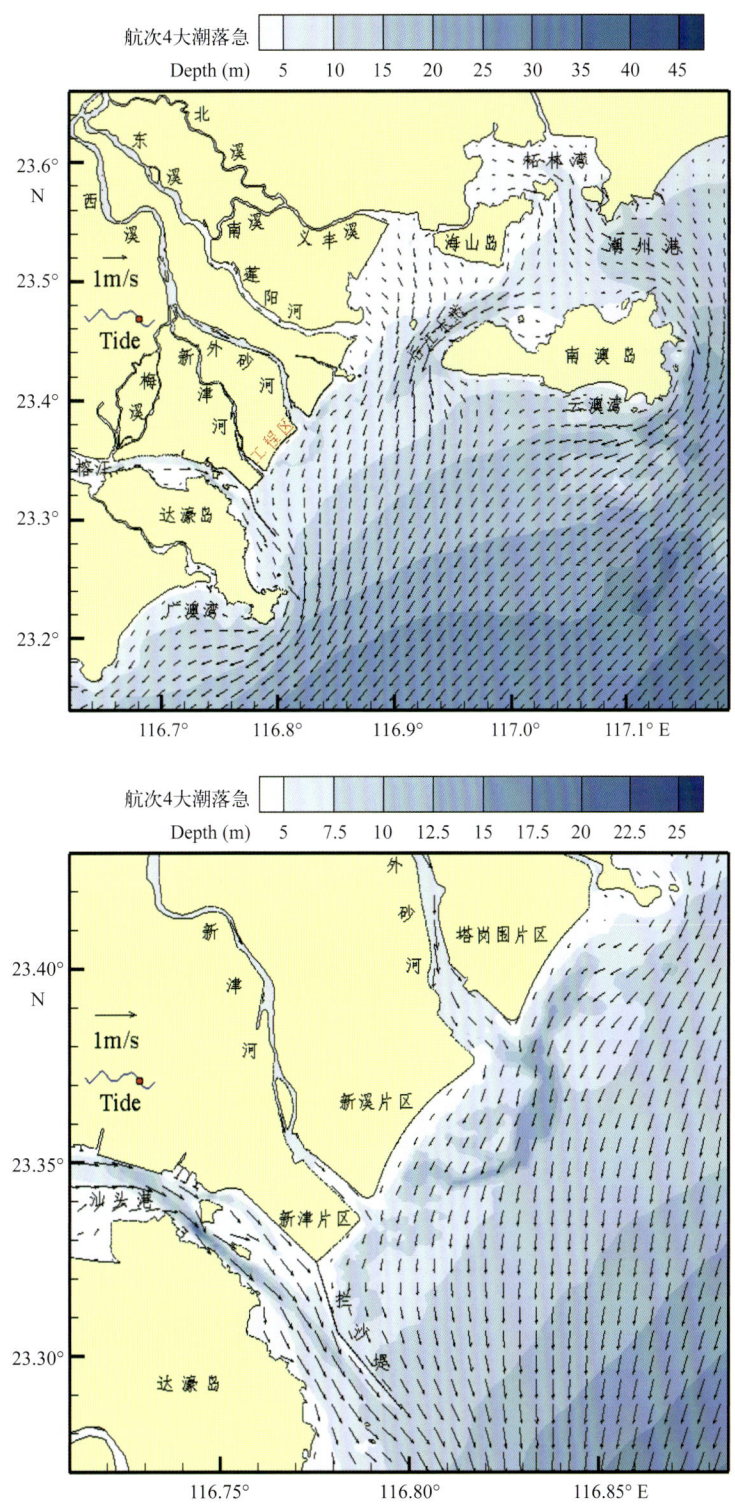

图4.3-29　航次4大潮落急（2015年1月23日05时30分）

4.3.1.6 含沙量场模拟

根据夏季（2014年6月）、冬季（2015年1月）全潮实测含沙量可知，工程区域平均含沙量较小，在 0.01 ~ 0.07 kg/m³ 之间，冬季略大于夏季，见表 2.5-11 至表 2.5-12。其中，夏季河口内的含沙量较高，平均值 0.02 ~ 0.06 kg/m³，河口外的海域含沙量较小，平均值 0.01 ~ 0.02 kg/m³；冬季河口内的含沙量略小，平均值 0.01 ~ 0.03 kg/m³，河口外的海域由于风浪作用较强，平均值 0.03 ~ 0.07 kg/m³。

图 4.3-30 为模型计算夏季（2014年6月）、冬季（2015年1月）全潮期间工程区域的平均含沙量分布图。可以看出，模型计算结果与实测接近，大体反映了平均含沙量夏季河口内高外海低，冬季河口内低外海高的特征。图 4.3-31 为百度地图下载的工程区域卫星影像图，图中没有提供影像具体的拍摄时间，但从表层含沙量浓度分布情况来看，该影像图与模型计算的冬季平均含沙量分布图较为接近，表现出河口低外海高的特征，也从侧面反映了模型计算结果的合理性。

总体而言，工程区域整体的含沙量较低。夏季，平均含沙量较高的区域有拦沙堤堤头处、新津河、外砂河等河口及后江水道；冬季，平均含沙量较夏季要高，较高的区域有汕头港航道、拦沙堤堤头处、莲阳河河口浅滩及后江水道。

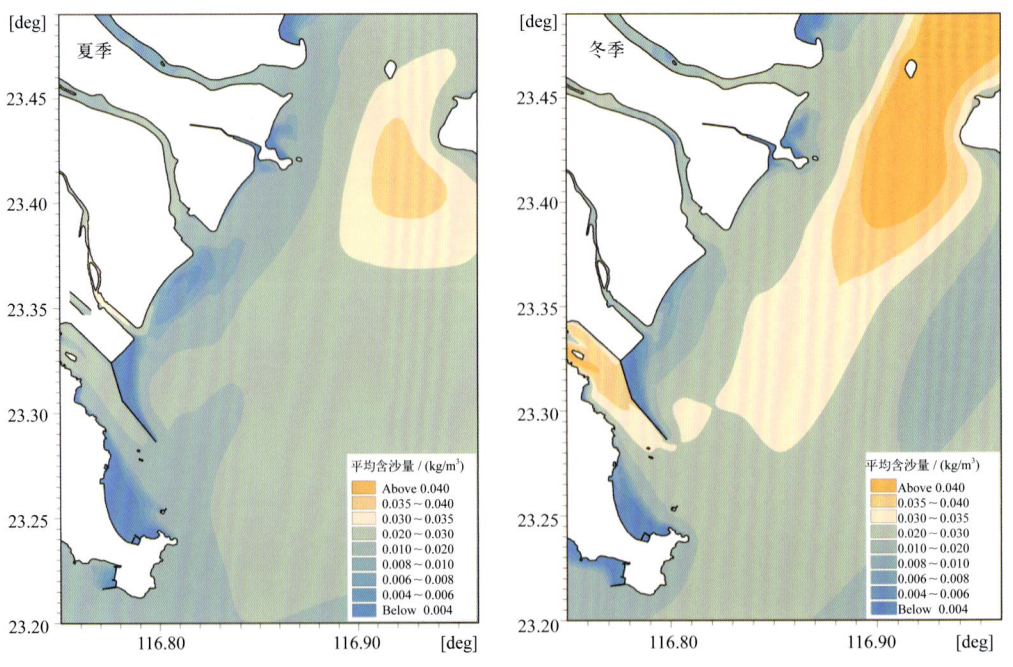

图 4.3-30　工程区域夏、冬季平均含沙量

图4.3-31　工程区域表层含沙量分布

4.3.2　极端天气下的泥沙输运模拟

选取 2013 年的 1319 号超强台风"天兔"作为影响工程区域海洋环境的台风个例进行研究，分析极端天气下工程区域海床与汕头港航道的冲淤情况。台风"天兔"路径见图 4.1-2。

与正常天气下的泥沙输运计算方法相似，极端天气下的泥沙输运计算仍采用 MIKE21/3 浪流耦合模型[47-48][50]，通过波浪模型（SW 模块）、潮流模型（FM 模块）和泥沙模型（MT 模块/ST 模块）的迭代耦合实现台风影响下工程区域的泥沙输运模拟。稍有不同的是，极端天气下工程区域的推移质输沙作用将不可忽视。由于 MT 模块只能模拟悬沙输运，而不能模拟推移质输运，为了模拟推移质这部分泥沙的输运过程，泥沙模型计算加入了 ST 模块[50]。

ST 模块主要用来模拟非黏性泥沙（粒径 >0.06 mm）的输运过程。在波流共同作用下，ST 模块基于计算所得水动力条件和综合考虑床面形态、水流、波浪以及床沙特性等因素的"泥沙输移表"，经线性插值得到全沙输沙量。

$$q_t = q_s + q_b \quad (4.3-41)$$

式中，q_t 为全沙输沙量、q_s 为悬沙输运，q_b 为推移质输运。

悬沙输运采用 Fredsøe（1985）算法，通过瞬时流速和浓度剖面计算；推移质输运采用 Engelund 和 Fredsøe（1976）算法，通过瞬时希尔兹参数计算。

4.3.2.1 悬沙输运

随时间变化的浓度通过扩散方程计算

$$\frac{\partial c}{\partial t} = \frac{\partial}{\partial y}\left(\varepsilon_s \frac{\partial c}{\partial y}\right) + w\frac{\partial c}{\partial y} \quad (4.3-42)$$

式中，c 为悬沙浓度，w 为悬沙沉速，y 为垂向坐标，紊流扩散系数 ε_s 假设等于涡黏系数 ε。

悬沙输运为瞬时流速与瞬时悬沙浓度的乘积，在一个波周期内的悬沙输运量为：

$$\bar{q}_{sx} = \frac{1}{T}\int_0^T \left[\int_{2d_{50}}^D U_x(z,t)\cdot c(z,t)dz\right]dt \quad (4.3-43)$$

$$\bar{q}_{sy} = \frac{1}{T}\int_0^T \left[\int_{2d_{50}}^D U_y(z,t)\cdot c(z,t)dz\right]dt \quad (4.3-44)$$

式中，$\bar{q}_{sx}$、$\bar{q}_{sy}$ 为 x、y 方向悬沙输运，D 为水深，d_{50} 为泥沙中值粒，T 为波周期。U_x、U_y 为 x、y 方向的瞬时流速。

4.3.2.2 推移质输运

床面输运函数

$$\Phi_b = 5p\left(\sqrt{\theta'} - 0.7\sqrt{\theta_c}\right) \quad (4.3-45)$$

式中，p 为床面泥沙颗粒起动概率，θ' 为希尔兹参数，θ_c 为临界值。

$$\Phi_{b1} = \frac{1}{T}\int_0^T \Phi_b(t)\cos[\phi(t)]dt \quad (4.3-46)$$

$$\Phi_{b2} = \frac{1}{T}\int_0^T \Phi_b(t)\sin[\phi(t)]dt \quad (4.3-47)$$

$$q_{b1} = \Phi_{b1}\cdot\sqrt{(s-1)gd_{50}^3} \quad (4.3-48)$$

$$q_{b2} = \Phi_{b2}\cdot\sqrt{(s-1)gd_{50}^3} \quad (4.3-49)$$

式中，$\phi(t)$ 为瞬时流速方向，Φ_{b1} 为平均流速方向的床面输运函数，Φ_{b2} 为垂直平均流速方向的床面输运函数，q_{b1} 为平均流速方向的推移质输运量，q_{b2} 为垂直平均流速方向的推移质输运量。

4.3.2.3 地形演变

泥沙连续方程

$$-(1-n)\frac{\partial z}{\partial t} = \frac{\partial S_x}{\partial x} + \frac{\partial S_y}{\partial y} - \Delta S \quad (4.3-50)$$

式中，n 为床面孔隙率；z 为床面高度；S_x、S_y 为推移质（或全沙）在 x、y 方向分量；ΔS 为泥沙源/汇速率。

泥沙输运平衡时汇/源项为零，泥沙输运非平衡时，泥沙源/汇项可表示为：

$$\Delta S = \Phi_0(\eta_0) w_s (c - c_e) \quad (4.3-51)$$

式中，η_0 为床面水位；Φ_0 为单位垂向泥沙浓度分布函数；w_s 悬沙沉降速度；c 为深度平均的泥沙浓度；c_e 为深度平均的泥沙平衡浓度。

式（4.3-51）表示，当水体中的泥沙浓度大于平衡浓度时，泥沙在床面沉积；反之，当水体中的泥沙浓度小于平衡浓度时，床面泥沙受到冲刷。

4.3.2.4 计算与验证

极端天气下的浪流耦合模型使用的计算网格、计算参数与正常天气下的浪流耦合模型相同，仅计算时段、风场和浪场边界条件不一样。以下为模型计算时段及使用的底质、地形资料。

计算时段：2013 年 9 月 18 日 00 时至 2013 年 9 月 25 日 23 时；

底质资料：2012 年 9 月沉积物采样；

地形资料：2012 年 9 月实测地形。

图 2.5-7 为台风"天兔"影响前工程区域进行的一次底质调查，可以看出，工程区域泥沙粒径大于 0.06 mm 的区域主要分布在汕头港拦沙堤头、新津河河口以及塔岗围片区向海一侧的大片水域，砂百分含量在 30%～70% 左右。台风影响期间，这些区域将产生较多的推移质输运。

参考非均匀沙分组计算的方法[51][52]，将工程区域的海床泥沙按大于 0.06 mm 和小于 0.06 mm 分成两组，把每一组泥沙都当作均匀沙处理，其中：

1. MT 模块模拟粒径 <0.06 mm 的泥沙输运，主要为悬沙输运；

2. ST 模块模拟粒径 >0.06 mm 的全沙输运，包括悬沙和推移质输运。

将这两组泥沙输运造成的冲淤乘以各自的比例后相加得到总的冲淤深度。由于采用了不同的模块计算，这里忽略了两种组分泥沙之间的遮蔽和密实影响。

台风"天兔"影响工程区域期间，云澳海洋站观测的同步风速、风向、潮位和波高、周期等要素过程线分别见图 4.3-32 至图 4.3-35。

图 4.3-32 为云澳海洋站整点实测风（1 分钟平均）矢量过程线。最大风速 18.2 m/s，风向 85°，出现在 9 月 22 日 15 时。风向变化过程为台风来临前的东北向转为台风来临后的东南向，最后转为台风离去后的东北向。

图 4.3-33 为云澳海洋站实测潮位与预报潮位过程线。将实测潮位与预报潮位相减可得台风"天兔"影响期间的增水过程。由图可知最大增水发生在 9 月 22 日 15 时，实测潮高 2.03 m，预报潮高 0.89 m，增水 1.14 m。

图 4.3-34 为根据云澳海洋站每日 08、11、14、17 时观测的波浪数据绘制的散点 $H_{1/3}$ 图，波浪数据通过 SZF 型遥测波浪浮标采集。由图可知最大波高发生时刻位于最大风速发生时刻后的 2 小时，即 9 月 22 日 17 时，对应 $H_{1/3}$ 值 3.6 m，$T_{1/3}$ 值 10.5 s。

为了验证台风模型的计算精度，图 4.3-33 至图 4.3-35 分别增加了模型计算的潮位、$H_{1/3}$ 波高、$T_{1/3}$ 等要素过程图。可以看出，模型计算各要素的变化过程与实测较一致，计算的极值中（最大增水 0.77 m、$H_{1/3}$ 最大值 3.35 m、对应 Ts 值 9.1 s），波高和周期与实测接近，但最大增水值偏小，约为实测值的 70%。从整体来看，本章节建立的台风模型能够比较好再现台风"天兔"影响工程区域期间潮位、风和浪等要素的变化过程。

根据图 4.3-33 至图 4.3-34，选择 3 个时间点分别代表工程区域台风来临前时刻、波高最大时刻和台风远离时刻，分析潮流场、浪场和泥沙场的变化过程。

台风来临前时刻：2013 年 9 月 20 日 00 时（涨潮时刻）；

波高最大时刻：2013 年 9 月 22 日 16 时（落潮时刻）；

台风远离时刻：2013 年 9 月 25 日 00 时（涨潮时刻）。

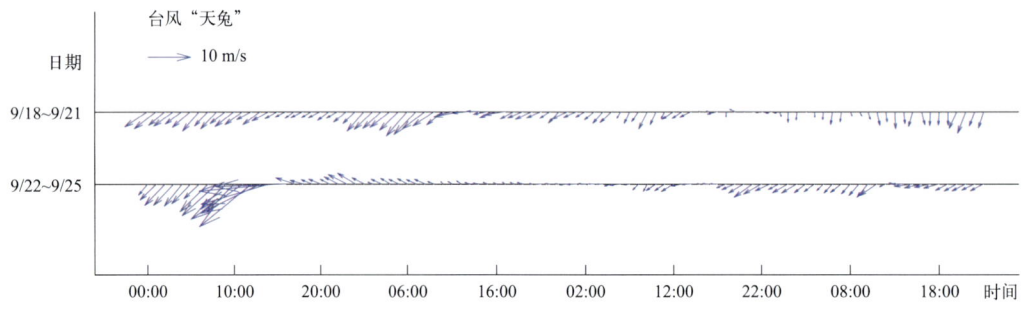

图4.3-32　台风"天兔"影响期云澳海洋站风速、风向过程线

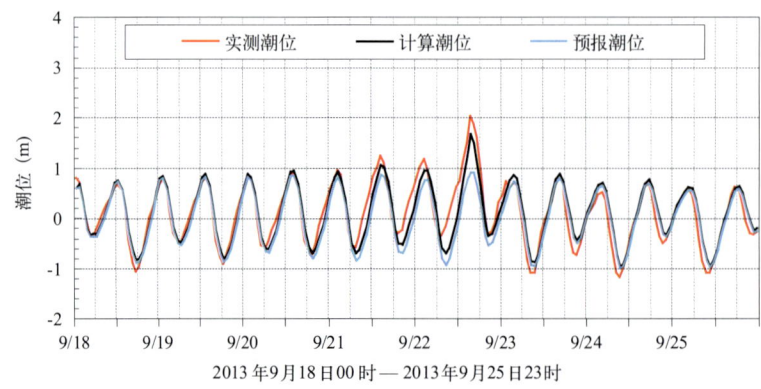

图4.3-33　云澳海洋站潮位实测与计算对比（基面：平均海面）

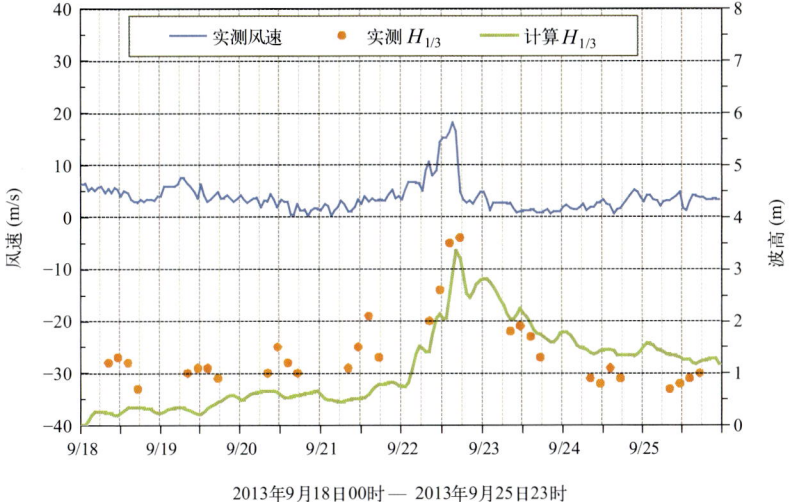

图4.3-34 云澳海洋站风速、$H_{1/3}$实测与计算对比

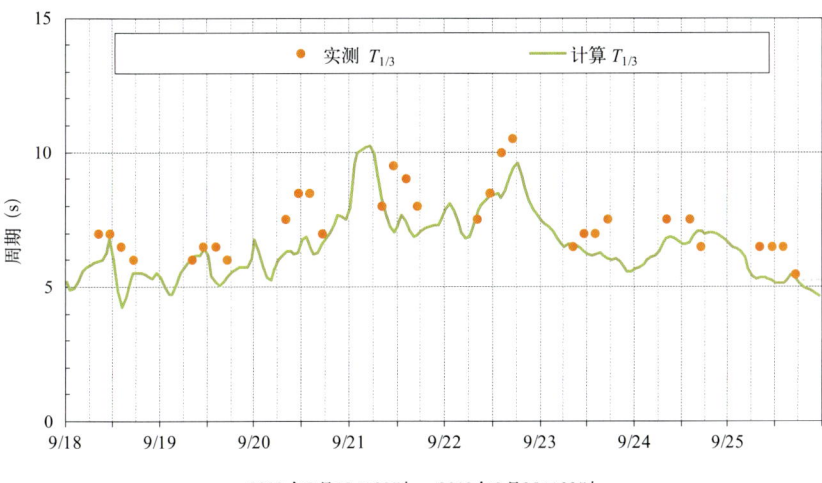

图4.3-35 云澳海洋站$T_{1/3}$实测与计算对比

第 5 章　工程区域稳定性与汕头港航道淤积分析

本章应用第 4 章数学模型的计算成果，分析工程前后附近海域的水流、泥沙运动特征，以及采砂坑对工程海岸稳定性的影响，预测工程区域海床未来的冲淤演变趋势，并对极端天气下工程区域海床与汕头港航道的冲淤情况进行深入研究。

5.1　水动力特征分析

本节以航次 4（2015 年 1 月）为例（此时围填区的岸线已趋于稳定，海底地形处于自然调整状态），分析围填工程前（2007 年 11 月）和工程后工程区域的潮位和流场变化情况，见图 5.1-1。

模拟过程使用的岸线、地形和计算条件如下：

工程前模拟：采用工程前岸线、地形和航次 4 的模型计算条件。

工程后模拟：采用航次 4 的岸线、地形和模型计算条件。

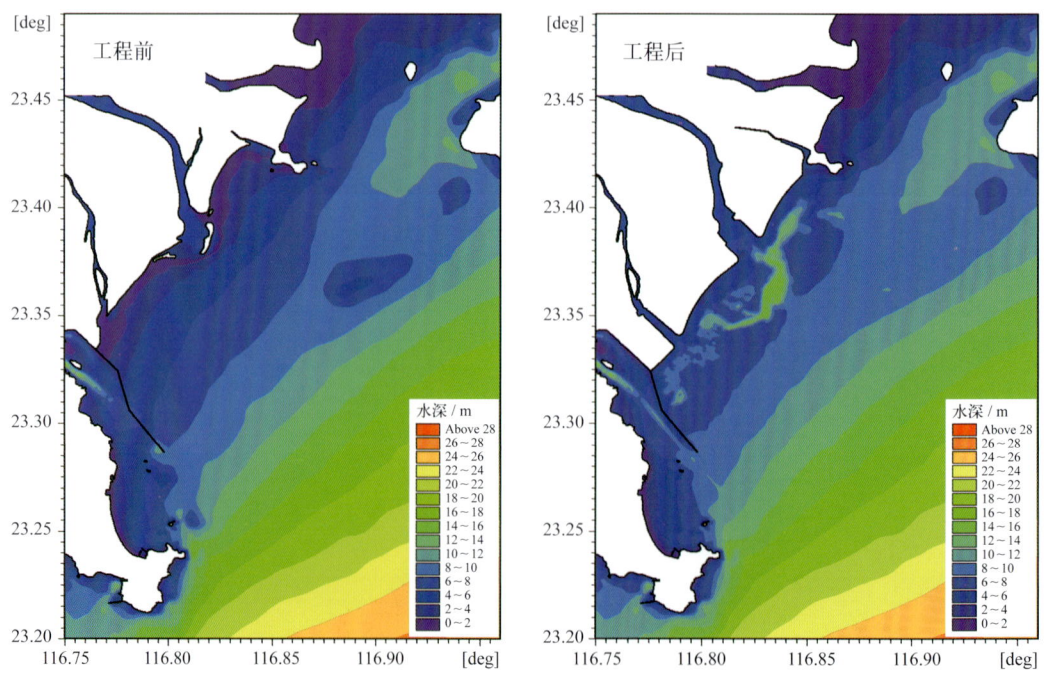

图5.1-1　围填工程前、后岸线与水深变化（基面:平均海面）

5.1.1 工程前后的潮位变化

工程区域的潮波属于河口潮波，受河口平面形状及水深变化的影响较大。对比航次4同期实测潮位和流速，工程区域位于高潮位时（2015年1月22日15时30分），1～2h后外海的C2站~C3站的流速达到最大，位于低潮位时（2015年1月23日08时30分），流速达到极小值，说明工程区域的潮波介于前进波和驻波之间，潮流与潮位不完全同相。

工程区域的围填、海砂开采以及航道挖深等因素造成工程前后地形岸线发生较大改变，引起潮波变形，潮差发生变化。图5.1-2绘制了大潮期工程区域工程前后的高、低潮位变化分布。

围填区域：工程后，围填区向外海延伸占用了原有海区的部分纳潮水域。同时，改变出海口方向的新津河和外砂河河口下泄径流受到涨潮流的顶托，新津片区和新溪片区前沿的高潮位普遍上涨1～2 cm，拦沙堤东侧高潮位普遍上涨2～3 cm。塔岗围片区前沿工程前后的地形变化较剧烈，水深较工程前加深约6 m，涨潮时虽然有附近河道下泄径流的补充，仍然出现了减水现象，高潮位减小2～4 cm，见图5.1-2左图。落潮时由于围填区岸线平直，出海河道直通外海，潮流下泄的速度相对于工程前要快，在落潮流量不变的情况下围填区外海的最低潮位小于工程前1～2 cm，见图5.1-2右图。

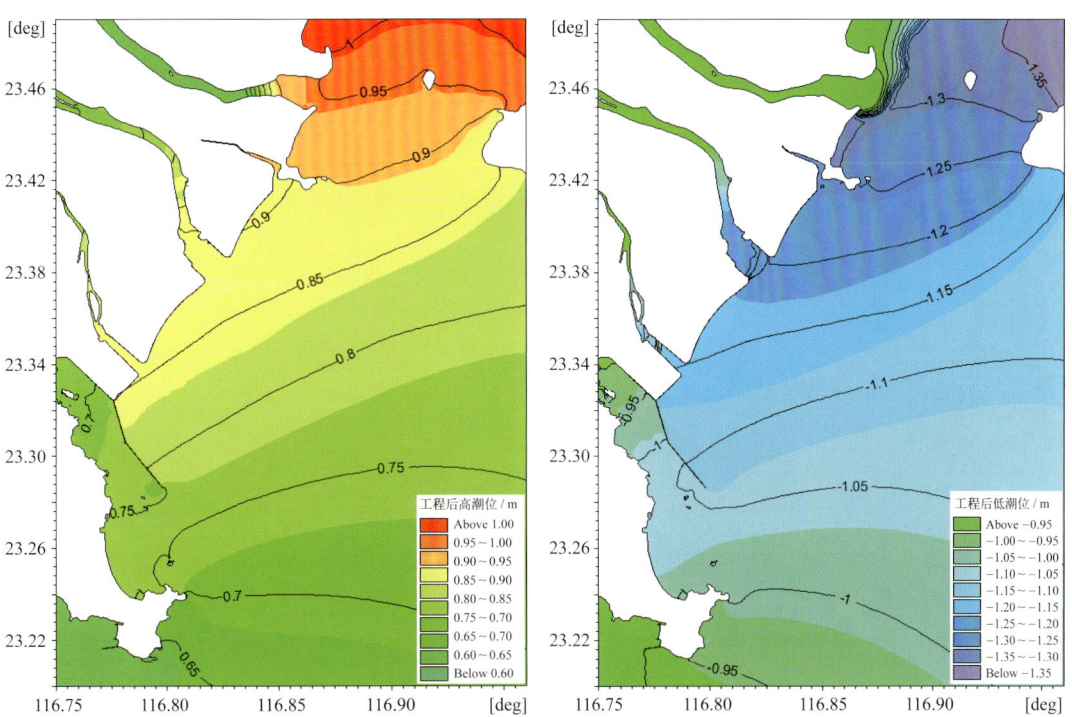

图5.1-2　工程前后大潮高、低潮位变化（等值线为工程前，填充颜色为工程后）

汕头港航道：工程后，汕头港航道高潮位普遍上涨 2～4 cm，低潮位普遍下降 2～4 cm，高、低潮位的变化大于拦沙堤东侧水域 1～2 cm。

总体而言，工程区域潮差较小，潮汐作用较弱，潮水上溯不远，20世纪50年代后期，在下游各汊河建了防潮闸，人为地把潮水拦住了。围填工程虽然对工程区域的潮位变化有一定的影响，但由于量值变化较小，在 −4～4 cm 之间，不会影响上游的防洪排涝以及汕头港航道的通航。

5.1.2 工程前后的流场变化

以航次4大潮为例，分析围填工程前、后工程区域涨急（2015年1月22日12时00分）、落急（2015年1月23日05时30分）流场的变化情况。

表5.1-1为工程前、后工程区域计算点流速、流向对比，计算点位置见图4.2-17。可以看出，工程后三个围填片区附近海域涨、落急的流速和流向均有较大变化，大体位置为拦沙堤至莱芜半岛约5 m等深线以浅的海域。

表5.1-1 工程区域计算点流速、流向对比

编号（自西南往东北）		工程前				工程后			
		涨急		落急		涨急		落急	
		流速（m/s）	流向（°）	流速（m/s）	流向（°）	流速（m/s）	流向（°）	流速（m/s）	流向（°）
全潮测流点	C1	0.28	294	0.55	130	0.24	304	0.43	139
	C2	0.22	356	0.32	189	0.22	359	0.37	188
	C3	0.25	25	0.40	210	0.23	33	0.42	214
表角	1#	0.31	336	0.56	154	0.30	346	0.65	158
汕头港航道	2#	0.50	320	0.66	140	0.41	320	0.61	142
	3#	0.50	328	0.60	148	0.42	328	0.61	149
	4#	0.44	325	0.52	147	0.42	328	0.61	147
拦沙堤东侧浅滩	5#	0.04	116	0.31	146	0.09	140	0.32	146
	6#	0.05	296	0.17	158	0.03	245	0.18	161
新津片区岸线前沿	7#	0.14	213	0.28	170	0.01	329	0.05	194
	8#	0.12	328	0.18	173	0.06	7	0.12	207
新津河河口	9#	0.10	338	0.21	175	0.15	331	0.24	155

续表

编号 （自西南往东北）		工程前				工程后			
		涨急		落急		涨急		落急	
		流速 (m/s)	流向 (°)	流速 (m/s)	流向 (°)	流速 (m/s)	流向 (°)	流速 (m/s)	流向 (°)
新溪片区岸线前沿	10#	0.13	352	0.18	182	0.05	32	0.14	206
	11#	0.14	346	0.16	197	0.07	14	0.15	207
	12#	0.14	336	0.19	195	0.09	35	0.15	217
	13#	0.15	289	0.22	173	0.17	29	0.31	206
外砂河河口（南港口）	14#	0.11	346	0.17	163	0.14	332	0.24	148
塔岗围片区岸线前沿	15#	0.13	9	0.26	192	0.12	100	0.22	184
	16#	0.10	349	0.15	189	0.08	16	0.14	210
	17#	0.04	337	0.10	125	0.09	43	0.03	164
莱芜岛	18#	0.18	48	0.21	201	0.26	58	0.23	211
莲阳河河口（北港口）	19#	0.21	359	0.26	173	0.22	48	0.26	174
后江水道	20#	0.40	13	0.66	200	0.41	16	0.67	201

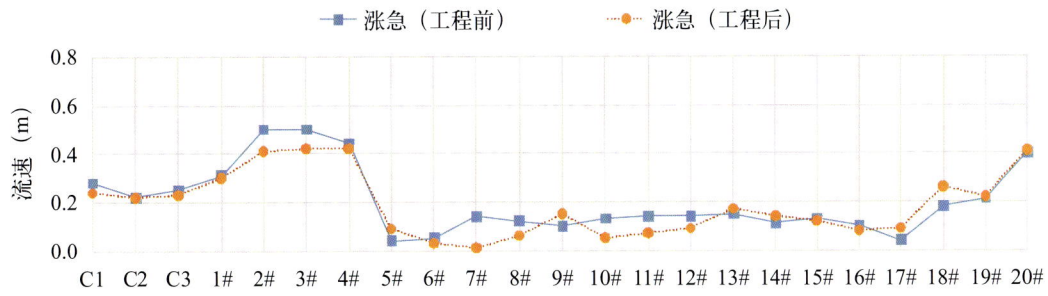

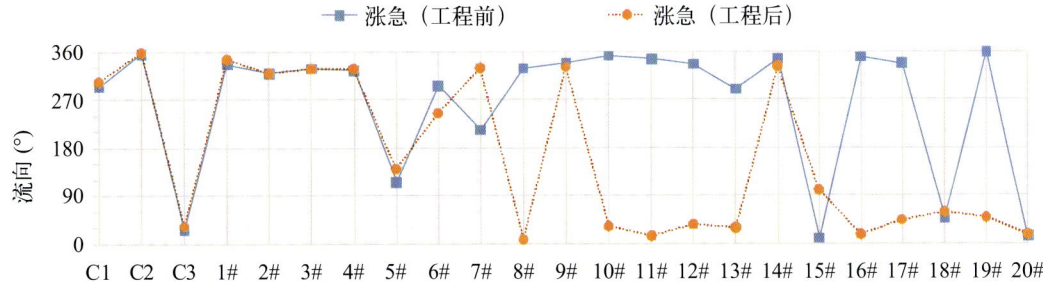

图5.1-3 工程前、后计算点涨急流速、流向对比

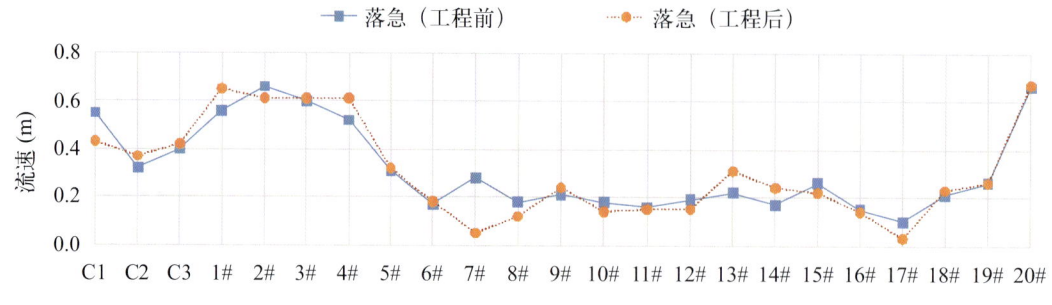

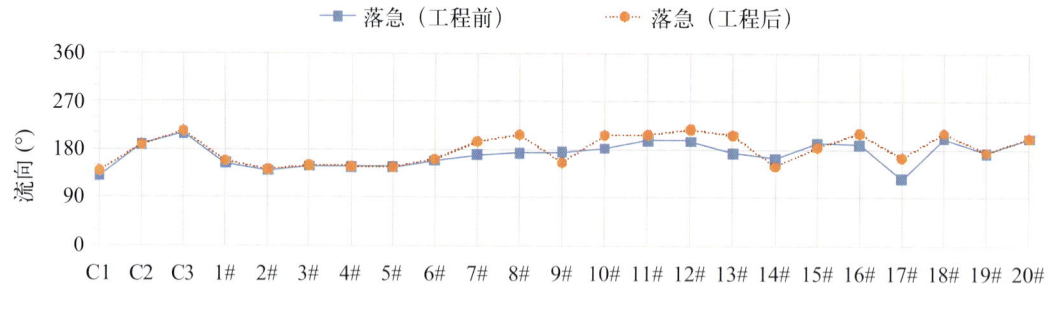

图5.1-4　工程前、后计算点落急流速、流向对比

5.1.2.1　涨急变化

图 5.1-5 为工程区域整体大潮涨急图,左图为工程前,右图为工程后。工程前与工程后涨潮的流场结构大体相似。西南来的涨潮流上溯至表角附近,一小股涨潮流沿汕头港航道进入港区内,其余涨潮流向东北方向流动,受南澳岛的阻挡分化成左右两股支流。其中,左支流一部分向北流入海山岛西侧的义丰溪河口,另一部分沿后江水道继续向东北方向流动,与绕过南澳岛的右分支流汇合流入柘林湾。从整体流场结构来说,工程后工程区域的流场保持了工程前的主要形态特征。

图 5.1-6 绘制了新津、新溪和塔岗三个围片区附近海域的涨急流场图,左图为工程前、右图为工程后。

工程前:新津河河口与外砂河河口形状似喇叭口,河口走向为南或西南,河口附近发育了大量的沙坝、沙嘴等砂质堆积体,尤以外砂河河口发育最明显。涨潮过程中,受岸线及外砂河口门的沙坝阻挡,有部分涨潮流按逆时针沿岸线往西南方向的待狎金沙嘴流动,在新津河口门处汇合沿拦沙堤西北方向的涨潮流进入新津河内;外砂河河口的涨潮流则由于口门处的巨大三角形沙坝阻挡,分成两个支流绕过沙坝进入外砂河道内。同时由于该处的沙坝存在,使得外砂河河口左侧一带的拦门沙至莱芜半岛之间形成一个流速为 0.1～0.2 m/s,流向为西北向的弱流区,见图 5.1-6 左图。

工程后：新津河和外砂河口门处的沙坝被开挖，河口改道成东南向，围填区向海突进，形成东北—西南走向的规则岸线。涨潮流沿顺直岸线向西北进入新津河和外砂河内，河口处的流速达到 0.2 ~ 0.3 m/s。受海底摩擦阻力的作用，靠近岸边的涨潮流速有所减弱，形成三块小于 0.1 m/s 的流速减小带，即新形成的新津河河口右侧至汕头港拦沙堤一带的海域，以及新溪片区弧形岸线和塔岗围片区弧形岸线内的小片水域。相对于工程前，外砂河河口外至莱芜半岛一带的海域流速有所增加，由原先的 0.1 ~ 0.2 m/s 流速增大到 0.2 ~ 0.3 m/s，流向也由西北向改为东北向，见图 5.1-6 右图。

总体而言，工程前，涨潮流以汇聚的方式进入新津河河口和外砂河河口内，河口左侧以逆时针方式向河口汇聚，河口右侧以顺时针方式向河口汇聚。外砂河口左侧一带的拦门沙至莱芜半岛之间存在流速小于 0.2 m/s 弱流区；工程后，新形成的新津河河口和外砂河河口平直，涨潮过程中，除河口涨潮流向为西北向外，其余涨潮流均为东北方向。外砂河河口外至莱芜半岛一带的海域流速增大至 0.2 ~ 0.3 m/s，流向也由西北向改为东北向，表明围填工程对该区域的流速除了有增强作用外，还改变了工程前的涨潮流方向。汕头港航道由于工程后疏浚挖深，位于拦沙堤堤头西侧的一小片区域流速较工程前有略微减小，但仍保持航槽中心平均流速在 0.4 ~ 0.5 m/s，流向则没有太大变化。

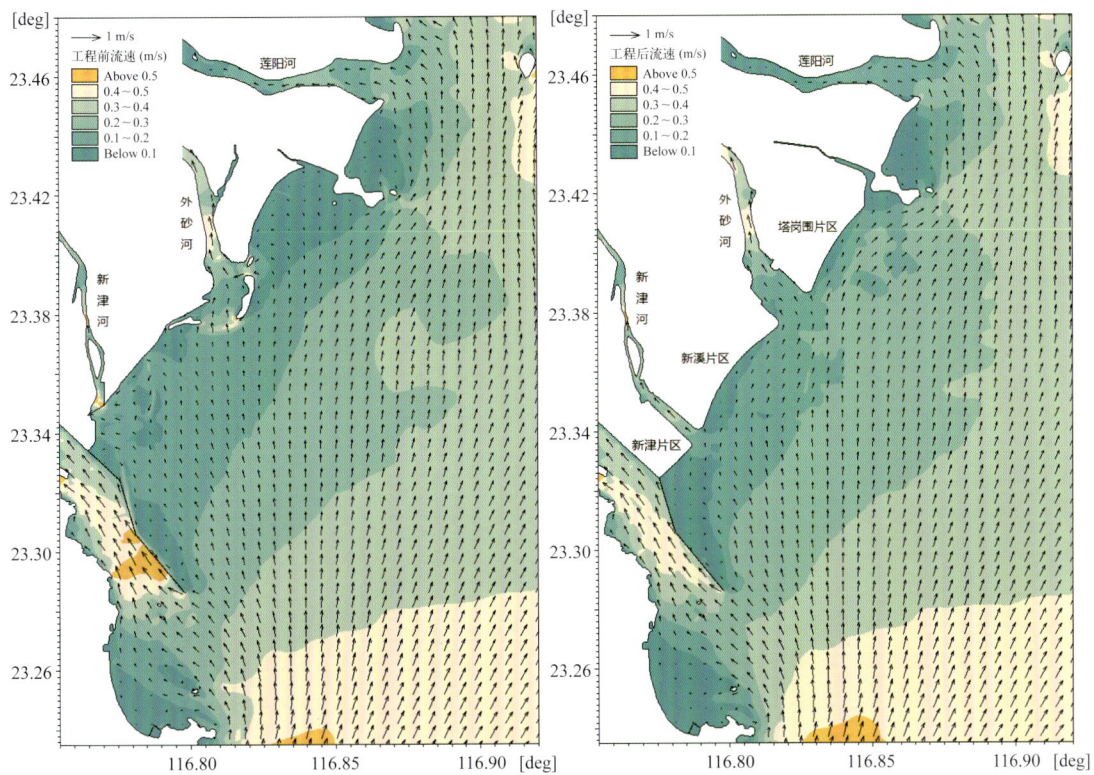

图5.1-5　工程前后大潮涨急流速对比（2015年1月22日12时00分）

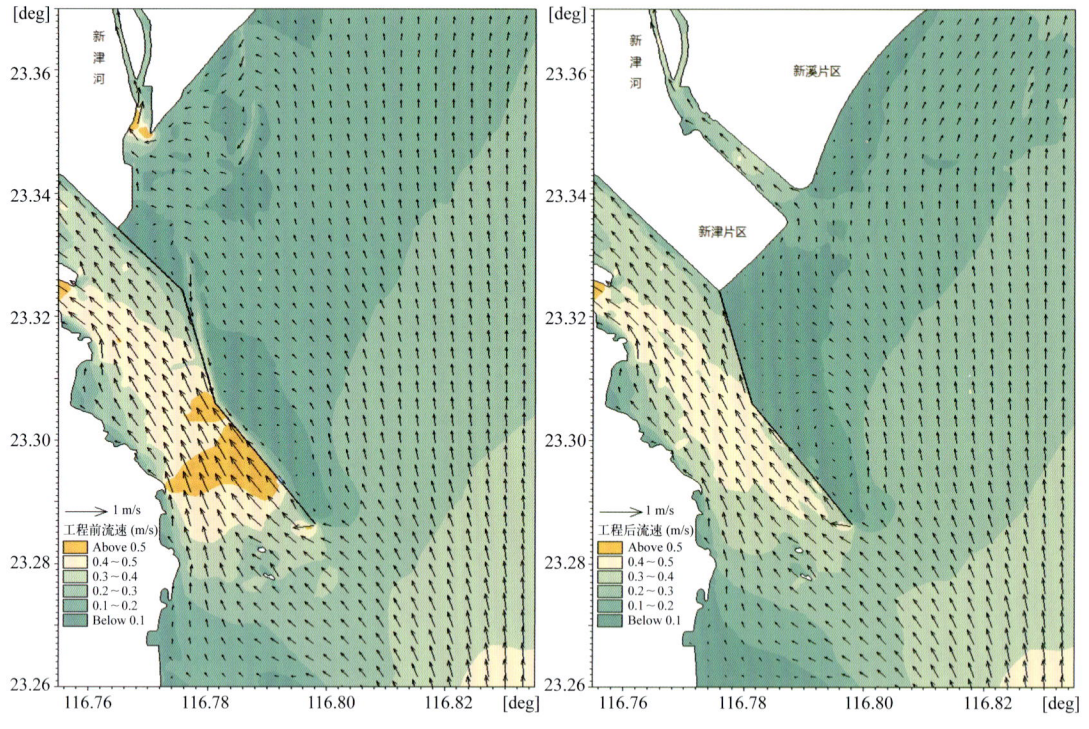

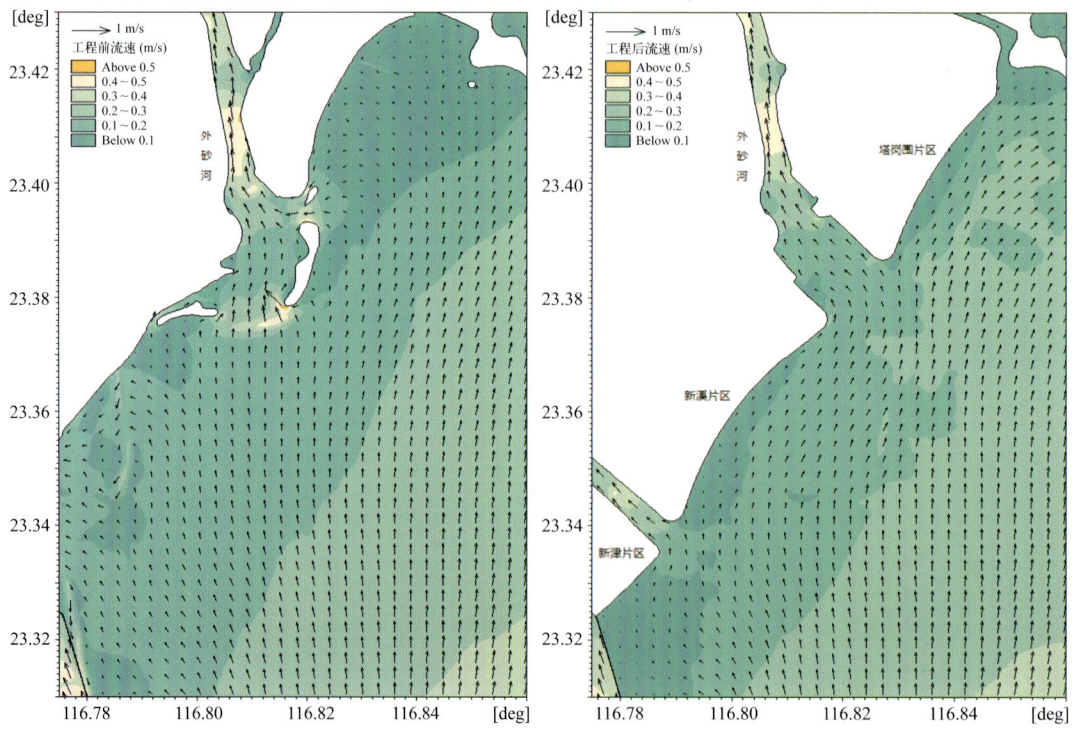

图5.1-6　工程前后大潮涨急流速对比局部（2015年1月22日12时00分）

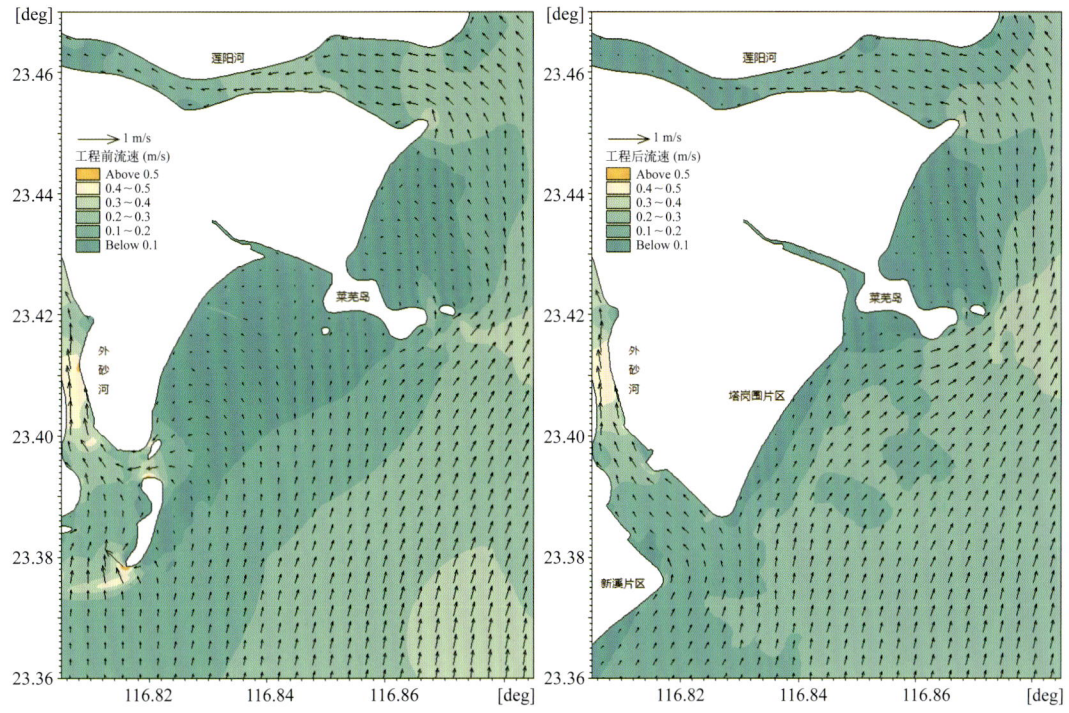

图5.1-6　工程前后大潮涨急流速对比局部（2015年1月22日12时00分）（续）

5.1.2.2　落急变化

图 5.1-7 为工程区域整体大潮落急图，左图为工程前，右图为工程后。落潮过程时，潮州港西南向的落潮流经由后江水道汇合海山岛湾内的落潮流一同进入工程区域，沿途汇集了莲阳河、外砂河、新津河等河口的下泄流，在汕头港拦沙堤头附近与汕头港航道的落潮流汇合，再经由达濠岛东南方向的表角岬角进入广澳湾。与涨潮过程类似，工程前与工程后落潮的整体流场结构大体一致。

图 5.1-8 绘制了新津、新溪和塔岗三个围片区附近海域的落急流场图，左图为工程前，右图为工程后。

工程前：新津河与外砂河的落潮流在开阔的口门处扩散开来，流速由原来的 0.4～0.5 m/s 减小至 0.1～0.2 m/s。随后新津河落潮流沿拦沙堤向东南方向入海，外砂河落潮流则由于口门处的沙坝阻碍，分成南向及东南向两股支流入海。这两个河口的下泄流在入海过程中流速逐渐增加，抵达拦沙堤堤头时流速达到了 0.3～0.4 m/s。

流速小于 0.2 m/s 的水域主要分布在新津河与外砂河之间的近岸水域、外砂河与莱芜半岛之间的小湾内；流速大于 0.5 m/s 的水域主要分布在新津河河口以及外砂河河口沙坝之间的潮汐通道，见图 5.1-8 左图。

工程后：新津河与外砂河河口处的拦门沙被挖除，新形成的东北—西南走向岸线与落潮流方向接近平行，河口处的落潮流速在 0.2～0.3 m/s，相对于工程前增加约 0.1 m/s。

落潮流沿塔岗、新溪和新津片区的顺直岸线流向汕头港拦沙堤，沿岸流速 0.2 ~ 0.3 m/s，至新津片区与汕头港拦沙堤根之间的三角区域流速减小至 0.1 ~ 0.2 m/s，随后沿拦沙堤往东南方向流向外海，流速逐渐增大至 0.3 ~ 0.4 m/s。外海落潮流速 0.4 ~ 0.6 m/s，流向由西南逐渐转为南向。汕头港航道落潮流速约为 0.6 m/s，较工程前增加约 0.1 m/s。

围片区岸边的流速相对于工程前减小了约 0.03 ~ 0.05 m/s，约为工程前的 75%，流速小于 0.1 m/s 的流速带出现在新津片区岸线与拦沙堤之间的三角区域，以及塔岗围片区东北角的小块水域，莱芜半岛东南面水域的流速与流向相对于工程前增加约 0.1 m/s，流向保持西南，见图 5.1-8 右图。

总体而言，工程后，新津河与外砂河河口处的落潮流速较工程前有所增大，围片区沿岸的落潮流速相对于工程前有所减小。围填工程对莱芜岛东南区域的落潮流速存在增大影响，但没有改变工程前的落潮流方向。汕头港航道东侧浅滩的落潮流速和流向（图 4.2-17 的 5#、6#）与工程前差别很小，表明围填工程对汕头港航道的落潮流影响不大，汕头港航道落潮流速较工程前有所增加应为航道疏浚引起的。

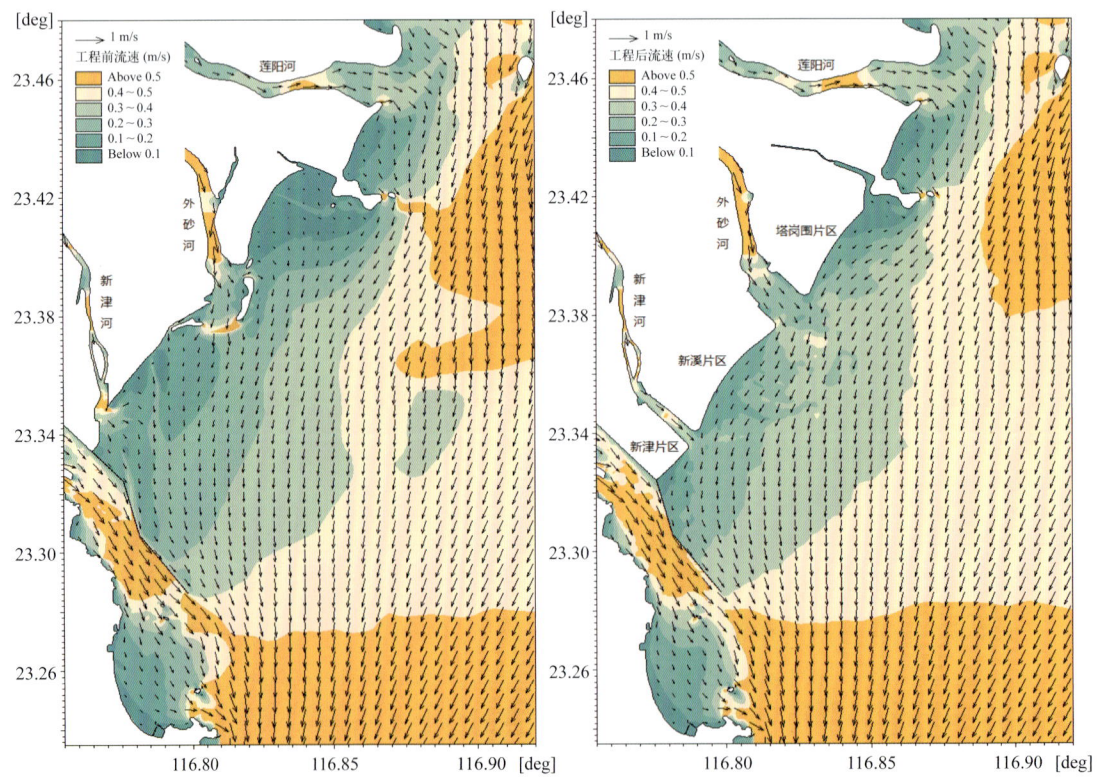

图 5.1-7　工程前后大潮落急流速对比（2015 年 1 月 23 日 05 时 30 分）

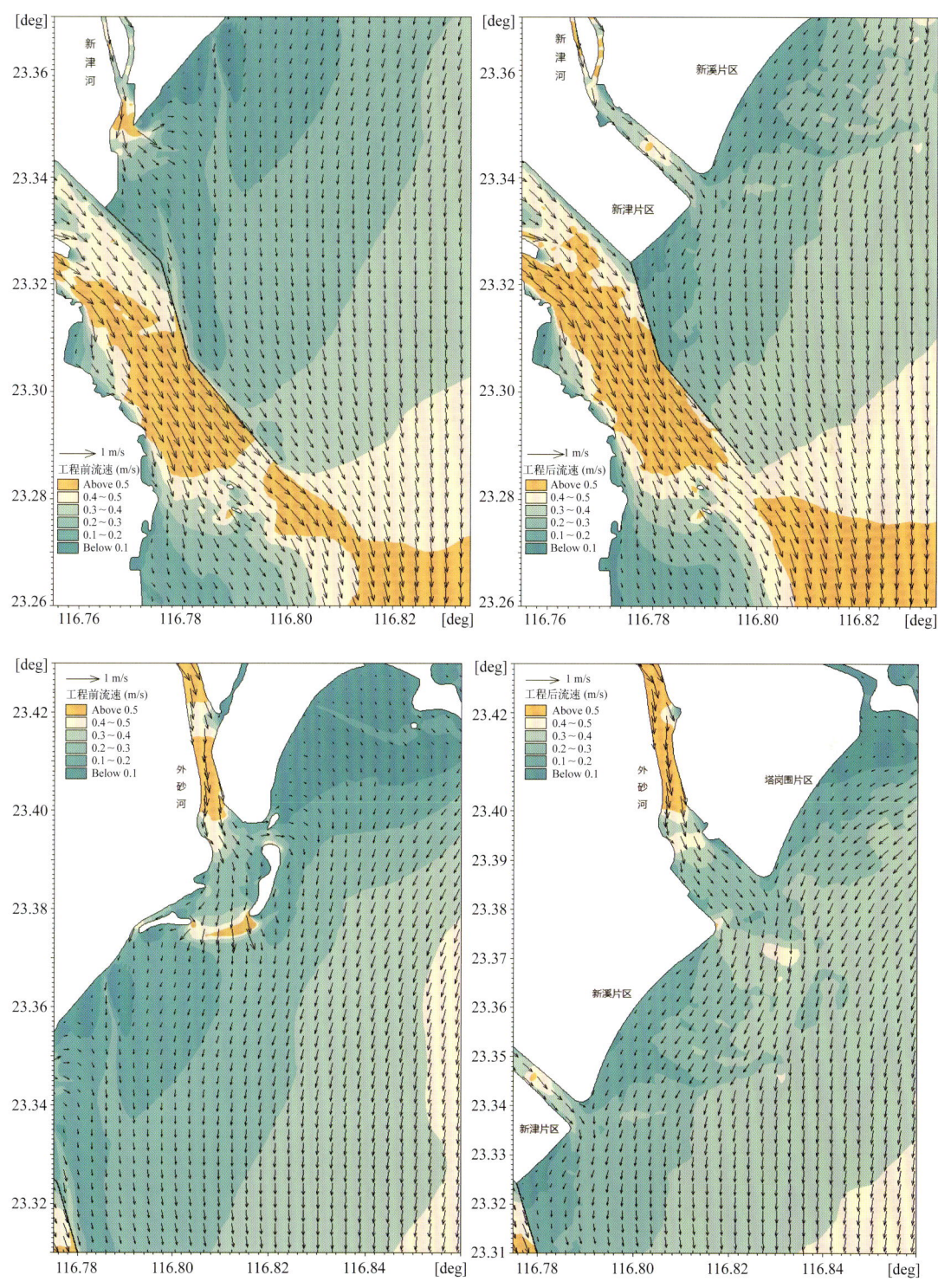

图5.1-8 工程前后大潮落急流速对比局部（2015年1月23日05时30分）

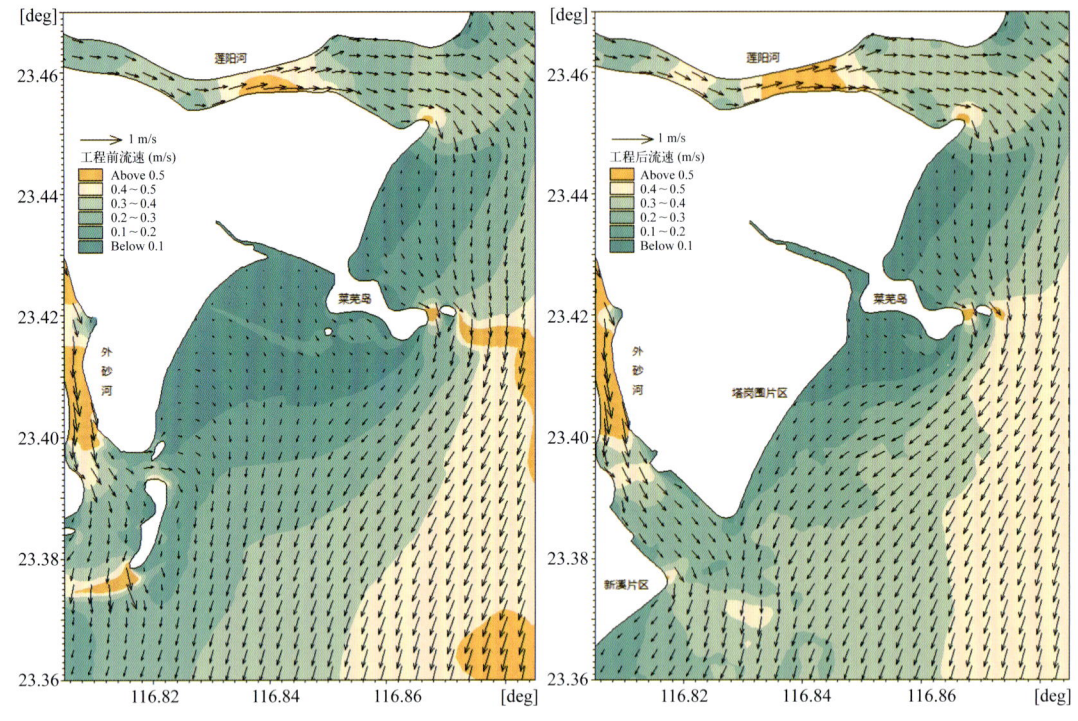

图5.1-8 工程前后大潮落急流速对比局部（2015年1月23日05时30分）（续）

5.2 泥沙运动与海床稳定性分析

本节内容分为两部分。第一部分为工程区域的泥沙运动。首先，从工程岸线变化着手分析夏季和冬季不同入射波向对工程区域沿岸输沙的影响；其次，模拟工程区域夏季和冬季的拉格朗日余流场，分析围填工程前（2007年11月）和工程后的悬沙输运特征；然后，根据4个航次的粒度分析资料，运用"GSTA模型"分析工程区域的表层沉积物输运趋势；最后，总结得到工程区域的泥沙运动特征。第二部分为工程区域的海床稳定性。首先，计算围填区域关注点的泥沙起动流速，分析正常天气下工程区域海床的稳定性情况；其次，以第4次实测地形（2015年5月）为基础，预测未来工程区域年冲淤变化趋势。对于极端天气影响下工程区域的海床冲淤变化将在5.4节中进行分析。

模拟过程使用的岸线、地形和计算条件如下：

工程前模拟：采用工程前的岸线、地形。夏季采用航次3（2014年6月）的模型计算条件；冬季采用航次4（2015年1月）的模型计算条件。

工程后模拟：夏季采用航次3的岸线、地形和模型计算条件；冬季采用航次4的岸线、地形和模型计算条件。

预测模拟：采用第4次实测岸线、地形和航次3的模型计算条件。

5.2.1 工程区域的泥沙运动

5.2.1.1 工程岸线变化对沿岸输沙的影响

工程区域围填后形成的岸线相对围填前发生了较大改变,从而影响了沿岸的泥沙输运。沿岸输沙的机理是波浪掀沙,沿岸流输沙。沿岸流是指口外海滨段,波浪破碎产生的沿岸推力而形成的平行于海岸的流动,它的成因与盛行风、风浪折射等有关。大多数沿岸流是由与海岸线斜交的波浪运动的沿岸分量组成。沿岸流是近岸带泥沙纵向输移的主要动力来源,泥沙运动主要在波浪破碎带以内。

图 5.2-1 为工程前(左图)和工程后(右图)不同波浪入射角对沿岸流的影响,为简单起见,以下分析不考虑新津河、外砂河等河口的径流作用以及采砂坑对入射波浪的影响。

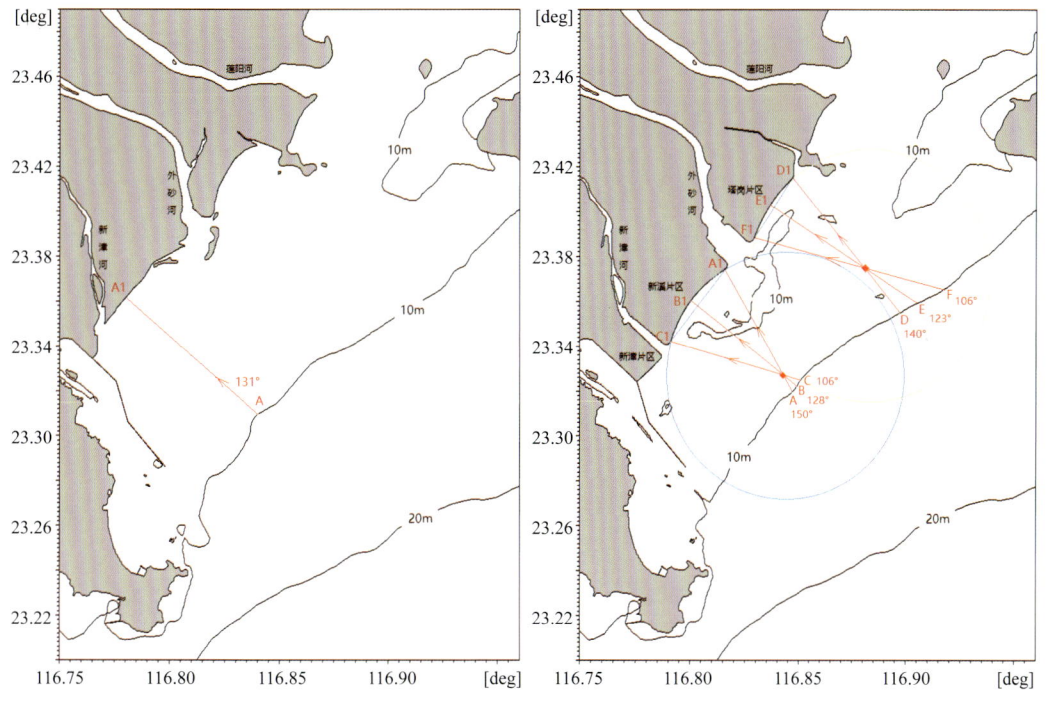

图5.2-1 工程前后不同波浪入射角对沿岸流的影响

工程前,新津河河口左岸接近东北—西南走向,与岸线正交的波浪入射角约为131°。当波浪入射角大于131°时,新津河河口左岸将产生东北方向的沿岸流,小于131°时将产生西南方向的沿岸流。

工程后,新津河河口和外砂河河口前沿的沙坝被开挖,围片区岸线前沿向海推进,水深普遍大于4 m,见图5.1-1。根据表5.3-2的计算结果,夏季和冬季围片区前沿最大波高均小于2 m,按《港口与航道水文规范》[43] 表 8.2.2 取破波指标 = 0.6 时,通常情况下围片区前沿的外海波浪不易发生破碎,而是在岸堤前破碎后形成沿岸流。除新津片区岸线前沿为直线外，新溪片区和塔岗围片区岸线前沿均为弧线，见图 5.2-1。其中，A1、B1 和 C1 分别为新溪片区弧形岸线的东端、中点和西端，与其正交的波浪入射角分别为 150°、128°、106°；D1、E1 和 F1 分别为塔岗围片区弧形岸线的东端、中点和西端，与其正交的波浪入射角分别为 140°、123°、106°。

工程区域外海夏季盛行 S 浪向，冬季盛行 NE 浪向（76.5%）和 ESE 浪向（23.5%）。根据夏季和冬季常浪向波浪场的计算结果，分别输出工程后 10 m 等深线 B 节点、E 节点处的波高和波向，见图 5.2-1 和表 5.2-1。可以看出，外海波浪进入工程区域的浅水区（10 m）后发生折射变形，工程区域的浪向分布变为 S 向（夏季）和 E—SE 向（冬季）。

节点 B 夏季，外海 S 向波浪作用下的波向为 169°，以其作为新溪片区岸线的波浪入射角（下同）时，A1～C1 段沿岸流方向为东北；冬季，外海 NE 向波浪作用下的波向为 90°，A1～C1 段沿岸流方向为西南；外海 ESE 向波浪作用下的波向为 124°，A1～B1 段沿岸流方向为西南，B1～C1 段沿岸流方向有部分区域为西南向、有部分区域为东北向。

节点 E 夏季，外海 S 向波浪作用下的波向为 169°，以其作为塔岗围片区岸线的波浪入射角（下同）时，D1～F1 段沿岸流方向为东北；冬季，外海 NE 向波浪作用下的波向为 101°，D1～F1 段沿岸流方向为西南；外海 ESE 向波浪作用下的波向为 125°，E1～F1 段沿岸流方向为东北，D1～E1 段沿岸流方向有部分区域为西南向、有部分区域为东北向。

围片区岸线节点的沿岸输沙计算采用丹麦 DHI Water & Environment 机构开发的 LITPACK 专业工程软件[53]。该软件可用于模拟波流作用下的无黏性泥沙输运、沿岸漂移、海岸线演变和准均匀海滩的剖面演变。

采用表 5.2-1 的波浪参数，若取泥沙粒径 0.1 mm，散度 1.4 时，可得到表 5.2-2 的围片区岸线节点输沙率（m³/s）与月输沙量（m³）。可以看出，夏季，新津片区和塔岗围片区的沿岸输沙方向均为东北；冬季，新津片区和塔岗围片区的沿岸输沙率均小于夏季，输沙方向与外海入射浪向、以及岸线节点位置有关。NE 向波浪作用时，新津片区和塔岗围片区的沿岸输沙方向均为西南，ESE 向波浪作用时，岸线西南端（C1、F1、E1）的沿岸输沙方向为东北，中部（B1）和东北端（A1、D1）为西南。

表5.2-1　10 m水深处节点波浪特征值

节点	季节	入射波向（°）	频率（%）	H_{max}（m）	$H_{1/3}$（m）	H_{rms}（m）	T（s）	Dir（°）
B	夏季	S（191）	100	1.98	1.04	0.7	7.2	169
B	冬季	NE（52）	76.5	1.15	0.58	0.4	4.4	90
B	冬季	ESE（107）	23.5	1.67	0.87	0.6	6.3	124
E	夏季	S（191）	100	2.10	1.10	0.8	7.2	169
E	冬季	NE（52）	76.5	0.99	0.50	0.4	4.2	101
E	冬季	ESE（107）	23.5	1.52	0.79	0.6	6.3	125

沿岸输沙量不仅取决于波浪强弱，泥沙颗粒和海底坡度，还取决于波浪入射角，理论上波浪入射角与岸线的夹角接近45°时，泥沙输运率达到最大。越接近正交时，泥沙输运率越小。冬季，工程区域的浪向受外海NE、ESE浪向影响，浪向虽有所变化，但大多与围片区的岸线接近正交，只考虑入射浪向的影响因素情况下，围片区的沿岸输沙量相对于夏季要小。

表5.2-2为围片区岸线节点的沿岸输沙率与月输沙量，表中的计算结果缺少实测数据验证。同时由于近岸水深过深，未能满足沿岸输沙计算条件，近岸地形略微进行了调整，调整后的剖面形状见图5.2-2。因而，表中的计算结果与实际情况可能有一定出入。

表5.2-2 围片区岸线节点沿岸输沙率与月输沙量

围片区岸线节点	夏季 S		冬季 NE		冬季 ESE		冬季净月输沙量 (m^3)
	输沙率 (m^3/s)	月输沙量 (m^3)	输沙率 (m^3/s)	月输沙量 (m^3)	输沙率 (m^3/s)	月输沙量 (m^3)	
C1	−0.004 2	−11 030	0.000 3	681	−0.001 2	−744	−63
B1	−0.005 5	−14 468	0.000 5	951	0.000 2	130	1 081
A1	−0.007 6	−20 041	0.000 6	1168	0.001 7	1 036	2 203
F1	−0.004 2	−11 130	0.000 2	325	−0.000 9	−537	−212
E1	−0.007 4	−19 317	0.000 4	892	−0.000 5	−284	607
D1	−0.012 3	−32 350	0.000 5	959	0.000 5	336	1 294

注：正、负值分别表示沿岸输沙方向为西南、东北。

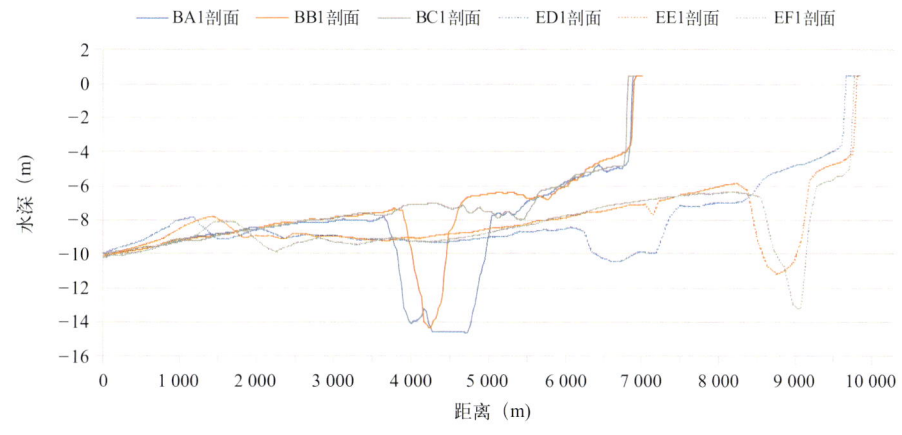

图5.2-2 B、E节点至围片区岸线各节点的剖面水深

5.2.1.2 工程区域余流场与悬沙输运特征

余流是指滤掉周期性潮流而得到的非周期性流动，它包含河口径流、咸淡水混合引起的密度流、风海流和沿岸流等其他成分。虽然余流的量阶远小于潮流速度，但在河口泥沙输运过程中起着重要的长周期输移作用。

根据研究方法的不同，余流可以分为欧拉余流和拉格朗日余流。欧拉余流描述了经过同一点流体微团的平均速度，在海湾或海洋领域的研究中，通常采用欧拉方法取得观察资料。例如，将本工程全潮调查得到的连续 25 小时流速资料进行平均得到的估算余流值即为欧拉余流，见第 2.2.3 节。尽管欧拉余流满足不可压缩流场的管量场条件，但它不能满足流场中流体微团组成的物质面守恒条件，因此并不能真实反映潮运动引起的物质输运，只有拉格朗日余流才能真实反映潮运动引起的物质输运。

拉格朗日余流为欧拉余流与斯托克斯余流之和，为水体质量净输移速度，它描述了流体微团或随水流运动的悬浮物在一个潮周期或多个潮周期后的净位移与时间的比，能很好地指示物质输运，计算公式见式（5.2–1）[54]。

$$\vec{V}_L = \frac{1}{T}\int_{t_0}^{t_0+T} \vec{v}_L(\vec{x}_0, t)dt \qquad （5.2-1）$$

式中，$\vec{V}_L$ 为拉格朗日余流速度；t_0 为初始时刻；$\vec{v}_L$ 为 t 时刻初始位置为 $\vec{x}_0$ 的流体微团拉格朗日运动速度；T 为潮周期，计算时取 25 小时。

由于悬沙的扩散输移具有拉格朗日性质，本节根据工程区域围填前、后的拉格朗日余流场，分析项目建设对工程区域悬沙净输运的影响。模型计算围填前、后余流场的潮期、水、陆边界条件均取一致，仅在水深和岸线上区分为工程前和工程后。

图 5.2-3 至图 5.2-4 为工程区域围填前后夏、冬季大潮期的拉格朗日余流场对比图。可以看出，工程区域河口及近岸的余流大于外海，余流受季节变化影响显著，具有以下分布特征：

工程前：夏季，河口下泄径流增大，新津河河口、外砂河河口以及汕头港航道的余流流向外海，方向与落潮流方向相同。工程区域近岸余流以外砂河河口为界，右侧往西南流向新津河河口，随后沿拦砂堤流向东南，沿程流速逐渐增大至 0.1 m/s，与汕头港航道余流一同按逆时针方向汇聚在拦砂堤头东侧；左侧往东北流向莱芜岛，流速小于 0.1 m/s，见图 5.2-3 左图。外海余流流向东北，大致与汕头海洋站夏季同期观测的西南风向相同（图 4.2-15）。

冬季，河口下泄径流减少，新津河河口、外砂河河口以及汕头港航道外海的余流流向河口和航道内，方向与涨潮流方向相同。工程区域近岸余流以外砂河河口为界，右侧往西南流向新津河河口，左侧往东北流向莱芜岛。拦砂堤头的逆时针余环流仍然存在，余流强度和影响范围均大于夏季，见图 5.2-4 左图。由于汕头海洋站冬季同期观测的风向存在东北、东和东南多种风向（图 4.2-15），受其影响，外海余流方向并不完全一致，存在东北和西南等不同方向的余流。

工程后：余流场分布大体与工程前相似，由于河口改道以及围填岸线向海外移，工程区域近岸余流分布较工程前发生较大改变。

夏季，新津河河口、外砂河河口以及汕头港航道的余流流向外海。工程区域近岸余流以新溪片区弧形岸线的西侧为界（拦砂堤头正北方向新溪片区岸线的红圈位置），以西往西南流向新津河河口,与汕头港航道余流一同按逆时针方向汇聚在拦砂堤头东侧;以东汇合外砂河的近岸余流往东北流向莱芜岛,见图5.2-3右图。外海余流流向东北,大致与汕头海洋站夏季同期观测的西南风向相同。

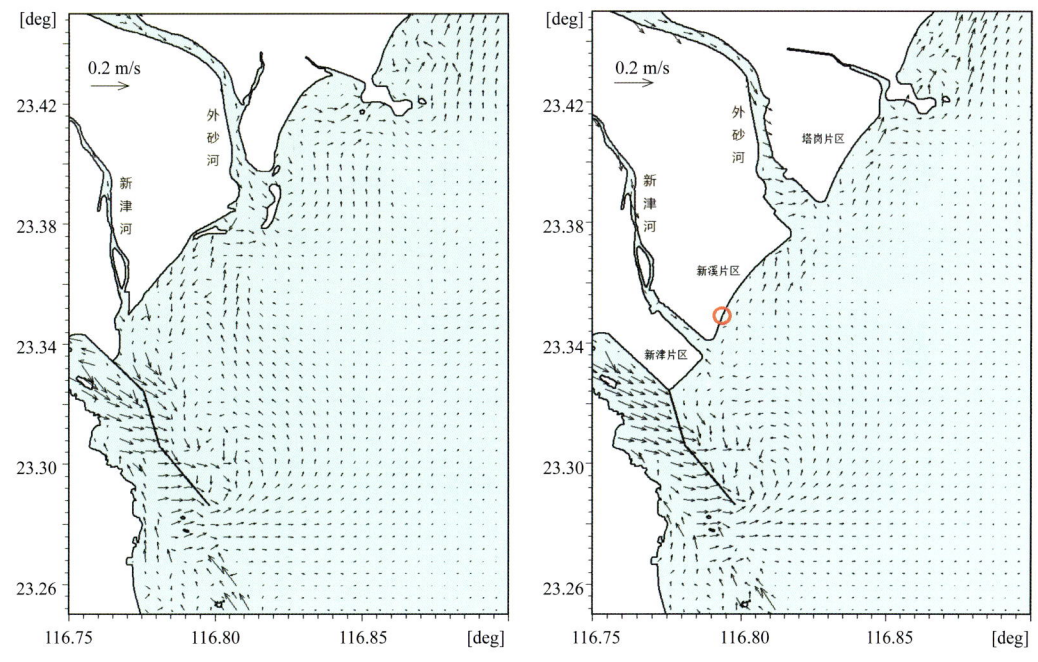

图5.2-3 夏季大潮拉格朗日余流工程前后对比(2014年6月)

冬季,新津河河口、外砂河河口以及汕头港航道外海的余流流向河口和航道内。工程区域近岸余流以新溪片区弧形岸线的中部为界(弧形岸线中间的红圈位置),以西往西南流向新津河河口,以逆时针方式聚集在拦砂堤头东侧;以东往东北流向莱芜岛。外海余流流速较小,流向以西南为主,见图5.2-4右图。

工程前后的拉格朗日余流场变化可以直观反映出工程前后的悬沙净输运变化趋势。图5.2-5为工程区域围填后夏、冬季大潮期的拉格朗日余流场与平均含沙量场叠加图。可以看出,工程区域的悬沙净输运与夏、冬季节的径流大小,海区盛行的风向密切相关,受季节变化的影响显著。

工程后的悬沙净输运趋势大体与工程前相似,夏季新津河河口、外砂河河口以及汕头港航道的悬沙往外海方向净输运,冬季新津河河口、外砂河河口以及汕头港航道外海的悬沙往河口和航道内方向净输运。无论夏季还是冬季,拦砂堤头东侧的悬沙均按逆时针方式进行辐聚。由于河口改道以及围填岸线向海外移,近岸的悬沙净输运分布较工程前有所改变。工程后,近岸悬沙夏季以新溪片区弧形岸线的西侧为界,分别往西南和东北方向净输运;冬季以新溪片区弧形岸线的中部为界,分别往西南和东北方向输运。外海悬沙净输运方向夏季为东北,冬季为西南,与海区的盛行风向基本一致。

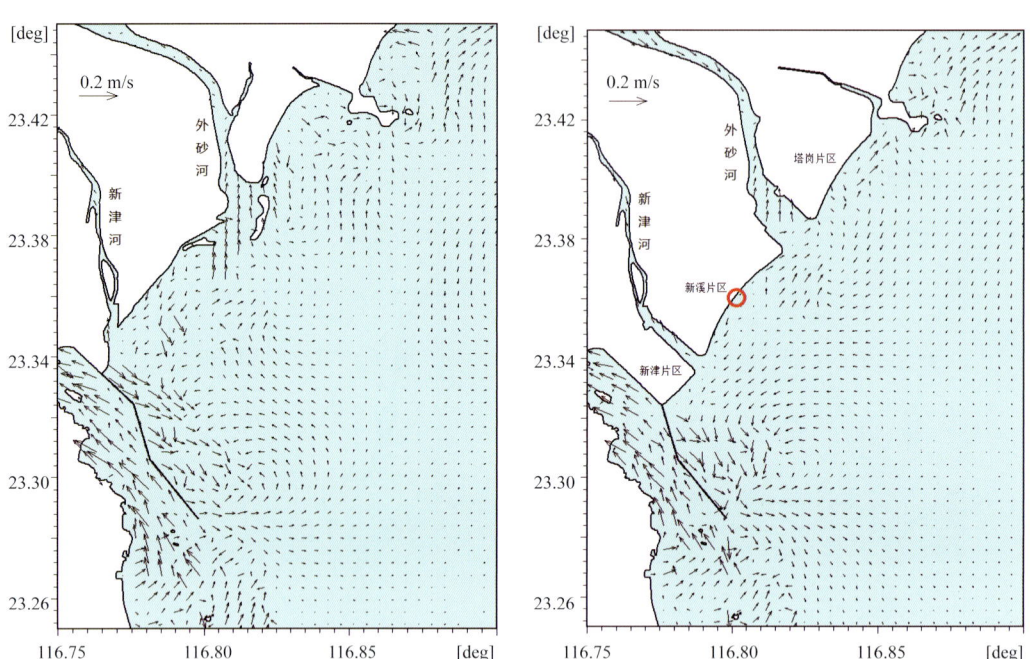

图5.2-4 冬季大潮拉格朗日余流工程前后对比（2015年1月）

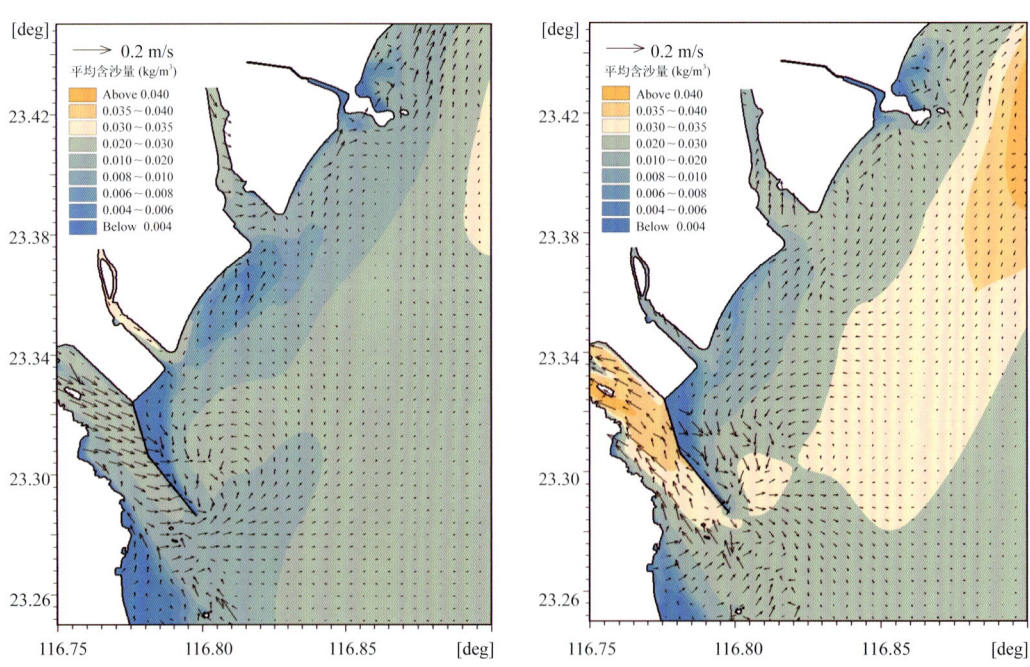

图5.2-5 工程区域夏季（2014年6月，左图）、冬季（2015年1月，右图）大潮拉格朗日余流与平均含沙量

5.2.1.3 工程区域表层沉积物输运趋势

根据 2012 年 9 月、2013 年 12 月、2014 年 6 月和 2015 年 1 月的表层沉积物采样的粒度分析资料，对围填区附近海域运用 Gao-Collins 粒径趋势分析模型（以下简称"GSTA 模型"）[55~57]，得到各个时期的泥沙净输运趋势图，见图 5.2-6 至图 5.2-9。图中矢量箭头表示沉积物的净输运方向，矢量长度仅表示粒径趋势的显著性，而不表示泥沙输运率的大小。

需要说明的是，沉积物粒度参数计算公式有多种，如本书 2.5.3 节的沉积物粒度参数根据福克和沃德公式计算得到，在 GSTA 模型中用到的沉积物粒度参数有 3 个，即平均粒径（μ）、分选系数（σ）和偏态系数（S_k），需要通过矩法计算得到，计算公式[55]如下：

$$\mu = \sum_{1}^{n} P_i s_i \tag{5.2-2}$$

$$\sigma = \left[\sum_{1}^{n} P_i (s_i - \mu)^2\right]^{1/2} \tag{5.2-3}$$

$$S_k = \left[\sum_{1}^{n} P_i (s_i - \mu)^3\right]^{1/3} \tag{5.2-4}$$

其中，P_i 为样品中某一级粒径（s_i）的百分含量，n 为粒径个数。

由图 5.2-6 至图 5.2-9 可知，工程区域河口及其近海的表层沉积物输运呈现以下特点：

秋季（2012 年 9 月），新津河河口、外砂河河口、汕头港航道存在较强的下泄径流，在下泄径流控制下泥沙向东南输运的趋势显著。由于工程区域为浪控地貌区（见 2.2.6.4 节），河口前缘及近滨带主要由波浪控制，后江湾的表层沉积物表现出向汕头港内净输运的趋势，外海表层沉积物在波浪和潮流的作用下表现为向河口方向净输运的趋势，在新津河河口西南侧和外砂河河口左侧各形成一处泥沙辐聚区。其中，新津河河口外的泥沙按逆时针方向在拦沙堤东侧辐聚，外砂河河口外的泥沙在莱芜大桥河道处辐聚。

冬季（2013 年 12 月），新津河河口、外砂河河口、汕头港航道的下泄径流有所减少，泥沙往东南方向的输运趋势减弱，后江湾的表层沉积物保持向汕头港内净输运的趋势。外海表层沉积物往西南方向和河口方向的净输运趋势显著，这与冬季盛行东北风，外海波浪作用增强有密切关系。

夏季（2014 年 6 月），与秋季表层沉积物的输运趋势相似，但新津河河口与外砂河河口外的泥沙辐聚区位置有所变化，分别偏移至新津河河口和外砂河河口附近。辐聚区沉降的泥沙有利于围填区近岸的泥沙淤积，以及河口附近的采砂坑回淤。

冬季（2015 年 1 月），在工程区域 E—SE 浪向作用下（见表 5.2-1），外海表层沉积物向河口和航道的输运趋势增强，自表角起至拦沙堤中段区域的表层沉积物表现为向汕头港内净输运的趋势。新溪片区和塔岗围片区近岸的表层沉积物表现为向外海净输运的趋势。新溪片区的外海出现一个较大范围的泥沙辐聚区（即采砂坑位置，见图5.1-1），不断接受来自新津河河口、外砂河河口、新津片区、塔岗围片区近岸以及外海往西南和西北方向输运的泥沙，辐聚区沉降的泥沙有利于开挖后的采砂坑恢复。

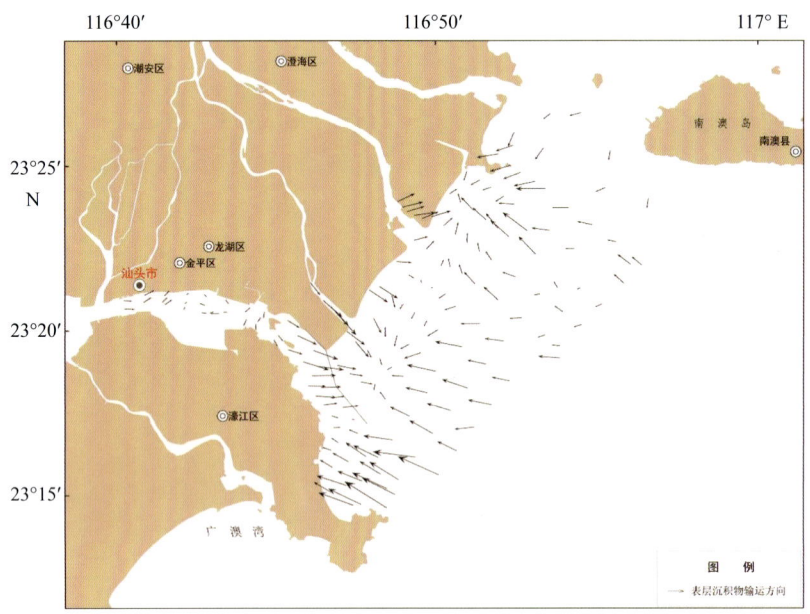

图5.2-6　2012年9月表层沉积物输运趋势

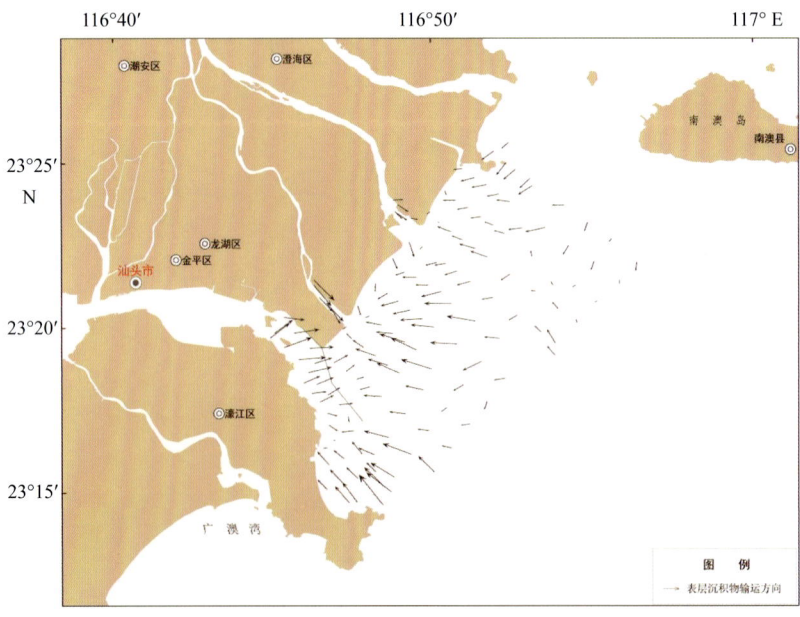

图5.2-7　2013年12月表层沉积物输运趋势

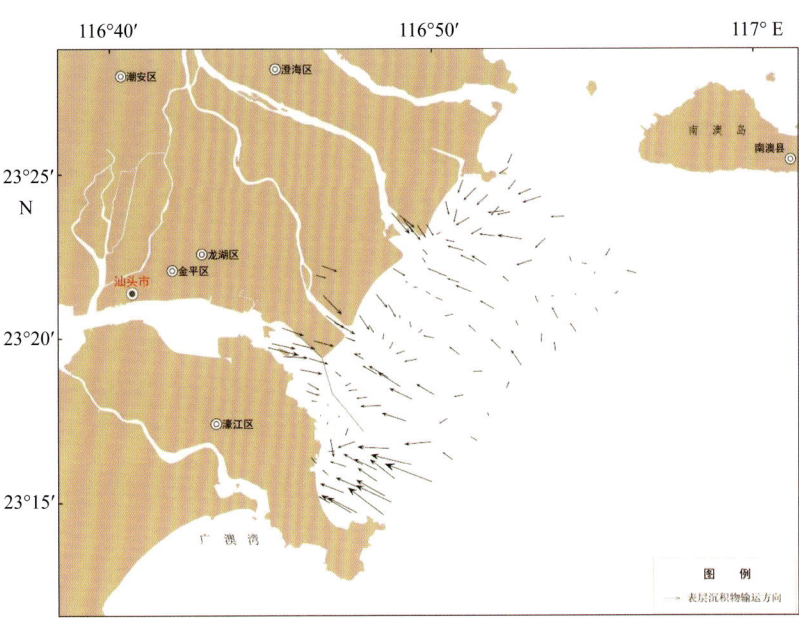

图5.2-8　2014年6月表层沉积物输运趋势

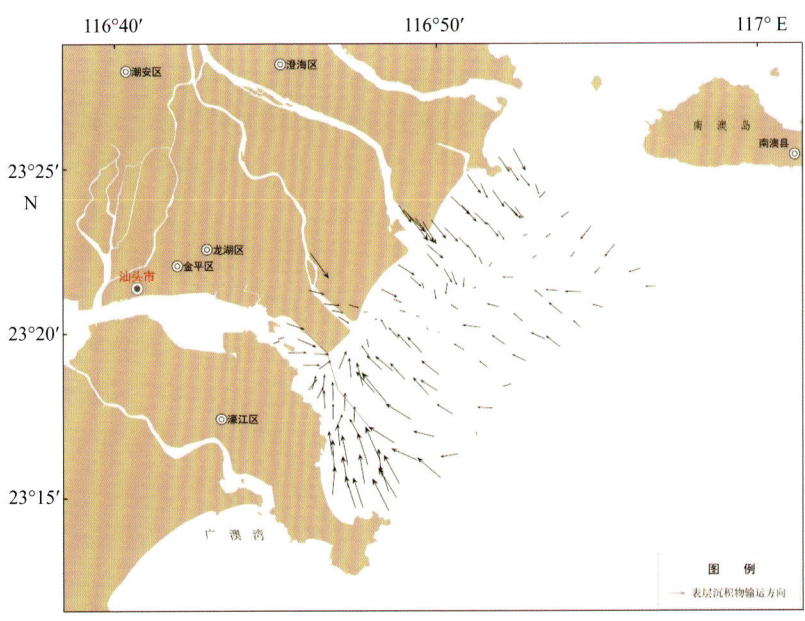

图5.2-9　2015年1月表层沉积物输运趋势

5.2.1.4　工程区域泥沙运动特征

工程区域的河口夏季被径流淡水控制，冬季有冲淡水流出，河口以外为宽广的海域，常年受风、浪影响。全年大部分时间落潮水流以惯性湍流注入海湾[10]。

（1）工程前

围填工程实施前，新津河河口、外砂河河口下泄的径流到达拦门浅滩附近时，由于水流与床底摩擦，水流速度向外围衰减较快，挟沙能力迅速下降。由径流带来粒径较粗的泥沙在河口处堆积发育成心滩、水下天然堤或沙坝[10]。较细颗粒的泥沙在落潮水流的作用下，由东往西向输送至汕头港拦沙堤东侧落淤。

工程区域：夏、冬季新津河河口、外砂河河口以西的沿岸输沙均为由东北往西南输运至拦沙堤东侧。夏季，工程区域盛行S浪向（见表5.2-1），外砂河河口以东和外海的输沙方向为西南往东北；冬季，工程海区盛行E—SE浪向（见表5.2-1），外砂河河口以东的输沙方向为西南往东北，外海的输沙方向为东北往西南。夏、冬季拦沙堤的东侧均有逆时针余环流出现，其挟带的泥沙在该处落淤加速了拦沙堤东侧浅滩的淤积发展。

汕头港航道：夏季，落潮方向的余流挟带泥沙流向外海，有利于减轻航道内的泥沙淤积，冬季，外海较大的波浪可以绕过汕头港的拦沙堤，携带淤积在拦沙堤头东侧的泥沙进入汕头港区，造成航道内的泥沙淤积。

（2）工程后

围填工程实施后，围填片区陆域岸线整体向外海外移了1.5～2.4 km；在围堤工程的改造下，新津河河口与外砂河河口均改道为东南走向，不再正对拦沙导堤，在一定程度上缓解了下泄泥沙在拦砂堤头处的直接沉降堆积。同时，新溪片区围填岸线较工程前向南发生偏移，与新形成的新津、塔岗围片区岸线形成东北西南走向。夏季在外海S浪向的作用下往东北方向沿岸输沙，冬季，新津片区和塔岗围片区的沿岸输沙方向与外海入射浪向有关。NE浪向作用时，往西南方向沿岸输沙，ESE向波浪作用时，围片区岸线西南端的沿岸输沙方向为东北，中部和东北端为西南。同时，由于围片区前沿水深较深，波浪主要在岸边发生破碎，沿岸泥沙输运宽度较为狭窄，只考虑入射浪向的影响因素情况下，围片区冬季的沿岸输沙量相对于夏季要小。

工程区域：新津河河口、外砂河河口以及汕头港航道的悬沙，夏季往外海方向净输运，冬季则相反。围片区近岸的悬沙，夏季以新溪片区弧形岸线的西侧为界，分别往西南和东北方向净输运；冬季以新溪片区弧形岸线的中部为界，分别往西南和东北方向净输运。外海的悬沙夏季往东北方向净输运，冬季往西南方向净输运，与海区的盛行风向基本一致。工程后，夏、冬季拦沙堤的东侧仍然存在逆时针余环流，其挟带的泥沙按逆时针方式进行辐聚。

表层沉积物输运与悬沙输运相似。夏季，新津河河口、外砂河河口和汕头港航道存在较强的下泄径流，泥沙往东南方向的外海输运，在工程区域S浪向作用下，新津河河口和外砂河河口外各形成一处泥沙辐聚区。辐聚区的泥沙沉降后堆积在围填区近岸以及河口附近的采砂坑。冬季，外海表层沉积物向河口和航道的输运趋势增强，自表角起至拦沙堤中段区域的表层沉积物表现为向汕头港内净输运的趋势。在工程区域E—SE浪向作用下，新溪片区和塔岗围片区近岸的表层沉积物表现为向外海净输运的趋势。新溪片区外海的采砂坑位置出现一个较大范围的泥沙辐聚区，不断接受来自新津河河口、外砂河河口、新津片区、塔岗围片区近岸以及外海往西南和西北方向输运的泥沙。

莱芜半岛：大莱芜岛于1969年建海堤后与陆地相连，东溪口海域逐渐形成半封闭的海湾，莲阳河河口往外砂河河口方向的沿岸漂沙受莱芜岛的阻挡，就地堆积在莱芜岛北侧形成浅滩（图5.2-10）。围填工程实施后，塔岗围片区岸线形成东北西南走向。正常天气时，近岸泥沙往塔岗围片区的东北方向输运，一部分进入莱芜大桥河道内，另一部分绕过莱芜岛往北向输运（图5.2-5）；极端天气时（见5.4节），莱芜岛北侧浅滩的泥沙在大风浪作用下绕过莱芜岛往围片区的西南方向输运，其中较细的悬沙可以随涨、落潮流进入莱芜大桥河道内，见图5.2-11。

图5.2-10 莱芜岛地理位置

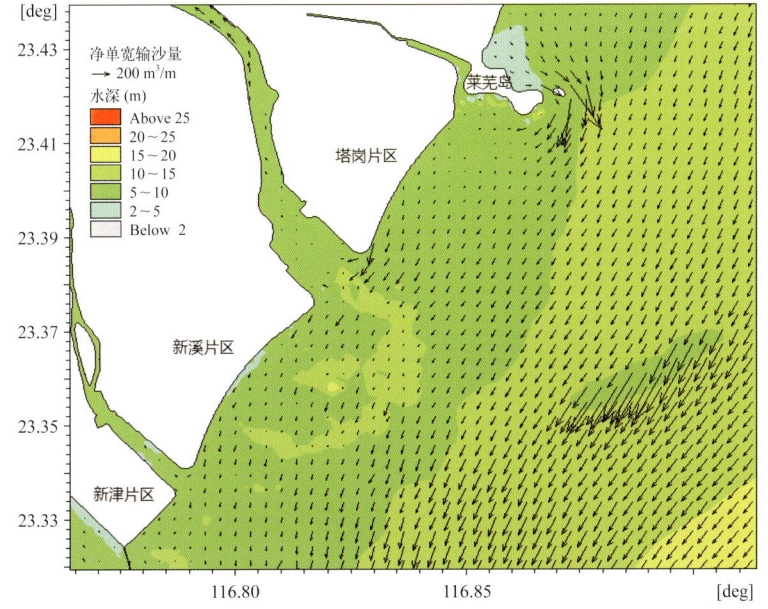

图5.2-11 台风"天兔"波高发生最大时刻工程区域净单宽输沙量（2013年9月22日16:00）

汕头港航道：与工程前相似，夏季，落潮方向的余流挟带泥沙流向外海，冬季，外海较大的波浪可以绕过汕头港的拦沙堤，携带淤积在拦沙堤东侧的泥沙进入汕头港区，造成航道内的泥沙淤积。新津河河口与外砂河河口整治后，落淤在拦沙堤头东侧浅滩的泥沙相对于工程前有所减少，在一定程度上减少了河口下泄泥沙进入汕头港航道内的几率。

5.2.2　工程区域的海床稳定性

5.2.2.1　现状条件下海床稳定性分析

海床稳定性指的是水流中的泥沙与床面泥沙交换强度的大小，它是一个相对概念，当交换强度大时，海床相对来说不稳定，反之则相对稳定[58]。

在4.3节的悬沙输移扩散方程中，式（4.3-22）为底部冲淤函数的表达式，当 $\tau_b \leqslant \tau_d$ 时，床面泥沙淤积；当 $\tau_b \geqslant \tau_e$ 时，泥沙起动，床面失稳；$\tau_{cd} < \tau_b < \tau_{ce}$ 时将满足海床不冲不淤条件，此时海床达到稳定[48][59]。

由于 τ_{cd}（不淤临界剪切应力）、τ_{ce}（不冲临界剪切应力）难以测量，而流速可通过实测或模型计算方便得到，直观上也利于比较，这里使用泥沙起动流速与实测或模型计算得到的水流流速比较来判断工程区域的海床稳定性，计算流程图见图5.2-12。

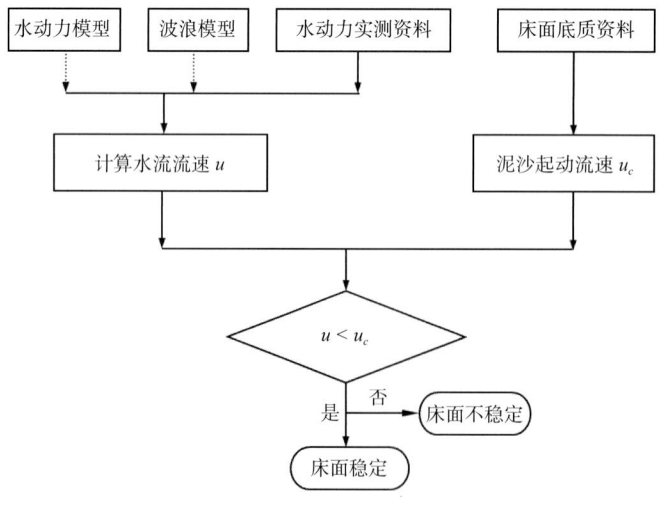

图5.2-12　海床稳定性计算流程图[59]

（注：图5.2-12根据篇末的参考文献[59]修改）

采用van Rijn（1984）[60]修正的Shields公式计算泥沙起动切应力 τ_c。记泥沙直径为 d，定义无量纲粒径 $D^* = \left(\dfrac{\rho_s - \rho}{\rho} \dfrac{g}{v^2} \right)^{1/3} d$，式中，$v$ 为水流黏滞系数，ρ_s 为泥沙密度，ρ 为水流密度，g 为重力加速度。另外，定义无量纲切应力 $\theta = \dfrac{\tau}{(\rho_s - \rho) g d}$，则泥沙起动切应力

计算公式为

$$\theta_{cr} = \begin{cases} 0.109D^{*-0.5}, & D^* \leq 6 \\ 0.14D^{*-0.64}, & 6 < D^* \leq 10 \\ 0.04D^{*-0.1}, & 10 < D^* \leq 20 \\ 0.013D^{*0.29}, & 20 < D^* \leq 150 \\ 0.055, & D^* > 150 \end{cases} \quad (5.2-5)$$

泥沙的起动阻力速度与起动切应力为

$$u_{*c} = \sqrt{\theta_{cr}(\rho_s - \rho)gd/\rho}, \quad \tau_c = \rho u_{*c}^2 \quad (5.2-6)$$

假定海底边界层内的流速符合对数律。起动流速采用 Einstein（1950）[61] 公式计算，公式形式如下：

$$u = 5.75 u_* \lg\left(30.2 \frac{\chi z}{k_s}\right) \quad (5.2-7)$$

式中，χ 为对数流速分布修正系数，k_s 为海底粗糙度，取 $k_s=2.5\ d$，z 为距床面高度。对于修正系数 χ，White et al（1973）[62] 给出了如下的公式进行计算：

$$\begin{cases} \chi = 1.900 + 1.7\log(k_s/\delta), & k_s/\delta < 0.4 \\ \chi = 1.615 + 1.544|\log(k_s/\delta)|^{1.6}, & 0.4 \leq k_s/\delta < 2.35 \\ \chi = 1.000 + 0.926|\log(k_s/\delta) - 1|^{2.43}, & 2.35 \leq k_s/\delta < 10 \\ \chi = 1.0, & 10 \leq k_s/\delta \end{cases} \quad (5.2-8)$$

式中，δ 为水流黏性边界层厚度，$\delta = 11.6\ v/u_*$。

为了分析计算点的床面活动情况，引入自定义的依据起动概率判断床面稳定性的标准，见表 5.2-3。

表5.2-3 依据起动概率判断床面稳定性的标准

起动概率（%）	>60	30～60	10～30	0～10
床面稳定性	活跃	易起动	不易起动	稳定

经计算，夏、冬季工程区域计算点的起动流速见表 5.2-4 至表 5.2-5，表中 d_{50} 为泥沙中值粒径。采用表 5.2-3 的床面稳定性判断标准后，可以看出，工程区域泥沙活跃的区域主要位于表角、汕头港航道、拦沙堤头东侧、莱芜岛和后江水道；易起动的区域主要位于新溪片区中部至外砂河河口之间的区域；稳定的区域，夏季主要位于拦沙堤东侧浅滩和新津片区岸线前沿，以及塔岗围片区东北端，冬季主要位于新溪片区西部岸线前沿至新津片区岸线前沿，以及塔岗围片区东北部。

计算结果表明，正常天气下，工程区域的岸线前沿不容易发生冲刷，除了新溪片区中部至外砂河河口之间的区域外。主要的原因在于这片区域的向海一侧为较大范围的采砂坑，受其影响，这片区域的床面泥沙较易发生起动。这与3.3.1节"海床冲淤平面变化"分析的结果"外砂河河口（十三区至十五区）的采砂区以外区域多表现为侵蚀"和3.3.2节"海床冲淤剖面变化"分析的结果"新溪片区岸线近岸0.6km范围内出现轻微侵蚀，月平均冲刷小于0.003m"结论一致。

此外，还可以看出汕头港航道容易发生冲刷，这有利于保持航道的通航水深。莱芜岛东南侧亦容易发生冲刷，与根据表3.3-6莱芜半岛近岸（十六区）海床稳定性分析得出的冲刷结论一致。

表5.2-4 夏季工程区域计算点床面稳定性

编号（自西南向东北）		d_{50}（mm）	夏季全潮平均流速范围（cm/s）与百分比（%）						起动流速（cm/s）	起动概率（%）	床面稳定性
			0~15	15~30	30~45	45~60	60~75	>75			
全潮测流点	C1	0.077	6.8	24.7	38.6	26.8	3.2		31.8	64	活跃
	C2	0.075	32.6	62.4	5.0				31.1	5	稳定
	C3	0.022	27.0	47.6	25.4				22.5	49	易起动
表角	1#	0.185	18.2	22.9	37.6	21.1	0.3		40.9	32	易起动
	2#	0.104	29.8	22.9	20.8	13.2	6.8	6.5	34.5	41	易起动
汕头港航道	3#	0.011	27.7	22.6	17.8	15.0	10.7	6.1	19.1	66	活跃
	4#	0.008	26.6	23.2	17.9	16.0	9.7	6.5	17.4	70	活跃
拦沙堤东侧浅滩	5#	0.083	56.9	32.9	10.3				32.0	9	稳定
	6#	0.009	90.0	10.0					17.3	8	稳定
新津片区岸线前沿	7#	0.008	100						16.4	0	稳定
	8#	0.015	96.4	3.6					19.3	3	稳定
新津河河口	9#	0.016	75.2	24.0	0.8				20.4	16	不易起动
	10#	0.019	72.7	27.3					20.7	17	不易起动
新溪片区岸线前沿	11#	0.013	68.9	31.1					18.2	24	不易起动
	12#	0.010	60.6	39.4					17.4	33	易起动
	13#	0.029	32.5	64.9	2.6				23.3	32	易起动
外砂河河口（南港口）	14#	0.025	62.4	30.5	7.1				23.2	21	不易起动
塔岗围片区岸线前沿	15#	0.053	31.1	52.7	16.1	0.1			27.5	25	不易起动
	16#	0.026	67.0	33.0	0.0				22.5	17	不易起动
	17#	0.018	92.9	7.1	0.0				20.0	5	稳定
莱芜岛	18#	0.013	20.7	35.9	41.1	2.4			19.2	69	活跃
莲阳河河口（北港口）	19#	0.041	16.0	68.8	15.0		0.3		24.8	39	易起动
后江水道	20#	0.008	17.9	26.2	33.7	21.5	0.7		17.5	78	活跃

表5.2-5 冬季工程区域计算点床面稳定性

编号 (自西南向东北)		d_{50} (mm)	冬季全潮平均流速范围(cm/s)与百分比(%)						起动 流速 cm/s	起动 概率 (%)	床面 稳定性
			0~15	15~30	30~45	45~60	60~75	>75			
全潮 测流点	C1	0.028	11.2	22.6	34.7	25.4	5.1	1.0	24.3	75	活跃
	C2	0.053	40.2	46.6	13.2				28.4	18	不易起动
	C3	0.016	32.3	41.3	24.1	2.2			20.7	52	易起动
表角	1#	0.038	20.5	25.1	29.0	20.1	5.3		27.2	59	易起动
汕头港 航道	2#	0.029	31.9	25.1	16.4	12.8	7.8	4.3	24.3	53	易起动
	3#	0.013	29.1	23.4	18.3	12.9	10.4	4.7	19.8	63	活跃
	4#	0.011	26.9	24.1	18.7	13.9	9.7	4.3	18.7	67	活跃
拦沙堤东侧 浅滩	5#	0.030	55.3	30.5	14.0	0.1			24.3	26	不易起动
	6#	0.016	82.2	17.8					20.0	12	不易起动
新津片区岸 线前沿	7#	0.019	100						20.5	0	稳定
	8#	0.017	91.5	8.5					20.1	6	稳定
新津河河口	9#	0.016	71.7	27.7	0.6				20.1	19	不易起动
新溪片区岸 线前沿	10#	0.027	72.7	27.3					22.7	13	不易起动
	11#	0.061	69.9	30.1					27.9	4	稳定
	12#	0.030	67.3	32.7					23.3	15	不易起动
	13#	0.015	40.2	54.5	5.3				19.2	45	易起动
外砂河河口 (南港口)	14#	0.011	62.8	31.6	5.5				18.6	30	易起动
塔岗围片区 岸线前沿	15#	0.026	39.7	44.8	15.4	0.1			22.7	37	易起动
	16#	0.044	65.6	34.4					25.9	9	稳定
	17#	0.106	93.3	6.7					32.4	0	稳定
莱芜岛	18#	0.034	24.7	35.5	36.1	3.7			24.5	53	易起动
莲阳河河口 (北港口)	19#	0.041	30.2	60.1	9.7	0.0			24.8	31	易起动
后江水道	20#	0.008	20.8	28.3	28.6	16.9	5.4		17.5	74	活跃

5.2.2.2 工程区域海床冲淤变化预测

泥沙年冲淤强度是通过短期计算并根据此结果对长期推算而来。进行这种推算是因为，一方面进行计算长度一年的泥沙计算耗时耗力，很不方便，有必要由短期结果推算长期演变；另一方面，泥沙落淤量随时间可以认为呈线性关系，并且在以往的工程实践中，有很多这样的先例，因此可认为用短期结果是可行的[63]。在第4.3.1节海床冲淤验证计算中便采用了此方法进行推算。

利用率定好的潮流泥沙数学模型,以第四次实测地形(2015年5月)为基础,采用2014年6月(航次3)大潮、中潮、小潮观测期间的潮型作为典型潮,预测工程区域现状条件下1年后的冲淤变化,计算过程中考虑浪流耦合作用与地形演变加速。

图5.2-13为工程区域的年冲淤量分布图,图中正值表示淤积,负值表示侵蚀。可以看出,工程区域的侵蚀区域主要位于表角、汕头港航道、各河口河道、莱芜岛南侧和南澳岛西侧深槽;淤积区域主要位于汕头湾内的泥湾、后江湾、拦沙堤东侧浅滩、塔岗围片区岸线前沿、莱芜岛北侧以及各河口附近的采砂坑。

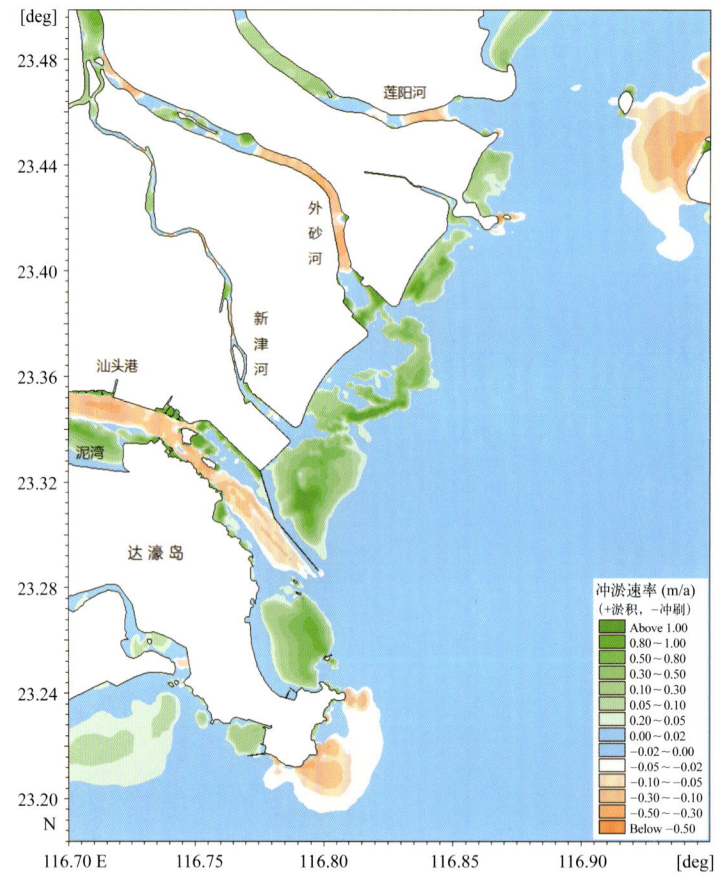

图5.2-13　工程区域泥沙年冲淤量

表5.2-6为工程区域计算点年冲淤强度统计。可以看出,汕头港航道内侵蚀,平均冲淤强度约为 -9.0 cm/a;拦沙堤东侧浅滩、新津片区岸线前沿和塔岗围片区岸线前沿为淤积,平均淤积强度分别为 3.7 cm/a、5.2 cm/a,9.5 cm/a;其余区域海床的冲淤程度较轻,接近稳定状态。若按表3.1-2海床稳定性判别标准,工程区域计算点的海床稳定性结果见表5.2-6。

表5.2-6 工程区域计算点年冲淤状态

编号（自西南向东北）		年冲淤强度（cm/a）	海床稳定性
全潮测流点	C1	−1.1	微侵蚀
	C2	−0.1	稳定
	C3	−0.1	稳定
表角	1#	−0.2	稳定
汕头港航道	2#	−8.2	侵蚀
	3#	−7.9	侵蚀
	4#	−10.9	强侵蚀
拦沙堤东侧浅滩	5#	1.6	微淤积
	6#	5.7	淤积
新津片区岸线前沿	7#	1.0	微淤积
	8#	9.4	淤积
新津河河口	9#	0.1	稳定
新溪片区岸线前沿	10#	2.3	微淤积
	11#	0.3	稳定
	12#	−0.5	稳定
	13#	−1.3	微侵蚀
外砂河河口（南港口）	14#	0.5	稳定
塔岗围片区岸线前沿	15#	−1.2	微侵蚀
	16#	24.1	严重淤积
	17#	5.6	淤积
莱芜岛	18#	−1.2	微侵蚀
莲阳河河口（北港口）	19#	−1.1	微侵蚀
后江水道	20#	−2.7	微侵蚀

结合图表分析结果，新津片区岸线前沿以及塔岗围片区东北端未来处于淤积或严重淤积状态；新溪片区岸线前沿东北部～塔岗围片区岸线前沿西侧的区域未来处于微侵蚀状态。工程区域虽然存在较大范围的采砂坑，但采砂坑周围的冲刷量值较小，因此对围片区岸线的稳定性影响也较小，采砂坑未来将保持较快的淤积速率。远离工程区域的外海区域（如拦沙堤头以东的外海海域）未来将保持冲淤平衡态势。

在汕头港拦沙堤的掩护作用下，新津片区至拦沙堤一带的潮流与波浪都较小，有利于新津河河口与外砂河河口出流挟带的泥沙在此区域落淤。新的围片区岸线向海推进，导致落淤的泥沙往拦沙堤头位置前移，在涨潮流作用下容易与新津河、外砂河等河口落潮时挟带的泥沙一起进入汕头港内，其中较细颗粒的泥沙堆积在汕头港湾两侧的岸边（如泥湾附近）。未来汕头港航道的冲淤变化趋势为，外航道至口门处保持冲刷，汕头湾内处于自然淤积状态。

根据表 5.2-6 还可以看出，新溪片区岸线前沿东北部~塔岗围片区岸线前沿西侧的年冲淤强度均为负值，月平均冲刷约 0.001 m，与 3.3.2 节"海床冲淤剖面变化"分析的结果："新溪片区岸线近岸 0.6 km 范围内出现轻微侵蚀，月平均冲刷小于 0.003 m"接近。此外，工程后莱芜岛东南侧发生了强烈冲刷（见表 3.3-6），表 5.2-6 中的预测结果虽然与实测差别较大，但稳定性预测结果为冲刷，与实际亦相符。由于模型只使用了夏季典型潮进行工程区域现状条件下的年冲淤预测，没有结合冬季典型潮进行联合预测，因此表 5.2-6 工程区域计算点的年冲淤强度与实际存在量值上的差异，但总体的冲淤分布结论与现状较为符合。

5.3 采砂坑对工程海岸稳定性的影响分析

本节通过模拟无、有采砂坑存在时工程区域的潮流场和波浪场结果，分析采砂坑对工程海岸稳定性的影响，见图 5.3-1。这里的采砂坑泛指的是相对于工程前，工程后海床出现剧烈加深的区域，如汕头港航道疏浚区，围片区前沿的海砂开采区，莱芜岛东南侧的冲刷深坑等区域，见图 5.3-2。

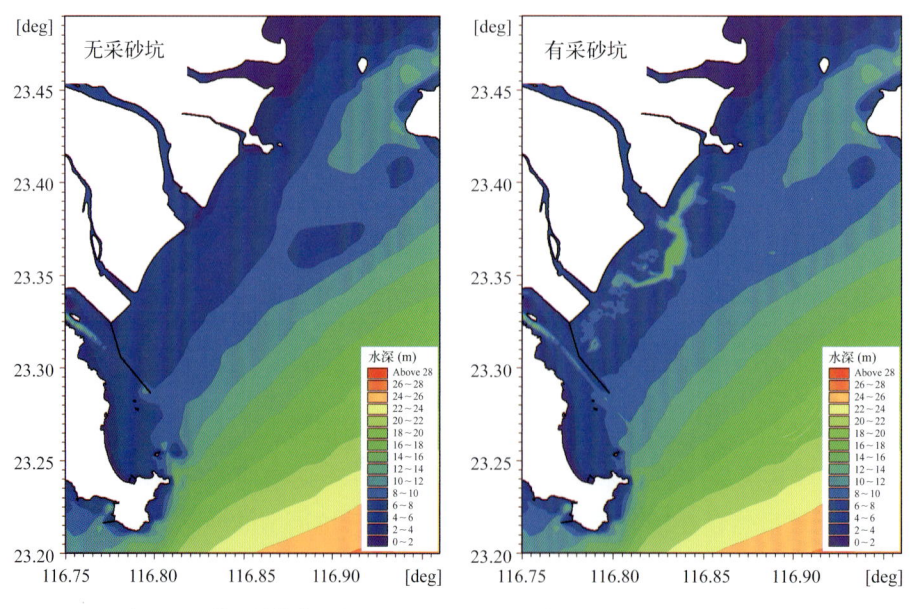

图5.3-1　模型计算使用的地形（基面：平均海面，右图为航次3地形）

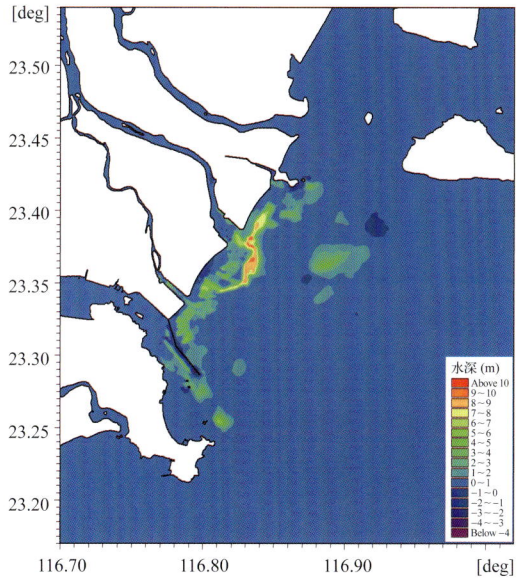

图5.3-2 采砂坑分布区域（图5.3-1的右图地形减去左图地形）

（1）潮流模拟使用的岸线、地形和计算条件如下：

无采砂坑模拟：采用工程前地形（2007年11月）。夏季采用航次3（2014年6月）的岸线和模型计算条件；冬季采用航次4（2015年1月）的岸线和模型计算条件；

有采砂坑模拟：夏季采用航次3的岸线、地形和模型计算条件；冬季采用航次4的岸线、地形和模型计算条件。

（2）常浪向波浪模拟使用的岸线、地形如下：

无采砂坑模拟：采用工程前地形。夏季采用航次3的岸线；冬季和多年一遇（50年一遇和100年一遇）采用航次4的岸线。

有采砂坑模拟：夏季采用航次3的岸线、地形；冬季和多年一遇（50年一遇和100年一遇）采用航次4的岸线、地形。

5.3.1 采砂坑对工程海岸潮流的影响

图5.3-3至图5.3-6为无、有采砂坑时工程区域夏季、冬季大潮涨、落急流场对比。表5.3-1为工程区域计算点提取的流速、流向特征值。图5.3-7至图5.3-10为根据表5.3-1绘制的各计算点流速、流向分布。

（1）相对于无采砂坑情况，有采砂坑时工程区域流速发生较大变化的区域

① 夏季（2014年6月）

涨急：汕头港航道和新津河、新溪河河口的流速均发生减小。汕头港航道（2#）、新津河河口（9#）和外砂河河口（14#）的流速分别为0.37 m/s、0.10 m/s和0.13 m/s，相对

于无采砂坑情况分别减小了 17.9%、19.3% 和 67.7%；

落急：汕头港航道（2#）、外砂河河口（14#）的流速分别为 0.58 m/s 和 0.24 m/s，相对于无采砂坑情况分别减小了 10.1% 和 62.8%；新津河河口（9#）的流速为 0.24 m/s，相对于无采砂坑情况增大 12.4%。

无论涨急还是落急，莱芜岛东南侧（18#）的流速均发生增大。

涨急，流速为 0.25 m/s，相对于无采砂坑情况增大了 40.0%。

落急，流速为 0.19 m/s，相对于无采砂坑情况增大了 8.1%。

② 冬季（2015 年 1 月）

涨、落急流速大于夏季。无、有采砂坑时的流场分布与夏季大体一致。

涨急：汕头港航道、新溪河河口的流速均发生减小。汕头港航道（2#）、外砂河河口（14#）的流速分别为 0.41 m/s、0.14 m/s，相对于无采砂坑情况分别减小了 18.6%、60.4%；新津河河口（9#）的流速发生增大，为 0.15 m/s，相对于无采砂坑情况增大 12.7%。

落急：汕头港航道（2#）、外砂河河口（14#）的流速分别为 0.61 m/s、0.24 m/s，相对于无采砂坑情况分别减小了 7.9%、62.8%；新津河河口（9#）的流速为 0.24 m/s，相对于无采砂坑情况增大 2.4%。

无论涨急还是落急，莱芜岛东南侧（18#）的流速均发生增大。

涨急，流速为 0.26 m/s，相对于无采砂坑情况增大了 45.5%。

落急，流速为 0.23 m/s，相对于无采砂坑情况增大了 16.9%。

（2）相对于无采砂坑情况，有采砂坑时工程区域流向发生较大变化的区域

① 夏季（2014 年 6 月）

涨急：拦沙堤东侧浅滩（5#、6#）、外砂河河口（15#）以及塔岗围片区岸线东北（17#）。

落急：与无采砂坑情况大体一致。

② 冬季（2015 年 1 月）

涨、落急流向分布与夏季大体一致。

总体而言，冬季无、有采砂坑时的流场分布与夏季大体一致。工程区域出现采砂坑后流速变化较大的区域为：汕头港航道、新津河河口和外砂河河口以及莱芜岛的东南侧；流向变化较大的区域为：拦沙堤东侧浅滩、外砂河河口以及塔岗围片区岸线的东北。

通常情况下，出现采砂坑后当地的水深有所增大，在涨、落潮流量不变的情况下，流速趋于减小。根据前面的分析可知，采砂坑对工程区域的河口、航道的影响较大，新津河河口的流速增大约 10%，外砂河河口的流速减小约 60%，汕头港航道的流速减小约 10%~20%。采砂坑对围片区岸线前沿的流速影响不大，但会增大莱芜岛东南侧的流速，涨急流速增大约 40%，落急流速增大约 10%~20%。采砂坑会引起局部流向发生变化，但对海区的整体涨落潮流方向影响不大。

第 5 章 工程区域稳定性与汕头港航道淤积分析

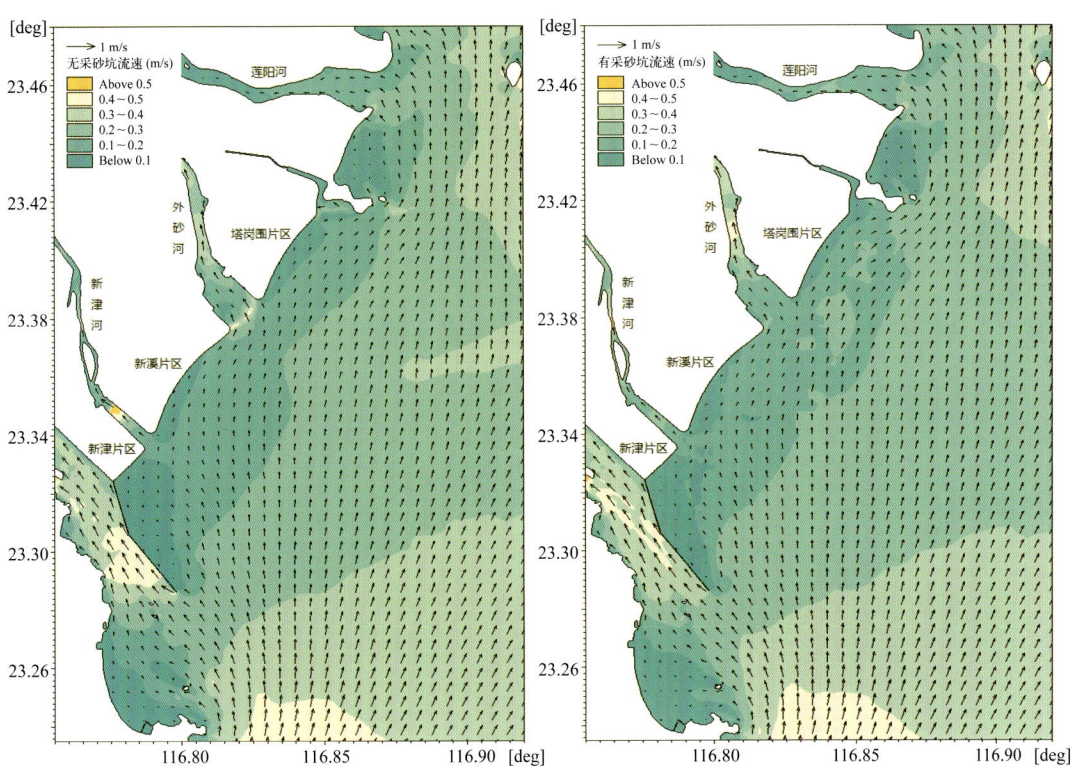

图5.3-3　夏季大潮涨急对比（2014年6月30日00时30分）

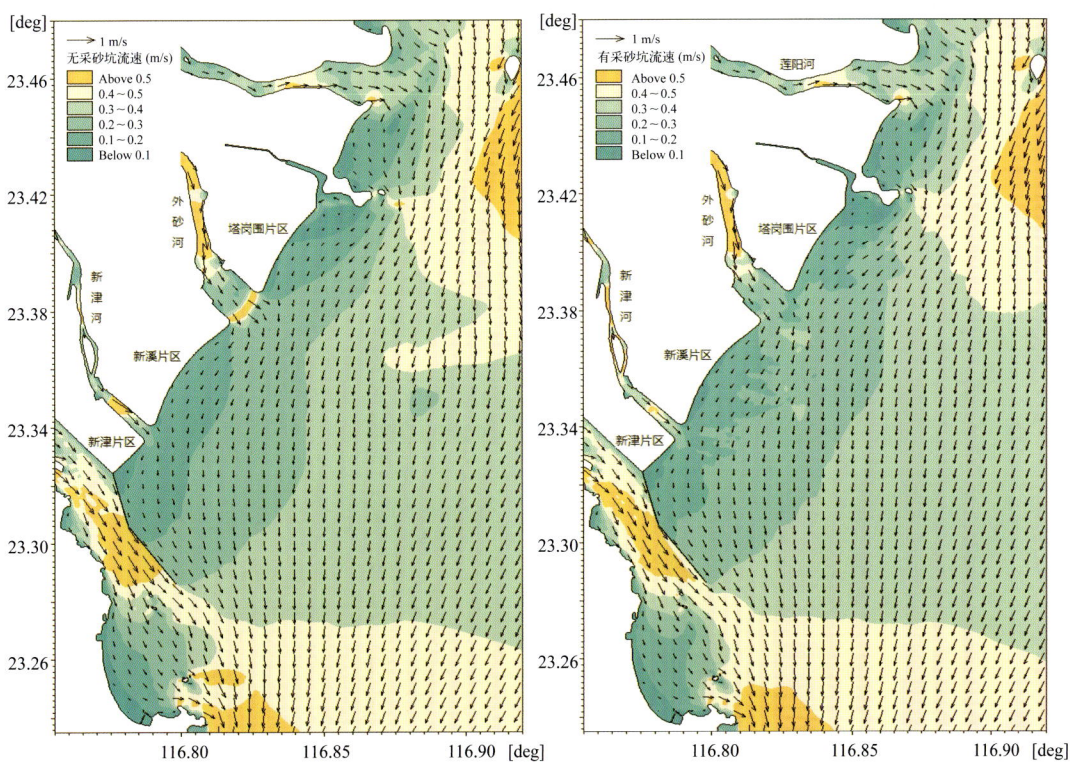

图5.3-4　夏季大潮落急对比（2014年6月29日17时00分）

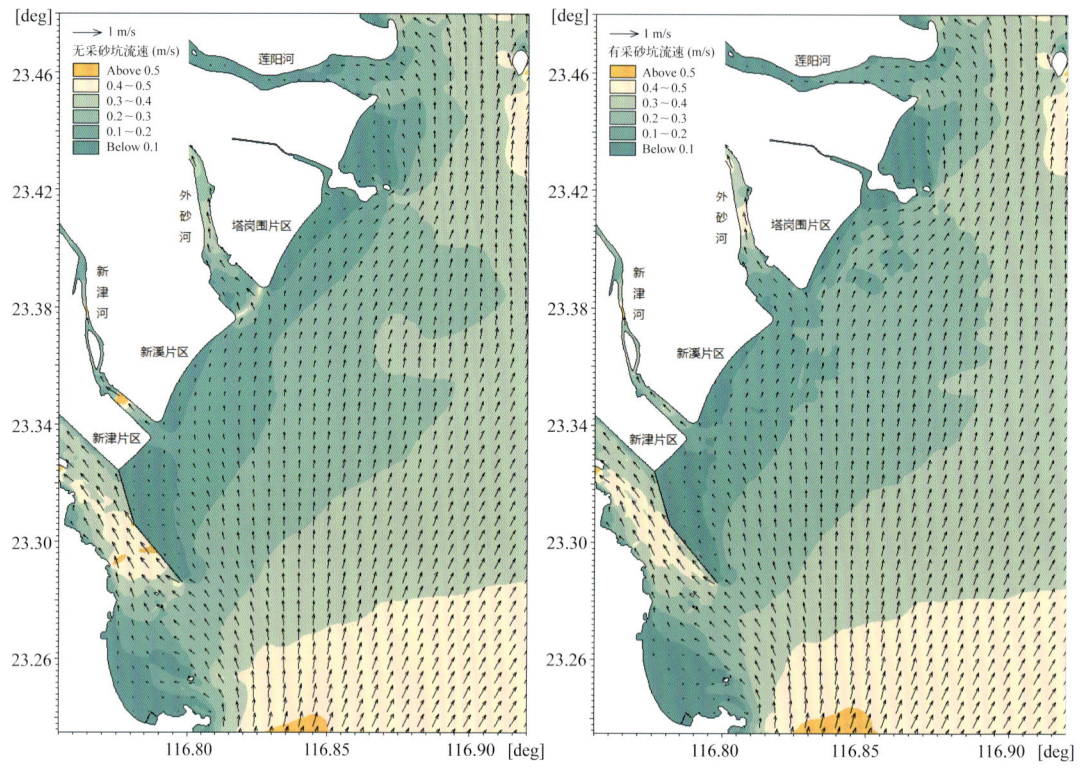

图5.3-5　冬季大潮涨急对比（2015年1月22日12时00分）

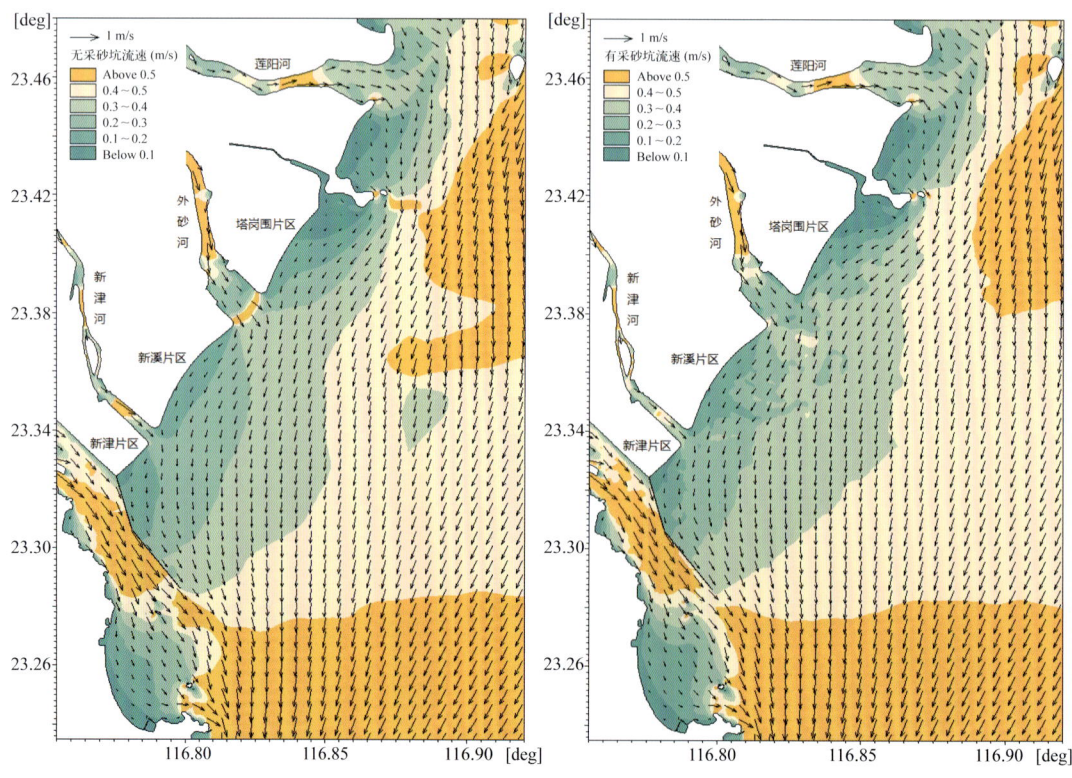

图5.3-6　冬季大潮落急对比（2015年1月23日05时30分）

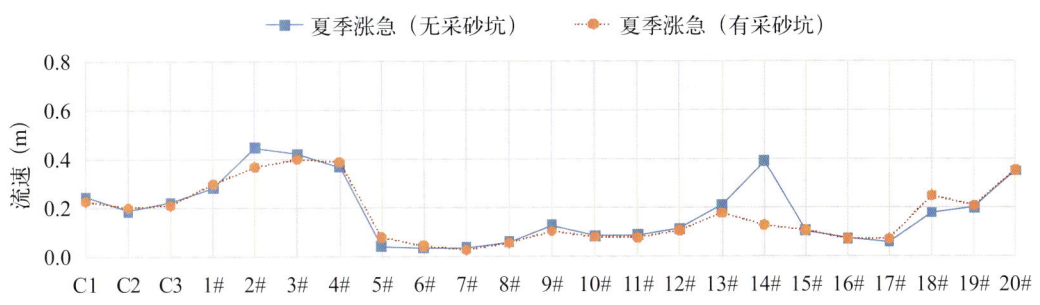

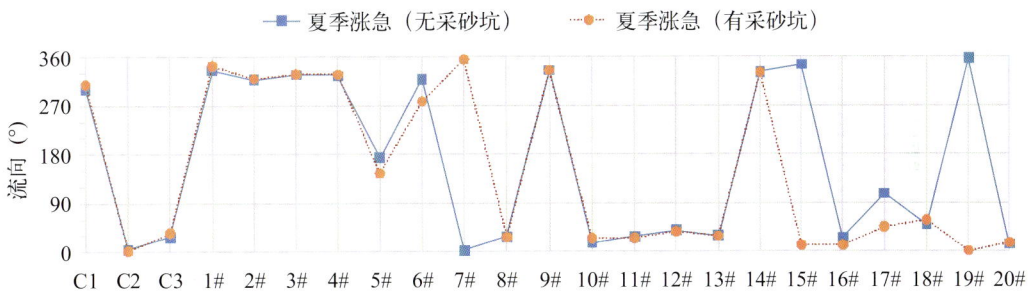

图5.3-7 夏季工程区域计算点涨急流速、流向

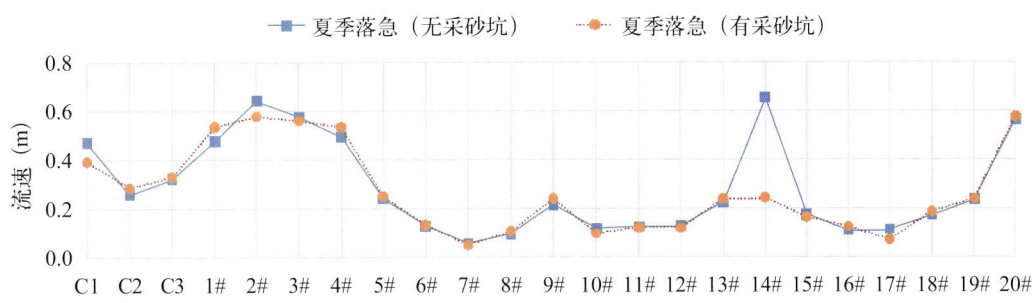

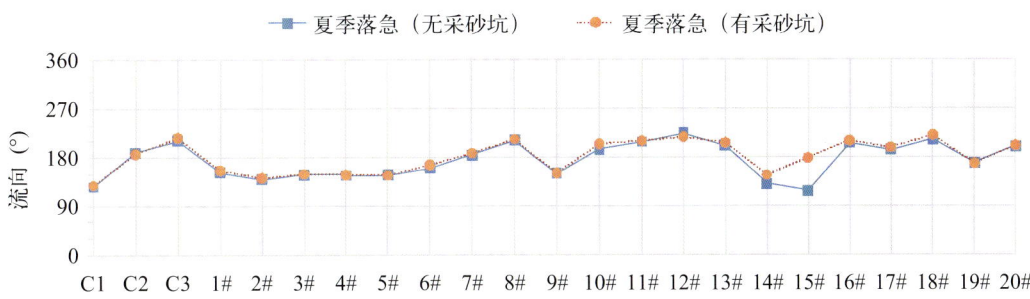

图5.3-8 夏季工程区域计算点落急流速、流向

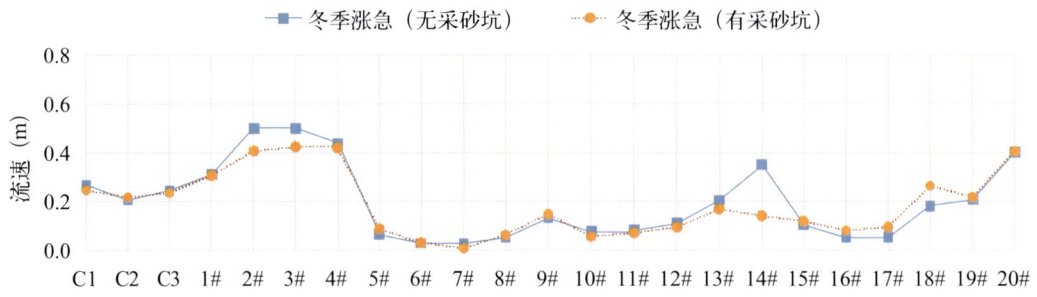
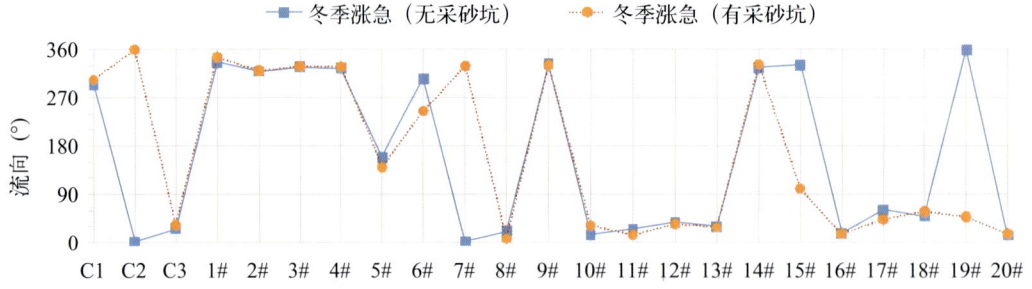

图5.3-9 冬季工程区域计算点涨急流速、流向

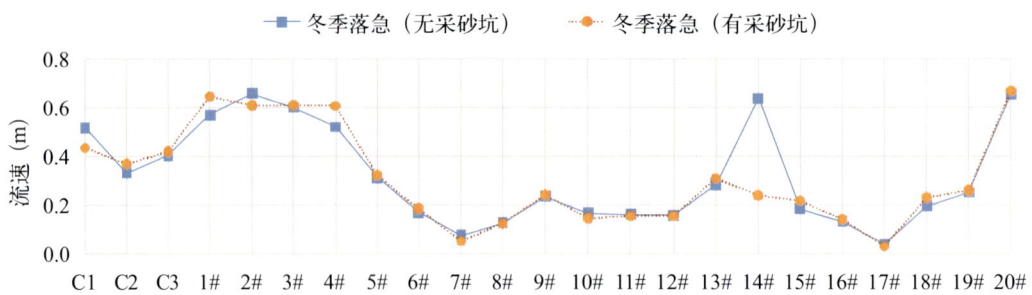
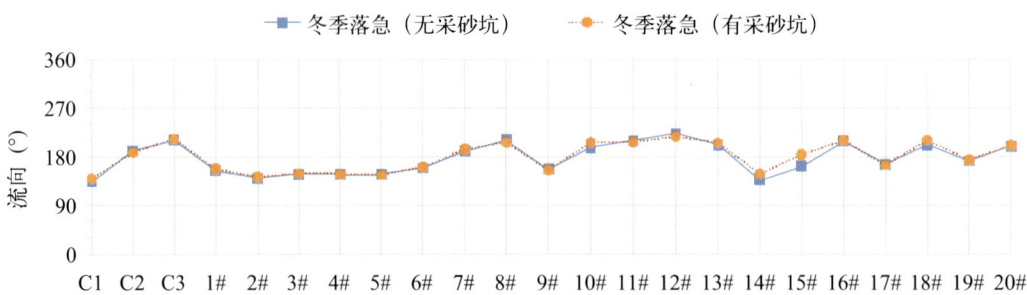

图5.3-10 冬季工程区域计算点落急流速、流向

表5.3-1 夏、冬季工程区域计算点流速（m/s）、流向（°）

		夏季（2014年6月）								冬季（2015年1月）							
		无采砂坑				有采砂坑				无采砂坑				有采砂坑			
		涨急		落急		涨急		落急		涨急		落急		涨急		落急	
		流速	流向	流速	流向	流速	流向	流速	流向	流速	流向	流速	流向	流速	流向	流速	流向
全潮测流点	C1	0.24	299	0.47	126	0.23	310	0.39	128	0.27	295	0.52	133	0.24	304	0.43	139
	C2	0.19	5	0.26	189	0.20	2	0.28	186	0.20	3	0.33	192	0.22	359	0.37	188
	C3	0.22	28	0.32	212	0.21	35	0.33	216	0.24	27	0.40	211	0.23	33	0.42	214
表角	1#	0.28	336	0.48	153	0.30	344	0.53	156	0.31	336	0.57	155	0.30	346	0.65	158
汕头港航道	2#	0.45	318	0.64	139	0.37	320	0.58	142	0.50	319	0.66	140	0.41	320	0.61	142
	3#	0.42	328	0.58	148	0.40	328	0.56	149	0.50	328	0.60	148	0.42	328	0.61	149
	4#	0.37	325	0.49	147	0.39	328	0.53	147	0.44	325	0.52	147	0.42	328	0.61	147
拦沙堤东侧浅滩	5#	0.04	173	0.24	147	0.08	145	0.25	146	0.06	158	0.31	148	0.09	140	0.32	146
	6#	0.03	320	0.13	160	0.04	277	0.13	166	0.03	306	0.17	160	0.03	245	0.18	161
新津片区岸线前沿	7#	0.04	2	0.06	184	0.03	355	0.05	187	0.02	3	0.07	191	0.01	329	0.05	194
	8#	0.06	27	0.09	211	0.05	26	0.10	213	0.05	22	0.13	212	0.06	7	0.12	207
新津河河口	9#	0.13	336	0.21	150	0.10	336	0.24	150	0.13	333	0.23	158	0.15	331	0.24	155
新溪片区岸线前沿	10#	0.08	16	0.12	195	0.08	25	0.10	204	0.08	15	0.17	197	0.05	32	0.14	206
	11#	0.09	27	0.12	208	0.08	25	0.12	210	0.08	26	0.16	210	0.07	14	0.15	207
	12#	0.11	39	0.13	224	0.10	37	0.12	217	0.11	38	0.16	224	0.09	35	0.15	217
	13#	0.21	29	0.23	201	0.18	29	0.24	206	0.21	30	0.28	203	0.17	29	0.31	206
外砂河口（南港口）	14#	0.39	332	0.65	130	0.13	331	0.24	146	0.35	326	0.64	136	0.14	332	0.24	148
塔岗围片区岸线前沿	15#	0.10	346	0.17	117	0.11	11	0.16	178	0.10	331	0.18	163	0.12	100	0.22	184
	16#	0.07	26	0.11	205	0.07	11	0.12	210	0.05	17	0.13	209	0.08	16	0.14	210
	17#	0.06	107	0.11	194	0.07	45	0.07	197	0.05	61	0.04	166	0.09	43	0.03	164
莱芜岛	18#	0.18	50	0.17	213	0.25	57	0.19	220	0.18	50	0.20	203	0.26	58	0.23	211
莲阳河口（北港口）	19#	0.20	357	0.24	168	0.21	0	0.24	168	0.21	359	0.25	172	0.22	48	0.26	174
后江水道	20#	0.35	13	0.56	199	0.35	16	0.58	201	0.40	13	0.65	200	0.41	16	0.67	201

5.3.2 采砂坑对工程海岸波浪的影响

工程区域的波高较大，尤其是秋冬季，受冬季大风的影响平均 $H_{1/10}$ 可达 1.5 m，见图 2.2-10。同时，工程区域也是热带气旋多发区域，1949—2021 年间经过工程区域的热带气旋共有 68 个，见表 2.1-9。"根据 1949—1981 年台风资料，采用南海海洋研究所'台风波浪推算方案'推算，在韩江口外（水深 20 m）强台风可引起的 ESE 向 100 年一遇大浪波高 $H_{1/10}$= 10.77 m（对应 $H_{1/3}$ =8.48 m），它们对河口三角洲前缘海岸的侵蚀或堆积有很大的影响"[10]。

围填区前沿的采砂区水深 4～6 m，见图 5.3-1。按照浅水波浪理论，通常认为，水深小于波长的一半时，底床对波浪影响明显，依此估算采砂区采砂前后对小浪基本没有影响，但对大浪的传播将产生一定的影响，采砂前后的波浪参数会发生一定的变化。因此，可通过模拟采砂区采砂前（无采砂坑）、后（有采砂坑）的波浪场，输出代表点的波浪特征值说明采砂坑对工程海岸波浪的影响。

5.3.2.1 夏冬季常浪作用下工程区域波浪场

表 5.3-2 为夏季（S 向）和冬季（NE 向、ESE 向）常浪作用下工程区域无、有采砂坑时各计算点的波浪要素。图 5.3-11 为根据表 5.3-2 绘制的各计算点有效波高（$H_{1/3}$）分布。图 5.3-12 至图 5.3-14 为夏季和冬季常浪作用下工程区域波高、波向分布，图中的箭头代表波向。

（1）波高分布

夏季，S 向波浪传入工程区域后，受表角岬角以及汕头港拦沙堤的掩蔽影响，波高由塔岗围片区、新溪片区向新津片区、汕头港航道方向逐渐减小，见图 5.3-12。冬季，NE 向波浪在向工程区域传播的过程中受到南澳岛的阻挡产生反射和绕射，波高（波能）重新分布，岛屿前面的波高较高，掩蔽区内的波高向西北逐渐变小。相较于 S 向波浪和 ESE 向波浪，NE 向波浪受南澳岛的掩蔽影响显著，工程区域产生的波高相对较小，见图 5.3-13。由于 ESE 向波浪近乎垂直于围填区岸线，且与汕头港外航道走向接近，因此对围填区近岸以及航道的影响较 NE 向波浪要大，见图 5.3-14。

根据表 5.3-1 的统计结果，夏季（S 向）和冬季（NE 向、ESE 向）常浪作用下工程区域最大波高分布情况为：

无采砂坑：汕头港航道（ESE 向）1.07 m；拦沙堤东侧浅滩（ESE 向）1.83 m；新津片区（ESE 向）1.65 m、新溪片区（S 向）1.65 m、塔岗围片区（S 向）1.71 m；新津河河口（ESE 向）1.50 m、外砂河河口（S 向）1.43 m；莱芜岛（S 向）1.69 m。

有采砂坑：汕头港航道（ESE 向）0.74 m；拦沙堤东侧浅滩（ESE 向）1.93 m；新津片区（ESE 向）1.97 m、新溪片区（ESE 向）1.66 m、塔岗围片区（S 向）1.85 m；新津河河口（ESE 向）1.43 m、外砂河河口（S 向）1.24 m；莱芜岛（S 向）1.93 m。

可以看出，NE 向波浪作用下工程区域的最大波高均要小于 S 向及 ESE 向波浪作用。

不同区域出现的最大波高与波浪来向有关。汕头港航道、拦沙堤东侧浅滩、新津河河口、新津片区和新溪片区受 ESE 向的波浪影响较大；外砂河河口、塔岗围片区和莱芜岛受 S 向的波浪影响较大。相对于无采砂坑情况，有采砂坑时最大波高减小的区域为汕头港航道、新津河河口和外砂河河口，分别减小了 30.8%、4.7% 和 13.3%；增大的区域为拦沙堤东侧浅滩、新津、新溪和塔岗围片区以及莱芜岛，分别增加了 5.5%、19.4%、11.4% 和 8.2%。

上述情况表明，采砂坑的出现将导致围填区岸线前沿的波高增大，波高大小与入射的浪向有关。

（2）波向分布

夏季和冬季外海 S 向和 ESE 浪向传入工程区域后波向保持原来的 S 向和 ESE 向，NE 浪向传入工程区域后波向逐渐转为 E 向（与表 2.2-9 表角站观测到常浪向为 E 的结果相符）。波浪进入工程区域的浅水区后发生折射变形，波向线趋向于与等深线或岸线垂直。由于围片区前沿存在较大范围的采砂坑，局部地形变化剧烈导致波浪向"深坑"两侧发生明显折射，采砂坑坡顶至围填区岸线前沿的区域有明显波能集中和波高增大现象，见图 5.3-12 至图 5.3-14。

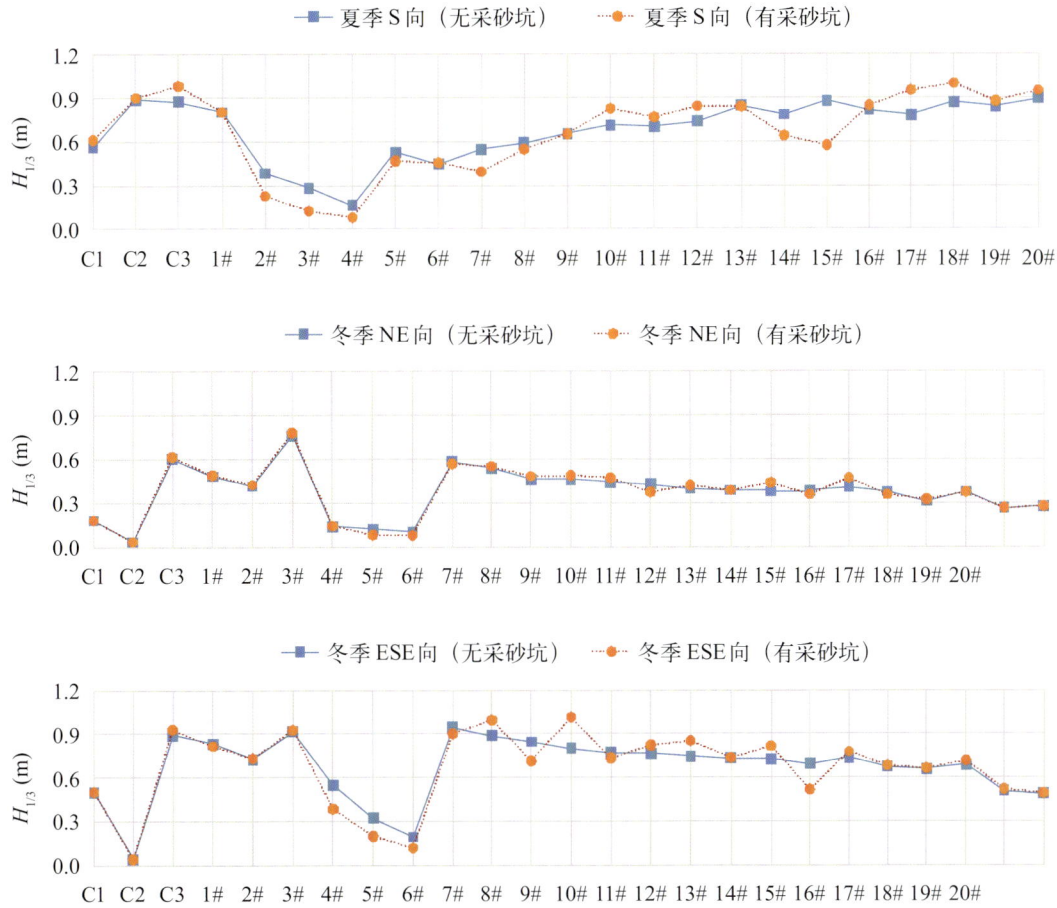

图5.3-11 夏季和冬季常浪作用下工程区域计算点波高

表5.3-2 夏季和冬季常浪作用下工程区域计算点波浪要素

编号（自西南往东北）		位置	无采砂坑												有采砂坑											
			H_{max} (m)			$H_{1/3}$ (m)			T_p (s)			Dir (°)			H_{max} (m)			$H_{1/3}$ (m)			T_p (s)			Dir (°)		
			S	NE	ESE	S	NE	ESE	S	NE	ESE	S	NE	ESE	S	NE	ESE	S	NE	ESE	S	NE	ESE	S	NE	ESE
C1	全潮测流点		1.08	1.19	1.72	0.57	0.60	0.89	8.5	5.4	7.5	141	86	119	1.18	1.22	1.80	0.61	0.62	0.93	8.4	5.4	7.6	150	85	121
C2			1.71	0.96	1.61	0.89	0.48	0.83	8.0	5.2	7.2	159	93	124	1.73	0.97	1.58	0.90	0.49	0.82	8.2	5.2	7.3	159	92	123
C3			1.69	0.82	1.41	0.88	0.42	0.73	7.4	5.0	6.9	157	98	128	1.90	0.84	1.42	0.98	0.43	0.73	7.7	5.0	7.0	168	99	129
1#	表角		1.53	1.50	1.76	0.80	0.76	0.92	9.2	5.7	8.0	158	81	120	1.53	1.54	1.78	0.81	0.78	0.93	9.2	5.7	8.0	158	80	119
2#			0.74	0.28	1.07	0.38	0.14	0.55	7.9	3.7	7.2	137	140	131	0.44	0.29	0.74	0.23	0.14	0.39	7.5	4.0	7.4	146	128	136
3#	汕头港航道		0.55	0.24	0.63	0.28	0.12	0.32	6.8	3.0	6.5	140	146	143	0.25	0.17	0.39	0.12	0.08	0.20	4.2	2.3	6.9	148	127	139
4#			0.32	0.21	0.38	0.16	0.10	0.19	4.9	2.0	5.5	145	118	140	0.17	0.16	0.24	0.08	0.08	0.12	2.3	1.5	5.5	164	80	137
5#	拦沙堤东侧浅滩		1.01	1.16	1.83	0.53	0.59	0.95	8.2	5.3	7.3	142	92	126	0.90	1.12	1.74	0.47	0.57	0.90	8.2	5.4	7.4	140	89	121
6#			0.86	1.07	1.73	0.45	0.54	0.89	7.7	5.2	6.8	138	95	125	0.88	1.09	1.93	0.46	0.55	1.00	7.8	5.5	7.1	121	82	108
7#	新津片区岸线前沿		1.06	0.91	1.65	0.55	0.46	0.85	7.1	4.9	6.2	138	96	123	0.76	0.95	1.39	0.40	0.48	0.71	7.5	5.4	6.7	121	96	110
8#			1.15	0.91	1.56	0.59	0.46	0.80	7.1	5.0	6.3	139	96	121	1.05	0.96	1.97	0.55	0.49	1.01	7.7	5.4	6.8	133	102	122
9#	新津河河口		1.27	0.88	1.50	0.65	0.44	0.77	7.1	5.0	6.4	143	97	122	1.26	0.93	1.43	0.65	0.47	0.73	7.6	5.3	6.7	144	99	118

续表

编号（自西南任东北）		无采砂坑										有采砂坑								
		H_{max} (m)			$H_{1/3}$ (m)			T_p (s)			Dir (°)			H_{max} (m)			$H_{1/3}$ (m)			T_p (s)			Dir (°)		
		S	NE	ESE	S	NE	ESE	S	NE	ESE	S	NE	ESE	S	NE	ESE	S	NE	ESE	S	NE	ESE	S	NE	ESE
新溪片区岸线前沿	10#	1.39	0.85	1.49	0.72	0.43	0.76	7.0	5.0	6.4	145	98	122	1.60	0.74	1.60	0.83	0.37	0.82	7.5	5.3	6.8	142	100	117
	11#	1.37	0.79	1.45	0.70	0.40	0.74	6.9	4.9	6.3	148	101	124	1.49	0.83	1.66	0.77	0.42	0.85	7.4	5.3	6.6	140	109	126
	12#	1.44	0.76	1.43	0.74	0.39	0.73	6.8	4.9	6.3	153	104	127	1.63	0.76	1.43	0.84	0.39	0.74	7.3	5.3	6.7	151	106	127
	13#	1.65	0.75	1.42	0.85	0.38	0.73	6.7	4.9	6.2	152	102	125	1.62	0.86	1.59	0.84	0.44	0.82	7.4	5.3	6.8	147	98	118
外砂河口（南港口）	14#	1.43	0.76	1.33	0.79	0.38	0.69	6.4	4.7	5.9	151	112	129	1.24	0.70	1.00	0.64	0.36	0.52	7.6	5.2	6.9	144	102	123
塔岗围片区岸线前沿	15#	1.71	0.81	1.44	0.88	0.41	0.74	6.6	4.8	6.1	154	106	126	1.11	0.93	1.51	0.58	0.47	0.78	7.4	5.2	6.7	152	105	126
	16#	1.59	0.74	1.32	0.82	0.37	0.67	6.5	4.9	6.1	148	106	124	1.64	0.70	1.33	0.85	0.36	0.68	7.2	5.0	6.6	151	111	131
	17#	1.52	0.61	1.29	0.78	0.31	0.66	6.4	5.0	6.1	150	114	130	1.85	0.64	1.29	0.95	0.32	0.66	6.7	4.9	6.4	161	119	138
莱芜岛	18#	1.69	0.74	1.33	0.87	0.38	0.69	7.0	5.1	6.6	153	101	128	1.93	0.74	1.39	1.00	0.37	0.72	7.3	5.1	6.8	167	106	136
莲阳河口（北港口）	19#	1.64	0.53	0.99	0.84	0.26	0.51	6.5	3.8	6.3	147	98	132	1.71	0.53	1.02	0.88	0.26	0.52	6.7	3.8	6.3	149	97	132
后江水道	20#	1.73	0.55	0.95	0.89	0.28	0.49	7.6	4.2	6.8	163	79	140	1.84	0.55	0.96	0.95	0.28	0.49	7.7	4.2	6.8	166	79	141

汕头东部城市经济带近岸河口工程
区域水动力与地形演变研究

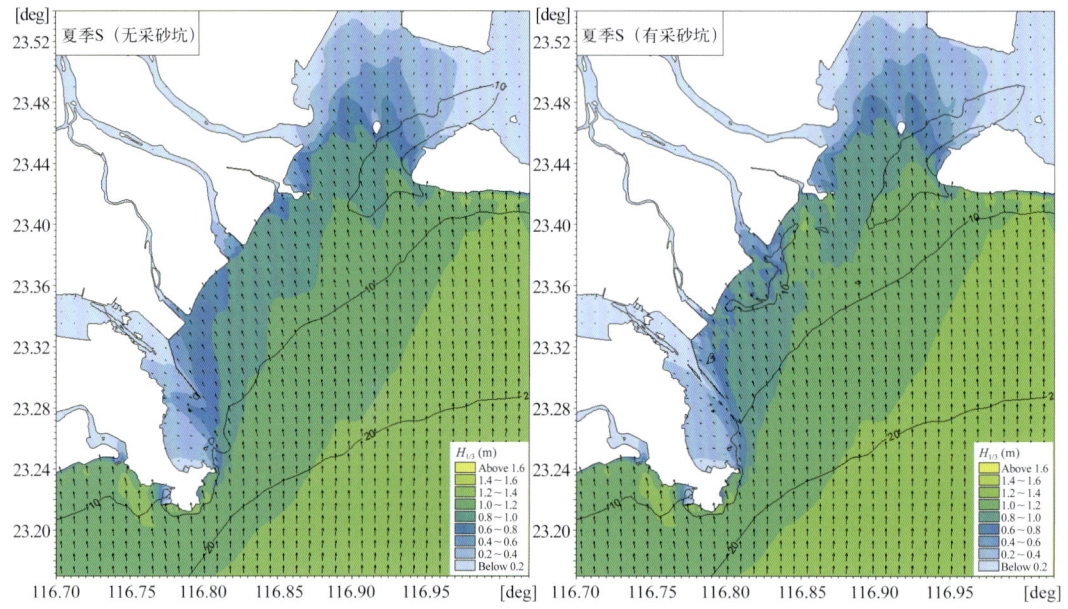

图5.3-12 夏季S向常浪作用下工程区域波高、波向分布

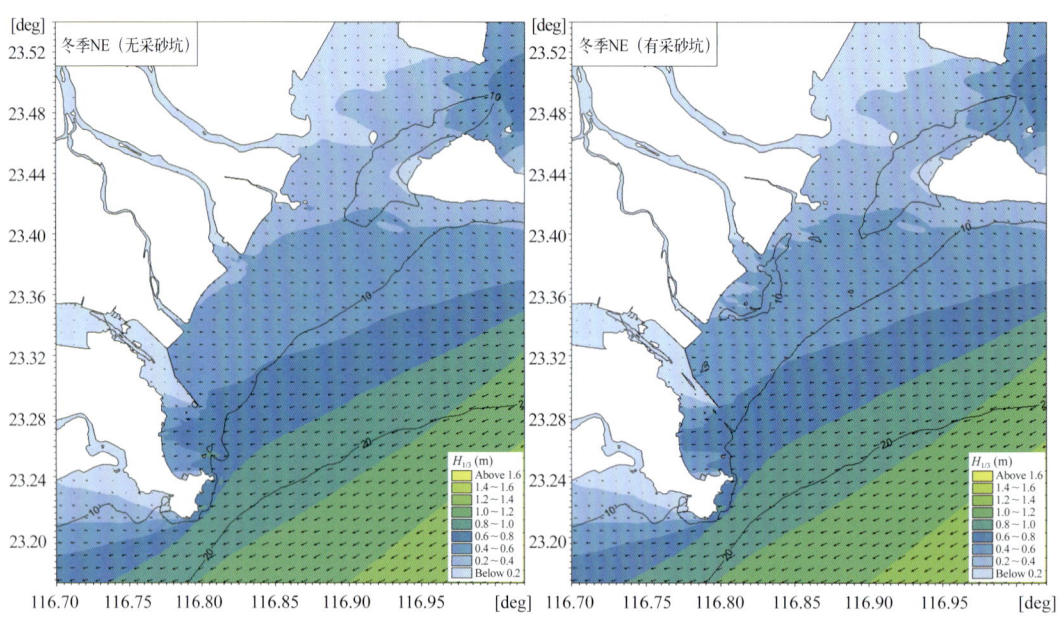

图5.3-13 冬季NE向常浪作用下工程区域波高、波向分布

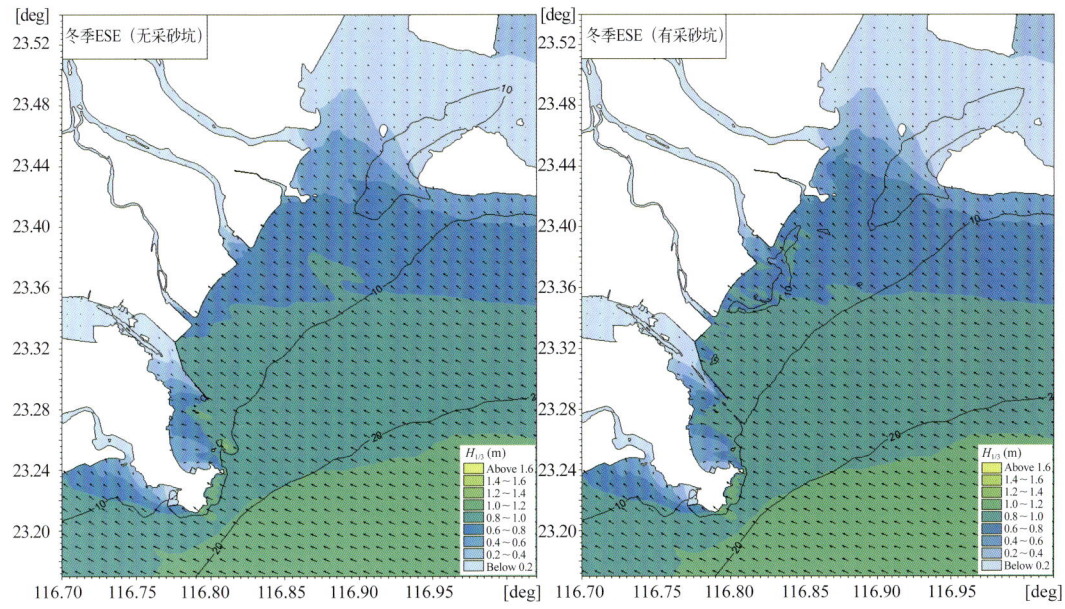

图5.3-14　冬季ESE向常浪作用下工程区域波高、波向分布

5.3.2.2　多年一遇常浪作用下工程区域波浪场

表5.3-3至表5.3-4为50年一遇、100年一遇（NE向、E向、SE向、S向）常浪作用下工程区域无、有采砂坑时各计算点的波浪要素。图5.3-15至图5.3-16为根据表5.3-3至表5.3-4绘制的各计算点有效波高（$H_{1/3}$）分布。图5.3-17至图5.3-24为50年一遇、100年一遇常浪作用下工程区域波高、波向分布，图中的箭头代表波向。

（1）波高分布

与夏、冬季工程区域的波高特征相比，50年一遇和100年一遇的波浪对工程区域的影响要大很多。从图5.3-23中可以看出，100年一遇SE向常浪作用下工程区域20 m等深线的有效波高范围在8.0～9.0 m，与前述南海海洋研究所"台风波浪推算方案"的推算结果一致。

按《港口与航道水文规范》[43]表8.2.2取破波指标$\gamma=0.6$时，E向至S向波浪作用下除了部分受岸堤、岛屿掩护的水域（如汕头港航道、后江水道）不会发生波浪破碎外，工程区域10 m以浅的大部分水域（SE向波浪作用下可延伸至15 m以深）将会发生波浪破碎。

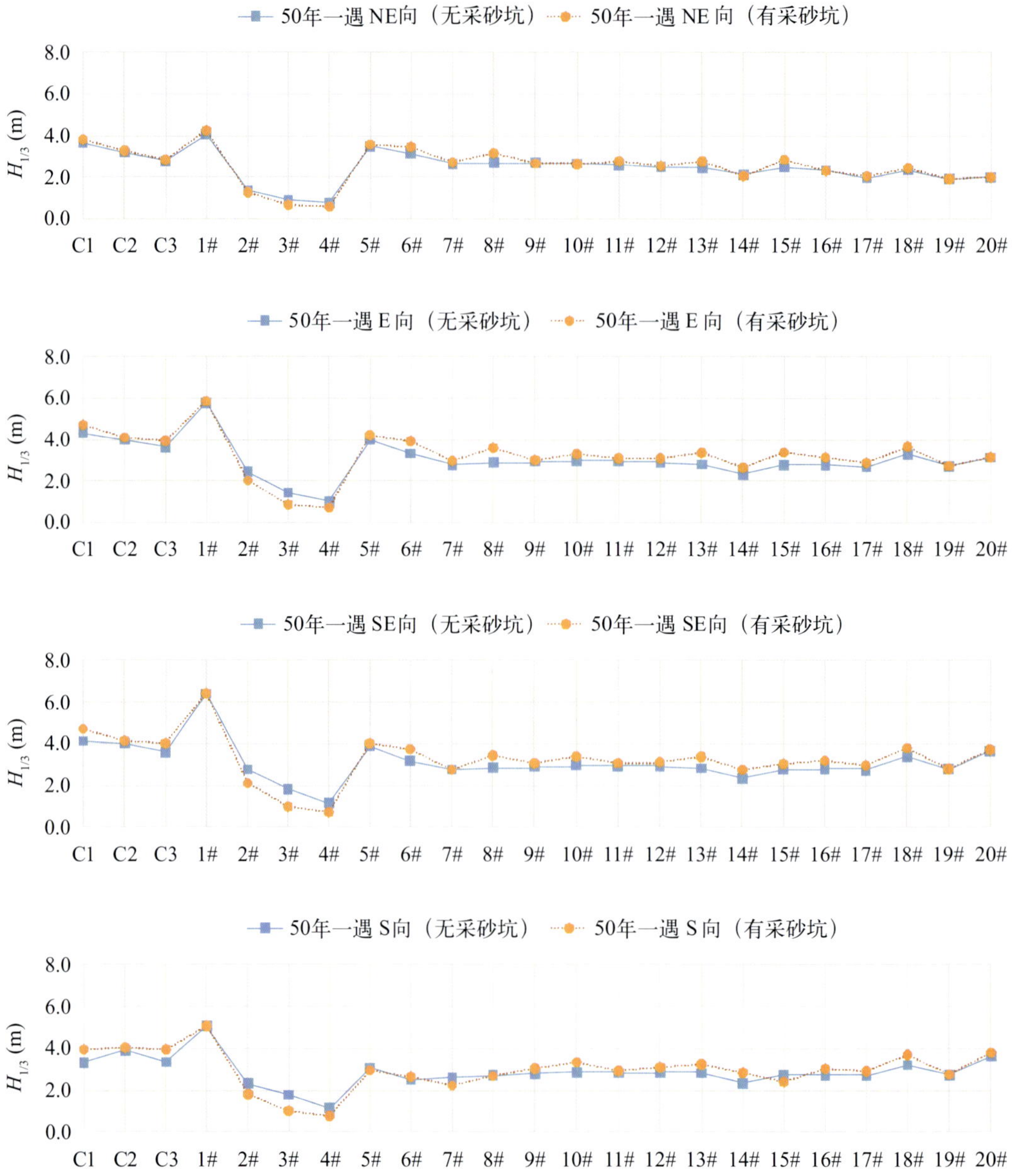

图5.3-15 50年一遇常浪作用下工程区域计算点波高

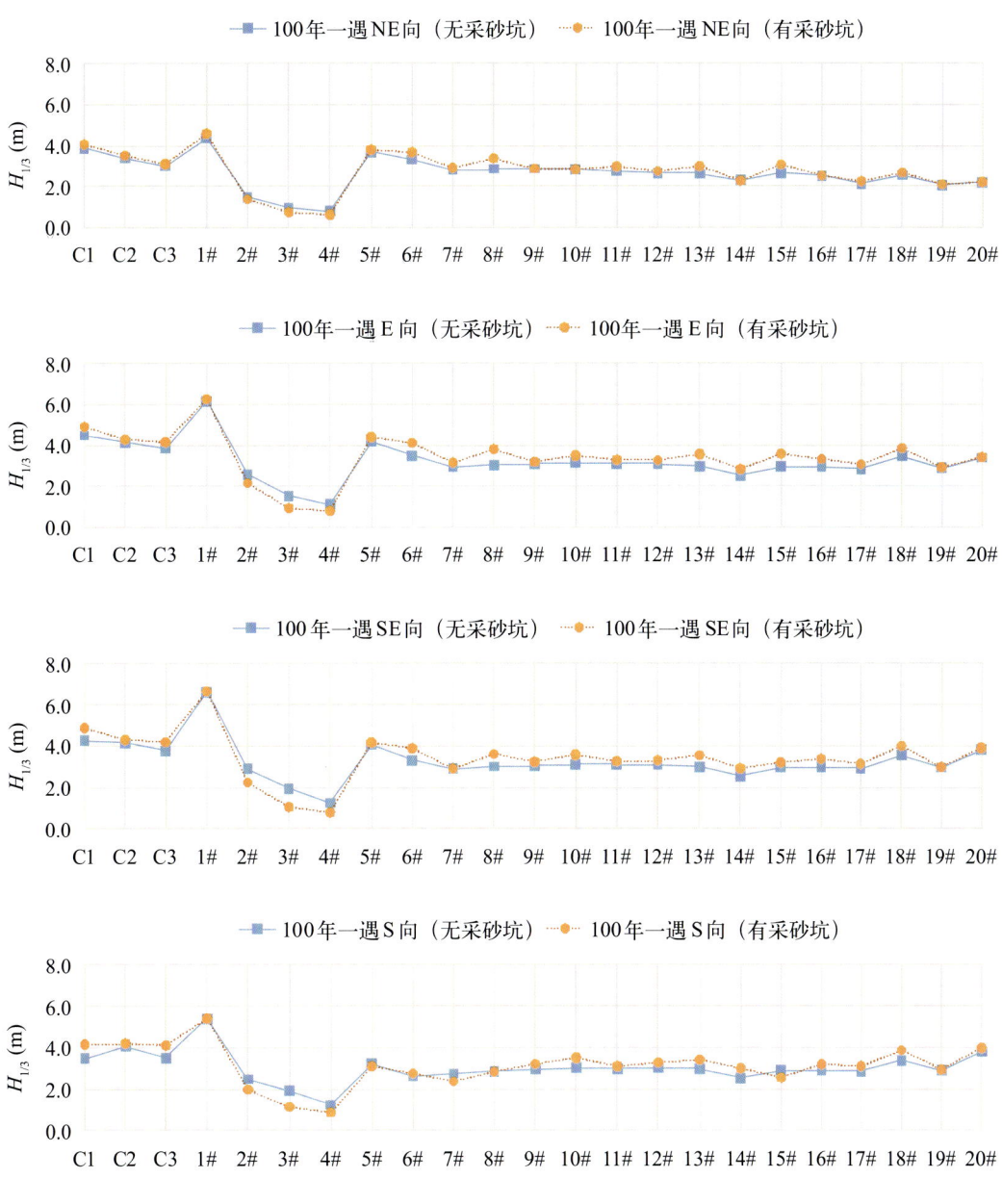

图5.3-16　100年一遇常浪作用下工程区域计算点波高

（2）有、无采砂坑时计算点的波高对比

从表5.3-3和表5.3-4中的统计结果来看，无论有、无采砂坑存在，工程区域绝大多数区域出现最大波高的来浪向均为SE向。4个外海入射波向对汕头港和工程围片区的影响程度由大到小为：SE > S > E > NE。

表5.3-3　50年一遇常浪作用下工程区域计算点波浪要素

编号（自西南往东北）			无采砂坑											有采砂坑											
			H_{max}（m）				$H_{1/3}$（m）				T_p（s）				H_{max}（m）				$H_{1/3}$（m）				T_p（s）			
			NE	E	SE	S	NE	E	SE	S	NE	E	SE	S	NE	E	SE	S	NE	E	SE	S	NE	E	SE	S
全潮测流点		C1	7.05	7.75	7.76	6.27	3.67	4.33	4.12	3.31	8.0	9.8	10.5	10.1	7.36	8.53	8.71	7.48	3.83	4.72	4.70	3.95	8.0	9.9	10.6	10.1
		C2	6.16	6.93	7.05	7.01	3.19	3.98	4.01	3.90	7.4	9.1	9.7	9.5	6.38	7.22	7.35	7.32	3.30	4.11	4.14	4.03	7.3	9.2	9.8	9.6
		C3	5.38	6.98	6.84	6.38	2.77	3.64	3.59	3.34	6.8	8.3	9.0	8.8	5.54	7.33	7.49	7.43	2.85	3.95	4.01	3.94	6.9	8.6	9.2	9.1
表角		1#	7.77	10.87	11.64	9.49	4.06	5.78	6.40	5.06	8.7	10.8	11.7	11.4	8.16	11.05	11.67	9.50	4.26	5.86	6.43	5.06	8.5	10.7	11.7	11.4
汕头港航道		2#	2.66	4.66	5.22	4.43	1.37	2.44	2.76	2.32	6.6	9.0	10.0	9.2	2.47	3.85	3.99	3.46	1.27	2.02	2.11	1.82	6.5	9.2	10.3	9.1
		3#	1.82	2.78	3.47	3.43	0.91	1.44	1.83	1.79	4.1	7.4	9.3	8.0	1.36	1.68	1.86	1.98	0.67	0.87	0.98	1.02	3.2	6.8	9.4	6.3
		4#	1.54	2.01	2.23	2.24	0.75	1.01	1.16	1.15	3.1	5.0	7.7	6.4	1.19	1.45	1.38	1.52	0.58	0.72	0.71	0.76	2.7	3.9	7.1	4.7
拦沙堤东侧浅滩		5#	6.08	6.32	6.41	5.85	3.51	4.00	3.89	3.09	8.1	9.4	10.1	9.8	6.90	7.36	7.47	5.59	3.58	4.22	4.01	2.95	7.9	9.5	10.1	9.8
		6#	5.68	5.85	5.92	4.78	3.14	3.33	3.17	2.51	7.8	8.7	9.3	9.1	6.05	6.18	6.27	5.03	3.47	3.93	3.73	2.64	8.4	9.0	9.5	9.1
新津片区岸线前沿		7#	4.57	4.64	4.71	4.71	2.65	2.78	2.75	2.61	7.5	8.0	8.5	8.6	5.03	5.04	5.11	4.27	2.73	2.98	2.74	2.24	8.4	8.5	9.0	8.7
		8#	4.81	4.94	5.01	4.99	2.70	2.88	2.85	2.72	7.4	8.1	8.6	8.5	5.32	5.30	5.35	5.05	3.18	3.61	3.44	2.70	8.8	8.6	9.1	8.9
新津河河口		9#	4.93	5.08	5.15	5.13	2.70	2.94	2.90	2.81	7.3	8.1	8.6	8.4	5.15	5.77	5.85	5.82	2.68	3.02	3.07	3.05	8.0	8.5	9.0	8.9

续表

编号 (自西南往东北)		无采砂坑												有采砂坑							
		H_{max} (m)				$H_{1/3}$ (m)				T_p (s)				H_{max} (m)				$H_{1/3}$ (m)			
		NE	E	SE	S	NE	E	SE	S	NE	E	SE	S	NE	E	SE	S	NE	E	SE	S
新溪片区岸线前沿	10#	4.94	5.11	5.18	5.15	2.68	2.98	2.96	2.87	7.2	8.1	8.6	8.4	5.07	5.37	5.42	5.40	2.64	3.31	3.39	3.33
	11#	4.91	5.07	5.13	5.11	2.58	2.94	2.93	2.83	7.2	8.0	8.5	8.3	4.79	4.85	4.89	4.89	2.78	3.10	3.07	2.93
	12#	4.82	4.97	5.03	5.01	2.49	2.89	2.91	2.86	7.3	8.0	8.4	8.2	4.92	5.09	5.14	5.12	2.55	3.09	3.12	3.10
	13#	4.56	4.65	4.70	4.69	2.44	2.81	2.83	2.81	7.4	8.0	8.4	8.2	5.27	5.43	5.48	5.46	2.77	3.38	3.37	3.24
外砂河河口（南港口）	14#	3.49	3.51	3.53	3.52	2.13	2.33	2.34	2.34	7.8	8.0	8.2	8.1	4.02	5.10	5.25	5.42	2.07	2.66	2.75	2.84
塔岗围片区岸线前沿	15#	4.40	4.52	4.57	4.56	2.48	2.77	2.78	2.74	7.1	7.9	8.3	8.2	5.50	5.67	5.72	4.61	2.86	3.40	3.04	2.41
	16#	4.55	4.75	4.80	4.79	2.34	2.78	2.80	2.73	6.9	7.7	8.0	8.0	4.50	5.46	5.50	5.50	2.33	3.14	3.19	3.03
	17#	3.81	4.56	4.58	4.56	1.97	2.67	2.73	2.70	7.5	7.8	7.9	7.8	4.01	4.85	4.86	4.85	2.07	2.90	2.96	2.92
莱芜岛	18#	4.54	5.68	5.71	5.68	2.35	3.30	3.38	3.20	7.4	8.4	8.5	8.3	4.75	6.10	6.14	6.11	2.45	3.67	3.80	3.70
莲阳河河口（北港口）	19#	3.73	4.45	4.47	4.45	1.90	2.71	2.77	2.74	5.9	8.0	8.2	8.0	3.76	4.45	4.47	4.45	1.92	2.73	2.79	2.76
后江水道	20#	3.93	6.02	6.96	6.92	2.00	3.14	3.65	3.62	5.7	8.3	9.0	8.8	3.94	6.05	7.08	7.26	2.01	3.16	3.71	3.80

续表行 T_p(s) 有采砂坑:
	NE	E	SE	S
10#	8.1	8.6	8.9	8.8
11#	8.0	8.4	8.8	8.8
12#	7.7	8.4	8.7	8.6
13#	7.9	8.5	8.9	8.7
14#	7.0	8.5	9.0	8.9
15#	7.8	8.4	8.8	8.7
16#	7.3	8.3	8.6	8.6
17#	7.4	8.2	8.3	8.2
18#	7.4	8.6	8.8	8.6
19#	5.9	8.0	8.2	8.0
20#	5.7	8.3	9.0	8.9

表 5.3-4　100 年一遇常浪作用下工程区域计算点波浪要素

编号(自西南往东北)		无采砂坑 H_{max} (m)				无采砂坑 $H_{1/3}$ (m)				无采砂坑 T_p (s)				有采砂坑 H_{max} (m)				有采砂坑 $H_{1/3}$ (m)				有采砂坑 T_p (s)			
		NE	E	SE	S	NE	E	SE	S	NE	E	SE	S	NE	E	SE	S	NE	E	SE	S	NE	E	SE	S
全潮测流点	C1	7.47	8.04	8.05	6.60	3.90	4.51	4.28	3.49	8.2	10.0	10.8	10.3	7.81	8.83	9.02	7.86	4.07	4.92	4.87	4.16	8.2	10.1	11.0	10.3
	C2	6.58	7.21	7.35	7.30	3.40	4.16	4.18	4.07	7.5	9.3	10.0	9.8	6.81	7.50	7.65	7.60	3.52	4.29	4.31	4.20	7.4	9.4	10.1	9.9
	C3	5.83	7.32	7.17	6.72	3.00	3.85	3.77	3.52	6.9	8.5	9.3	9.0	6.01	7.61	7.79	7.72	3.10	4.15	4.18	4.11	7.0	8.7	9.5	9.3
表角	1#	8.34	11.55	11.97	10.11	4.37	6.18	6.64	5.40	8.9	11.1	12.1	11.7	8.76	11.63	12.01	10.12	4.58	6.26	6.67	5.41	8.6	11.0	12.1	11.7
	2#	2.87	4.93	5.47	4.73	1.47	2.59	2.90	2.49	6.5	9.1	10.4	9.3	2.68	4.10	4.21	3.76	1.37	2.15	2.23	1.97	6.5	9.4	10.6	9.2
汕头港航道	3#	1.97	3.00	3.70	3.70	0.98	1.55	1.94	1.93	4.1	7.4	9.5	8.1	1.49	1.81	1.99	2.19	0.73	0.93	1.05	1.12	3.2	6.8	9.5	6.3
	4#	1.64	2.22	2.41	2.45	0.80	1.12	1.25	1.26	3.2	5.0	7.8	6.5	1.26	1.63	1.52	1.71	0.61	0.81	0.78	0.86	2.7	3.9	7.1	4.8
拦沙堤	5#	6.35	6.61	6.71	6.12	3.71	4.18	4.05	3.23	8.3	9.7	10.4	10.0	7.19	7.65	7.76	5.85	3.80	4.40	4.16	3.09	8.1	9.7	10.5	10.0
东侧浅滩	6#	5.94	6.14	6.21	5.01	3.32	3.51	3.32	2.63	8.0	9.0	9.7	9.3	6.32	6.47	6.56	5.25	3.67	4.11	3.89	2.76	8.5	9.2	9.8	9.3
新津片区	7#	4.83	4.93	5.00	4.99	2.81	2.95	2.91	2.76	7.7	8.3	8.9	8.9	5.29	5.32	5.40	4.51	2.90	3.15	2.89	2.36	8.5	8.7	9.4	8.9
岸线前沿	8#	5.07	5.22	5.30	5.28	2.87	3.05	3.01	2.87	7.5	8.3	9.0	8.8	5.58	5.58	5.64	5.30	3.37	3.80	3.61	2.83	8.9	8.9	9.4	9.1
新津河河口	9#	5.18	5.35	5.44	5.41	2.86	3.11	3.07	2.96	7.4	8.3	8.9	8.7	5.49	6.09	6.15	6.12	2.86	3.19	3.23	3.21	8.1	8.7	9.3	9.2

续表

编号(自西南往东北)		无采砂坑								有采砂坑							
		H_{max} (m)				$H_{1/3}$ (m)				H_{max} (m)				$H_{1/3}$ (m)			
		NE	E	SE	S	NE	E	SE	S	NE	E	SE	S	NE	E	SE	S
新溪片区岸线前沿	10#	5.19	5.39	5.47	5.44	2.85	3.15	3.13	3.03	5.43	5.65	5.71	5.69	2.83	3.50	3.57	3.51
	11#	5.16	5.35	5.42	5.39	2.76	3.11	3.09	2.99	5.05	5.13	5.18	5.17	2.97	3.28	3.25	3.10
	12#	5.10	5.25	5.32	5.29	2.66	3.06	3.08	3.02	5.23	5.37	5.43	5.41	2.74	3.27	3.29	3.27
	13#	4.81	4.93	4.99	4.97	2.61	2.98	3.00	2.98	5.56	5.71	5.77	5.74	2.98	3.56	3.54	3.41
外砂河河口（南港口）	14#	3.76	3.79	3.82	3.80	2.31	2.52	2.53	2.53	4.40	5.40	5.53	5.72	2.27	2.82	2.91	3.00
塔岗周片区岸线前沿	15#	4.65	4.80	4.86	4.84	2.65	2.95	2.95	2.91	5.79	5.95	6.01	4.86	3.07	3.58	3.19	2.55
	16#	4.83	5.02	5.09	5.08	2.52	2.95	2.96	2.89	4.88	5.74	5.79	5.78	2.53	3.32	3.36	3.19
	17#	4.11	4.84	4.87	4.84	2.13	2.84	2.90	2.86	4.31	5.12	5.15	5.13	2.23	3.06	3.13	3.09
莱芜岛	18#	4.93	5.96	6.00	5.96	2.55	3.48	3.55	3.38	5.15	6.38	6.43	6.39	2.66	3.85	3.98	3.87
莲阳河河口（北港口）	19#	4.05	4.72	4.75	4.73	2.07	2.89	2.94	2.91	4.07	4.73	4.75	4.73	2.08	2.91	2.96	2.94
后江水道	20#	4.29	6.49	7.28	7.25	2.19	3.39	3.82	3.80	4.30	6.53	7.41	7.59	2.19	3.41	3.89	3.98

编号		T_p (s) 无采砂坑				T_p (s) 有采砂坑			
		NE	E	SE	S	NE	E	SE	S
新溪片区岸线前沿	10#	7.3	8.3	8.9	8.6	8.2	8.8	9.2	9.1
	11#	7.3	8.2	8.8	8.5	8.1	8.7	9.1	9.0
	12#	7.4	8.2	8.7	8.5	7.8	8.6	9.1	8.9
	13#	7.5	8.2	8.7	8.5	7.9	8.7	9.2	8.9
外砂河河口（南港口）	14#	7.9	8.2	8.5	8.4	7.0	8.7	9.3	9.1
塔岗周片区岸线前沿	15#	7.2	8.1	8.6	8.4	7.9	8.6	9.1	9.0
	16#	7.0	7.9	8.3	8.2	7.3	8.5	8.9	8.8
	17#	7.4	8.1	8.2	8.1	7.4	8.4	8.6	8.4
莱芜岛	18#	7.5	8.6	8.8	8.6	7.4	8.8	9.1	8.9
莲阳河河口（北港口）	19#	6.0	8.2	8.4	8.2	6.0	8.2	8.4	8.3
后江水道	20#	5.8	8.4	9.2	9.0	5.8	8.4	9.2	9.1

50年一遇工程区域计算点最大波高分布情况为：

无采砂坑：汕头港航道 5.22 m；拦沙堤东侧浅滩 6.41 m；新津片区 5.01 m、新溪片区 5.18 m、塔岗围片区 4.80 m；新津河河口 5.15 m、外砂河河口 3.53 m；莱芜岛 5.71 m。

有采砂坑：汕头港航道 3.99 m；拦沙堤东侧浅滩 7.47 m；新津片区 5.35 m、新溪片区 5.42 m、塔岗围片区 5.72 m；新津河河口 5.85 m、外砂河河口（S）5.42 m；莱芜岛 6.14 m。

100年一遇工程区域计算点最大波高分布情况为：

无采砂坑：汕头港航道 5.47 m；拦沙堤东侧浅滩 6.71 m；新津片区 5.3 m、新溪片区 5.47 m、塔岗围片区 5.09 m；新津河河口 5.44 m、外砂河河口 3.82 m；莱芜岛 6.0 m。

有采砂坑：汕头港航道 4.21 m；拦沙堤东侧浅滩 7.76 m；新津片区 5.64 m、新溪片区 5.71 m、塔岗围片区 6.01 m；新津河河口 6.15 m、外砂河河口（S）5.72 m；莱芜岛 6.43 m。

可以看出，相对于无采砂坑情况，有采砂坑时最大波高减小的区域为汕头港航道，50年一遇减小了 23.6%；100年一遇减小了 23.0%；增大的区域为拦沙堤东侧浅滩、新津、新溪和塔岗围片区、新津河河口和外砂河河口、莱芜岛，50年一遇分别增加了 16.5%、6.8%、4.6%、19.2%、13.6%、53.5%、7.5%；100年一遇分别增加了 15.6%、6.4%、4.4%、18.1%、13.1%、49.7%、7.2%。

上述情况表明，在多年一遇情况下，采砂坑的出现将导致围填区岸线前沿、河口区以及莱芜岛东南侧的波高增大，外海入射波浪以 SE 向对工程海岸的影响最大，其次为 S 向和 E 向。

（3）波向分布

与夏、冬季情况相似，外海 NE、E、SE 和 S 浪向传入工程区域后，波向线趋向于与等深线或岸线垂直。由于围片区前沿存在较大范围的采砂坑，局部地形变化剧烈导致波浪向"深坑"两侧发生明显折射，采砂坑坡顶至围填区岸线前沿的区域有明显波能集中和波高增大现象，见图 5.3-17 至图 5.3-24。

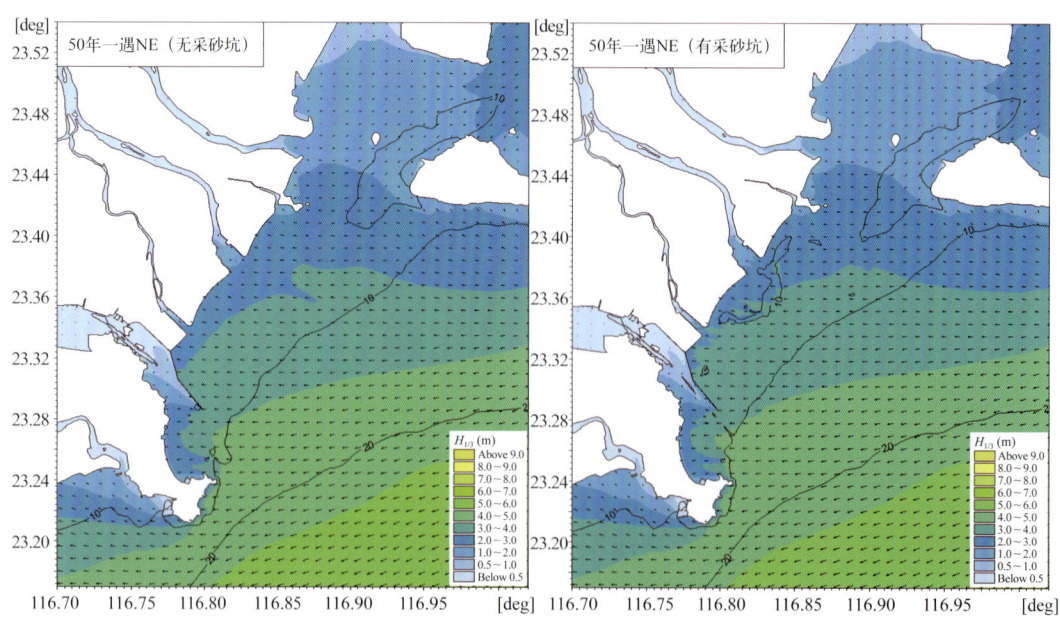

图5.3-17　50年一遇NE向常浪作用下工程区域波高、波向分布

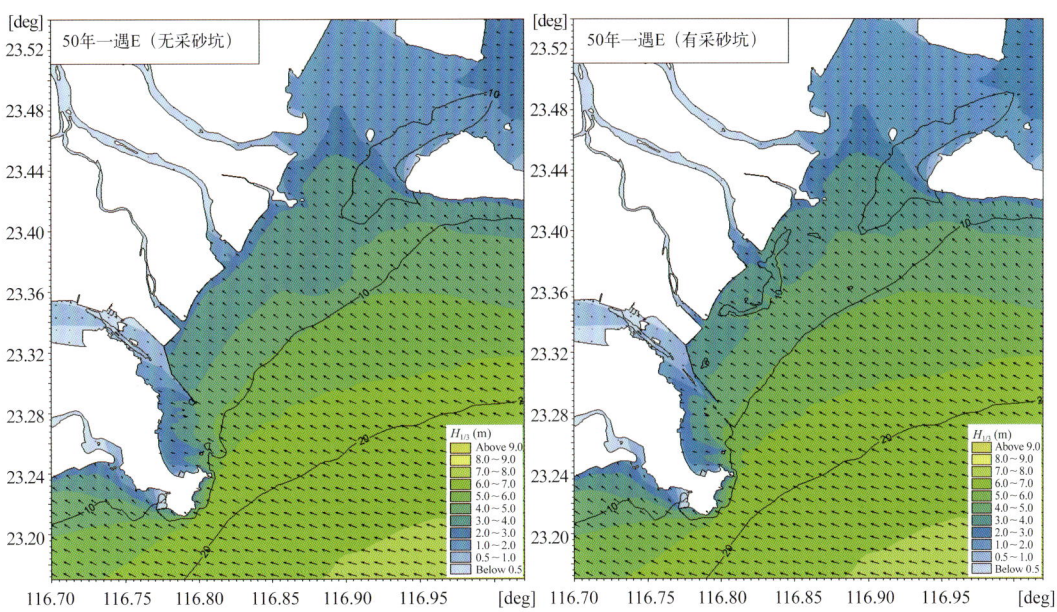

图5.3-18　50年一遇E向常浪作用下工程区域波高、波向分布

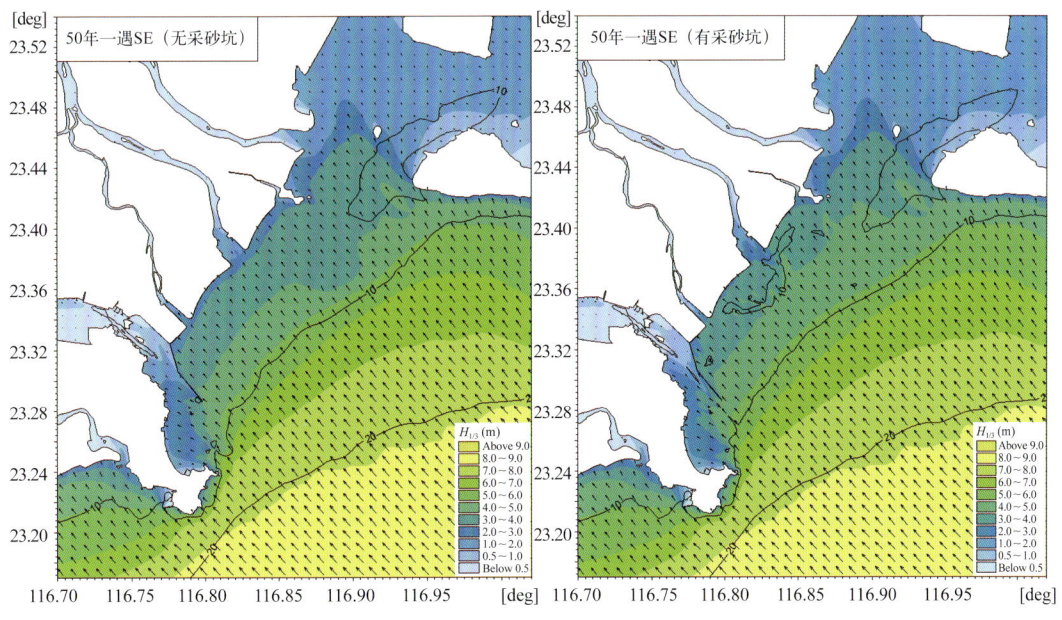

图5.3-19　50年一遇SE向常浪作用下工程区域波高、波向分布

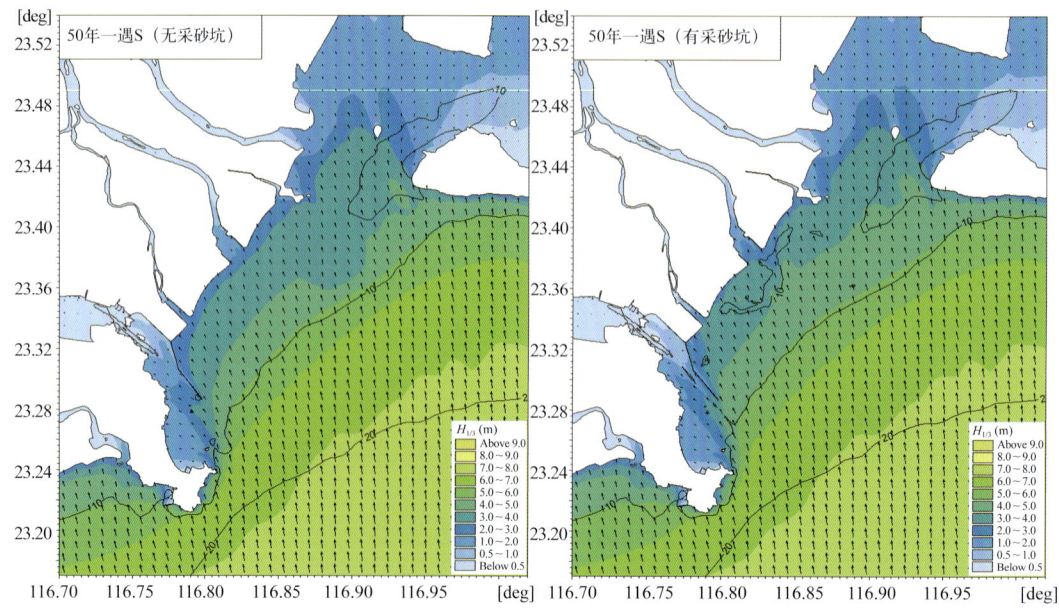

图5.3-20　50年一遇S向常浪作用下工程区域波高、波向分布

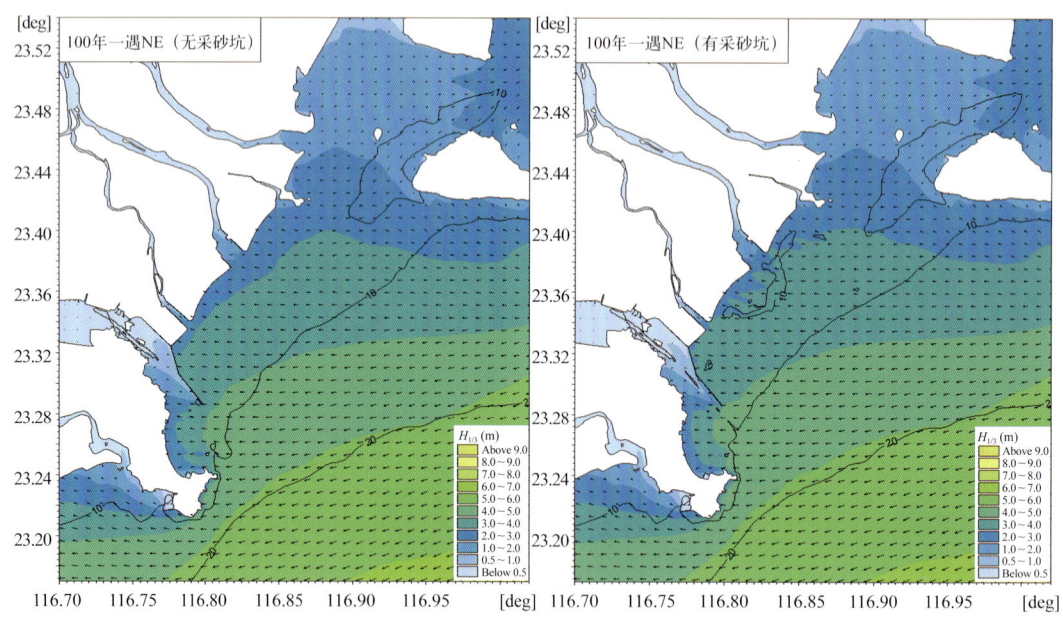

图5.3-21　100年一遇NE向常浪作用下工程区域波高、波向分布

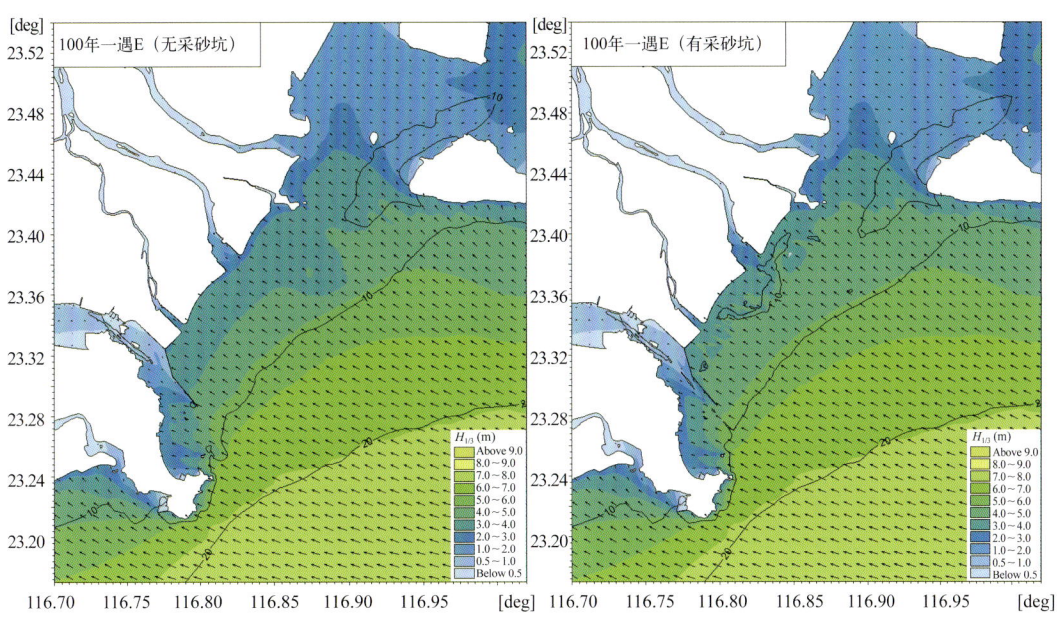

图5.3-22 100年一遇E向常浪作用下工程区域波高、波向分布

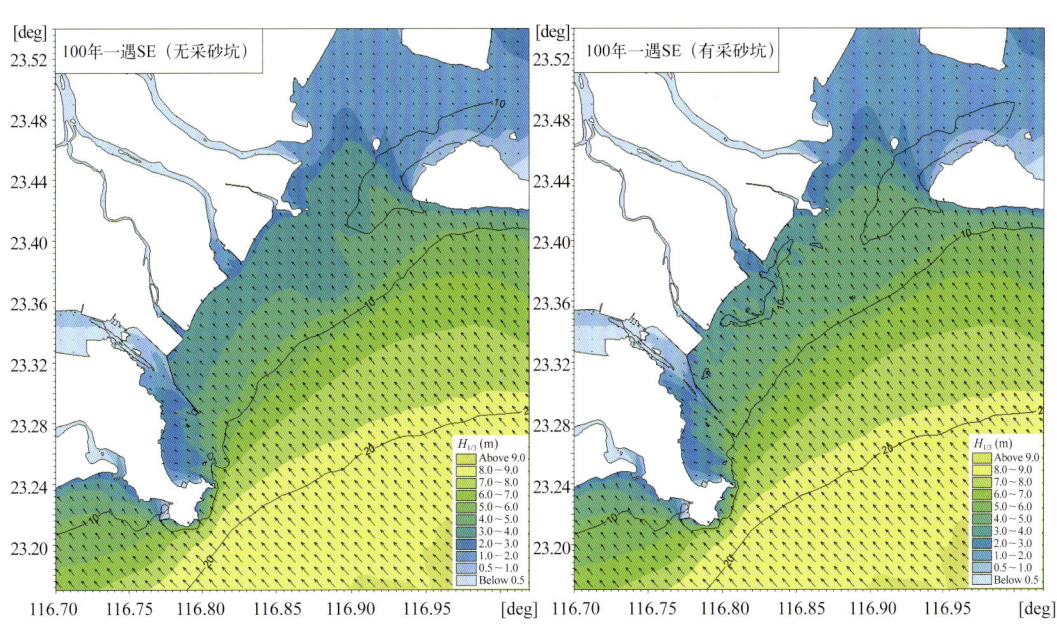

图5.3-23 100年一遇SE向常浪作用下工程区域波高、波向分布

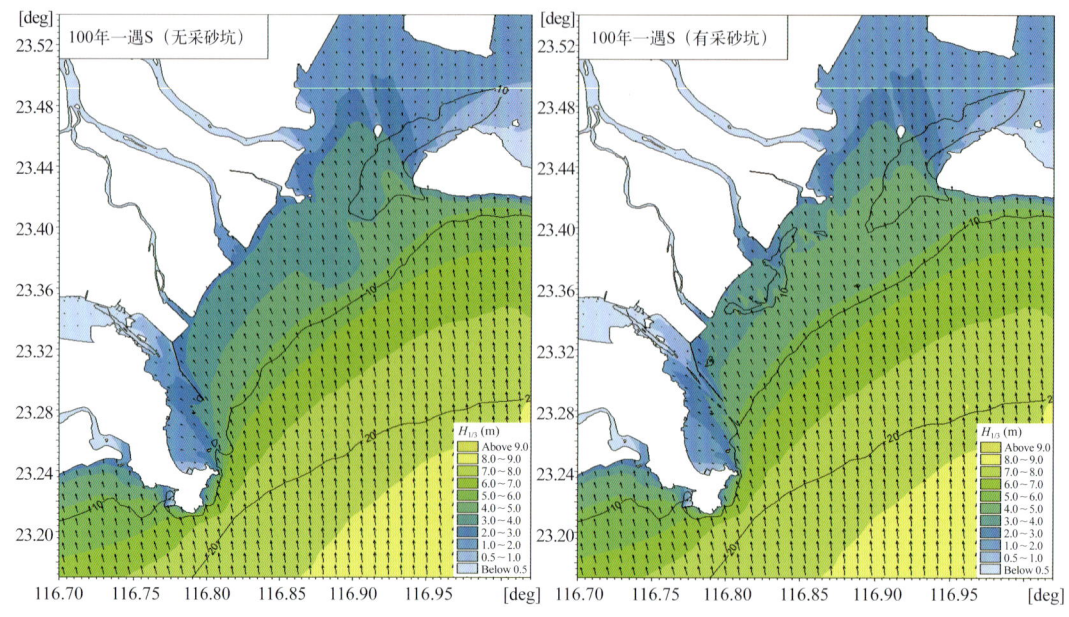

图5.3-24　100年一遇S向常浪作用下工程区域波高、波向分布

5.3.3　采砂坑对工程海岸稳定性的影响

采砂坑引起的床面变形表现在两方面：其一、深坑边坡崩塌及临近海床的相应调整；其二、因海床地形改变而改变了水流动力条件，从而改变了潮流泥沙的沉积规律。对于深坑边坡崩塌及其引起的临近海床的相应调整，毛野（2000）[64]对这一问题作过一些定性的描述：（a）采砂使河（海）床局部变形，打破了水沙运动的平衡；采砂坑对水流的作用类似于跌坎，相应地横向次生流和平面流场也被迫调整。（b）水流流态变化引起溯源冲刷，进而导致河（海）床全面调整，影响河（海）床稳定。

一般情况下，长轴走向与主流走向平行的采砂坑，对海床形态的干扰远小于长轴走向与主流走向垂直的采砂坑，海床恢复平顺的自然调节过程相对较短[6]。潮流数值模拟结果显示，围片区前沿的采砂区所在海域主流方向为 NE—SW，与采砂坑长轴接近平行，见图 5.3-1。因此，工程后采砂坑内流速减小，但采砂坑东北端和西南端的流速增大，这样的潮流动力变化将导致潮流冲刷南北两端的泥沙用于充填采砂坑。根据第 3.3.1 节海床冲淤平面变化分析结果可知，2012 年 9 月至 2014 年 5 月期间，在工程区域近岸 3~8 m 水深处进行了大量海砂开采，受其影响，工程区域海床总体表现为严重侵蚀，新津河河口（九区至十一区）与外砂河河口（十三区至十五区）的总侵蚀体积 $3757×10^4$ m³，见表 3.3-1。由表 2.5-2 知，新津河河口与外砂河河口多年平均输沙量分别为 $80×10^4$ t 和 $226×10^4$ t，参照《疏浚与吹填工程技术规范》[65]以 1.9 t/m³ 作为天然土的密度计算，新津河河口与外砂河河口的总年输沙体积为 $161×10^4$ m³，可以看出，若不考虑采砂坑的溯源侵蚀来沙和台风期的底沙搬运来沙，仅依靠河流来沙的淤积，采砂坑至少需要 23 年的时间才能回淤至相对平坦。

对于深坑引起的崩塌范围、海床的调整速率、调整范围以及最终的平衡剖面等的定量分析，目前尚难以找到可靠的理论工具进行理论方法预测。但航道管理部门长期的经验表明，在广州航道，航道边坡为1:10时，航道边坡的稳定性较好。因此，采砂深坑引起的崩塌及临近海床的调整至少要达到1:10的边坡时，才可能形成相对稳定的海床[66]。

结合第3.3.2节的海床冲淤剖面及表5.3-5的流速统计结果：

新津片区：代表剖面为2-2'剖面，岸边流速代表点为7#~8#。第1次地形测量时，离岸堤0.45 km处出现8.4 m采砂坑，对应边坡19/1000。至第4次地形测量时，采砂坑回淤至约7 m深度，边坡调整为16/1000，属于稳定边坡。根据表5.3-1，夏季和冬季7#~8#点的流速均小于0.13 m/s，无、有采砂坑时的流速相差很小，加之有西南方向的新津河河口泥沙补充，岸坡不易发生冲刷。

新溪片区：与采砂坑距离最近的位置10#点没有代表剖面，可参考A1-B1剖面。位于A1-B1剖面的节点c1-d1之间最大水深约为10 m，按离岸堤0.45 km计算，边坡为22/1000，属于稳定边坡。根据表5.3-1，新溪片区的岸线计算点分别为10#~13#，夏季和冬季，除了临近外砂河河口的13#点最大流速可达0.3 m/s外，其余计算点最大流速均小于0.17 m/s。无、有采砂坑时计算点的流速差别不超过0.04 m/s，且以有采砂坑时流速减小的情况居多。

塔岗围片区：代表剖面为6-6'剖面，岸边流速代表点为16#。第2次地形测量时，离岸堤0.5 km处出现水深11.0 m、挖深7.0 m的采砂坑，对应边坡22/1000。第4次地形测量时，采砂坑回淤至水深9.7 m，对应边坡19/1000，属于稳定边坡。采砂坑四周没有出现大面积的坍塌。根据表5.3-1，夏季和冬季塔岗围片区岸线的代表点15#~17#的流速较小，均小于0.2 m/s，无、有采砂坑时的流速相差很小，采砂坑的存在对塔岗围片区岸边的流速分布影响不大。

综合以上分析结果，新津片区、新溪片区和塔岗围片区附近的采砂坑边坡均属于稳定边坡，正常天气下，采砂坑的存在没有较大改变围片区岸边的流场结构，因此对新津、新溪和塔岗岸线的稳定性影响不大。

表5.3-5 无、有采砂坑时夏、冬季流速变化　　　　　　　　　　单位：m/s

代表点	新津片区（8#）				新溪片区（10#）				塔岗围片区（16#）			
要素	夏季		冬季		夏季		冬季		夏季		冬季	
	涨急	落急	涨急	落急	涨急	落急	涨急	落急	涨急	落急	涨急	落急
无采砂坑	0.06	0.09	0.05	0.13	0.08	0.12	0.08	0.17	0.07	0.11	0.07	0.12
有采砂坑	0.05	0.10	0.06	0.12	0.08	0.10	0.05	0.14	0.05	0.13	0.08	0.14
现状边坡	16/1000				22/1000				19/1000			

表5.3-6为围填区前沿无、有采砂坑时计算点夏季和冬季、多年一遇（50年一遇和100年一遇）的最大波高对比。可以看出，有采砂坑后，新津、新溪和塔岗围片区的波

高最大增幅：夏季和冬季分别为 0.41 m、0.21 m、0.33 m；50 年一遇与 100 年一遇相同，分别为 0.4 m、0.78 m、1.15 m。从表 5.3-5 中还可以看出，有采砂坑时，新津河河口、外砂河河口以及外砂河河口两侧的波高最大增幅均超过了 0.7 m，且以外砂河河口（14#）的增幅最大，为 1.9 m，其次为外砂河河口两侧，即塔岗围片区岸线前沿最西端（15#）和新津片区岸线前沿最东端（13#），分别为 1.15 m、0.78 m。

表5.3-6　无、有采砂坑时最大波高变化　　单位：m

区域		夏季和冬季			50 年一遇			100 年一遇		
		无采砂坑	有采砂坑	差值	无采砂坑	有采砂坑	差值	无采砂坑	有采砂坑	差值
新津片区岸线前沿	7#	1.65	1.39	−0.26	4.71	5.11	0.40	5.00	5.40	0.40
	8#	1.56	1.97	0.41	5.01	5.35	0.34	5.30	5.64	0.34
新津河河口	9#	1.50	1.43	−0.07	5.15	5.85	0.70	5.44	6.15	0.71
新溪片区岸线前沿	10#	1.49	1.60	0.11	5.18	5.42	0.24	5.47	5.71	0.24
	11#	1.45	1.66	0.21	5.13	4.89	−0.24	5.42	5.18	−0.24
	12#	1.44	1.63	0.19	5.03	5.14	0.11	5.32	5.43	0.11
	13#	1.65	1.62	−0.03	4.70	5.48	0.78	4.99	5.77	0.78
外砂河河口	14#	1.43	1.24	−0.19	3.53	5.42	1.89	3.82	5.72	1.90
塔岗围片区岸线前沿	15#	1.71	1.51	−0.20	4.57	5.72	1.15	4.86	6.01	1.15
	16#	1.59	1.64	0.05	4.80	5.50	0.70	5.09	5.79	0.70
	17#	1.52	1.85	0.33	4.58	4.86	0.28	4.87	5.15	0.28
莱芜岛	18#	1.69	1.93	0.24	5.71	6.14	0.43	6.00	6.43	0.43

结合第 5.3.2 节的分析结果可知，正常天气下，采砂坑的存在对围填区岸线的影响不大。大浪影响期间，采砂坑对围填区岸线有较大影响。采砂坑将导致围填区岸线前沿、河口区以及莱芜岛东南侧的波高增大；外海入射波浪以 SE 向对工程海岸的影响最大，其次为 S 向和 E 向；工程海岸受采砂坑影响最大的区域位于外砂河河口及其两侧的岸线，新津片区受采砂坑的影响相对较小。

5.4　台风期间冲淤分析

本节以 2013 年 1319 号超强台风"天兔"为例，模拟台风期间工程海区水动力场、波浪场和泥沙场，分析极端天气下工程区域的泥沙输运过程和海床冲淤分布。

5.4.1　台风期间水动力场、波浪场和泥沙场分布

（1）台风来临前时刻

图 5.4-1 至图 5.4-2 为台风来临前工程区域流场、含沙量场及浪场分布情况。此时工

程区域处于涨潮时刻，风向为 NE 向，浪向为 E 向，流速、含沙量及波高相对较小。

表 5.4-1 为台风"天兔"来临前工程区域计算点潮位、风和浪等要素统计。根据表中的统计结果，工程区域的平均潮位 0.52 m；流速较大的区域主要分布在汕头港航道和后江水道，最大流速 0.53 m/s；含沙量较高的区域主要分布在汕头港航道、拦沙堤东北侧以及后江水道等区域，最大含沙量 0.05 kg/m^3；波高较大的区域分布在表角和拦沙堤头附近，最大波高 2.79 m，由拦沙堤头往东北方向波高逐渐减小，至莲阳河河口最大波高仅有 1.13 m，由拦沙堤头往汕头港航道内最大波高急剧减小至 0.25 m。

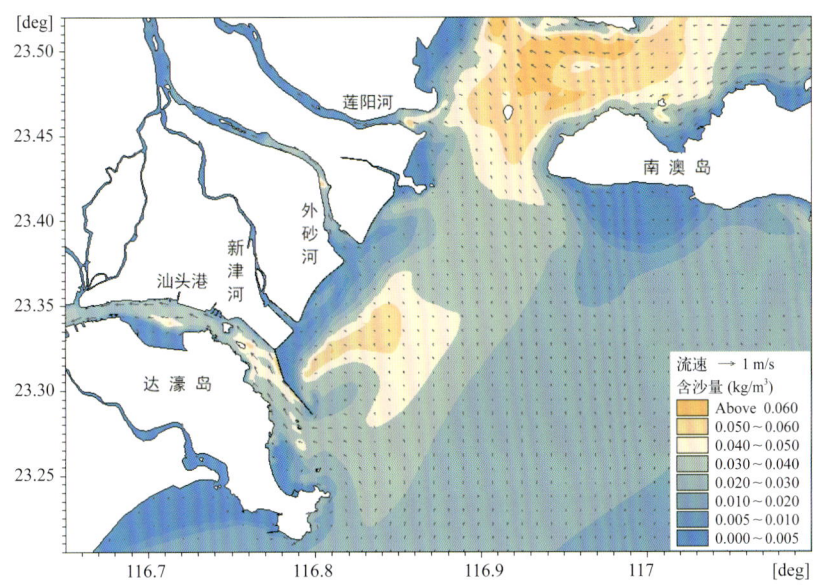

图5.4-1　工程区域流场与含沙量场（2013年9月20日00时）

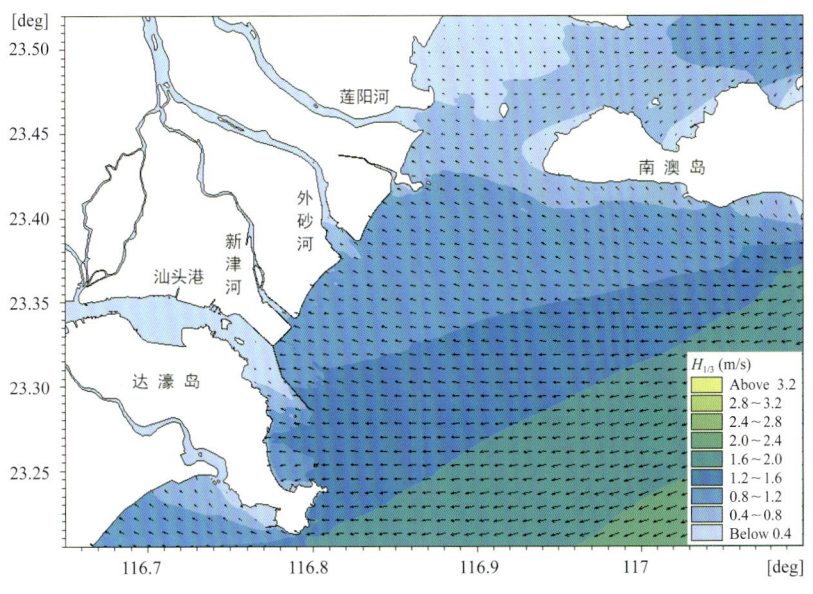

图5.4-2　工程区域浪场（2013年9月20日00时）

表5.4-1　台风"天兔"来临前工程区域计算点潮位、风和浪等要素统计

编号 (自西南往东北)		潮位 (m)	流速 (m/s)	流向 (°)	含沙量 (kg/m³)	最大波高 (m)	有效波高 (m)	谱峰周期 (s)	平均波向 (°)
全潮测流点	C1	0.48	0.34	246	0.028	2.35	1.21	8.0	102
	C2	0.52	0.14	304	0.050	2.12	1.09	7.9	98
	C3	0.57	0.05	337	0.029	1.82	0.93	7.9	107
表角	1#	0.46	0.04	335	0.021	2.79	1.43	7.8	91
汕头港航道	2#	0.45	0.46	325	0.035	0.82	0.43	8.4	135
	3#	0.43	0.52	328	0.042	0.38	0.20	8.4	149
	4#	0.41	0.53	328	0.048	0.25	0.13	8.4	144
拦沙堤东侧浅滩	5#	0.50	0.24	154	0.034	2.47	1.27	7.8	101
	6#	0.51	0.09	168	0.001	2.16	1.11	7.8	101
新津片区岸线前沿	7#	0.51	0.03	121	0.000	1.77	0.91	7.9	100
	8#	0.51	0.06	252	0.001	2.28	1.18	7.9	110
新津河河口	9#	0.52	0.11	292	0.004	2.05	1.06	8.0	109
新溪片区岸线前沿	10#	0.52	0.07	219	0.005	2.05	1.06	7.9	107
	11#	0.52	0.08	223	0.005	1.92	0.99	7.9	108
	12#	0.53	0.05	225	0.003	1.67	0.85	7.9	103
	13#	0.54	0.04	335	0.009	1.81	0.93	7.9	111
外砂河河口（南港口）	14#	0.54	0.13	307	0.008	1.45	0.74	7.9	111
塔岗围片区岸线前沿	15#	0.55	0.16	253	0.007	1.83	0.94	8.0	123
	16#	0.56	0.04	215	0.019	1.74	0.90	7.9	117
	17#	0.57	0.05	222	0.005	1.50	0.77	7.9	117
莱芜岛	18#	0.58	0.05	267	0.039	1.71	0.87	7.9	111
莲阳河河口（北港口）	19#	0.62	0.12	298	0.029	1.13	0.58	8.2	116
后江水道	20#	0.63	0.14	349	0.050	1.16	0.58	8.1	98

（2）波高最大时刻

图 5.4-3 至图 5.4-5 为波高最大时刻工程区域潮位、流场、含沙量场及浪场分布情况。此时工程区域处于落潮时刻，风向由 NE 向转为 ESE 向，浪向由 E 向转为 SE 向，潮位、流速、含沙量及波高都极大。按《港口与航道水文规范》[43] 表 8.2.2 取破波指标 $\gamma=0.6$ 时，则工程区域 10 m 以浅的水域都将发生波浪破碎，导致水体的含沙量急剧增大。

表 5.4-2 为波高最大时刻工程区域计算点潮位、风和浪等要素统计。根据表中的统计结果，工程区域的平均潮位 2.04 m，出现了较大增水；流速较大的区域主要分布在表

角和拦沙堤头,最大流速 1.35 m/s,塔岗围片区岸线附近的流速也达到了 0.89 m/s;含沙量较高的区域主要分布在汕头港航道、塔岗围片区岸线前沿等区域,最大 0.131 kg/m³,平均 0.07 kg/m³;波高较大的区域仍然分布在表角和拦沙堤头附近,最大波高 10.26 m,新津、新溪和塔岗三个片区前沿及河口最大波高范围 4.28～5.48 m,汕头港航道内最大波高仅为 1.31 m。

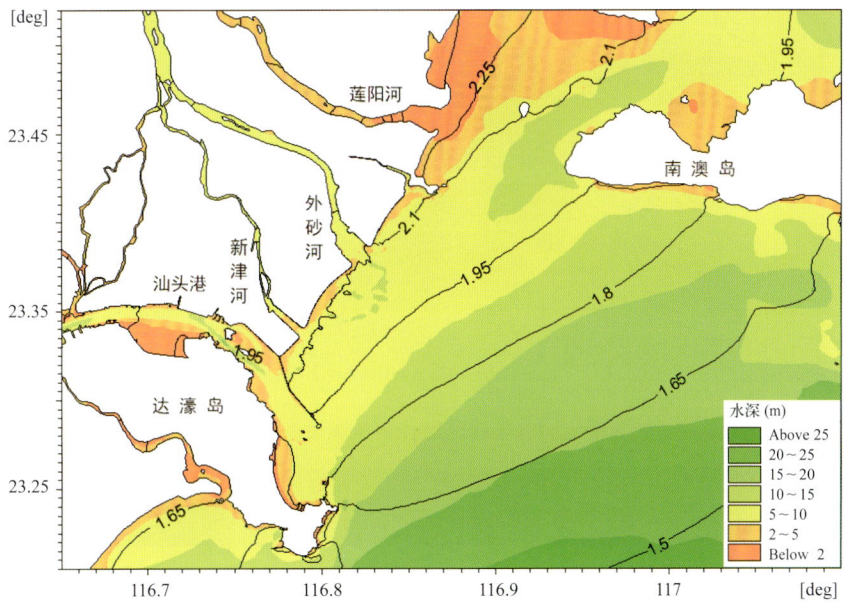

图5.4-3　工程区域潮位等值线与水深(2013年9月22日16时)

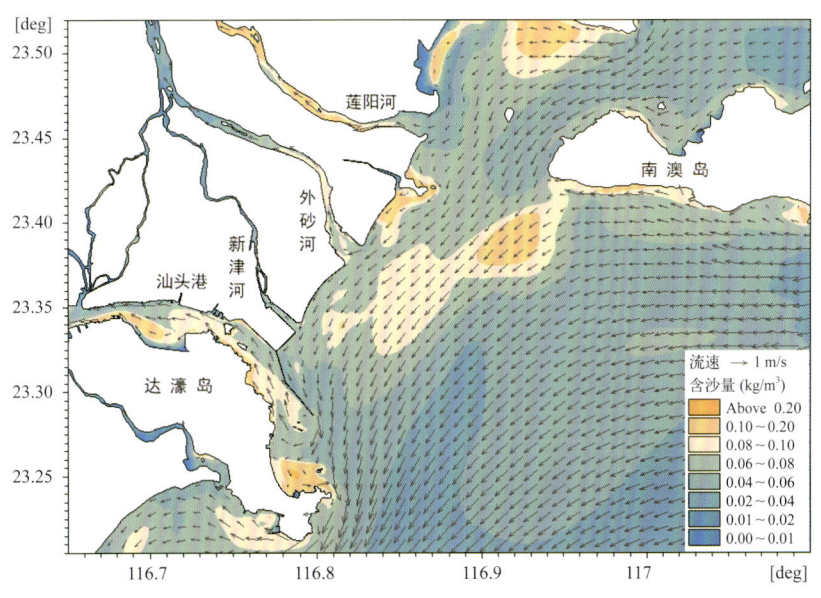

图5.4-4　工程区域流场与含沙量场(2013年9月22日16时)

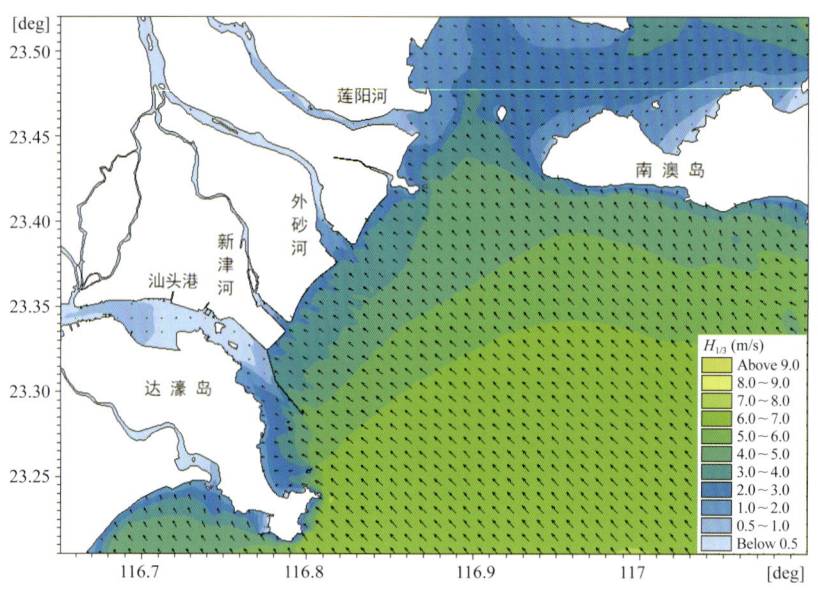

图5.4-5 工程区域浪场（2013年9月22日16时）

表5.4-2 波高最大时刻工程区域计算点潮位、风和浪等要素统计

编号 （自西南往东北）		潮位 （m）	流速 （m/s）	流向 （°）	含沙量 （kg/m³）	最大波高 （m）	有效波高 （m）	谱峰周期 （s）	平均波向 （°）
全潮测流点	C1	1.83	1.35	189	0.069	7.80	5.21	9.9	133
	C2	2.00	0.60	204	0.079	5.84	3.65	10.5	125
	C3	2.03	0.71	226	0.078	6.95	4.06	10.5	130
表角	1#	1.72	1.22	166	0.062	10.26	6.24	9.9	125
汕头港航道	2#	1.88	0.17	62	0.082	4.95	2.62	10.6	145
	3#	1.91	0.62	332	0.086	2.16	1.14	10.8	148
	4#	1.91	0.71	331	0.083	1.31	0.68	10.8	143
拦沙堤东侧浅滩	5#	1.99	0.70	151	0.055	6.68	4.68	9.8	125
	6#	2.08	0.41	166	0.038	5.56	3.46	10.0	123
新津片区岸线前沿	7#	2.16	0.25	175	0.057	4.56	2.45	10.0	113
	8#	2.13	0.37	227	0.063	4.95	2.99	10.1	125
新津河河口	9#	2.13	0.35	226	0.076	5.48	2.93	10.2	122
新溪片区岸线前沿	10#	2.12	0.59	207	0.077	4.87	2.97	10.1	118
	11#	2.13	0.49	216	0.078	4.28	2.66	10.2	120
	12#	2.12	0.44	216	0.076	5.28	2.87	10.3	113
	13#	2.10	0.54	226	0.072	5.20	3.07	10.3	127

续表

编号 （自西南往东北）		潮位 （m）	流速 （m/s）	流向 （°）	含沙量 （kg/m³）	最大波高 （m）	有效波高 （m）	谱峰周期 （s）	平均波向 （°）
外砂河河口 （南港口）	14#	2.12	0.36	229	0.067	4.93	2.60	10.4	126
塔岗围片区岸 线前沿	15#	2.08	0.89	230	0.058	5.02	2.89	10.2	148
	16#	2.14	0.50	213	0.090	5.04	2.90	10.2	132
	17#	2.15	0.29	261	0.131	4.35	2.55	10.4	130
莱芜岛	18#	2.05	0.70	243	0.083	5.46	3.54	10.6	134
莲阳河河口 （北港口）	19#	2.15	0.43	234	0.051	3.97	2.71	10.4	127
后江水道	20#	2.07	0.63	214	0.054	7.12	3.71	10.7	130

（3）台风远离时刻

图 5.4-6 至图 5.4-7 为台风远离时刻工程区域流场、含沙量场及浪场分布情况。此时工程区域处于涨潮时刻，风向由 ESE 向转为 NE 向，浪向由 SE 向转为 SSE 向，表现出与风向的不一致性。表 5.4-3 为对应时刻工程区域计算点潮位、风和浪等要素统计。台风远离后工程区域的波高、流速有所减小，由于台风掀起海床的悬沙需要较长时间的沉降，故水体的含沙量仍保持较大值。

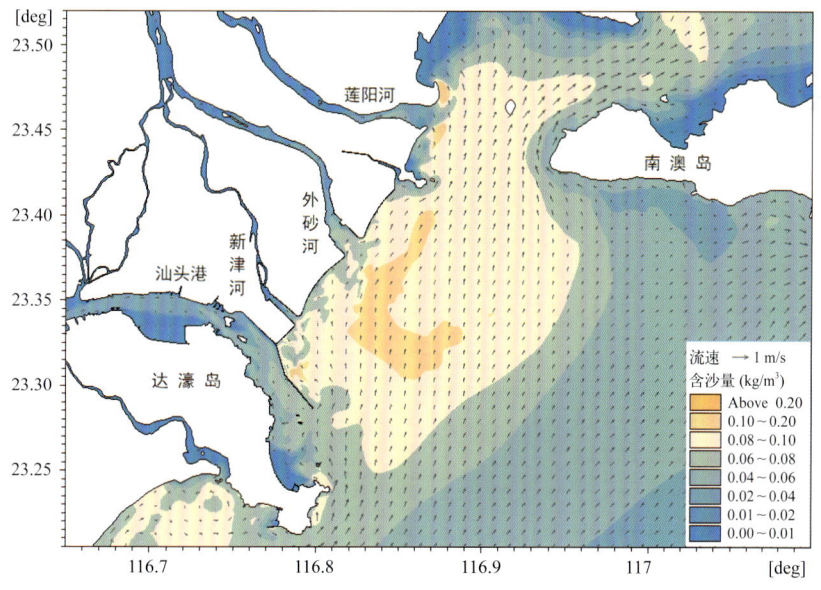

图5.4-6　工程区域流场与含沙量场（2013年9月25日00时）

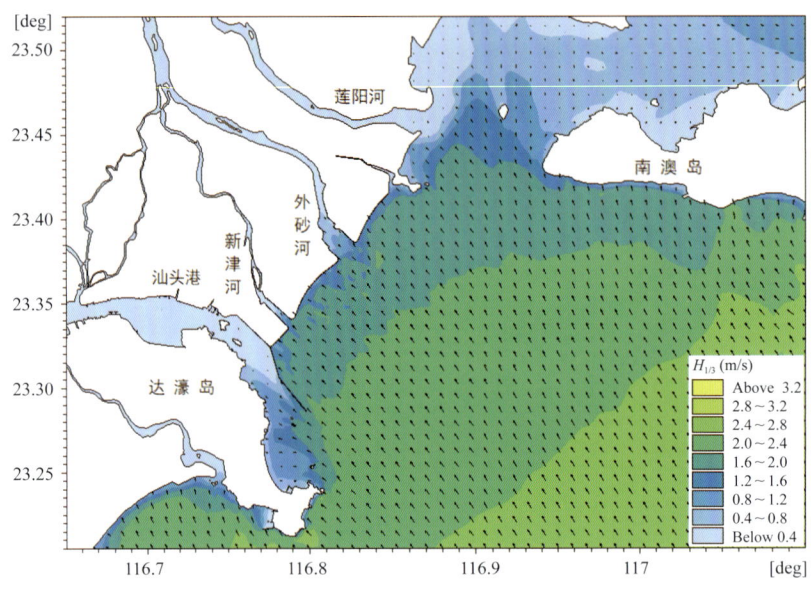

图5.4-7 工程区域浪场（2013年9月25日00时）

根据表5.4-3的统计结果，工程区域的平均潮位0.16 m；流速较大的区域分布在表角、拦沙堤头和莱芜岛，最大流速0.43 m/s；含沙量较高的区域主要分布在拦沙堤东侧浅滩及各围片区向海一侧的深水区域，最大值0.106 kg/m³，平均值0.08 kg/m³；波高较大的区域分布在表角、拦沙堤头及以东区域，最大波高3.56 m，新津、新溪和塔岗三个片区岸线前沿最大波高接近3 m，汕头港航道内最大波高为0.49 m。

表5.4-3 台风"天兔"远离时刻工程区域计算点潮位、风和浪等要素统计

	编号 （自西南往东北）	潮位 （m）	流速 （m/s）	流向 （°）	含沙量 （kg/m³）	最大波高 （m）	有效波高 （m）	谱峰周期 （s）	平均波向 （°）
全潮测流点	C1	0.14	0.31	59	0.068	3.56	1.90	8.3	132
	C2	0.16	0.41	353	0.106	3.41	1.84	8.4	132
	C3	0.15	0.27	34	0.101	3.26	1.76	8.3	144
表角	1#	0.14	0.43	340	0.076	3.47	1.86	8.4	133
汕头港航道	2#	0.14	0.16	126	0.069	1.77	0.94	8.2	138
	3#	0.13	0.12	158	0.066	0.80	0.41	8.1	144
	4#	0.12	0.12	144	0.058	0.49	0.25	4.5	145
拦沙堤东侧浅滩	5#	0.14	0.06	130	0.070	3.44	1.84	8.3	127
	6#	0.16	0.10	316	0.102	3.04	1.64	8.4	125

续表

编号 （自西南往东北）		潮位 （m）	流速 （m/s）	流向 （°）	含沙量 （kg/m³）	最大波高 （m）	有效波高 （m）	谱峰周期 （s）	平均波向 （°）
新津片区岸线前沿	7#	0.17	0.17	17	0.083	2.38	1.27	8.3	119
	8#	0.17	0.08	186	0.075	2.95	1.59	8.3	126
新津河河口	9#	0.17	0.11	46	0.083	2.94	1.58	8.3	132
新溪片区岸线前沿	10#	0.17	0.11	30	0.068	3.03	1.64	8.3	123
	11#	0.18	0.10	338	0.073	2.51	1.36	8.3	122
	12#	0.18	0.19	29	0.080	2.84	1.53	8.3	123
	13#	0.17	0.28	32	0.080	2.94	1.58	8.3	132
外砂河河口（南港口）	14#	0.18	0.05	13	0.067	2.29	1.23	8.3	138
塔岗围片区岸线前沿	15#	0.17	0.27	55	0.083	2.84	1.53	8.3	152
	16#	0.17	0.13	23	0.090	2.89	1.57	8.4	149
	17#	0.18	0.11	69	0.074	2.64	1.43	8.3	142
莱芜岛	18#	0.14	0.42	49	0.077	3.25	1.75	8.3	141
莲阳河河口（北港口）	19#	0.15	0.39	15	0.094	2.14	1.17	8.4	139
后江水道	20#	0.14	0.39	20	0.091	2.77	1.50	8.4	152

5.4.2 工程区域泥沙冲淤分析

为了了解台风"天兔"影响期间工程区域床面泥沙的冲淤分布情况，假定台风来临前时刻（2013年9月20日00时）床面的泥沙冲淤变化厚度为0 m，经过64小时后（2013年9月22日16时）工程区域的波高达到最大，120小时后（2013年9月25日00时）台风远离工程区域，分别输出这两个时刻床面的泥沙冲淤计算结果。

图5.4-8至图5.4-9为波高最大时刻和台风远离时刻工程区域的海床冲淤分布。可以看出，这两个时刻工程区域均发生了大面积的冲刷和淤积，且台风远离时刻冲淤的程度要更加严重。工程区域冲刷严重的区域主要位于表角岬角附近、汕头港航道内、拦沙堤头东侧浅滩以及新津河、外砂河和莲阳河的河口处；淤积严重的区域主要位于拦沙堤头附近的汕头港航道、围片区岸线前沿的采砂坑和新津河、外砂河和莲阳河的河口外侧。

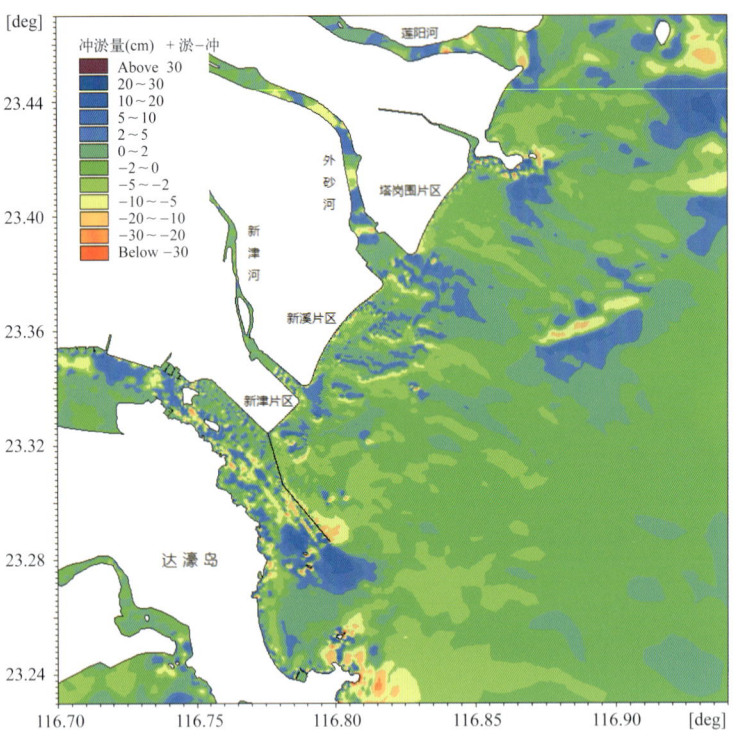

图5.4-8 波高最大时刻海床冲淤量（2013年9月22日16时）

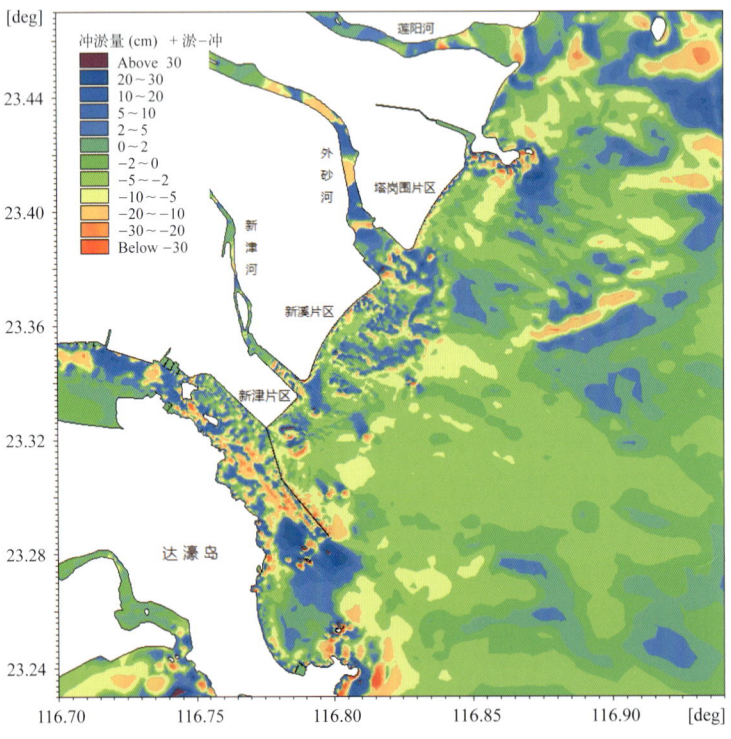

图5.4-9 台风远离时海床冲淤量（2013年9月25日00时）

表 5.4-4 为台风"天兔"影响期间不同时刻工程区域计算点的冲淤厚度统计结果。可以看出：

（1）波高最大时刻，汕头港航道内冲刷 0.5 cm，航道外侧发生淤积，淤积厚度约 5 cm；拦沙堤头淤积 9.1 cm，拦沙堤东侧浅滩冲刷 5.8 cm；各河口的冲刷范围为 0.6 ~ 2.0 cm；围片区岸线前沿冲刷范围为 0.9 ~ 6.6 cm，最大冲刷深度位于新津片区岸线右侧与拦沙堤的交界位置。

（2）台风远离时刻，汕头港航道内冲刷 6.7 cm，航道外侧最大淤积厚度 4.7 cm；拦沙堤头淤积 14 cm，拦沙堤东侧浅滩冲刷 10.9 cm；各河口的冲刷范围为 4.2 ~ 7.9 cm；围片区岸线前沿冲刷范围为 1.6 ~ 8.4 cm，最大冲刷深度同样位于新津片区岸线右侧与拦沙堤的交界位置。

（3）对比两个时刻的冲淤深度可知，台风远离后工程区域的海床冲淤变化仍然较大，需要持续几天或更长的时间才能恢复到台风来临前的自然冲淤状态。

表5.4-4　工程区域计算点冲淤厚度　　　　单位：cm，+淤-冲

编号（自西南向东北）		台风来临前时刻 （2013年9月20日00时0）	波高最大时刻 （2013年9月22日16时）	台风远离时刻 （2013年9月25日00时）
全潮测流点	C1	0	9.1	14.0
	C2	0	−1.8	−3.7
	C3	0	0.9	0.1
表角	1#	0	1.5	0.8
汕头港航道	2#	0	5.1	2.8
	3#	0	−0.5	−6.7
	4#	0	4.9	4.7
拦沙堤 东侧浅滩	5#	0	−5.8	−10.9
	6#	0	1.2	0.8
新津片区 岸线前沿	7#	0	−6.6	−8.4
	8#	0	1.7	0.2
新津河河口	9#	0	0.9	−7.4
新溪片区 岸线前沿	10#	0	−0.8	−1.6
	11#	0	−3.7	−3.6
	12#	0	−3.3	2.1
	13#	0	−1.7	1.6
外砂河河口 （南港口）	14#	0	−0.6	−4.2

续表

编号（自西南向东北）		台风来临前时刻 （2013年9月20日00时0）	波高最大时刻 （2013年9月22日16时）	台风远离时刻 （2013年9月25日00时）
塔岗围片区 岸线前沿	15#	0	6.1	10.7
	16#	0	−2.0	−3.9
	17#	0	−0.9	0.2
莱芜岛	18#	0	4.7	2.4
莲阳河河口 （北港口）	19#	0	−2.0	−7.9
后江水道	20#	0	0.1	−3.2

图 5.4-10 为台风"天兔"影响期间不同时刻工程区域 7 条剖面线的冲刷深度变化情况，剖面线位置见图 3.1-3。可以看出，波高最大时刻与台风远离时刻同一剖面位置的冲淤变化情况相似，但台风远离时刻的冲淤程度更强。据此，以下各剖面的冲淤特征值均根据台风远离时刻的冲淤结果统计得到：

1-1' 剖面线为汕头港航道中心水深剖面，平均水深约 8.4 m。整个剖面大致分为 3 段，首尾段冲刷，中间段淤积。首段（1-a2）位于汕头港航道内，最大冲刷深度 20 cm，平均冲深 12 cm；中间段（a2-a3）位于汕头港航道口门处，最大淤积厚度 29 cm，平均淤厚 13 cm；尾段（a3-1'）位于汕头港航道口门外海，最大冲刷深度 7 cm，平均冲深 5 cm。

2-2' 剖面线垂直于新津片区岸线中部，由岸堤向海的水深变化范围为 1.5～12 m，离岸堤 0.45 km 处有一采砂坑。整个剖面由岸堤向海的冲淤变化情况大致为：岸堤冲刷，最大冲深 10 cm；采砂坑淤积，最大淤厚 41 cm；拦沙堤浅滩段（b1-b3）以冲刷为主，最大冲深 31 cm，最大淤厚 17 cm；外海段（b3-2'）冲刷，平均冲深 4 cm。

3-3' 剖面线位于新津河河口中部，河道水深 2～12 m，离河口 1 km 处有一采砂坑，坑外的水下岸坡变化较平缓。整个剖面由河口向海的冲淤变化情况大致为：河道内冲刷，最大冲深 23 cm；采砂坑淤积，最大淤厚 22.5 cm；外海段（c1-3'）冲刷，平均冲深 3.5 cm。

4-4' 剖面线垂直于新溪片区岸线中部，水深由岸堤向海变化范围为 2～11 m。距离岸堤 2.2 km 处有一采砂坑。整个剖面由岸堤向海的冲淤变化情况大致为：岸堤冲刷，最大冲深 5.5 cm；岸堤至采砂坑段冲刷，平均冲深 3 cm；采砂坑淤积，最大淤厚 8 cm；外海段（d2-4'）冲刷，平均冲深 3.7 cm。

5-5' 剖面线位于外砂河河口中部，河道水深在 4～11 m 左右，距河口外 2.5 km 处有一采砂坑。整个剖面由河口向海的冲淤变化情况大致为：河口内淤积，最大淤厚 18 cm；河口冲刷，最大冲深 15 cm；采砂坑淤积，最大淤厚 9 cm；采砂坑至外海段（e2-5'）冲刷与淤积交替，最大冲深 5.5 cm，最大淤厚 8 cm。

6-6' 剖面线垂直于塔岗围片区岸线中部，水深由岸堤向海变化范围为 3～10 m，距岸堤约 6 km 处有一高约 2 m 的水下沙坝（现已被开挖清除）。整个剖面由岸堤向海的冲淤变化情况大致为：岸堤严重冲刷，最大冲深 23 cm；岸堤向海段（f1–f3）冲刷，平均冲深 3.6 cm。水下沙坝段（f3–6'）冲刷与淤积交替，最大冲深 22 cm，最大淤厚 7 cm。

7-7' 剖面线垂直于莲阳河河口以南的莱芜岛，剖面线水深在 3～9 m 左右。整个剖面由岛岸向海的冲淤变化情况大致为：莱芜岛岸冲刷，最大冲深 5.4 cm；岛岸至外海 1 500 m 处的莱芜岛南侧区域淤积，最大淤厚 19 cm；外海段（g3–7'）冲淤交替，最大冲深 8.0 cm，最大淤厚 9.3 cm。

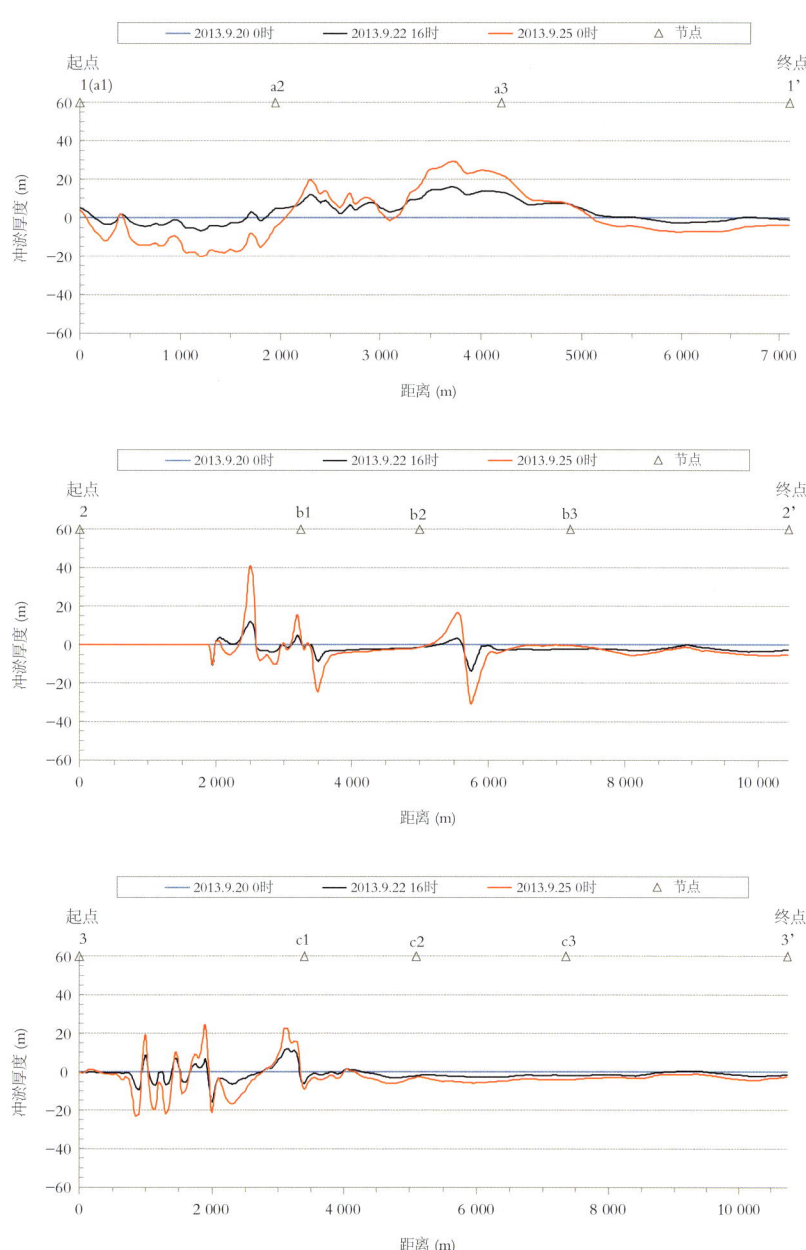

图 5.4-10　台风"天兔"作用下不同时刻工程区域剖面冲淤厚度变化

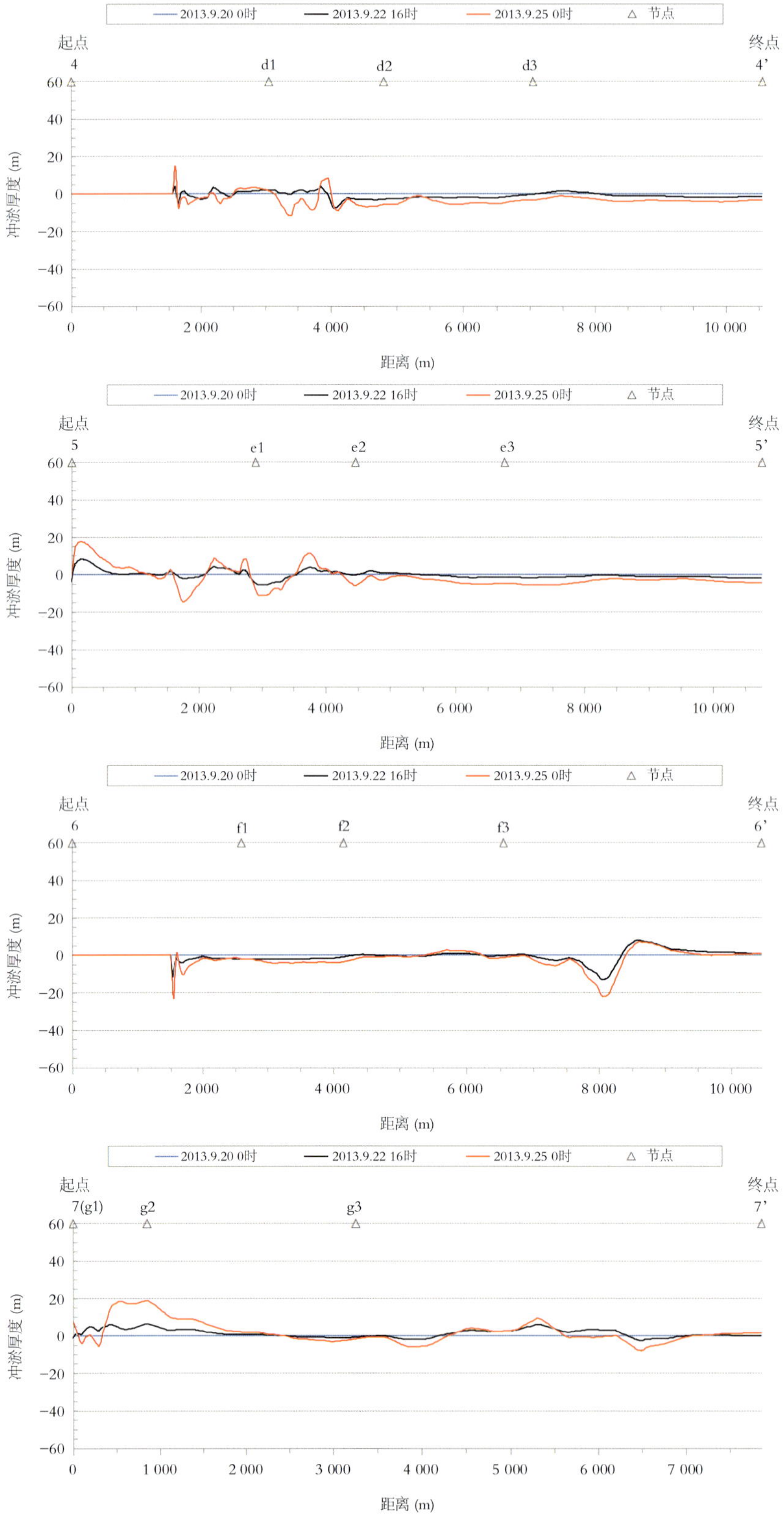

图5.4-10 台风"天兔"作用下不同时刻工程区域剖面冲淤厚度变化（续）

总体而言，台风"天兔"影响期间工程区域流速、波高急剧增大，产生强烈增水，新津、新溪和塔岗围片区的岸堤局部出现强烈冲刷，围片区前沿的采砂坑淤积严重。由于水体含沙量与输沙能力都非常巨大，在进入新津河河口、外砂河河口及莲阳河河口后水流条件发生剧烈变化，水流挟沙能力产生严重不平衡，从而在短时间内造成各河口处的泥沙大量淤积和冲刷。同时，在强风浪作用下，外海海床发生大面积冲刷，汕头港拦沙堤东侧浅滩的泥沙大量起动，在波流作用下堆积在汕头港航道出口处，引起航道口门骤淤。

5.5 汕头港航道淤积分析

没有特别说明时，本节汕头港航道或汕头港外航道均指的是汕头港拦沙堤西侧这一段水域。

5.5.1 工程建设对汕头港航道的淤积影响

工程建设对汕头港航道的淤积影响程度，可通过分析工程建设后汕头港航道是否较大范围改变了水动力场、是否出现较大程度的淤积等方面来判断。图5.5-1为汕头港航道地形、计算点与剖面线，根据图3.1-3（工程区域计算剖面线位置）和图4.2-17（工程区域水下地形与计算点）绘制得到。可以看出，汕头港航道位于拦沙堤西侧，远离工程区域，相较于汕头港航道，拦沙堤东侧更靠近围片区前沿，水动力场变化也更容易受到工程建设的影响。

根据第5.1节的水动力特征分析可知：

（1）潮位

工程后，拦沙堤东侧高潮位上涨2～3 cm，低潮位下降1～2 cm。汕头港航道高潮位上涨2～4 cm，低潮位下降2～4 cm，高、低潮位的变化均大于拦沙堤东侧。汕头港航道的潮位变化大于拦沙堤东侧的一个主要原因是围填区施工期间（2012年9月至2014年5月）汕头港航道曾进行航道清淤活动，航道水深相对于工程前发生了较大改变，见图5.1-1。整体上工程后潮位变化的幅度较小，因此，工程建设后对汕头港航道潮位的影响并不大。

（2）流场

涨急时刻，汕头港航道平均流速为0.4～0.5 m/s，较工程前减小了约0.08 m/s，流向没有太大变化，拦沙堤东侧的流速和流向（5#、6#）与工程前相比差别较大，见表5.5-1和图5.1-6。落急时刻，汕头港航道平均流速约为0.6m/s，较工程前增加约0.1m/s，拦沙堤东侧的的流速和流向（5#、6#）与工程前相比差别很小，见表5.5-1和图5.1-8。

整体上工程建设对工程区域和汕头港航道的涨潮流场变化有一定影响，对落潮流场变化影响较小。相较于拦沙堤东侧，工程建设后汕头港航道流场变化的原因更多的来源于汕头港航道的疏浚挖深，围片区岸线变化的影响居于次要。

表5.5-1　汕头港航道附近区域计算点流速、流向对比

编号 （自西南往东北）		工程前				工程后			
		涨急		落急		涨急		落急	
		流速 （cm/s）	流向 （°）	流速 （cm/s）	流向 （°）	流速 （cm/s）	流向 （°）	流速 （cm/s）	流向 （°）
全潮测流点	C1	0.28	294	0.55	130	0.24	304	0.43	139
	C2	0.22	356	0.32	189	0.22	359	0.37	188
	C3	0.25	25	0.40	210	0.23	33	0.42	214
表角	1#	0.31	336	0.56	154	0.30	346	0.65	158
汕头港航道	2#	0.50	320	0.66	140	0.41	320	0.61	142
	3#	0.50	328	0.60	148	0.42	328	0.61	149
	4#	0.44	325	0.52	147	0.42	328	0.61	147
拦沙堤东侧浅滩	5#	0.04	116	0.31	146	0.09	140	0.32	146
	6#	0.05	296	0.17	158	0.03	245	0.18	161

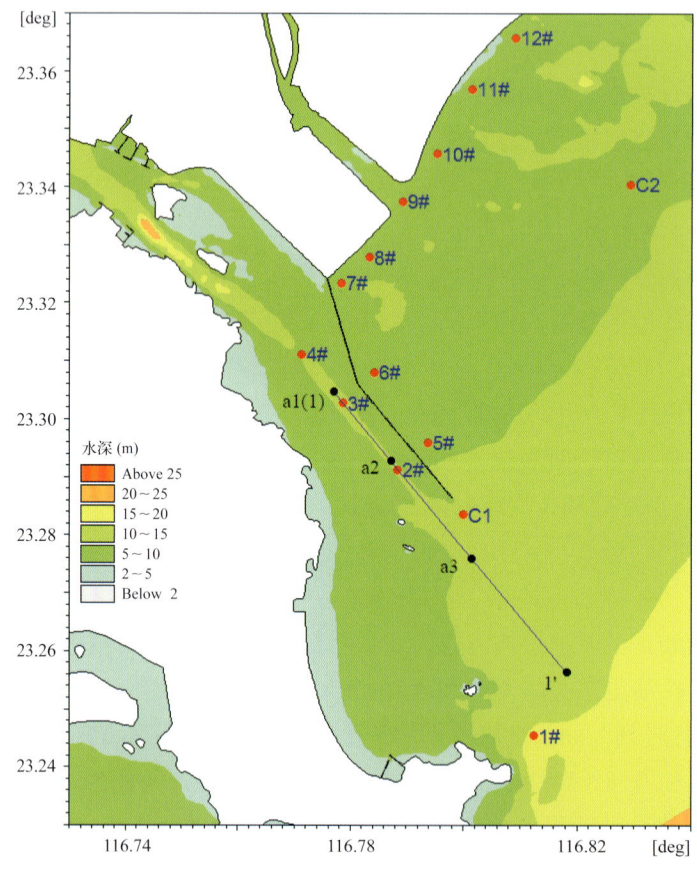

图5.5-1　汕头港航道地形、计算点与剖面线

（3）水深

根据 3.2 节的分析可知,汕头港外航道及外拦门沙整治二期工程于 2005 年 11 月竣工。2010—2014 年期间,汕头东部经济带实施了大面积的围填海和河口整治工程,汕头东部陆域岸线整体外移,同时,新津河河口改道为东南向,此后,工程区域的岸线格局基本保持稳定不变。

1-1' 为汕头港外航道中心水深剖面线全长 7.1 km,平均水深 8.4 m,见图 5.5-1。以 a3 节点为界,将剖面线划分为"拦沙堤堤头以内的汕头港航道"和"拦沙堤堤头至外海的航道"两部分。图 5.5-2 为汕头港航道剖面线实测水深。可以看出,"拦沙堤堤头至外海的航道"段在四次地形测量期间剖面线的水深变化范围较小,属于自然条件下的冲淤平衡。"拦沙堤堤头以内的汕头港航道"段在四次地形测量期间剖面线的水深变化范围比较大,需要着重进行分析。

2012 年 9 月至 2014 年 5 月,1-a3 段平均加深 0.5～1.0 m,水深变化范围很大,可以看出这段时间里汕头港航道进行了航道疏浚活动。2014 年 5—11 月,1-a3 段的水深变浅,某些区域水深减小接近 0.5 m,表明这段时间里 1-a3 段出现了淤积现象,某些区域的淤积厚度还比较大。2014 年 11 月至 2015 年 5 月,原 1-a3 段的淤积区域出现较大范围的冲刷,某些区域的冲刷深度超过了 0.5 m。那么这些冲淤变化是自然条件下产生的还是由于淤积过厚进行了人工清淤活动产生的?

图 5.5-3 为汕头港航道剖面线 2014 年 5 月至 2015 年 5 月的实测水深变化。可以看出,在一个完整年里,"拦沙堤堤头以内的汕头港航道"段 2014 年 11 月与 2015 年 5 月的剖面线变化大致吻合。相较于 2014 年 11 月,2015 年 5 月的剖面线深度略深,最大冲刷深度 0.32 m,平均冲刷深度 0.10 m。通常情况下,人工清淤活动后的航道水深变化会比较大,而且 2012 年 9 月至 2014 年 5 月间,汕头港航道已经进行过人工清淤活动,再进行清淤的可能性相对较小。因此,2014 年 11 月至 2015 年 5 月的冲淤变化应为自然条件下产生的。

结合第 3 章海床演变分析内容,2014 年 5—11 月,1-a3 段出现淤积的主要原因是洪季榕江等河口输沙和前期航道开挖疏浚,期间 1407 号热带风暴"海贝思"登陆汕头可能也是造成淤积的部分原因。2014 年 11 月至 2015 年 5 月,1-a3 段出现冲刷的主要原因有:①此段时期正值枯季,榕江等河口上游来沙较少;②河口整治工程后,新津河河口与外砂河河口均改道为东南走向,不再正对拦沙导堤,在一定程度上缓解了下泄泥沙在拦沙堤头处的直接沉降堆积,减小了进入汕头港航道的几率。

总体而言,汕头港外航道在 1 年间里不仅没有大的淤积出现,反而局部出现冲刷现象,表明工程建设对汕头港航道的淤积有影响,但这种影响偏有利方向。

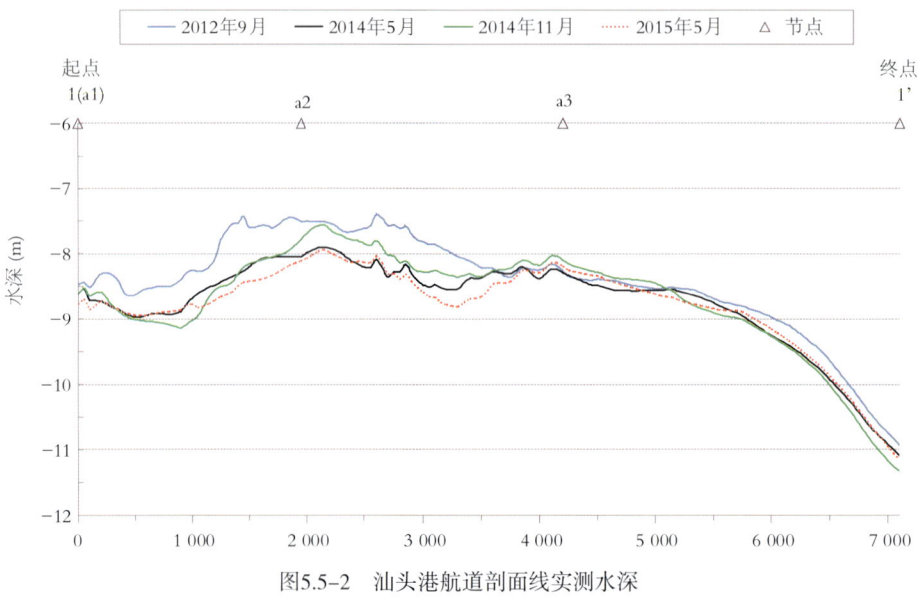

图5.5-2 汕头港航道剖面线实测水深

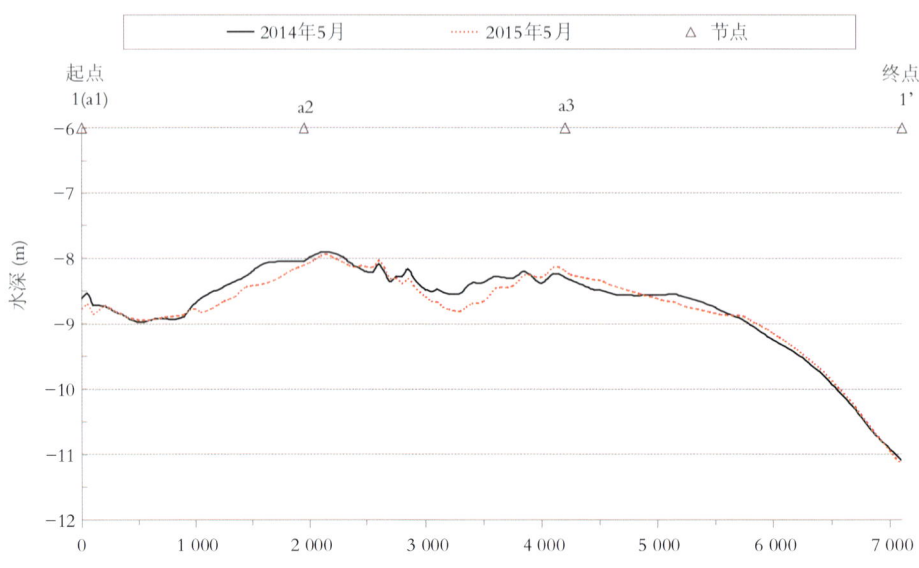

图5.5-3 汕头港航道剖面线1年间实测水深变化

5.5.2 汕头港航道淤积分析

航道淤积是汕头港航道通航较为关注的问题。汕头港外航道的淤积泥沙主要来源于新津河河口往西南方向的沿岸输沙。汕头港外航道及外拦门沙整治一期和二期工程主要包括拦沙防波堤建设和航道疏浚两大工程。其中，建设拦沙防波堤的主要原因之一就是为了拦截东侧浅滩的泥沙淤积。

5.5.2.1 正常天气下汕头港航道淤积分析

正常天气下，拦沙堤东侧浅滩处于自然淤积状态，泥沙净输运量较小，新津河河口往西南方向输运的泥沙大部分沉积在拦沙堤东侧浅滩，少量可通过涨潮流、拦沙堤绕流等形式进入汕头港航道，此时汕头港外航道处于自然淤积状态。根据第 5.5.1 节的分析可知，自然淤积状态下汕头港外航道通常不会出现较大淤积。

5.5.2.2 台风期间汕头港航道淤积分析

极端天气下，拦沙堤东侧浅滩在大风浪作用下发生强烈冲刷形成高浓度的含沙水体，在波流作用下，这部分高含沙水体在拦沙堤头处斜向进入汕头港航道口门，与汕头港航道下泄的含沙水流一同在口门处作顺时针涡旋运动，形成泥沙聚集区，造成汕头港航道口门处淤积大量的泥沙。根据图 5.5-2，可以看出，汕头港拦沙堤头段（a2 节点附近）相对其他段的地形变化幅度较大，有明显的清淤开挖过程，表明该段的泥沙淤积强度较大，容易发生淤积。从图 5.4-9 绘制的工程海床冲淤量也可看出，台风"天兔"影响期间，汕头港外航道发生较严重的淤积，最大淤厚约 30 cm。

本节从台风浪作用下各时刻工程区域的泥沙输运大小、方向以及泥沙淤积厚度分析台风期间汕头港拦沙堤头淤积严重的原因。需要说明的是，文中提到的单宽输沙量为波流作用下的全沙输运（悬沙输运和推移质输运），代表某时刻的泥沙输运大小和方向，与潮流运动方向大体一致；净单宽输沙量也称为累积单宽输沙量，为泥沙模型从计算时刻起所有时刻的单宽输沙量矢量叠加，代表了该位置的泥沙净输运方向。

图 5.5-4 至图 5.5-6 为台风来临前时刻、波高最大时刻和台风远离时刻汕头港航道单宽输沙量和净单宽输沙量。图 5.5-1 为汕头港航道附近地形与计算点，表 5.5-2 为根据图 5.5-4 至图 5.5-6 和表 5.4-4 得到各计算点的净单宽输沙量和泥沙冲淤量。结合图表可知：

台风来临前时刻：工程区域处于涨潮时刻，水位、流速、波高及含沙量相对较小，浪向 E，见图 5.4-1 至图 5.4-2。泥沙输运以悬沙输运为主，单宽输沙量和净单宽输沙量都较小，航道处的单宽输沙量方向与涨潮流方向一致，与净单宽输沙量方向相反，见图 5.5-4。

汕头港航道（2# ~ 4#）往东南方向的外海净输沙，平均净单宽输沙量 32.8 m^3/m；拦沙堤（5# ~ 6#）往东南方向净输沙；平均净单宽输沙量 2.9 m^3/m；新津片区（7# ~ 8#）往西南方向净输沙；平均净单宽输沙量 1.35 m^3/m；新津河河口（9#）往河道东南方向净输沙，净单宽输沙量 1.9 m^3/m；新溪片区（10# ~ 12#）往西南方向净输沙，净单宽输沙量 1.23 m^3/m。

以上计算结果表明，台风来临前（正常天气下）工程区域的泥沙沿新溪、新津围填区岸线往西南方向净输运，至拦沙堤根处发生转向，往东南方向的外海净输运，泥沙输运量值较小；汕头港航道的泥沙往东南方向外海净输运，泥沙输运量值较大。

波高最大时刻：工程区域处于落潮时刻，水位、流速、波高及含沙量都极大，浪向SE，见图5.4-4至图5.4-5。泥沙输运主要为悬沙输运和推移质输运，单宽输沙量和净单宽输沙量急剧增大，输运方向均与落潮流方向较一致。汕头港航道口门处出现顺时针涡旋，形成泥沙聚集区，见图5.5-5。

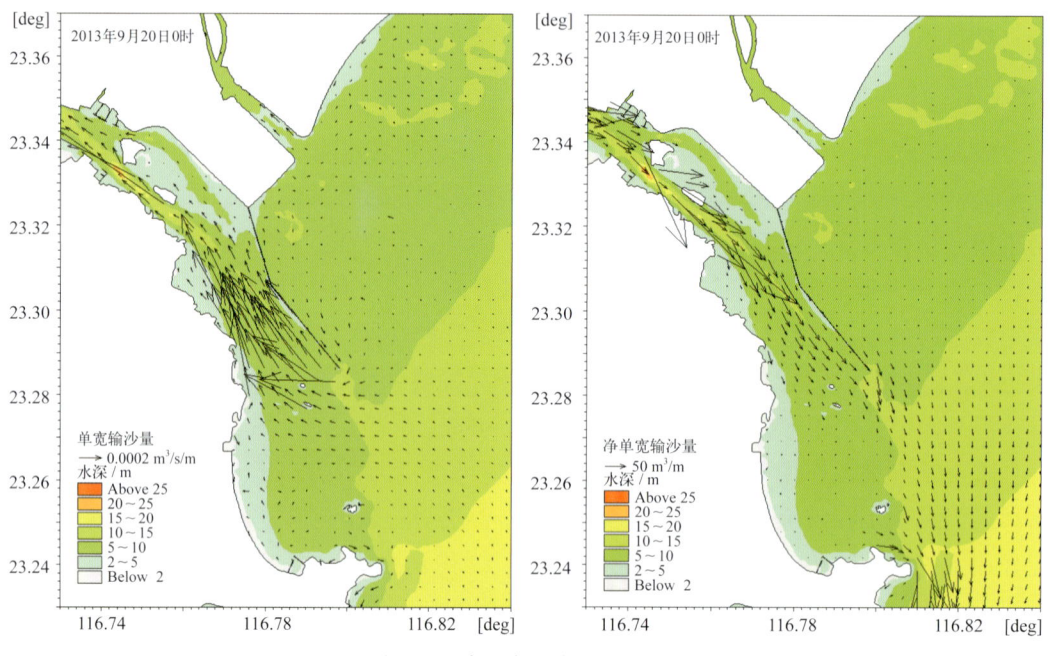

图5.5-4　台风来临前时刻输沙量

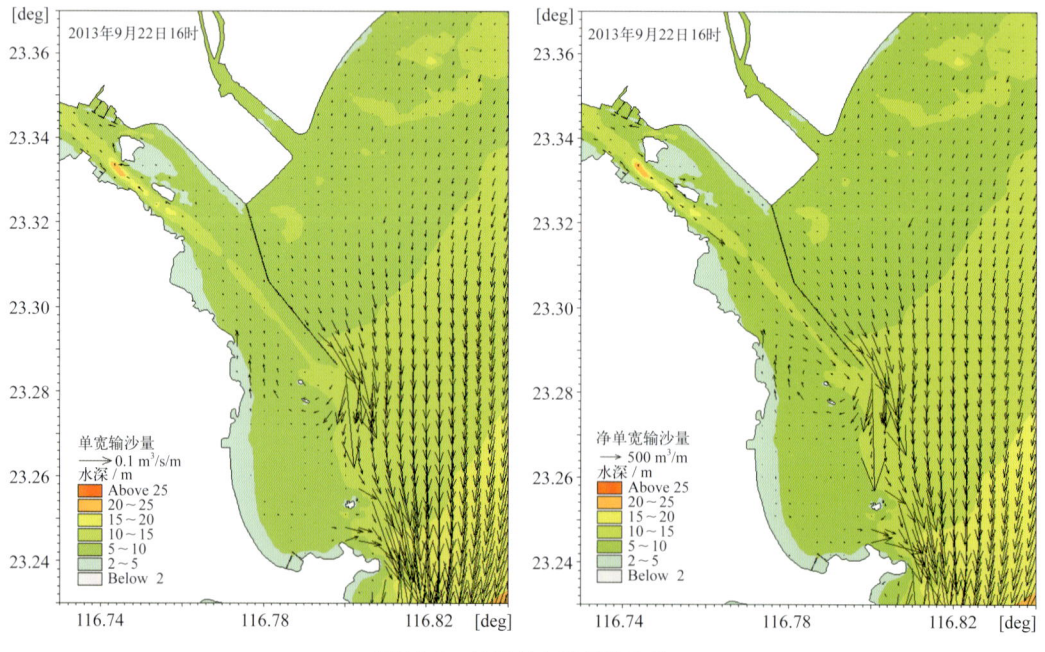

图5.5-5　波高最大时刻输沙量

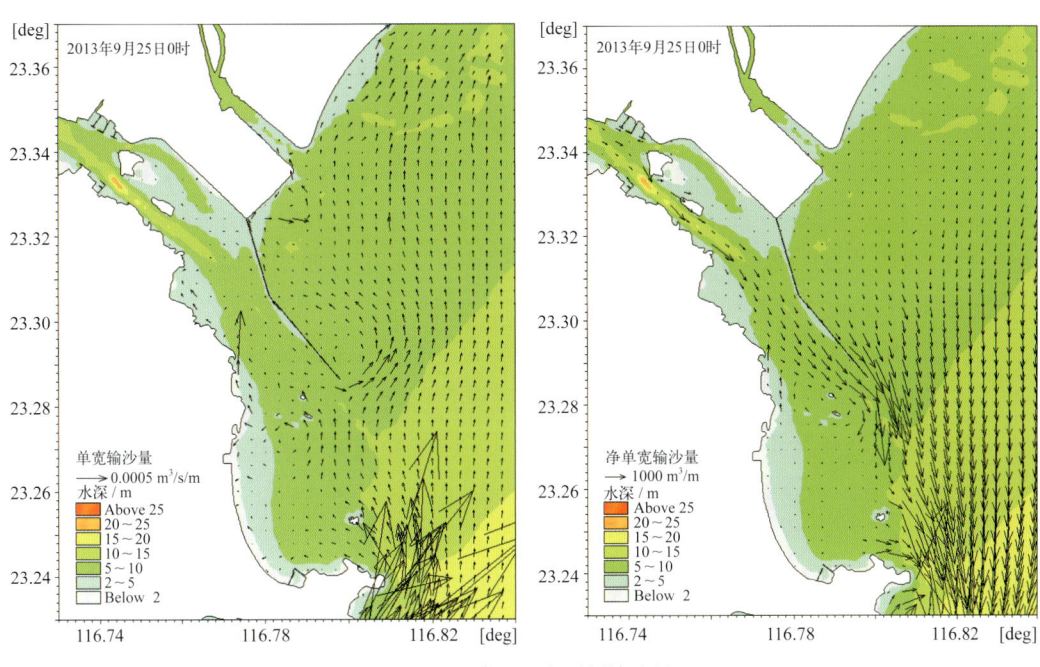

图5.5-6 台风远离时刻输沙量

表5.5-2 台风"天兔"影响期间汕头港航道计算点输沙量统计

时间		9月20日0时			9月22日16时			9月25日0时		
位置	编号	净单宽输沙量		冲淤厚度(cm)	净单宽输沙量		冲淤厚度(cm)	净单宽输沙量		冲淤厚度(cm)
		大小	方向		大小	方向		大小	方向	
拦沙堤头	C1	39.2	176	—	2055	188	9.1	2790	176	14
测流点	C2	2.8	190	—	141	207	-1.8	120	314	-3.7
表角	1#	27.6	158	—	1124	162	1.5	1941	159	0.8
汕头港航道	2#	28.4	142	—	164	141	5.1	847	142	2.8
	3#	26.1	149	—	55.6	148	-0.5	273	150	-6.7
	4#	41.1	146	—	64.6	143	4.9	271	144	4.7
拦沙堤东侧浅滩	5#	4.1	143	—	454	143	-5.8	782	145	-10.9
	6#	1.7	158	—	62.8	150	1.2	77.1	151	0.8
新津片区岸线前沿	7#	1.4	272	—	6.3	162	-6.6	11.3	53	-8.4
	8#	1.3	194	—	22.5	203	1.7	32.0	200	0.2
新津河河口	9#	1.9	150	—	30.2	141	0.9	112	118	-7.4
新溪片区岸线前沿	10#	1.5	208	—	75.5	190	-0.8	89.8	191	-1.6
	11#	1.5	213	—	42	204	-3.7	43.6	210	-3.6
	12#	0.7	215	—	15.7	199	-3.3	11.1	88	2.1

注：表中净单宽输沙量单位（m^3/m，°）。

拦沙堤头（C1）往西南方向的汕头港航道口门净输沙，净单宽输沙量 2 055 m³/m，淤厚 9.1 cm；汕头港航道（2# ~ 4#）往东南方向的外海净输沙，平均净单宽输沙量 95 m³/m，平均淤厚 3.2 cm；拦沙堤东侧浅滩（5# ~ 7#）往东南方向的拦沙堤头净输沙，净单宽净输沙量由 6.3 m³/m 增大至 454 m³/m，最大冲刷 -5.8 cm。新津片区（8#）往西南方向净输沙；净单宽输沙量 22.5 m³/m；新津河河口（9#）往河道东南方向净输沙，净单宽输沙量 30.2 m³/m，淤厚 0.9cm；新溪片区（10# ~ 12#）往西南方向净输沙，平均净单宽输沙量 44.4 m³/m，最大冲刷 -3.7 cm。

以上结果表明，波高最大时刻（极端天气下）的泥沙净输运方向与正常天气相同，不同之处在于正常天气下和极端天气下围片区至拦沙堤一带床面的冲淤状态并不一样。根据表 5.2-4，正常天气下新溪—新津片区岸线至拦沙堤根处为稳定或微淤，拦沙堤根至拦沙堤头处为微淤—淤积，而根据表 5.4-5 和图 5.4-8，极端天气下新津片区岸线至拦沙堤根处为冲刷，拦沙堤根至拦沙堤头浅滩处的床面为冲刷—严重冲刷。在 SE 向的强风浪作用下，见图 5.4-5，拦沙堤东侧浅滩的海床表面容易形成高浓度的含沙层，这部分含沙水体在拦沙堤头处斜向进入汕头港航道口门，与汕头港航道下泄的含沙水体在口门处作顺时针涡旋运动，形成一个泥沙聚集区，造成汕头港航道口门处的泥沙大量淤积，见图 5.4-12。同时，由于泥沙聚集区中较粗的泥沙颗粒沉降速度较大，相对于细颗粒泥沙更容易发生沉积，因此在航道口门处附近产生较多粗颗粒的泥沙，见图 5.5-6。

台风远离时刻：工程区域处于涨潮时刻，水位、流速和波高都较小，含沙量仍较大，浪向 SSE，见图 5.4-6 至图 5.4-7。泥沙输运以悬沙输运为主。单宽输沙量较小，输运方向为西北或北，与涨潮流方向一致，在拦沙堤头浅滩附近形成逆时针涡旋，有利于泥沙在此处落淤；净单宽输沙量较大，输运方向为东南和南方向，与涨潮流方向相反，在汕头港航道口门处形成顺时针涡旋的泥沙聚集区，见图 5.5-6。

拦沙堤头（C1）往西南方向的汕头港航道口门净输沙，净单宽输沙量 2 790 m³/m，泥沙淤厚 14 cm；汕头港航道（2# ~ 4#）往东南方向的外海净输沙，平均净单宽输沙量 464 m³/m，冲淤交替；拦沙堤东侧浅滩（5# ~ 7#）往东南方向的拦沙堤头净输沙，净单宽净输沙量由 11.3 m³/m 增大至 782 m³/m，最大冲刷 -10.9 cm。新津片区（8#）往西南方向净输沙；净单宽输沙量 32 m³/m；新津河河口（9#）往河道东南方向净输沙，净单宽输沙量 112 m³/m，冲刷 -7.4 cm；新溪片区 10# ~ 11# 计算点往西南方向净输沙，平均净单宽输沙量 66.7 m³/m，平均冲刷 -2.6 cm，12# 计算点往东北方向净输沙，净单宽输沙量 11.1 m³/m，淤厚 2.1 cm。

以上结果表明，台风远离时刻工程区域的泥沙冲淤状态与波高最大时刻相同，仍保持拦沙堤东侧浅滩冲刷，汕头港外航道虽然冲刷深度与淤积厚度在持续增加，但冲刷和淤积速率有所减小。泥沙净输运方向与台风来临前时刻和波高最大时刻大致相同，即泥沙运动沿新溪、新津片区岸线往西南方向净输运，至拦沙堤根处发生转向，沿拦沙堤堤身往东南方向的外海净输运。

稍有不同的是，台风来临前时刻（工程区域浪向为 E 向）和波高最大时刻（工程区域浪向为 SE 向）新溪片区岸线的沿岸输沙往西南方向，但台风远离时刻（工程区域浪向为 SSE 向）的沿岸输沙大致以新溪片区的弧形岸线中点为界，以西（11#）往西南方向输沙，以东（12#）向东北方向输沙。这是因为台风影响期间工程区域的浪向处于不断变化之中，由 E 向转为 ES 向，最后转为 SSE 向，新溪片区的沿岸输沙方向也因工程区域波浪来向变化而变化。

第6章 结论与建议

汕头东部城市经济带河口治理及综合开发项目（以下简称"项目"）包括新津、新溪和塔岗三个片区的大面积围填造地、新津河改道与外砂河疏浚、围片区岸线前沿海域的大量采砂等活动。由于工程量巨大且影响范围很广，工程区域的水流和泥沙运动状态将不可避免的发生较大改变。

为了了解这些人为活动能否导致围片区岸线和工程区域海床发生严重侵蚀、造成汕头港航道发生严重淤积，通过现场调查和收集工程区域的卫星遥感影像、历史海图以及近期水下地形数据，采用定性与定量相结合的方法，分析了工程区域历史和监测期间的海床冲淤变化特征。同时，根据风、浪、潮流和泥沙数学模型的计算结果分析工程区域的水流、泥沙运动特征、河口岸线稳定性以及工程建设对汕头港航道的淤积影响，预测工程区域海床未来的演变趋势。以下为项目研究过程中得出的一些结论和建议。

6.1 结论

2010年以前，工程区域海床总体表现为微淤积。2010—2014年间，工程区域实施了大面积的围填海和河口整治工程。汕头东部陆域岸线整体外移了1.5~2.4 km；新津河河口改为东南走向，不再正对汕头港拦沙堤；外砂河河口形成新的海堤，出海河口口门拓宽，面向东南方向的深水区。

围填区大面积填海后，由于填海所用沙料大都来源于5 m以浅的近岸区域，致使填海过程中（2012年9月至2014年5月）工程区域总体呈强侵蚀，总侵蚀体积为$5\,976 \times 10^4\,m^3$，平均侵蚀厚度为0.352 m；填海完工后6个月，此时经历了泥沙输入丰富的洪季，原采砂区域，新津河河口和外砂河河口附近的近岸海域，汕头湾口等区域均出现不同程度的淤积，工程区域总体稳定，总淤积体积为$43 \times 10^4\,m^3$，平均淤积厚度为0.003 m；填海完工后12个月，此时经历了泥沙输入较少的枯季，采砂坑继续保持淤积，原沉积区（新津河河口和外砂河河口附近的近岸海域，汕头湾口等区域）由于泥沙得不到充足的补充，表现为不同程度的侵蚀，工程区域总体呈现出微侵蚀，总侵蚀体积为$105 \times 10^4\,m^3$，平均侵蚀厚度为0.006 m。

通过对工程区域实测地形剖面分析结果预测：工程区域未来总体呈现出微侵蚀状态，平均侵蚀速率约为0.003 m/a。①新津河河口、新津片区岸线、外砂河河口未来的变化趋势为淤积；新溪片区岸线受季节影响，夏季出现淤积，冬季出现冲刷，未来的变化趋势为侵蚀，平均侵蚀速率0.08 m/a。具体为：近岸0.6 km范围内未来处于微侵蚀状态，平均侵蚀速率为0.03 m/a，距离岸堤0.6~1.8 km处的海床未来处于严重侵蚀状态，平均侵蚀速率为 0.34 m/a。距离岸堤 1.8～2.4 km 处的海床未来处于严重淤积状态，平均淤积速率为 0.28 m/a。塔岗围片区岸线受季节影响，夏季出现淤积，冬季出现冲刷，未来的变化趋势为淤积，平均淤积速率 0.05 m/a；莱芜岛东南侧侵蚀严重，未来的变化趋势为侵蚀，平均侵蚀速率 0.22 m/a；②汕头港航道未来的变化趋势为侵蚀，平均侵蚀速率 0.06 m/a。

通过数学模型分析得出以下结论：

（1）围填工程虽然对工程区域的潮位变化有一定的影响，但由于量值变化较小，在 ±4 cm 之间，不会影响上游的防洪排涝以及汕头港航道的通航。

（2）围填工程完成后，涨潮时，工程区域除河口涨潮流向为西北向外，其余涨潮流均为东北方向。外砂河河口外至莱芜半岛一带的海域流速较工程前增大至 0.2～0.3m/s，流向也由西北向改为东北向，表明围填工程对该区域的流速除了有增强作用外，还改变了工程前的涨潮流方向；落潮时，新津河河口与外砂河河口处的落潮流速较工程前有所增大，围片区沿岸的落潮流速相对于工程前有所减小。围填工程对莱芜岛东南区域的落潮流速存在增大影响，但没有改变工程前的落潮流方向。围填工程对汕头港航道的涨落潮流影响不大，汕头港航道的涨落潮流变化主要为航道疏浚引起的。

（3）围填工程完成后，围填片区陆域岸线整体向外海外移了 1.5～2.4 km；在围堤工程的改造下，新津河河口与外砂河河口均改道为东南走向，不再正对拦沙导堤，在一定程度上缓解了下泄泥沙在拦沙堤头处的直接沉降堆积。同时，新溪片区围填岸线较工程前向南发生偏移，与新形成的新津、塔岗围片区岸线形成东北西南走向。在夏季 S 浪向的作用下形成东北方向的沿岸输沙，在冬季 E—SE 浪向的作用下形成西南方向的沿岸输沙。同时，由于围片区前沿水深较深，波浪主要在岸边发生破碎，沿岸泥沙输运宽度较为狭窄，只考虑入射浪向的影响因素情况下，围片区冬季的沿岸输沙量相对于夏季要小。

工程区域：新津河河口、外砂河河口以及汕头港航道的悬沙，夏季往外海方向净输运，冬季则相反。围片区近岸的悬沙，夏季以新溪片区弧形岸线的西侧为界，分别往西南和东北方向净输运；冬季以新溪片区弧形岸线的中部为界，分别往西南和东北方向净输运。外海的悬沙夏季往东北方向净输运，冬季往西南方向净输运，与海区的盛行风向基本一致。工程后，夏季和冬季拦沙堤的东侧仍然存在逆时针余环流，其挟带的泥沙按逆时针方式进行辐聚。

表层沉积物输运与悬沙输运相似。夏季，新津河河口、外砂河河口和汕头港航道存在较强的下泄径流，泥沙往东南方向的外海输运，在工程区域 S 浪向作用下，新津河河口和外砂河河口外各形成一处泥沙辐聚区。辐聚区的泥沙沉降后堆积在围填区近岸以及河口附近的采砂坑。冬季，外海表层沉积物向河口和航道的输运趋势增强，自表角起至拦沙堤中段区域的表层沉积物表现为向汕头港内净输运的趋势。在工程区域 E—SE 浪向作用下，新溪片区和塔岗围片区近岸的表层沉积物表现为向外海净输运的趋势。新溪片区外海的采砂坑位置出现一个较大范围的泥沙辐聚区，不断接受来自新津河河口、外砂河河口、新津片区、塔岗围片区近岸以及外海往西南和西北方向输运的泥沙。

汕头港航道：夏季，落潮方向的余流挟带泥沙流向外海，冬季，外海较大的波浪可以绕过汕头港的拦沙堤，携带淤积在拦沙堤东侧的泥沙进入汕头港区，造成航道内的泥沙淤积。新津河河口与外砂河河口整治后，落淤在拦沙堤头东侧浅滩的泥沙相对于工程前有所减少，在一定程度上减少了河口下泄泥沙进入汕头港航道内的几率。正常天气下，汕头港外航道处于自然淤积状态，不会出现较大淤积。

（4）海床稳定性计算结果表明：正常天气下，汕头港航道、新溪片区中部至外砂河河口之间的区域以及莱芜岛东南侧容易发生冲刷，其余工程区域的岸线前沿不容易发生冲刷。

（5）通过模型预测工程区域未来的冲淤变化为：围填工程完成后，新津片区岸线前沿以及塔岗围片区东北端未来处于淤积或严重淤积状态；新溪片区岸线前沿东北部～塔岗围片区岸线前沿西侧的区域未来处于微侵蚀状态。工程区域虽然存在较大范围的采砂坑，但采砂坑周围的冲刷量值较小，因此对围片区岸线的稳定性影响也较小，采砂坑未来将保持较快的淤积速率。远离工程区域的外海区域（如拦沙堤头以东的外海海域）未来将保持冲淤平衡态势。汕头港外航道至口门处保持冲刷，汕头湾内处于自然淤积状态；莱芜岛东南侧将发生冲刷。以上预测结果与通过工程区域实测地形剖面进行预测的结论接近。

（6）新津、新溪和塔岗围片区附近的采砂坑边坡均属于稳定边坡，正常天气下，采砂坑对新津、新溪和塔岗岸线的稳定性影响不大。大浪影响期间，采砂坑对围填区岸线有较大影响。采砂坑将导致围填区岸线前沿、河口区以及莱芜岛东南侧的波高增大；外海入射波浪以 SE 向对工程海岸的影响最大，其次为 S 向和 E 向；工程海岸受采砂坑影响最大的区域位于外砂河河口及其两侧的岸线，新津片区受采砂坑的影响相对较小。据估算，若不考虑采砂坑的溯源侵蚀来沙和台风期的底沙搬运来沙，仅依靠河流来沙的淤积，采砂坑至少需要 23 年的时间才能回淤至相对平坦。

（7）通过对 2013 年 1319 号超强台风"天兔"的台风模拟结果分析，极端天气下，工程区域近岸出现强烈增水，流速、波高急剧增大，新津、新溪和塔岗围片区的岸堤局部出现强烈冲刷，围片区前沿的采砂坑淤积严重。由于水体含沙量与输沙能力都非常巨大，在进入新津河河口、外砂河河口及莲阳河河口后水流条件发生剧烈变化，水流挟沙能力产生严重不平衡，从而在短时间内造成各河口处的泥沙大量淤积和冲刷。同时，在强风浪作用下外海海床发生大面积冲刷。

工程建设后，汕头港航道不仅没有大的淤积出现，反而局部出现了冲刷现象，表明工程建设对汕头港航道的淤积有影响，但这种影响偏有利方向。极端天气影响下汕头港外航道口门处会发生严重淤积，主要原因为拦沙堤东侧浅滩在大风浪作用下发生强烈冲刷形成高浓度含沙水体，这部分高含沙水体在波流作用下在拦沙堤头处斜向进入汕头港外航道口门，与汕头港航道下泄的含沙水流一同在口门处作顺时针涡旋运动，形成泥沙聚集区，造成汕头港外航道口门处淤积大量泥沙。

6.2 建议

围填工程完成后，工程区域的海床（除采砂坑外）冲淤变化较小，采砂坑对围片区岸线的稳定性影响不大，新的围片区岸线较为稳定。围片区的形成对汕头港航道流场影响不大，不改变汕头港航道原先的水动力及海床稳定性。当极端天气如台风影响工程区域时，围片区岸线与河口将出现强烈冲刷和淤积，汕头港航道口门处将发生骤淤，影响通航安全。根据海床演变分析与数学模型的分析结果，提出以下几点建议：

（1）枯季或冬季，新津河河口、外砂河河口径流动力不足，潮汐和波浪把外海泥沙带到口门，易形成拦门沙和河道口门淤积，如果来年汛期的来水量较小，河道口门淤积的泥沙难以输送入海，长期淤积后则将影响口门的泄洪。为减小其影响，建议对河道进行定期或不定期的拦门沙监测，并视淤积状况进行清淤。

（2）冬季，新津河河口、外砂河河口往外海输送的泥沙明显减少，由于风浪作用较强，加之河口补充的泥沙减少，新溪片区岸线中部~塔岗围片区岸线西侧的区域可能会产生侵蚀，侵蚀下来的泥沙在潮流搬运作用下有部分回填至岸线前沿的采砂坑。根据实测地形剖面图显示结果，新溪片区分界点距离外海1km处的海床出现了较强冲刷，月平均冲刷0.06 m，塔岗围片区岸线在冬季也出现了冲刷现象。应加强冬季对围片区岸线的定时监测，注意防护围片区的岸线出现冲刷；其次，增加冬季外砂河河口、新津河河口上游闸门的开放时间，以便增加泥沙的入海通量，起到缓解海岸侵蚀的目的。

（3）工程后，汕头港拦沙堤东侧仍存在泥沙输运辐聚区，是汕头港航道口门处泥沙淤积的主要来源，建议对其进行定期或不定期的监测，并视淤积状况进行清淤。

（4）采砂坑的存在对围片区岸线的稳定性有潜在不利影响。极端天气下，采砂坑会较大增加围片区岸线前沿及河口区的波高，尤以外砂河河口两侧的岸线受影响较为严重，严禁在工程区域进行海砂开采等破坏海床稳定性的人工活动。

（5）极端天气下，工程区域出现强烈增水和大面积的冲淤，围片区岸线发生严重冲刷，河道口门处和汕头港航道口门处发生严重淤积。建议提前启动防台预案，并在台风过后对冲刷岸堤进行加固修复等工作，对于淤积严重的河口及航道应及时疏浚，必要时采取拓宽加深的整治手段。

参考文献

[1] 黎开志, 李静. 汕头市东部城市经济带新津河、外砂河河口治理及综合开发工程可行性研究报告 [R]. 广州: 中水珠江规划勘测设计有限公司, 2006.

[2] 张涛, 庞丽霞, 曾建军, 等. 汕头市东部城市经济带东海岸新城市民中心广场项目填海工程海洋环境影响报告书 [R]. 广州: 广东三海环保科技有限公司, 2017.

[3] 祝健康, 张红贵. 汕头市东部城市经济带河口治理及综合开发项目南堤安全专题研究报告 [R]. 深圳: 中交水运规划设计院深圳有限公司, 2012.

[4] 袁涛萍, 张观希, 刘翠梅, 等. 汕头市东部城市经济带新津河、外砂河河口治理及综合开发工程环境影响报告书 [R]. 广州: 中国科学院南海海洋研究所, 2008.

[5] 甘浪雄, 江福才, 严庆新, 等. 汕头市东部城市经济带新津河、外砂河河口治理及综合开发工程通航安全评估报告 [R]. 武汉: 武汉理工大学航运学院, 2009.

[6] 曹闯明, 李辉, 李修涛, 等. 汕头东部城市经济带海砂开采项目海洋环境影响报告书 [R]. 天津: 中海石油环保服务（天津）有限公司, 2008.

[7] 中国海湾志编纂委员会. 中国海湾志第九分册（广东省东部海湾）[M]. 北京: 海洋出版社, 1998.

[8] 邓松, 于斌, 钮智旺. 中国海岛志广东卷第一册（广东东部沿岸）[M]. 北京: 海洋出版社, 2013.

[9] 天津大学水文水力学教研室. 海洋石油工程环境水文分析计算 [M]. 北京: 石油工业出版社, 1983.

[10] 王文介, 欧兴进, 林怀兆. 韩江河口发育的现代过程及其演变 [J]. 热带海洋, 1986, 5(1):37–45.

[11] 夏东兴, 崔金瑞. 山东半岛海岸地貌与波浪、潮汐特征的关系 [J]. 黄渤海海洋, 1992, 10(3):20–25.

[12] 许婷, 刘国亭, 温春鹏, 等. 汕头市东海岸新城白海豚群岛项目潮流泥沙及水体交换数学模型试验研究报告 [R]. 天津: 天津水运工程科学研究所, 2014.

[13] 中华人民共和国国家质量监督检验检疫总局, 中国国家标准化管理委员会. 海洋调查规范 第8部分: 海洋地质地球物理调查 [S]. 北京: 中国标准出版社, 2007.

[14] 丁晓英, 许祥向. 应用遥感技术分析韩江河口悬沙的动态特征 [J]. 国土资源遥感, 2007, 73(3):71–73+110.

[15] 国家海洋局908专项办公室. 海洋灾害调查技术规程 [M]. 北京: 海洋出版社, 2006.

[16] 国家海洋局908专项办公室. 海岸带调查技术规程 [M]. 北京: 海洋出版社, 2005.

[17] 李春初, 曾昭璇. 汕头港淤积特征及其发展趋势 [J]. 热带地理, 1983, (3):1–7.

[18] 李平日, 黄镇国, 宗永强, 等. 韩江三角洲 [M]. 北京: 海洋出版社, 1987.

[19] 游赞培, 林少明, 凌耀忠, 等. 韩江河口治理规划 [R]. 广州: 中水珠江规划勘测设计有限公司, 2007.

[20] 陈传五, 林海卫. 韩江三角洲地貌与气候的演变 [J]. 韩山师专学报, 1994, (1):7–14+39.

[21] 黄建维. 汕头港外拦门沙整治措施研究 [J]. 水利水运科学研究, 1987, (3):13–25.

[22] 黄利周. 汕头港外航道泥沙来源及一期整治工程总结 [J]. 水运工程, 2001, 330(7):55–57.

[23] 赵建春, 朱俊, 王华奇, 等. 汕头港外航道工程潮流数学模型试验及泥沙淤积分析研究报告 [R]. 杭州: 华东勘测设计研究院有限公司, 2017.

[24] RICHARD A A. Tropical Cyclones: Their Evolution, Structure and Effects[M]. Boston, Massachusetts: American Meteorological Society, 1982.

[25] EMANUEL K A. The theory of hurricanes[J]. Annual Review of Fluid Mechanics, 1991, 23: 179–196.

[26] LANCE B, THOMAS A H. Progress and recent development in storm surge modeling[J]. Journal of Hydraulic Engineering, 1997, 123(4):315–331.

[27] GERRITSEN H, VRIES H D, PHILIPPART M. The Dutch Continental Shelf Model[M]. Washington: American Geophysical Union, 2013.

[28] JAKOBSEN F, MADSEN H. Comparison and further development of parametric tropical cyclone models for storm surge modeling[J]. Journal of Wind Engineering & Industrial Aerodynamics, 2004, 92(5):375–391.

[29] MADSEN H, JAKOBSEN F. Cyclone induced storm surge and flood forecasting in the northern Bay of Bengal[J]. Coastal Engineering, 2004, 51(4):277–296.

[30] 陈孔沫. 台风气压场和风场模式 [J]. 海洋学报, 1981, 3(1):44–56.

[31] FUJITA T. Pressure Distribution within Typhoon[J]. Geophysical Magazine, 1952, 23(4), 437–451.

[32] MYERS V A. Characteristics of United States Hurricanes Pertiment to Levee Design for Lake Okechobeem[R]. Florida Hydrometeorological Bureau: Report 32, Government Printing Office, 1954.

[33] HOLLAND G J. An analytic model of the wind and pressure profiles in hurricanes[J]. Monthly Weather Review, 1980, 108(8):1212–1218.

[34] HOLLAND G J. A Revised Hurricane Pressure Wind Model[J]. Monthly Weather Review, 2008, 136(9):3432–3445.

[35] 盛立芳, 吴增茂. 一种新的台风海面风场的拟合方法 [J]. 热带气象学报, 1993, 9(3): 265–271.

[36] 赵鑫, 黄世昌. 浙江沿海"9711"台风波浪场数值模拟研究 [J]. 浙江水利科技, 2006(3):24–27.

[37] 李茜, 段忠东. Shapiro 台风风场模型及其数值模拟 [J]. 自然灾害学报, 2005(2):45–52

[38] 江志辉, 华锋, 曲平. 一个新的热带气旋参数调整方案 [J]. 海洋科学进展, 2008, 26(1):1–7.

[39] 张志旭, 齐义泉, 施平, 等. 最优化插值同化方法在预报南海台风浪中的应用[J]. 热带海洋, 2003, 22(4):34-41.

[40] 王凯, 候一筠, 冯兴如, 等. 福建沿海浪潮耦合漫堤风险评估: 以台风天兔为例[J]. 海洋与湖沼, 2020, 51(1):51-58.

[41] HOLTHUIJSEN L H, BOOIJ N, RIS R C, et al. SWAN User Manual (Cycle Ⅲ version 40. 11)[M]. Delft: Delft University of Technology, 2000.

[42] DHI Water & Environment & Health. MIKE 21 spectral wave module scientific documentation[Z]. Denmark: DHI, 2014.

[43] 中华人民共和国交通运输部. 港口与航道水文规范[S]. 北京: 人民交通出版社股份有限公司, 2015.

[44] 文圣常, 余宙文. 海浪理论与计算原理[M]. 北京: 科学出版社, 1984.

[45] 广东省质量技术监督局. 广东省海堤工程设计导则(试行)[S]. 北京: 中国水利水电出版社, 2004.

[46] 马毅, 郑西来, 林少奕, 等. 广东省防潮警戒水位核定研究报告[R]. 青岛: 中国海洋大学环境科学与工程学院, 广州: 国家海洋局南海预报中心, 2003.

[47] DHI Water & Environment & Health. MIKE 21 & MIKE3 FLOW MODEL FM Hydrodynamic and Transport Module Scientific Documentation[Z]. Denmark: DHI, 2014.

[48] DHI Water & Environment & Health. MIKE 21 & MIKE3 FLOW MODEL FM Mud Transport Module Scientific Documentation[Z]. Denmark: DHI, 2014.

[49] 严恺, 梁其荀. 海岸工程[M]. 北京: 海洋出版社, 2002.

[50] DHI Water & Environment & Health. MIKE 21 & MIKE3 FLOW MODEL FM Sand Transport Module Scientific Documentation[Z]. Denmark:DHI, 2014.

[51] 谢刚, 刘兴年. 非均匀沙分级起动切应力探讨[J]. 水利水电科技进展, 2003, 23(6):1-3+64.

[52] 马菲, 韩其为, 李大鸣. 非均匀沙分组起动流速[J]. 天津大学学报, 2010, 43(11):977-980.

[53] DHI Water & Environment & Health. An Integrated Modelling System for Littoral Processes And Coastline Kinetics Short Introduction and Tutorial[Z]. Denmark: DHI, 2014.

[54] 张永良, 刘培哲. 水环境容量综合手册[M]. 北京: 清华大学出版社, 1991.

[55] GAO S, COLLINS M. Analysis of grain-size trends for defining sediment transport pathways in marine environments[J]. Journal of Coastal Research, 1994, 10(1):70-78.

[56] 高抒, Michael Collins. 沉积物粒径趋势与海洋沉积动力学[J]. 中国科学基金, 1998, (4):241-246.

[57] GAO S, COLLINS M, LANCKNEUS J, et al. Grain size trends associated with net sediment transport patterns: an example from the Belgian continental shelf[J]. Marine Geology, 1994, 121(3-4):171-185.

[58] 白玉川.顾元棪,邢焕政.水流泥沙水质数学模型理论及应用[M].天津:天津大学出版社,2005.

[59] 白玉川,廖世智.广西钦州湾海域海床稳定性特征的研究[J].海洋通报,2005,24(2):26-32.

[60] LEO C, RIJN V. Sediment transport, Part I : bed load transport[J]. Journal of Hydraulic Engineering, 1984, 110(11):1431–1456.

[61] EINSTEIN H A. The bed-load function for sediment transportation in open channel flows[R]. Washington: U S Department of Agriculture, Soil Conservation Service, 1950.

[62] WHITE W R, MILLI H, CRABBE A D. Sediment transport: an appraisal of available methods[R]. Berkshire: Hydraulic Research Station, Wallingford, England, 1973.

[63] 白玉川,朱保粮,于天一.海河口拖淤泥沙运动规律及清淤工程效益数学模拟研究[J].水利学报,1998(12):8-16+28.

[64] 毛野.初论采沙对河床的影响及控制[J].河海大学学报(自然科学版),2000,28(4):92-96.

[65] 中华人民共和国水利部.疏浚与吹填工程技术规范[S].北京:中国水利水电出版社,2014.

[66] 夏华永,黄巧珍,詹华平,等.大虎水道东南部水域海砂开采使用海域论证报告书[R].广州:国家海洋局南海工程勘察中心,2001.

[67] 张瑞瑾.河流泥沙动力学[M].北京:中国水利水电出版社,2014.

[68] 方国洪,郑文振,陈宗镛等.潮汐和潮流的分析和预报[M].北京:海洋出版社,1986.

[69] 钱宁,万兆惠.泥沙运动力学[M].北京:科学出版社,1983.

[70] 邹志利.海岸动力学(第四版)[M].北京:人民交通出版社,2011.

附表　影响广东的热带气旋统计
（1949—2021 年）

注：2000 年以前的台风仅有英文名称，2000 年以后的台风中英文名称均有。国际台风委员会决定，从 2000 年 1 月 1 日起对发生在西太平洋和南海的热带气旋一律采用统一名称，共计 140 个，名字命名按命名表顺序排列，循环使用。

表1　影响广东的热带气旋统计（1949—2021年）

序号	编号	台风名称	强度分级	登陆强度	登陆时间	登陆地点
1	4903	Elaine	强热带风暴	热带低压	1949年7月10日	香港
2	4905	Gloria	强台风	台风	1949年7月24日	浙江舟山
				强热带风暴	1949年7月25日	上海—浙江
				强热带风暴	1949年7月26日	山东乳山
3	4907	Irma	强热带风暴	强热带风暴	1949年7月28日	台湾高雄
4	/	/	热带低压	热带低压	1949年8月8日	海南万宁
5	/	/	强热带风暴	强热带风暴	1949年9月8日	广东珠海
6	4912	Nelly	台风	强热带风暴	1949年9月14日	台湾南溪
				热带低压	1949年9月15日	广东汕头
7	/	/	热带风暴	热带低压	1949年9月29日	台湾台东
				热带低压	1949年9月30日	福建泉州
8	4913	Omilia	台风	热带低压	1949年10月4日	广东汕头
9	/	/	强热带风暴	热带低压	1950年6月8日	台湾澎湖
10	/	/	热带低压	热带低压	1950年7月9日	广东珠海
11	/	/	热带低压	热带低压	1950年7月24日	台湾台北
12	/	/	强热带风暴	热带低压	1950年8月1日	江苏南通
13	/	/	热带低压	热带低压	1950年7月27日	广东雷州
14	5012	Ossia	台风	热带低压	1950年10月6日	广东湛江
15	/	/	热带低压	热带低压	1950年9月28日	海南琼海
16	/	/	热带低压	热带低压	1950年10月14日	海南琼海
17	5017	Delilah	强热带风暴	热带风暴	1950年11月24日	海南万宁
18	/	/	热带低压	热带低压	1951年5月13日	广东台山

续表

序号	编号	台风名称	强度分级	登陆强度	登陆时间	登陆地点
19	/	/	热带风暴	热带低压	1951年6月20日	海南琼海
20	5106	Louise	超强台风	台风	1951年8月2日	广东吴川
21	/	/	强热带风暴	热带低压	1951年8月18日	广东湛江
22	5108	Nora	台风	台风	1951年9月3日	海南文昌
23	5109	Ora	强台风	热带低压	1951年9月22日	广东雷州
24	5110	Pat	台风	热带风暴	1951年9月28日	浙江温州
25	5201	Charlotte	台风	强热带风暴	1952年6月13日	广东茂名
26	/	/	热带风暴	热带低压	1952年6月28日	广东揭阳
27	5203	Emma	强台风	强热带风暴	1952年7月6日	广东茂名
28	5205	Gilda	强热带风暴	热带低压	1952年7月19日	浙江台州
29	5206	Harriet	台风	热带低压	1952年7月30日	广东汕尾
30	/	/	热带低压	热带低压	1952年8月12日	广东徐闻
31	/	/	热带低压	热带低压	1952年8月20日	广东阳江
32	5210	Lois	台风	台风	1952年8月28日	海南万宁
33	5211	Mary	台风	热带风暴	1952年9月1日	福建福州
34	5212	Nona	台风	台风	1952年9月6日	海南海口
35	/	/	强热带风暴	强热带风暴	1952年9月11日	台湾台东
				强热带风暴	1952年9月12日	广东汕头
36	/	/	热带低压	热带低压	1952年9月10日	台湾台东
37	/	/	热带风暴	热带风暴	1952年9月18日	海南陵水
38	5221	Bess	超强台风	台风	1952年11月13日	台湾高雄
39	5223	Della	强台风	热带低压	1952年11月27日	台湾台南
40	5303	Kit	超强台风	强台风	1953年7月4日	台湾台中
				热带低压	1953年7月4日	福建莆田
41	/	/	热带风暴	热带低压	1953年7月1日	广东雷州
42	5306	Nina	超强台风	台风	1953年8月17日	浙江温州
43	/	/	热带低压	热带低压	1953年8月10日	海南文昌
44	5307	Ophelia	强台风	台风	1953年8月14日	海南文昌
45	5308	Phyllis	强台风	台风	1953年8月20日	台湾台中
				强热带风暴	1953年8月21日	福建莆田

续表

序号	编号	台风名称	强度分级	登陆强度	登陆时间	登陆地点
46	5309	Rita	超强台风	强热带风暴	1953年9月2日	广东惠州
47	5310	Susan	强台风	强热带风暴	1953年9月19日	广东珠海
48	/	/	热带风暴	热带风暴	1953年9月27日	海南海口
49	/	/	热带低压	热带低压	1953年9月28日	海南三亚
50	5315	Betty	超强台风	强热带风暴	1953年11月1日	海南文昌
51	5401	Elsie	强台风	强热带风暴	1954年5月11日	海南三亚
				热带低压	1954年5月12日	广西北海
52	/	/	热带风暴	热带低压	1954年8月5日	广东阳江
53	/	/	强热带风暴	热带风暴	1954年8月25日	浙江舟山
54	5405	Ida	超强台风	强台风	1954年8月30日	广东雷州
55	/	/	强热带风暴	热带风暴	1954年9月3日	广东雷州
				热带低压	1954年9月4日	广西北海
56	5412	Pamela	超强台风	热带风暴	1954年11月6日	广东阳江
57	5413	Ruby	超强台风	热带低压	1954年11月12日	广东惠州
58	5504	Billie	台风	热带风暴	1955年6月5日	广东台山
59	/	/	台风	强热带风暴	1955年6月26日	海南三亚
60	5505	Clara	超强台风	热带低压	1955年7月17日	山东烟台
61	/	/	热带低压	热带低压	1955年7月11日	广东珠海
62	/	/	热带低压	热带低压	1955年8月17日	浙江宁波
63	5511	Iris	强台风	热带风暴	1955年8月24日	福建漳州
64	/	/	热带低压	热带低压	1955年9月2日	台湾台中
65	/	/	热带低压	热带低压	1955年9月15日	广东吴川
66	5513	Kate	超强台风	强台风	1955年9月25日	海南琼海
67	5603	Vera	台风	强热带风暴	1956年7月8日	海南琼海
68	/	/	强热带风暴	热带低压	1956年7月27日	福建宁德
69	5604	Wanda	超强台风	强台风	1956年8月2日	浙江杭州
70	/	/	热带低压	热带低压	1956年8月6日	海南琼海
71	/	/	热带低压	热带低压	1956年8月17日	海南东方
72	/	/	热带低压	热带低压	1956年8月27日	海南文昌

续表

序号	编号	台风名称	强度分级	登陆强度	登陆时间	登陆地点
73	5608	Dinah	强台风	强台风	1956年9月3日	台湾花莲
				台风	1956年9月4日	福建福州
74	/	/	热带低压	热带低压	1956年9月16日	海南万宁
75	5610	Freda	强台风	台风	1956年9月16日	台湾宜兰
				强热带风暴	1956年9月18日	福建漳州
76	5611	Gilda	超强台风	强台风	1956年9月22日	台湾砂岛
				热带低压	1956年9月23日	福建泉州
77	/	/	热带低压	热带低压	1956年9月29日	海南文昌
78	5704	Virginia	超强台风	强台风	1957年6月25日	台湾台东
79	/	/	热带低压	热带低压	1957年7月4日	海南三亚
80	5705	Wendy	强台风	强热带风暴	1957年7月16日	广东惠州
81	/	/	强热带风暴	热带风暴	1957年8月20日	广东阳江
82	5709	Carmen	超强台风	台风	1957年9月15日	广东潮州
83	5711	Gloria	强台风	台风	1957年9月22日	广东珠海
84	/	/	热带风暴	热带低压	1957年10月15日	广东台山
85	/	/	强热带风暴	热带风暴	1958年6月2日	海南海口
86	5807	Winnie	超强台风	超强台风	1958年7月15日	台湾花莲
				强热带风暴	1958年7月16日	福建厦门
87	/	/	强热带风暴	热带低压	1958年7月23日	福建厦门
88	/	/	台风	强热带风暴	1958年8月8日	广东阳江
89	/	/	热带低压	热带低压	1958年8月27日	海南琼海
90	/	/	强热带风暴	强热带风暴	1958年8月29日	台湾台中
				热带风暴	1958年8月30日	福建泉州
91	/	/	热带风暴	热带低压	1958年9月2日	香港
				热带低压	1958年9月2日	广东珠海
92	5813	Grace	超强台风	强台风	1958年9月4日	福建宁德
93	/	/	强热带风暴	强热带风暴	1958年9月11日	海南万宁
				热带低压	1958年9月12日	广西防城港
94	/	/	热带风暴	热带低压	1958年9月30日	广东雷州

续表

序号	编号	台风名称	强度分级	登陆强度	登陆时间	登陆地点
95	5905	Wilda	强热带风暴	热带低压	1959年7月6日	广东揭阳
96	5906	Billie	强台风	强热带风暴	1959年7月16日	福建温州
97	/	/	热带低压	热带低压	1959年7月29日	海南万宁
98	5909	Hope	热带低压	热带低压	1959年8月19日	海南文昌
99	5910	Iris	强台风	热带低压	1959年8月23日	福建漳州
100	5912	Joan	超强台风	超强台风	1959年8月29日	台湾台东
				台风	1959年8月30日	福建泉州
101	5913	Louise	超强台风	超强台风	1959年9月3日	台湾花莲
				强热带风暴	1959年9月4日	福建宁德
102	5914	Marge	热带低压	热带低压	1959年9月3日	广东湛江
103	6006	Mary	强台风	台风	1960年6月9日	香港
104	6007	Olive	超强台风	强热带风暴	1960年6月30日	广东湛江
105	6008	Polly	超强台风	强热带风暴	1960年7月28日	山东烟台
				热带低压	1960年7月29日	辽宁沈阳
106	6010	Shirley	超强台风	强台风	1960年7月31日	台湾宜兰
				强热带风暴	1960年8月1日	福建宁德
107	/	/	热带低压	热带低压	1960年8月2日	广东阳江
108	6011	Trix	超强台风	强台风	1960年8月8日	台湾台北
				热带风暴	1960年8月9日	福建漳州
109	6014	Agnes	强热带风暴	强热带风暴	1960年8月14日	台湾宜兰
				热带低压	1960年8月15日	广东揭阳
110	6018	Elaine	台风	强热带风暴	1960年8月23日	台湾台东
				热带低压	1960年8月25日	广东汕头
111	/	/	热带低压	热带低压	1960年9月26日	海南琼海
112	6024	Kit	强台风	台风	1960年10月11日	海南文昌
113	6104	Alice	台风	台风	1961年5月19日	香港
114	6105	Betty	强台风	台风	1961年5月27日	台湾台东
				热带低压	1961年5月27日	浙江温州
115	/	/	热带低压	热带低压	1961年6月6日	台湾宜兰

附 表 影响广东的热带气旋统计（1949—2021年）

续表

序号	编号	台风名称	强度分级	登陆强度	登陆时间	登陆地点
116	/	/	热带低压	热带低压	1961年6月7日	海南万宁
117	6107	Doris	热带风暴	热带风暴	1961年7月2日	广东汕头
118	6108	Elsie	强台风	台风	1961年7月14日	台湾高雄
				热带低压	1961年7月15日	广东汕头
119	6109	Flossie	强热带风暴	热带低压	1961年7月19日	香港
120	6113	June	强台风	强热带风暴	1961年8月7日	台湾台东
				热带低压	1961年8月8日	福建泉州
121	6115	Lorna	超强台风	强台风	1961年8月25日	台湾高雄
				强热带风暴	1961年8月26日	福建漳州
122	/	/	热带风暴	热带低压	1961年8月31日	澳门
123	6117	Olga	台风	台风	1961年9月10日	广东惠州
124	6118	Pamela	超强台风	超强台风	1961年9月12日	台湾花莲
				台风	1961年9月12日	福建泉州
125	6121	Sally	台风	热带风暴	1961年9月29日	广东深圳
126	6122	Tilda	超强台风	台风	1961年10月4日	浙江台州
127	/	/	热带低压	热带低压	1962年5月24日	海南三亚
				热带低压	1962年5月25日	广西防城港
128	6206	Kate	台风	强热带风暴	1962年7月22日	台湾台东
				强热带风暴	1962年7月23日	福建宁德
129	6210	Opal	超强台风	超强台风	1962年8月5日	台湾花莲
				强热带风暴	1962年8月6日	福建宁德
130	6211	Patsy	台风	台风	1962年8月10日	海南文昌
				强热带风暴	1962年8月11日	广西防城港
131	6216	Wanda	强台风	台风	1962年9月1日	香港
				热带低压	1962年9月4日	海南海口
132	6217	Amy	超强台风	台风	1962年9月5日	台湾花莲
				强热带风暴	1962年9月6日	福建福州
133	6219	Carla	台风	台风	1962年9月21日	海南三亚
134	6220	Dinah	强台风	热带风暴	1962年10月3日	广东揭阳

续表

序号	编号	台风名称	强度分级	登陆强度	登陆时间	登陆地点
135	6305	Trix	台风	强热带风暴	1963年7月1日	广东汕头
136	6307	Wendy	超强台风	台风	1963年7月16日	台湾花莲
				强热带风暴	1963年7月17日	福建福州
137	6308	Agness	台风	热带风暴	1963年7月22日	广东湛江
138	/	/	热带风暴	热带低压	1963年7月31日	海南万宁
				热带低压	1963年8月1日	广东徐闻
				热带低压	1963年8月1日	广西北海
139	6310	Carmen	超强台风	台风	1963年8月16日	海南海口
				台风	1963年8月16日	广东徐闻
140	/	/	热带低压	热带低压	1963年8月23日	海南陵水
141	/	/	热带低压	热带低压	1963年8月30日	海南万宁
142	6313	Faye	超强台风	台风	1963年9月7日	海南海口
143	6314	Gloria	超强台风	强热带风暴	1963年9月13日	福建福州
144	6402	Viola	台风	强热带风暴	1964年5月28日	广东珠海
145	6403	Winnie	强台风	台风	1964年7月2日	海南琼海
146	6409	Flossie	台风	台风	1964年7月28日	浙江舟山
147	6411	Helen	超强台风	热带风暴	1964年8月4日	辽宁大连
148	6412	Ida	超强台风	强热带风暴	1964年8月8日	广东珠海
149	6413	June	热带风暴	热带低压	1964年8月14日	广东徐闻
				热带低压	1964年8月15日	海南海口
150	6419	Ruby	台风	强热带风暴	1964年9月5日	澳门
151	6420	Sally	超强台风	热带风暴	1964年9月10日	广东惠州
152	6427	Dot	强台风	台风	1964年10月13日	广东惠州
153	6509	Babe	台风	热带低压	1965年6月5日	台湾花莲
154	/	/	热带低压	热带低压	1965年6月11日	海南万宁
155	6510	Dinah	超强台风	台风	1965年6月18日	台湾高雄
156	6512	Freda	超强台风	台风	1965年7月15日	广东雷州
				热带风暴	1965年7月16日	广西防城港
157	6513	Gilda	强热带风暴	热带风暴	1965年7月23日	广东阳江

续表

序号	编号	台风名称	强度分级	登陆强度	登陆时间	登陆地点
158	6514	Harriet	强台风	台风	1965年7月26日	台湾台东
				强热带风暴	1965年7月26日	福建泉州
159	6518	Mary	超强台风	超强台风	1965年8月19日	台湾宜兰
				热带风暴	1965年8月20日	福建福州
160	6519	Nadine	强热带风暴	强热带风暴	1965年8月18日	海南万宁
161	6523	Rose	强台风	热带低压	1965年9月5日	广东茂名
162	6528	Agnes	强热带风暴	热带低压	1965年9月28日	广东阳江
163	6532	Elaine	强热带风暴	热带低压	1965年11月13日	海南海口
164	6603	Judy	强台风	强热带风暴	1966年5月30日	台湾台南
165	6605	Lola	强热带风暴	热带风暴	1966年7月13日	香港
166	6606	Mamie	台风	热带低压	1966年7月17日	广东阳江
167	/	/	热带低压	热带低压	1966年7月29日	台湾花莲
168	6608	Ora	强台风	强台风	1966年7月26日	广东雷州
				强热带风暴	1966年7月26日	广西北海
169	6609	Phyllis	热带风暴	热带低压	1966年8月2日	海南三亚
170	6612	Tess	强台风	热带风暴	1966年8月17日	福建福州
171	6614	Winnie	台风	热带低压	1966年8月26日	辽宁大连
172	6616	Alice	超强台风	热带低压	1966年9月3日	福建宁德
173	6617	Cora	超强台风	台风	1966年9月7日	福建宁德
174	6619	Elsie	超强台风	台风	1966年9月16日	台湾高雄
175	6708	Clara	强台风	强热带风暴	1967年7月11日	台湾花莲
				热带风暴	1967年7月12日	福建宁德
176	6709	Dot	台风	强热带风暴	1967年7月29日	山东烟台
				热带风暴	1967年7月29日	辽宁大连
177	6711	Fran	台风	强热带风暴	1967年8月2日	广东茂名
178	/	/	热带风暴	热带风暴	1967年7月31日	台湾花莲
				热带风暴	1967年7月31日	福建莆田
179	/	/	热带低压	热带低压	1967年8月11日	广东珠海
180	/	/	强热带风暴	热带低压	1967年8月17日	广东阳江

续表

序号	编号	台风名称	强度分级	登陆强度	登陆时间	登陆地点
181	6716	Kate	台风	强热带风暴	1967年8月21日	广东台山
182	6719	Nora	台风	强热带风暴	1967年8月30日	台湾花莲
				热带低压	1967年8月30日	福建漳州
183	6721	Patsy	热带风暴	热带低压	1967年9月6日	海南琼海
184	6729	Carla	超强台风	热带低压	1967年10月19日	广东徐闻
185	6731	Emma	超强台风	热带风暴	1967年11月8日	广东湛江
186	6733	Gilda	超强台风	台风	1967年11月18日	台湾花莲
187	6805	Nadine	台风	热带低压	1968年7月28日	台湾台南
188	/	/	热带低压	热带低压	1968年8月5日	海南三亚
189	6808	Rose	台风	强热带风暴	1968年8月12日	海南万宁
190	6809	Shirley	台风	台风	1968年8月21日	香港
191	6812	Wendy	超强台风	强热带风暴	1968年9月9日	广东湛江
192	6814	Bess	台风	热带低压	1968年9月10日	海南文昌
193	6817	Elaine	超强台风	热带风暴	1968年10月1日	广东揭阳
194	6905	Viola	超强台风	台风	1969年7月28日	广东汕尾
195	/	/	热带低压	热带低压	1969年7月23日	海南陵水
196	6908	Betty	台风	台风	1969年8月8日	福建福州
197	/	/	强热带风暴	热带风暴	1969年9月10日	台湾高雄
198	/	/	热带风暴	热带风暴	1969年9月14日	台湾台东
199	6911	Elsie	超强台风	台风	1969年9月27日	台湾花莲
				强热带风暴	1969年9月27日	福建泉州
200	/	/	热带风暴	热带低压	1970年6月13日	台湾高雄
201	/	/	热带低压	热带低压	1970年6月17日	台湾花莲
202	/	/	热带低压	热带低压	1970年6月22日	海南陵水
203	7004	Ruby	强热带风暴	热带低压	1970年7月16日	广东惠州
204	/	/	强热带风暴	热带风暴	1970年8月3日	广东惠州
205	/	/	热带风暴	热带低压	1970年8月9日	广东江门
206	/	/	热带低压	热带低压	1970年9月3日	台湾砂岛

续表

序号	编号	台风名称	强度分级	登陆强度	登陆时间	登陆地点
207	7012	Fran	强热带风暴	强热带风暴	1970年9月7日	台湾台北
				热带低压	1970年9月8日	福建莆田
208	/	/	热带低压	热带低压	1970年9月5日	海南琼海
209	7014	Georgia	超强台风	热带低压	1970年9月14日	广东汕尾
210	7017	Joan	超强台风	强台风	1970年10月17日	海南文昌
211	7104	Wanda	台风	热带低压	1971年5月3日	海南三亚
212	7108	Dinah	台风	强热带风暴	1971年5月29日	海南万宁
				强热带风暴	1971年5月30日	广西防城港
213	7110	Freda	台风	热带风暴	1971年6月18日	广东珠海
214	7111	Gilda	强台风	台风	1971年6月27日	海南文昌
215	7115	Jean	超强台风	强热带风暴	1971年7月17日	海南三亚
216	7116	Lucy	超强台风	强热带风暴	1971年7月22日	广东惠州
217	7118	Nadine	超强台风	台风	1971年7月26日	台湾台东
218	7121	Rose	超强台风	强热带风暴	1971年8月17日	广东中山
219	7126	Agnes	台风	台风	1971年9月18日	台湾花莲
				强热带风暴	1971年9月19日	福建泉州
220	7127	Bess	超强台风	台风	1971年9月22日	台湾台北
				台风	1971年9月23日	福建福州
221	7129	Della	台风	热带风暴	1971年9月29日	海南万宁
222	7205	Ora	台风	热带低压	1972年6月27日	广东茂名
223	7206	Rita	超强台风	强热带风暴	1972年7月26日	山东威海
				热带低压	1972年7月27日	天津
224	7207	Susan	强台风	热带低压	1972年7月15日	福建泉州
225	7211	Winnie	强热带风暴	强热带风暴	1972年8月2日	浙江温州
226	7213	Betty	超强台风	台风	1972年8月17日	浙江温州
227	7214	Cora	强热带风暴	强热带风暴	1972年8月28日	海南文昌
228	7226	Pamela	强台风	台风	1972年11月8日	海南文昌
				强热带风暴	1972年11月8日	广东茂名
229	7301	Wilda	台风	台风	1973年7月3日	福建厦门

续表

序号	编号	台风名称	强度分级	登陆强度	登陆时间	登陆地点
230	7303	Billie	超强台风	热带低压	1973年7月19日	山东海阳
231	7304	Dot	台风	强热带风暴	1973年7月17日	广东惠州
				强热带风暴	1973年8月12日	广东茂名
232	7311	Joan	强热带风暴	热带低压	1973年8月21日	广东徐闻
233	7312	Kate	强热带风暴	强热带风暴	1973年8月24日	海南文昌
234	/	/	强热带风暴	热带低压	1973年8月30日	广东茂名
235	7314	Marge	超强台风	台风	1973年9月14日	海南琼海
236	7315	Nora	超强台风	强热带风暴	1973年10月10日	福建漳州
237	7318	Ruth	台风	台风	1973年10月18日	海南三亚
238	/	/	强热带风暴	热带低压	1974年6月8日	广东阳江
239	7405	Dinah	台风	强热带风暴	1974年6月13日	海南文昌
240	7410	Jean	强热带风暴	强热带风暴	1974年7月19日	台湾宜兰
				强热带风暴	1974年7月20日	浙江台州
241	7411	Ivy	超强台风	台风	1974年7月22日	广东阳江
242	7413	Lucy	强热带风暴	热带低压	1974年8月11日	福建泉州
243	7414	Mary	台风	强热带风暴	1974年8月19日	浙江台州
244	/	/	强热带风暴	强热带风暴	1974年8月29日	山东威海
				强热带风暴	1974年8月30日	辽宁大连
				热带低压	1974年8月30日	河北秦皇岛
245	/	/	强热带风暴	热带风暴	1974年9月6日	广东吴川
246	7420	Wendy	强热带风暴	强热带风暴	1974年9月28日	台湾宜兰
247	7422	Bess	台风	热带风暴	1974年10月13日	海南琼海
248	7424	Della	强台风	强热带风暴	1974年10月26日	海南万宁
249	7429	Irma	超强台风	热带低压	1974年12月2日	广东江门
250	/	/	热带低压	热带低压	1975年6月17日	海南琼海
251	7503	Nina	超强台风	强台风	1975年8月3日	台湾台中
				热带风暴	1975年8月4日	福建泉州
252	/	/	热带低压	热带低压	1975年8月7日	福建宁德
253	7504	Ora	台风	台风	1975年8月12日	浙江台州

附　表 影响广东的热带气旋统计（1949—2021年）

续表

序号	编号	台风名称	强度分级	登陆强度	登陆时间	登陆地点
254	/	/	热带风暴	热带低压	1975年8月11日	海南万宁
				热带低压	1975年8月14日	广东珠海
255	/	/	热带低压	热带低压	1975年8月25日	海南海口
256	7511	Alice	台风	强热带风暴	1975年9月20日	海南万宁
257	7512	Betty	台风	台风	1975年9月22日	台湾高雄
				强热带风暴	1975年9月23日	广东潮州
258	7514	Doris	台风	台风	1975年10月6日	广东阳江
259	7515	Elsie	超强台风	台风	1975年10月14日	广东珠海
260	7516	Flossie	台风	强热带风暴	1975年10月23日	广东茂名
261	/	/	热带低压	热带低压	1976年6月22日	海南文昌
262	7610	Violet	台风	热带风暴	1976年7月26日	广东阳江
263	7613	Billie	超强台风	强台风	1976年8月10日	台湾台北
				强热带风暴	1976年8月10日	福建莆田
264	7614	Clara	台风	热带风暴	1976年8月6日	广东阳江
265	7615	Dot	强热带风暴	强热带风暴	1976年8月21日	浙江舟山
266	7616	Ellen	强热带风暴	热带风暴	1976年8月24日	广东惠州
267	7619	Iris	台风	强热带风暴	1976年9月20日	广东湛江
				热带低压	1976年9月22日	海南儋州
				热带低压	1976年9月26日	海南万宁
268	7702	Ruth	强热带风暴	热带低压	1977年6月16日	福建泉州
269	/	/	热带风暴	热带低压	1977年7月6日	广东吴川
270	7703	Sarah	台风	强热带风暴	1977年7月20日	海南琼海
271	7704	Thelma	强台风	台风	1977年7月25日	台湾高雄
				热带低压	1977年7月25日	福建莆田
272	7705	Vera	超强台风	强台风	1977年7月31日	台湾台北
				强热带风暴	1977年8月1日	福建泉州
273	7709	Babe	超强台风	强热带风暴	1977年9月11日	上海
274	7712	Freda	强热带风暴	热带风暴	1977年9月25日	广东茂名
275	7804	Rose	强热带风暴	热带低压	1978年6月25日	台湾花莲

续表

序号	编号	台风名称	强度分级	登陆强度	登陆时间	登陆地点
276	/	/	热带低压	热带低压	1978年6月26日	广东湛江
277	7806	Trix	台风	台风	1978年7月23日	浙江台州
278	7809	Agnes	台风	热带风暴	1978年7月30日	广东惠州
279	7810	Bess	强热带风暴	热带风暴	1978年8月11日	海南三亚
280	7812	Della	强热带风暴	热带风暴	1978年8月13日	台湾花莲
				热带低压	1978年8月13日	福建莆田
281	7813	Elaine	台风	强热带风暴	1978年8月27日	广东湛江
282	7820	Lola	台风	强热带风暴	1978年10月1日	海南琼海
283	7905	Ellis	强台风	热带低压	1979年7月6日	广东湛江
284	7907	Hope	超强台风	强台风	1979年8月2日	广东深圳
285	7908	Gordon	强热带风暴	热带风暴	1979年7月29日	广东汕尾
286	7910	Judy	超强台风	强热带风暴	1979年8月24日	浙江舟山
287	7913	Mac	强热带风暴	热带低压	1979年9月23日	澳门
288	7914	Nancy	热带风暴	热带风暴	1979年9月20日	海南万宁
289	8005	Georgia	强热带风暴	热带风暴	1980年5月24日	广东惠来
290	8006	Herbert	强热带风暴	热带风暴	1980年6月27日	海南陵水
				热带风暴	1980年6月28日	广西防城
291	8007	Ida	强热带风暴	热带风暴	1980年7月11日	广东汕头
292	8008	Joy	强台风	台风	1980年7月22日	广东徐闻
293	/	/	热带风暴	热带风暴	1980年7月19日	广东阳江
294	8009	Kim	超强台风	强热带风暴	1980年7月27日	广东陆丰
295	/	/	强热带风暴	热带低压	1980年8月19日	广东电白
296	8012	Norris	强台风	台风	1980年8月28日	台湾宜兰
				强热带风暴	1980年8月28日	福建福清
297	/	/	热带低压	热带低压	1980年8月30日	海南万宁
298	8014	Ruth	强热带风暴	强热带风暴	1980年9月15日	海南文昌
299	8015	Percy	超强台风	超强台风	1980年9月18日	台湾屏东
				强台风	1980年9月19日	福建漳浦
300	8104	Ike	强热带风暴	强热带风暴	1981年6月13日	台湾屏东

附　表　影响广东的热带气旋统计（1949—2021年）

续表

序号	编号	台风名称	强度分级	登陆强度	登陆时间	登陆地点
301	8105	June	台风	强热带风暴	1981年6月20日	台湾宜兰
302	8106	Kelly	强台风	强台风	1981年7月4日	海南三亚
303	8107	Lynn	强热带风暴	强热带风暴	1981年7月7日	广东台山
304	8108	Maury	强热带风暴	强热带风暴	1981年7月20日	福建长乐
				热带低压	1981年7月23日	广西北海
305	/	/	强热带风暴	热带风暴	1981年7月23日	浙江乐清
306	8111	Roy	强热带风暴	热带低压	1981年8月9日	海南琼海—万宁
307	8114	Warren	强热带风暴	热带风暴	1981年8月19日	海南万宁
308	8118	Clara	超强台风	强热带风暴	1981年9月22日	广东陆丰
309	/	/	热带低压	热带低压	1981年9月24日	广东海丰—惠东
310	/	/	热带低压	热带低压	1981年10月5日	广东徐闻
				热带低压	1981年10月6日	广东雷州
				热带低压	1981年10月6日	广西合浦
311	8123	Hazen	强台风	热带风暴	1981年11月22日	海南陵水—三亚
312	8209	Winona	强热带风暴	热带风暴	1982年7月17日	广东湛江
				热带低压	1982年7月18日	广西防城
313	8210	Andy	超强台风	强台风	1982年7月29日	台湾台东
				热带风暴	1982年7月30日	福建莆田
314	8213	Dot	台风	强热带风暴	1982年8月15日	台湾台东
				热带风暴	1982年8月15日	福建漳浦
315	8219	Irving	台风	强热带风暴	1982年9月15日	广东徐闻
				强热带风暴	1982年9月16日	广西东兴
316	8302	Tip	强热带风暴	热带低压	1983年7月13日	海南文昌
				热带低压	1983年7月13日	广东徐闻
317	8303	Vera	台风	台风	1983年7月17日	海南文昌
318	8304	Wayne	超强台风	台风	1983年7月25日	福建漳浦
319	8309	Ellen	超强台风	台风	1983年9月9日	广东珠海
320	8311	Georgia	强热带风暴	强热带风暴	1983年9月30日	海南文昌
321	8314	Joe	强热带风暴	强热带风暴	1983年10月13日	广东台山

续表

序号	编号	台风名称	强度分级	登陆强度	登陆时间	登陆地点
322	8402	Wynne	强热带风暴	强热带风暴	1984年6月25日	广东电白—吴川
				强热带风暴	1984年6月26日	广西东兴
323	8403	Alex	台风	强热带风暴	1984年7月3日	台湾台东
				强热带风暴	1984年7月4日	浙江玉环
324	8404	Betty	强热带风暴	强热带风暴	1984年7月9日	广东阳江
325	8407	Ed	超强台风	强热带风暴	1984年7月31日	江苏如东
				热带低压	1984年8月2日	山东日照
326	8408	Freda	强热带风暴	强热带风暴	1984年8月7日	台湾宜兰
				强热带风暴	1984年8月8日	福建罗源
327	/	/	热带低压	热带低压	1984年8月10日	海南琼海
328	8409	Gerald	强热带风暴	热带低压	1984年8月21日	广东深圳
329	/	/	热带低压	热带低压	1984年8月28日	山东文登—荣成
330	8411	Ike	强台风	台风	1984年9月5日	海南文昌
				强热带风暴	1984年9月5日	广东徐闻
				强热带风暴	1984年9月6日	广西钦州
331	8412	June	强热带风暴	热带风暴	1984年8月31日	广东惠来
332	/	/	热带风暴	热带低压	1985年6月20日	海南陵水—万宁
333	8504	Hal	台风	强热带风暴	1985年6月24日	广东海丰
334	/	/	热带低压	热带低压	1985年7月8日	广东陆丰
335	8506	Jeff	台风	台风	1985年7月30日	浙江玉环—乐清
				热带低压	1985年8月2日	辽宁东港
336	/	/	热带低压	热带低压	1985年8月14日	广东台山—阳江
337	8509	Mimie	台风	强热带风暴	1985年8月18日	江苏启东
				强热带风暴	1985年8月19日	山东胶南
				强热带风暴	1985年8月19日	辽宁大连
338	8510	Nelson	强台风	强台风	1985年8月23日	福建长乐
339	/	/	强热带风暴	热带低压	1985年8月20日	广东汕头
				热带风暴	1985年8月26日	广东遂溪
340	/	/	热带低压	热带低压	1985年9月3日	辽宁庄河

附表 影响广东的热带气旋统计（1949—2021年）

续表

序号	编号	台风名称	强度分级	登陆强度	登陆时间	登陆地点
341	8515	Tess	台风	强热带风暴	1985年9月6日	广东台山—阳江
342	8517	Winona	强热带风暴	强热带风暴	1985年9月22日	广东湛江
343	8518	Andy	台风	强热带风暴	1985年9月30日	海南陵水
344	8521	Dot	超强台风	台风	1985年10月21日	海南三亚
345	8603	Mac	强热带风暴	热带低压	1986年5月19日	海南三亚
346	8605	Nancy	台风	台风	1986年6月24日	台湾花莲—台东
347	/	/	热带低压	热带低压	1986年6月25日	广东惠东—深圳
348	8607	Peggy	超强台风	强热带风暴	1986年7月11日	广东陆丰—海丰
349	/	/	热带风暴	热带风暴	1986年7月20日	广东徐闻
				热带风暴	1986年7月21日	广西合浦
350	/	/	热带风暴	热带低压	1986年8月10日	海南陵水—万宁
				热带低压	1986年8月11日	海南三亚
351	8613	Wayne	强台风	台风	1986年8月22日	台湾彰化—嘉义
				台风	1986年9月5日	海南文昌
				台风	1986年9月5日	广东徐闻
352	8614	Abby	强台风	强台风	1986年9月19日	台湾花莲—台东
353	8618	Ellen	台风	热带风暴	1986年10月19日	广东湛江
354	8703	Ruth	台风	强热带风暴	1987年6月19日	广东阳江
355	8706	Vernon	台风	强热带风暴	1987年7月21日	台湾宜兰—花莲
356	8708	Alex	台风	台风	1987年7月27日	台湾宜兰—新北
				强热带风暴	1987年7月27日	浙江瓯海
				热带低压	1987年7月29日	山东荣成
357	8710	Cary	台风	台风	1987年8月22日	海南三亚
358	8712	Gerald	强台风	强热带风暴	1987年9月10日	福建晋江
359	8719	Lynn	超强台风	热带低压	1987年10月28日	广东珠海
360	8802	Susan	台风	台风	1988年6月2日	台湾屏东
361	8804	Vanessa	强热带风暴	热带低压	1988年6月29日	广东台山
362	8805	Warren	超强台风	台风	1988年7月19日	广东惠来
363	/	/	热带低压	热带低压	1988年8月2日	海南文昌—琼海

续表

序号	编号	台风名称	强度分级	登陆强度	登陆时间	登陆地点
364	8807	Bill	台风	台风	1988年8月7日	浙江象山
365	8817	Kit	台风	强热带风暴	1988年9月22日	广东陆丰—惠来
366	8818	Mimie	强热带风暴	热带低压	1988年9月24日	广东惠东—海丰
367	/	/	热带低压	热带低压	1988年10月2日	海南陵水—三亚
368	8822	Pat	台风	台风	1988年10月22日	海南万宁
369	8823	Ruby	强台风	强热带风暴	1988年10月28日	海南万宁
370	8903	Brendan	台风	强热带风暴	1989年5月20日	广东台山
371	8905	Dot	台风	台风	1989年6月10日	海南陵水—三亚
372	8907	Faye	强热带风暴	热带风暴	1989年7月10日	海南文昌
373	8908	Gordon	超强台风	台风	1989年7月18日	广东阳江
374	8909	Hope	台风	台风	1989年7月21日	浙江象山
375	/	/	热带风暴	热带风暴	1989年7月30日	台湾基隆
376	8912	Ken	强热带风暴	强热带风暴	1989年8月4日	上海川沙
377	/	/	热带低压	热带低压	1989年8月11日	海南琼海
				热带低压	1989年8月12日	广西防城
378	/	/	强热带风暴	热带低压	1989年8月20日	福建霞浦
379	8918	Sarah	超强台风	超强台风	1989年9月11日	台湾花莲—台东
				强热带风暴	1989年9月13日	福建霞浦
380	8920	Vera	强热带风暴	强热带风暴	1989年9月15日	浙江温岭
381	8923	Brian	台风	台风	1989年10月2日	海南三亚
382	8926	Elsie	超强台风	强热带风暴	1989年10月21日	海南三亚
383	9003	Marian	台风	热带低压	1990年5月19日	台湾台南
384	/	/	热带低压	热带低压	1990年5月28日	海南陵水—万宁
385	9004	Nathan	强热带风暴	强热带风暴	1990年6月18日	广东雷州
386	9005	Ofelia	台风	台风	1990年6月23日	台湾花莲—台东
				强热带风暴	1990年6月24日	福建福鼎
387	9006	Percy	强台风	台风	1990年6月29日	福建东山—漳浦
388	9009	Tasha	台风	强热带风暴	1990年7月31日	广东海丰—陆丰

附表　影响广东的热带气旋统计（1949—2021年）

续表

序号	编号	台风名称	强度分级	登陆强度	登陆时间	登陆地点
389	9012	Yancy	强台风	强台风	1990年8月19日	台湾基隆
				热带风暴	1990年8月20日	福建福清
				热带风暴	1990年8月21日	福建莆田
				热带风暴	1990年8月22日	福建晋江
390	9016	Abe	强台风	台风	1990年8月31日	浙江椒江
391	9017	Cecil	强热带风暴	热带风暴	1990年9月4日	福建霞浦—福鼎
392	9018	Dot	台风	台风	1990年9月7日	台湾台东
				强热带风暴	1990年9月8日	福建晋江
393	9027	Mike	超强台风	强热带风暴	1990年11月17日	海南三亚
394	9103	Vanessa	强热带风暴	热带低压	1991年4月28日	海南万宁
395	9106	Zeke	强台风	台风	1991年7月13日	海南万宁
396	9107	Amy	超强台风	台风	1991年7月19日	广东汕头
397	9108	Brendan	台风	台风	1991年7月24日	广东珠海
398	9112	Fred	强台风	强台风	1991年8月16日	广东徐闻
				台风	1991年8月16日	海南临高
399	9116	Joel	强热带风暴	强热带风暴	1991年9月6日	广东汕尾
400	9120	Nat	强台风	强台风	1991年9月23日	台湾屏东
				强热带风暴	1991年10月1日	广东饶平
401	9204	Chuck	台风	台风	1992年6月28日	海南陵水
402	9206	Eli	台风	台风	1992年7月13日	海南琼海
403	9207	Faye	强热带风暴	热带风暴	1992年7月18日	广东珠海
404	9208	Gary	台风	强热带风暴	1992年7月23日	广东湛江
405	9214	Mark	强热带风暴	热带风暴	1992年8月19日	广东饶平
406	9216	Omar	超强台风	强热带风暴	1992年9月4日	台湾花莲—台东
				强热带风暴	1992年9月5日	福建晋江—厦门
407	9217	Polly	台风	强热带风暴	1992年8月30日	台湾花莲
				热带风暴	1992年8月31日	福建长乐
408	/	/	热带低压	热带低压	1992年9月19日	海南琼海
409	9220	Ted	台风	台风	1992年9月22日	台湾花莲—台东
				强热带风暴	1992年9月23日	浙江平阳

续表

序号	编号	台风名称	强度分级	登陆强度	登陆时间	登陆地点
410	9302	Koryn	超强台风	台风	1993年6月27日	广东台山—阳江
411	9303	Lewis	强热带风暴	强热带风暴	1993年7月11日	海南陵水
412	9310	Tasha	台风	台风	1993年8月21日	广东阳江
413	9316	Abe	强台风	台风	1993年9月14日	广东潮阳—惠来
414	9316	Becky	台风	台风	1993年9月17日	广东台山—斗门
415	9318	Dot	台风	台风	1993年9月26日	广东台山—阳江
416	/	/	热带低压	热带低压	1993年10月13日	广东深圳
417	9324	Ira	强台风	热带风暴	1993年11月4日	广东阳江
418	9403	Russ	强热带风暴	强热带风暴	1994年6月8日	广东徐闻
419	9404	Sharon	热带风暴	热带低压	1994年6月25日	广东阳江
420	/	/	热带风暴	热带风暴	1994年7月4日	广东电白—阳江
421	9405	Tim	超强台风	强台风	1994年7月10日	台湾台东
				强热带风暴	1994年7月11日	福建晋江
422	/	/	热带低压	热带低压	1994年7月21日	广西防城港（防城）
423	9412	Caitlin	强热带风暴	强热带风暴	1994年8月3日	台湾台东
				热带风暴	1994年8月4日	福建龙海
424	9413	Dous	强台风	强台风	1994年8月8日	台湾基隆
				热带低压	1994年8月13日	江苏如东
425	9414	Ellie	台风	强热带风暴	1994年8月15日	山东乳山
				热带风暴	1994年8月16日	辽宁普兰店
426	9416	Fred	超强台风	台风	1994年8月21日	浙江瑞安
427	9417	Gladys	强台风	台风	1994年9月1日	台湾宜兰—花莲
				强热带风暴	1994年9月1日	福建福清
428	9418	Harry	台风	强热带风暴	1994年8月27日	广东徐闻
429	9421	Joel	强热带风暴	热带风暴	1994年9月6日	海南三亚
430	9423	Luke	强热带风暴	强热带风暴	1994年9月12日	海南万宁
431	9502	Deanna	热带风暴	热带低压	1995年6月8日	台湾嘉义
432	9504	Gary	强热带风暴	强热带风暴	1995年7月31日	广东澄海
433	9505	Helen	强热带风暴	强热带风暴	1995年8月12日	广东惠阳

附　表　影响广东的热带气旋统计（1949—2021年）

续表

序号	编号	台风名称	强度分级	登陆强度	登陆时间	登陆地点
434	9506	Irving	热带风暴	热带风暴	1995年8月20日	广东雷州
				热带低压	1995年8月20日	广西北海
435	9507	Janis	强热带风暴	强热带风暴	1995年8月25日	浙江温岭
				热带风暴	1995年8月25日	浙江平湖—上海金山
436	9508	Lois	强热带风暴	强热带风暴	1995年8月28日	海南万宁
437	9509	Kent	强台风	台风	1995年8月31日	广东惠东—海丰
438	9511	Nina	热带风暴	热带风暴	1995年9月7日	海南文昌
				热带低压	1995年9月7日	广东湛江—雷州
439	9515	Sibyl	台风	强热带风暴	1995年10月3日	广东阳西—电白
440	9516	Ted	强热带风暴	热带风暴	1995年10月13日	广西合浦
441	9521	Angela	超强台风	热带低压	1995年11月6日	海南三亚
442	9606	Frankie	强热带风暴	强热带风暴	1996年7月22日	海南万宁
443	9607	Gloria	台风	热带风暴	1996年7月27日	福建晋江
444	9608	Herb	超强台风	强台风	1996年7月31日	台湾基隆
				台风	1996年8月1日	福建福清
445	9611	Lisa	强热带风暴	热带风暴	1996年8月7日	福建龙海
446	9612	Niki	台风	台风	1996年8月22日	海南陵水
447	9615	Sally	强台风	强台风	1996年9月9日	广东吴川—湛江
				强热带风暴	1996年9月9日	广西北海
				热带风暴	1996年9月9日	广西防城港（防城）
448	9618	Willie	台风	强热带风暴	1996年9月20日	广东徐闻
449	9713	Victor	强热带风暴	强热带风暴	1997年8月2日	香港
450	9714	Winnie	超强台风	台风	1997年8月18日	浙江温岭
				热带风暴	1997年8月21日	辽宁营口
451	9716	Zita	强热带风暴	强热带风暴	1997年8月22日	广东雷州
452	9717	Amber	强台风	台风	1997年8月29日	台湾花莲—台东
				强热带风暴	1997年8月29日	福建福清
453	9719	Cass	热带风暴	热带低压	1997年8月30日	福建晋江—厦门（同安）

续表

序号	编号	台风名称	强度分级	登陆强度	登陆时间	登陆地点
454	9801	Nichole	热带风暴	热带风暴	1998年7月10日	台湾台南
				热带低压	1998年7月11日	福建龙海
455	9802	Otto	强热带风暴	强热带风暴	1998年8月4日	台湾台东
				热带风暴	1998年8月5日	福建福清
456	9803	Penny	强热带风暴	强热带风暴	1998年8月11日	广东阳西
457	/	/	热带低压	热带低压	1998年8月22日	广东徐闻—雷州
458	/	/	热带低压	热带低压	1998年9月13日	海南文昌
459	9806	Todd	台风	强热带风暴	1998年9月19日	浙江舟山（普陀）
				强热带风暴	1998年9月19日	浙江宁波
460	9903	Leo	台风	热带低压	1999年5月2日	广东惠东
461	9904	Maggle	台风	台风	1999年6月6日	广东惠来
				强热带风暴	1999年6月7日	香港
				热带风暴	1999年6月7日	广东台山—斗门
462	/	/	热带风暴	热带低压	1999年7月27日	福建漳浦
463	9908	Rachel	热带低压	热带低压	1999年8月7日	台湾台南
464	9909	Sam	台风	强热带风暴	1999年8月22日	广东深圳
465	9913	Wendy	热带风暴	热带风暴	1999年9月4日	广东惠来
466	9914	York	强热带风暴	强热带风暴	1999年9月16日	香港
				强热带风暴	1999年9月16日	广东中山
467	9918	Cam	强热带风暴	热带低压	1999年9月26日	香港
468	9919	Dan	台风	台风	1999年10月9日	福建龙海—厦门
469	/	/	热带低压	热带低压	2000年6月18日	香港
470	0004	启德（Kai-tak）	台风	强热带风暴	2000年7月9日	台湾台东
				强热带风暴	2000年7月10日	浙江玉环
				强热带风暴	2000年7月10日	上海奉贤
				热带风暴	2000年7月11日	辽宁东港
471	/	/	热带低压	热带低压	2000年7月17日	广东台山
472	0008	杰拉华（Jelawat）	强台风	台风	2000年8月10日	浙江象山

附　表　影响广东的热带气旋统计（1949—2021年）

续表

序号	编号	台风名称	强度分级	登陆强度	登陆时间	登陆地点
473	0010	碧利斯（Bilis）	超强台风	超强台风	2000年8月22日	台湾台东
				台风	2000年8月23日	福建晋江
474	0013	玛莉亚（Maria）	强热带风暴	强热带风暴	2000年9月1日	广东海丰—惠东
475	0016	悟空（Wukong）	台风	台风	2000年9月9日	海南陵水
476	0102	飞燕（Chebi）	台风	台风	2001年6月23日	福建福清
477	0103	榴莲（Durian）	台风	台风	2001年7月2日	广东湛江
				强热带风暴	2001年7月2日	广西钦州
478	0104	尤特（Utor）	台风	强热带风暴	2001年7月6日	广东海丰—惠东
479	0105	潭美（Trami）	热带风暴	热带风暴	2001年7月11日	台湾台东
480	0107	玉兔（Yutu）	台风	台风	2001年7月26日	广东电白
481	0108	桃芝（Toraji）	台风	台风	2001年7月30日	台湾花莲
				强热带风暴	2001年7月31日	福建连江
				热带低压	2001年8月1日	山东青岛
482	/	/	热带低压	热带低压	2001年8月3日	台湾花莲
				热带低压	2001年8月4日	福建连江
483	0114	菲特（Fitow）	热带风暴	热带低压	2001年8月29日	海南文昌
				热带风暴	2001年8月31日	广西北海
				热带低压	2001年9月10日	海南三亚
484	0116	百合（Nari）	台风	台风	2001年9月17日	台湾宜兰
				强热带风暴	2001年9月20日	广东惠来
485	0119	利奇马（Lekima）	台风	台风	2001年9月26日	台湾台东
486	0208	娜基莉（Nakri）	热带风暴	热带风暴	2002年7月10日	台湾台中
487	0209	风神（Fengshen）	超强台风	热带低压	2002年7月28日	山东胶南
488	0212	北冕（Kammuri）	强热带风暴	强热带风暴	2002年8月5日	广东陆丰

续表

序号	编号	台风名称	强度分级	登陆强度	登陆时间	登陆地点
489	0214	黄蜂（Vongfong）	强热带风暴	强热带风暴	2002年8月19日	广东吴川
490	0216	森拉克（Sinlaku）	强台风	台风	2002年9月7日	福建霞浦—浙江苍南
491	0218	黑格比（Hagupit）	强热带风暴	强热带风暴	2002年9月12日	广东阳江
492	0220	米克拉（Mekkhala）	热带风暴	热带风暴	2002年9月25日	海南三亚
				热带风暴	2002年9月27日	广西钦州
				热带低压	2002年9月28日	广东廉江—遂溪
493	0307	天鹅（Koni）	强热带风暴	强热带风暴	2003年7月21日	海南万宁
494	0308	伊布都（Imbudo）	强台风	台风	2003年7月24日	广东电白—阳江
495	0309	莫拉克（Morakot）	强热带风暴	强热带风暴	2003年8月3日	台湾台东
				热带低压	2003年8月4日	福建厦门
496	0311	科罗旺（Krovanh）	台风	台风	2003年8月25日	海南文昌
				台风	2003年8月25日	广东徐闻
497	0312	环高（Vamco）	热带风暴	热带风暴	2003年8月20日	浙江平阳
498	0313	杜鹃（Dujuan）	强台风	台风	2003年9月2日	广东惠东
				台风	2003年9月2日	广东深圳
				强热带风暴	2003年9月2日	广东中山
499	0320	尼伯特（Nepartak）	台风	台风	2003年11月18日	海南乐东
500	0407	蒲公英（Mindule）	强台风	强热带风暴	2004年7月1日	台湾花莲
				强热带风暴	2004年7月3日	浙江乐清
501	0409	圆规（Kompasu）	热带风暴	热带风暴	2004年7月16日	香港
502	/	/	热带风暴	热带风暴	2004年7月27日	广东惠来—陆丰
503	0413	云娜（Rananim）	强台风	强台风	2004年8月12日	浙江温岭

附　表　影响广东的热带气旋统计（1949—2021年）

续表

序号	编号	台风名称	强度分级	登陆强度	登陆时间	登陆地点
504	0417	艾利（Aere）	台风	台风	2004年8月25日	福建石狮
				强热带风暴	2004年8月26日	福建龙海
				热带风暴	2004年8月26日	福建东山—诏安
505	0420	海马（Haima）	热带风暴	热带低压	2004年9月11日	台湾高雄
				热带风暴	2004年9月13日	浙江温州
506	/	/	热带低压	热带低压	2004年9月16日	福建晋江
507	0424	洛坦（Nock-ten）	强台风	强台风	2004年10月25日	台湾宜兰
508	0427	南玛都（Nanmadol）	强台风	强热带风暴	2004年12月4日	台湾屏东
509	0505	海棠（Haitang）	超强台风	强台风	2005年7月18日	台湾宜兰
				台风	2005年7月19日	福建连江
510	0508	天鹰（Washi）	强热带风暴	强热带风暴	2005年7月30日	海南琼海
511	0509	麦莎（Matsa）	强台风	强台风	2005年8月6日	浙江玉环—乐清
				热带低压	2005年8月9日	辽宁大连
512	/	/	热带低压	热带低压	2005年8月10日	海南文昌
513	0510	珊瑚（Sanvu）	强热带风暴	强热带风暴	2005年8月13日	广东汕头（澄海）
514	0513	泰利（Talim）	超强台风	强台风	2005年9月1日	台湾花莲
				台风	2005年9月1日	福建莆田
515	0515	卡努（Khanun）	强台风	强台风	2005年9月11日	浙江台州
516	0518	达维（Damrey）	强台风	强台风	2005年9月26日	海南万宁
517	0519	龙王（Longwang）	超强台风	强台风	2005年10月2日	台湾花莲
				强热带风暴	2005年10月2日	福建厦门
518	0601	珍珠（Chanchu）	强台风	台风	2006年5月18日	广东饶平

续表

序号	编号	台风名称	强度分级	登陆强度	登陆时间	登陆地点
519	0602	杰拉华（Jelawat）	热带风暴	热带低压	2006年6月29日	广东湛江
520	/	/	热带低压	热带低压	2006年7月3日	海南万宁
521	0604	碧利斯（Bilis）	强热带风暴	强热带风暴	2006年7月13日	台湾宜兰
				强热带风暴	2006年7月14日	福建连江—霞浦
522	0605	格美（Kaemi）	台风	台风	2006年7月25日	台湾台东
				台风	2006年7月25日	福建晋江—厦门
523	0606	派比安（Prapiroon）	台风	台风	2006年8月3日	广东阳西—电白
524	0608	桑美（Saomai）	超强台风	超强台风	2006年8月10日	福建福鼎—浙江苍南
525	0609	宝霞（Bopha）	强热带风暴	热带风暴	2006年8月9日	台湾台东
526	/	/	热带低压	热带低压	2006年8月25日	广东台山
527	/	/	热带低压	热带低压	2006年9月13日	广东阳江
528	0703	桃芝（Toraji）	热带风暴	热带低压	2007年7月4日	海南万宁
				热带风暴	2007年7月5日	广西东兴
529	0706	帕布（Pabuk）	强热带风暴	强热带风暴	2007年8月8日	台湾屏东
				热带风暴	2007年8月10日	香港
				热带低压	2007年8月10日	广东中山
530	0707	蝴蝶（Wutip）	热带风暴	热带风暴	2007年8月9日	台湾花莲—台东
531	0708	圣帕（Sepat）	超强台风	强台风	2007年8月18日	台湾花莲
				台风	2007年8月19日	福建惠安
532	0712	韦帕（Wipha）	超强台风	强台风	2007年9月19日	福建福鼎—浙江苍南
533	0713	范斯高（Francisco）	热带风暴	热带风暴	2007年9月24日	海南文昌
534	0714	利奇马（Lekima）	台风	强热带风暴	2007年10月2日	海南三亚
535	0715	罗莎（Krosa）	超强台风	强台风	2007年10月6日	台湾宜兰
				台风	2007年10月7日	福建福鼎—浙江苍南
536	0801	浣熊（Neoguri）	台风	强热带风暴	2008年4月18日	海南文昌
				热带风暴	2008年4月19日	广东阳东

续表

序号	编号	台风名称	强度分级	登陆强度	登陆时间	登陆地点
537	0806	风神（Fengshen）	台风	热带风暴	2008年6月25日	广东深圳
538	0807	海鸥（Kalmaegi）	台风	台风	2008年7月17日	台湾宜兰
				强热带风暴	2008年7月18日	福建霞浦
539	0808	凤凰（Fung-wong）	强台风	强台风	2008年7月28日	台湾花莲
				台风	2008年7月28日	福建福清
540	0809	北冕（Kammuri）	强热带风暴	热带风暴	2008年8月6日	广东电白
				热带风暴	2008年8月7日	广西东兴
541	0812	鹦鹉（Nuri）	台风	强热带风暴	2008年8月22日	香港
				强热带风暴	2008年8月22日	广东广州（南沙）
542	0813	森拉克（Sinlaku）	强台风	强台风	2008年9月14日	台湾宜兰
543	0814	黑格比（Hagupit）	强台风	强台风	2008年9月24日	广东电白
544	0815	蔷薇（Jangmi）	超强台风	超强台风	2008年9月28日	台湾宜兰
545	0817	海高斯（Higos）	热带风暴	热带风暴	2008年10月3日	海南文昌
				热带低压	2008年10月4日	广东吴川
546	0903	莲花（Linfa）	强热带风暴	强热带风暴	2009年6月21日	福建晋江
547	0904	浪卡（Nangka）	热带风暴	热带风暴	2009年6月26日	广东惠东
				热带风暴	2009年6月27日	广东惠州（惠阳）
548	0905	苏迪罗（Soudelor）	热带风暴	热带风暴	2009年7月12日	海南文昌
				热带风暴	2009年7月12日	广东徐闻
549	/	/	热带风暴	热带风暴	2009年7月13日	台湾台东
				热带风暴	2009年7月14日	福建莆田

续表

序号	编号	台风名称	强度分级	登陆强度	登陆时间	登陆地点
550	0906	莫拉菲（Molave）	台风	台风	2009年7月19日	广东深圳
551	0907	天鹅（Goni）	强热带风暴	强热带风暴	2009年8月5日	广东台山
552	0908	莫拉克（Morakot）	台风	台风	2009年8月7日	台湾花莲
				台风	2009年8月9日	福建霞浦
553	0913	彩虹（Mujigae）	热带风暴	热带风暴	2009年9月11日	海南文昌
554	0915	巨爵（Koppu）	台风	台风	2009年9月15日	广东台山
555	0917	芭玛（Parma）	超强台风	热带风暴	2009年10月12日	海南万宁
556	/	/	热带低压	热带低压	2009年10月20日	海南陵水
557	1002	康森（Conson）	台风	台风	2010年7月16日	海南三亚
558	1003	灿都（Chanthu）	台风	台风	2010年7月22日	广东吴川
559	1006	狮子山（Lionrock）	强热带风暴	热带风暴	2010年9月2日	福建漳浦
560	1008	南川（Namtheun）	热带风暴	热带风暴	2010年9月1日	福建惠安
561	1010	莫兰蒂（Meranti）	台风	台风	2010年9月10日	福建晋江—石狮
562	1011	凡亚比（Fanapi）	超强台风	强台风	2010年9月19日	台湾花莲
				台风	2010年9月20日	福建漳浦
563	/	/	热带低压	热带低压	2010年10月7日	海南东方
564	1013	鲇鱼（Megi）	超强台风	台风	2010年10月23日	福建漳浦
565	1103	莎莉嘉（Sarika）	热带风暴	热带风暴	2011年6月11日	广东汕头
566	1104	海马（Haima）	热带风暴	热带风暴	2011年6月23日	广东阳西—电白
				热带风暴	2011年6月23日	广东吴川
567	1105	米雷（Meari）	强热带风暴	热带风暴	2011年6月26日	山东荣成

附表 影响广东的热带气旋统计（1949—2021年）

续表

序号	编号	台风名称	强度分级	登陆强度	登陆时间	登陆地点
568	1108	洛坦（Nock-ten）	强热带风暴	强热带风暴	2011年7月29日	海南文昌
569	1111	南玛都（Nanmadol）	超强台风	台风	2011年8月29日	台湾台东
				热带风暴	2011年8月30日	福建晋江
570	1117	纳沙（Nesat）	强台风	台风	2011年9月29日	海南文昌
				台风	2011年9月29日	广东徐闻
571	1119	尼格（Nalgae）	强台风	强热带风暴	2011年10月4日	海南万宁
572	1206	杜苏芮（Doksuri）	强热带风暴	强热带风暴	2012年6月30日	广东珠海
573	1208	韦森特（Vicente）	强台风	强台风	2012年7月24日	广东台山
574	1209	苏拉（Saola）	台风	台风	2012年8月2日	台湾花莲
				强热带风暴	2012年8月3日	福建福鼎
575	1210	达维（Damrey）	台风	台风	2012年8月2日	江苏响水
576	1211	海葵（Haikui）	强台风	强台风	2012年8月8日	浙江象山—宁海
577	1213	启德（Kai-tak）	台风	台风	2012年8月17日	广东湛江
				台风	2012年8月17日	广西东兴—越南芒街
578	1214	天秤（Tembin）	强台风	强台风	2012年8月24日	台湾屏东
579	/	/	热带低压	热带低压	2013年6月15日	海南文昌
580	1305	贝碧嘉（Bebinca）	热带风暴	热带风暴	2013年6月22日	海南琼海
581	1306	温比亚（Rumbia）	强热带风暴	强热带风暴	2013年7月2日	广东湛江
582	1307	苏力（Soulik）	超强台风	强台风	2013年7月13日	台湾新北—宜兰
				强热带风暴	2013年7月13日	福建连江

续表

序号	编号	台风名称	强度分级	登陆强度	登陆时间	登陆地点
583	1308	西马仑（Cimaron）	热带风暴	热带风暴	2013年7月18日	福建漳浦
584	1309	飞燕（Jebi）	强热带风暴	强热带风暴	2013年8月2日	海南文昌
585	1311	尤特（Utor）	超强台风	强台风	2013年8月14日	广东阳西
586	/	/	热带低压	热带低压	2013年8月19日	浙江临海
587	1312	潭美（Trami）	台风	台风	2013年8月22日	福建福清
588	1319	天兔（Usagi）	超强台风	强台风	2013年9月22日	广东汕尾
589	1323	菲特（Fitow）	强台风	强台风	2013年10月7日	福建福鼎—浙江苍南
590	1407	海贝思（Hagibis）	热带风暴	热带风暴	2014年6月15日	广东汕头
591	1409	威马逊（Rammasun）	超强台风	超强台风	2014年7月18日	海南文昌
				超强台风	2014年7月18日	广东徐闻
				强台风	2014年7月19日	广西防城港
592	1410	麦德姆（Matmo）	强台风	强台风	2014年7月23日	台湾台东
				强热带风暴	2014年7月23日	福建福清
				热带风暴	2014年7月25日	山东荣成
593	/	/	热带低压	热带低压	2014年8月19日	福建漳浦—厦门
594	/	/	热带低压	热带低压	2014年9月8日	广东湛江
595	1415	海鸥（Kalmaegi）	强台风	强台风	2014年9月16日	海南文昌
				强台风	2014年9月16日	广东徐闻
596	1416	凤凰（Fung-wong）	强热带风暴	强热带风暴	2014年9月21日	台湾屏东
				强热带风暴	2014年9月21日	台湾新北—宜兰
				强热带风暴	2014年9月22日	浙江象山
				热带风暴	2014年9月23日	上海奉贤

附　表　影响广东的热带气旋统计（1949—2021年）

续表

序号	编号	台风名称	强度分级	登陆强度	登陆时间	登陆地点
597	1508	鲸鱼（Kujira）	强热带风暴	强热带风暴	2015年6月22日	海南万宁
598	1509	灿鸿（Chan-hom）	超强台风	强台风	2015年7月11日	浙江舟山（普陀）
599	1510	莲花（Linfa）	强台风	台风	2015年7月9日	广东陆丰
				热带低压	2015年7月9日	广东广州（南沙）
600	/	/	热带低压	热带低压	2015年7月20日	广东阳西
601	1513	苏迪罗（Soudelor）	超强台风	强台风	2015年8月8日	台湾花莲
				台风	2015年8月8日	福建莆田—泉州（泉港）
602	1521	杜鹃（Dujuan）	超强台风	强台风	2015年9月28日	台湾宜兰
				强热带风暴	2015年9月29日	福建莆田—泉州（泉港）
603	1522	彩虹（Mujigae）	超强台风	超强台风	2015年10月4日	广东湛江
604	/	/	热带低压	热带低压	2016年5月27日	广东阳江（阳东）
605	1601	尼伯特（Nepartak）	超强台风	超强台风	2016年7月8日	台湾台东
				强热带风暴	2016年7月9日	福建石狮
606	1603	银河（Mirinae）	强热带风暴	强热带风暴	2016年7月26日	海南万宁
607	1604	妮妲（Nida）	强台风	强台风	2016年8月2日	广东深圳
608	1608	电母（Dianmu）	强热带风暴	热带风暴	2016年8月18日	广东雷州
609	1614	莫兰蒂（Meranti）	超强台风	强台风	2016年9月15日	福建厦门
610	1617	鲇鱼（Megi）	超强台风	强台风	2016年9月27日	台湾花莲
				台风	2016年9月28日	福建惠安
611	1621	莎莉嘉（Sarika）	强台风	强台风	2016年10月18日	海南万宁

续表

序号	编号	台风名称	强度分级	登陆强度	登陆时间	登陆地点
612	1622	海马（Haima）	强台风	强台风	2016年10月21日	广东中东部
613	1702	苗柏（merbok）	强热带风暴	热带风暴	2017年6月12日	广东惠州
614	1707	洛克（Roke）	热带风暴	热带风暴	2017年7月23日	香港
615	1709	纳沙（Nesat）	台风	台风	2017年7月29日	台湾宜兰
				台风	2017年7月30日	福建福州
616	1710	海棠（Haitang）	热带风暴	热带风暴	2017年7月30日	台湾高雄
				热带风暴	2017年7月31日	福建福州
617	1713	天鸽（Hato）	强台风	强台风	2017年8月23日	广东珠海
618	1714	帕卡（Pakhar）	台风	台风	2017年8月27日	广东台山
619	1716	玛娃（Mawar）	强热带风暴	热带风暴	2017年9月3日	广东汕尾
620	1720	卡努（Khanun）	强台风	强热带风暴	2017年10月16日	广东雷州
621	/	/	热带低压	热带低压	2017年9月24日	海南万宁
622	1804	艾云尼（Ewiniar）	热带风暴	热带风暴	2018年6月6日	广东雷州
				热带风暴	2018年6月6日	海南海口
				热带风暴	2018年6月7日	广东阳江
623	1808	玛莉亚（Maria）	超强台风	台风	2018年7月11日	福建宁德
624	1809	山神（Son-Tinh）	热带风暴	热带风暴	2018年7月18日	海南万宁
625	1810	安比（Ampil）	强热带风暴	强热带风暴	2018年7月22日	上海
626	1812	云雀（Jongdari）	台风	热带风暴	2018年8月3日	上海
627	1814	摩羯（Yagi）	强热带风暴	强热带风暴	2018年8月12日	浙江台州

附　表　影响广东的热带气旋统计（1949—2021年）

续表

序号	编号	台风名称	强度分级	登陆强度	登陆时间	登陆地点
628	1816	贝碧嘉（Bebinca）	强热带风暴	热带低压	2018年8月10日	海南琼海
				热带低压	2018年8月11日	广东阳江
				热带风暴	2018年8月15日	广东雷州
629	1818	温比亚（Rumbia）	强热带风暴	强热带风暴	2018年8月16日	浙江舟山
				热带风暴	2018年8月17日	上海
630	/	/	热带低压	热带低压	2018年7月22日	海南东方
				热带低压	2018年7月23日	广东徐闻
631	/	/	热带低压	热带低压	2018年8月23日	台湾高雄
				热带低压	2018年8月25日	福建莆田
632	1822	山竹（Mangkhut）	超强台风	强台风	2018年9月16日	广东台山
633	1823	百里嘉（Barijat）	强热带风暴	强热带风暴	2018年9月13日	广东湛江
				热带低压	2018年9月13日	广西北海
634	1904	木恩（Mun）	热带风暴	热带风暴	2019年7月3日	海南万宁
635	1907	韦帕（Wipha）	热带风暴	热带风暴	2019年8月1日	海南文昌
636	1909	利奇马（Lekima）	超强台风	超强台风	2019年8月10日	浙江温岭
637	1910	白鹿（Bailu）	强热带风暴	热带风暴	2019年8月25日	福建东山
638	1914	剑鱼（Kajiki）	热带风暴	热带风暴	2019年9月2日	海南万宁
639	1918	米娜（Mitag）	台风	台风	2019年10月1日	浙江舟山
640	2002	鹦鹉（Nuri）	热带风暴	热带风暴	2020年6月14日	广东阳江
641	2003	森拉克（Sinlaku）	热带风暴	热带低压	2020年8月1日	海南万宁
642	2004	黑格比（Hagupit）	强台风	强台风	2020年8月4日	浙江乐清

续表

序号	编号	台风名称	强度分级	登陆强度	登陆时间	登陆地点
643	2006	米克拉（Mekkhala）	台风	台风	2020年8月11日	福建漳浦
644	2007	海高斯（Higos）	台风	强热带风暴	2020年8月19日	广东珠海
645	2016	浪卡（Nangka）	强热带风暴	强热带风暴	2020年10月13日	海南琼海
646	2104	小熊（Koguma）	热带风暴	热带风暴	2021年6月12日	海南陵水
647	2106	烟花（In-fa）	强台风	台风	2021年7月25日	浙江舟山
648	2107	查帕卡（Cempaka）	强台风	台风	2021年7月20日	广东阳江
649	2109	卢碧（Lupit）	台风	热带风暴	2021年8月5日	福建漳州